U0622478

教育部高等学校材料类专业教学指导委员会规划教材

国家级一流本科专业建设成果教材

材料表面科学与工程

吴玉程　主编

MATERIALS SURFACE SCIENCE AND ENGINEERING

化学工业出版社

·北京·

内容简介

《材料表面科学与工程》是教育部高等学校材料类专业教学指导委员会规划教材。本书阐述了材料表面科学与工程中的基本概念与基本理论，同时结合本领域最新成果，系统介绍了各类现代表面工程技术的基本原理、基本工艺、典型设备和应用实例等内容。全书共分为十三章，主要内容有：表面科学与工程概论，包括概念、发展历程及发展意义等；表面科学基本理论，包括材料表界面的相关理化特征、摩擦与磨损、腐蚀与防护；表面检测与分析方法系统整合了表面质量评价技术；表面工程技术，包括涂（镀）覆层技术、气相沉积技术、高能束轰击技术、表面热处理技术、化学热处理技术、表面形变强化技术、表面转化膜、浸浴技术以及表面精整与加工技术。

本书可作为高等学校材料、机械、化工等专业的专业课教材，也可作为从事表面科学与工程技术的研究、设计、生产和应用等相关人员的参考用书。

图书在版编目（CIP）数据

材料表面科学与工程 / 吴玉程主编. -- 北京 ：化学工业出版社，2025. 3. --（教育部高等学校材料类专业教学指导委员会规划教材）. -- ISBN 978-7-122 -47394-3

Ⅰ. TG17

中国国家版本馆 CIP 数据核字第 2025D3W156 号

责任编辑：陶艳玲　　　　　　　　文字编辑：蔡晓雅
责任校对：宋　玮　　　　　　　　装帧设计：史利平

出版发行：化学工业出版社
　　　　　（北京市东城区青年湖南街 13 号　邮政编码 100011）
印　　装：北京云浩印刷有限责任公司
787mm×1092mm　1/16　印张 20¼　字数 494 千字
2025 年 8 月北京第 1 版第 1 次印刷

购书咨询：010-64518888　　　　　售后服务：010-64518899
网　　址：http://www.cip.com.cn
凡购买本书，如有缺损质量问题，本社销售中心负责调换。

定　　价：65.00 元　　　　　　　　版权所有　违者必究

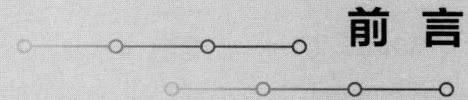

前　言

随着"中国制造 2025"战略的深化实施，新装备、新技术在新技术领域不断发展，对材料科学与工程学科提出新的要求。在极端环境条件下，如高温、高压、辐照、腐蚀等，需要具有高性能的新材料或改进材料，以给材料或器件更好的防护。材料的表面与界面性质对材料的组织结构、性能、行为都有显著的影响，表面科学不仅涉及科学理论问题，而且还要求具有独到的应用场景和效果，已发展成为基于材料科学与工程的表面工程技术学，表面科学与工程技术的发展对提高材料利用率、助力实现"双碳"目标作用重大。

《材料表面科学与工程》作为教育部高等学校材料类专业教学指导委员会规划教材，将表面科学理论基础与表面工程技术有机结合起来，充分讲解材料设计、组织结构调控与性能开发的理论基础，同时分析几种典型的表面工程技术及应用。本教材分为三个部分，第一部分（第 0~3 章）为表面科学的理论基础，着重阐述与表面工程相关的基础知识，涉及力学、化学和物理等内容；第二部分（第 4 章）为表面的测试与分析技术、方法，讲解表面（膜、层）厚度范围的成分、微结构分析和相关性能测试，以及分析表面与基体的结合状况等；第三部分（第 5~11 章）为典型表面工程技术，涉及表面涂镀、表面沉积和表面改性等的原理、工艺、设备、性能和应用，化学转化和高能束表面作用，以及表面精整和加工的质量保障等，为表面技术设计、选择及应用奠定基础。本书可供材料、机械制造、电气工程、航空航天和海洋工程等学科专业本科生、研究生作为教材，也可供相关领域科学研究、工程设计、技术管理人员等参考。

本书由合肥工业大学吴玉程担任主编，并编写绪论、第 1 章，孙建编写第 2、10 章，并负责章节统稿，徐光青编写第 3、11 章，王岩编写第 9 章，刘家琴编写第 4 章，舒霞编写第 5 章，崔接武编写第 6 章，罗来马编写第 7 章，刘东光编写第 8 章，张勇编写第 12 章，并参与第 5 章的编写。

本教材的编写得到教育部高等学校材料类专业教学指导委员会的支持，中国科学院院士、中国科学技术大学俞书宏教授，北京机电研究所徐跃明研究员和哈尔滨工业大学闫牧夫教授等提出了宝贵意见，在此一并表示感谢！

由于作者水平有限，书中难免存在不当之处，敬请读者不吝批评指正！

编者

2025 年 3 月

目 录

第 3 章　材料表面腐蚀理论基础

第 4 章　材料表面检测与分析技术

第 5 章　涂（镀）覆层技术

第6章　气相沉积技术

第7章　高能束表面改性技术

第 8 章　表面热处理技术

第 9 章　化学热处理技术

第 10 章　表面形变强化技术

第 11 章　表面转化膜、浸浴技术

第 **12** 章 材料表面精整与加工技术

参考文献

绪　论

　　材料或工程零部件暴露于环境氛围中，对外接触的首先是表面，表面的组分、结构和性质关系到表面接触引起的相互作用，结果是表面胜任、满足服役要求，或是失效破坏、功能丧失。材料的表面（层）就像一件外衣，既有美观大方的装饰作用，又要经受风吹雨打、冰冻严寒的考验。所以需要对这件外衣进行各方面的改造，加厚保暖、减薄凉爽、憎油亲水、静电防护等，使用各种手段满足人们对"外套衣服"的需求。所以，在保证材料整体性能的前提下，通过一些手段提高材料的表面性能或/和赋予新的表面功能，既能产生新的功能特性表面（如反光、吸波、显示等），又能改善某些指定性能（耐磨、减摩、疲劳等）。一定程度上表面代替整体承担了作用，使用表面技术延长了材料的使用寿命或/和节约了贵重的整体（心部）材料，且工艺装备简单易操作，经济性显著。随着材料科学与工程技术和制造业的发展，表面科学与工程（surface science and engineering）这一学科应运而生，分成表面科学（surface science）和表面工程（surface engineering）两个方面。

　　本章首先介绍表面科学与工程的概念、发展历程及分类，随后探讨其发展意义、应用领域等。

0.1　表面科学与工程的概念

　　表面科学与工程包括表面科学与表面工程（技术）两个部分，表面科学注重于材料表面和界面的理论基础，主要研究材料表界面组织的结构特征、性能及其作用机理，并针对材料表面作用方式或者破坏机制进行研究和分析。表面科学为表面工程应用奠定了理论基础。

　　表面工程也称为表面技术（surface technology）、表面处理（surface treatment）或表面改性（surface modification），是应用物理、化学、机械等方法改变固体材料表面形态、化学成分、组织结构及应力状态等，获得所要求的性能或得到新的功能，以提高零部件产品的功能性、可靠性或延长其使用寿命的各种技术的总称。

　　表面科学与工程学科涉及面广、信息量大，是多种学科相互交叉、渗透与融合形成的一门综合交叉学科。它以表面物理、化学和材料相关学科理论为基础，利用各种物理、化学、物理化学、电化学、冶金以及机械的方法及工艺技术，赋予材料表面所期望的成分、组织、性能、各种不同功能或外观（包括颜色、图案和粗糙度等）等，从而达到和满足一种特殊的表面功能，并使表面和基体性能达到最佳的配合。因此它也是一种节材、节能的新型工程技术，是对各学科成果的综合运用。

　　表面科学与工程是一个跨学科、跨行业交叉的新兴领域，包含着表面物理、固体物理、等离子物理、表面化学、有机及无机化学、电化学、冶金学、金属材料学、高分子材料学、硅酸盐材料学以及物质的输送、热的传递等多门学科内容，各门学科之间互相弥补、互相渗透、互相交融，逐渐形成一门别具特色的新兴交叉学科。

综合来看，表面科学与技术可以包含以下几方面。

① 表面科学基础理论。它主要有表面摩擦与磨损理论、表面腐蚀与防护理论、表面（界面）结合与复合理论、失效分析理论等，对表面工程技术的发展和应用有着直接的、重要的影响。

② 表面工程技术设计。它主要有表面层材料设计、表面层结构设计、表面工艺设计和表面工程经济分析等。

③ 表面分析和测试技术。它主要有表面形貌和显微组织结构的分析、表面成分分析、表面原子排列结构分析、表面原子动态和受激态分析、表面电子结构分析等，以及其他涉及表面及表面层的性质与性能的分析与测试。

④ 表面工程技术方法。它包括表面涂镀层技术、表面改性、表面处理以及复合表面技术等。表面涂镀层技术主要有电镀、电刷镀、化学镀、涂装、堆焊、热喷涂、真空蒸镀、溅射镀、离子镀以及化学气相沉积等。表面改性有表面扩渗、离子注入等。表面处理有喷丸强化、表面热处理、激光表面热处理等。

⑤ 表面加工技术手段。它主要有表面预处理加工、表面层的机械加工和表面层的特种加工等。

0.2　表面科学与工程的发展

0.2.1　表面技术发展由来

人类使用表面技术具有悠久的历史，远古时期的祖先就懂得用各类植物油漆进行表面防腐处理，铜经过表面抛光可以制作铜镜，宝剑的表面经过低温渗硫处理后长时间光亮如初。随着表面技术的运用和进步，到了20世纪60年代末，这一领域形成了完整的科学体系，并从此迎来了迅猛的发展势头。这是因为一方面人们在广泛使用和不断试验的过程中积累了丰富的经验，形成了各种表面技术的原型；另一方面形成的表面科学基础理论和材料分析测试手段的进步，使表面工程技术进入了一个新的发展时期。

作为表面工程的技术基础，表面技术的发展历史已非常悠久，但20世纪80年代才提出了表面工程的概念。1983年英国T.Bell教授首先提出表面工程的概念，并组建了英国伯明翰大学沃福森表面工程研究所，1985年创办了《表面工程》国际刊物。1986年10月，国际热处理联合会决定接受表面工程的概念，并把其会名改为国际热处理及表面工程联合会（IFHT&SE）。

与此同时，国内表面工程的研究也得到了迅速的发展，在中国机械工程学会的大力支持下，中国机械工程学会表面工程研究所于1987年在北京成立，1988年12月在北京召开全国首届表面工程现状与未来研讨会；同年创办了《表面工程》期刊，现改版为国内外公开发行的《中国表面工程》期刊。1993年成立了中国机械工程学会表面工程分会，之后在国内召开了多次国际和全国性的表面工程学术会议。近几年有关表面工程方面的书籍或手册已有多种版本，这些书籍的出版对推动表面工程的研究、普及推广表面技术及指导生产起到了重要的基础作用。一批如《中国表面工程》《材料保护》《腐蚀与防护》《金属热处理》《表面技术》《摩擦学学报》《腐蚀学学报》《电镀与涂饰》等杂志在表面工程技术发展和学术交流中起到重要的推动作用。

表面、亚表面和界面的化学成分、性能和界面结构直接影响到表界面层形成、服役行为和失效机理，以及质量控制和过程优化，还涉及如复合材料等的设计与制备、服役性能。开展研究和分析表征不仅为材料表面工程（技术）的应用提供保障，加之 X 射线、电子显微镜、俄歇电子能谱和纳米压印等现代分析手段的运用，在表面科学理论指导下，根据系统设计，还已开发出更多、更好的表面工程（技术）。

随着表面科学与工程技术的进步，表面技术的种类和工艺从湿（化学）法向干（物理）法过渡发展，对表面性能要求日益提高，新的装备不断涌现，控制技术更加完善，诸多高能束技术与装备的出现标志着表面技术达到新的水平。高能束表面处理有激光、电子束、离子束和等离子等，其中，真空是现代表面处理技术中一个非常重要的技术条件，对材料表面处理起到了决定性的作用，真空度的高低决定着磁控溅射、离子溅射、溅射镀、离子镀等表面处理技术是否能够顺利进行，也决定了镀膜质量的好坏。

由于表面技术的驱动，各种设备及装备控制从机械化向智能化方向发展，表面工程技术产生了显著的效益，全国各地以表面工程命名的技术、材料和设备企业也应运而生，形成了一大批技术含量高、规模化生产的专门企业。并且，表面技术被应用到许多维修、修复和再制造场合，如电力设施、冶金装备和煤矿机械等领域，从而使零件可重复利用，延长使用寿命，降低生产成本。

0.2.2　表面技术迅速发展态势

表面工程技术的大规模应用使得其成为 21 世纪工业发展的关键技术之一。表面工程迅速而富有成效的发展，有其深刻的历史背景。

（1）表面工程的属性是表面工程迅速发展的基础

表面工程具有学科的综合性、手段的多样性、广泛的功能性、潜在的创新性、环境的保护性、很强的实用性和巨大的增效性，因而受到各行各业的重视。

表面工程不是各种表面技术的简单组合，而是具有丰富的内涵。表面工程是经表面预处理后，通过表面涂覆、表面处理、表面改性或多种表面技术复合处理，改变固体金属表面或非金属表面的形态、化学成分、组织结构和应力状态等，以获得所需表面性能的系统工程。表面工程以表面科学为理论基础，以表面和界面行为为研究对象，首先把相互依存、相互分工的零件基体与表面构成一个系统，同时又综合了失效分析、表面技术、涂覆层性能、表面工程技术设计、表面涂层材料开发、预处理和后加工、表面检测技术、表面质量控制、使用寿命评估、表面施工管理与维护、技术经济分析、"三废"处理、技术创新和重大工程实践等多项内容。表面工程概念的提出是表面科学向生产力转化的要求，是人们对表面技术认识上的一次飞跃。

机械零件在设计时的选材原则主要是保证强度、刚度、抗疲劳性能，而零件的表面在使用时要承担摩擦磨损、介质腐蚀等作用。零件设计所选的材质（简称母材或基材）以及热处理之后的表面性能，有时能够满足表面负荷的要求，但多数情况下不能满足要求，这就需要对基材表面的某些部位单独进行表面处理。表面工程所包含的功能是多种多样的：可以提高零件表面的耐磨性、耐腐蚀性、抗疲劳性、抗氧化性、防辐射性；改善零件表面的传热性、导电性、绝缘性、导磁性、反光性、增光性、吸波性、黏着性、吸油性、减摩性、钎焊性、亲水性等等。在减轻机械振动、降低噪声、密封、化学催化反应、金属染色等方面，表面工程正在发挥着越来越大的作用。

机械零部件表面经处理后，可以满足各种功能要求，而技术含量的增加，必然带来效益的增长。采用表面工程措施的费用，一般只占产品价格的 5%～10%，却可以大幅度地提高产品的性能及附加值，从而获得更高的利润。

（2）现代工业的需求是表面工程迅速发展的动力

现代工业的发展对机电产品提出了更高的要求，体积要小巧，外形要美观，而且能在高温、高速、重载以及腐蚀性介质、恶劣环境里可靠、持续地工作。这些要求推动着表面工程的发展。

航空航天工业的需求促进了能够制备热障涂层的等离子喷涂技术的发展，海上钻井平台和海洋工程装备的需求带动了钢结构表面防腐技术的发展。

现代汽车不仅是集现代工业成就之大成的工业产品，更是技术与艺术完美结合的艺术品，其中以汽车涂装技术为代表的表面工程，为汽车产业的发展发挥了巨大的作用。

在电子信息技术中，表面工程可提供关键的薄膜材料及功能器件。如在超大规模集成电路中理想的功能材料是采用化学气相沉积获得的金刚石薄膜，它具有极为优异的导热性、高介电性和半导体性能。采用气相沉积、电镀、刷镀等表面技术可以获得非晶态薄膜或涂层。非晶硅薄膜不仅具有优良的光吸收能力，而且可以大面积涂覆，成本也比较低，是理想的光电转换材料。

（3）智能制造对表面工程提出更高的要求

随着装备制造向着高负荷、高速度、高精密方向发展，对于制造工具性能、寿命都提出了新的需求，表面技术对刀具的发展起到了巨大的促进作用。刀具经过涂覆后可大幅延长使用寿命。随着涂层装备的逐步改进和涂层工艺的成熟，刀具成本正在逐年下降，使用涂层刀具是提高切削效率、降低生产成本的有效途径。未来的制造与维修工程将是一个综合设备和零部件的设计、制造和运行的全过程，以优质、高效、节能、节材为目标的系统工程制造技术将统筹考虑整个设备寿命周期内的维修策略，渗透到产品的制造工艺中，维修已被赋予了更广泛的含义，废、旧品翻新或再生称为"再制造"，需要各种更好的表面技术。

（4）资源与环境保护的紧迫性是促进表面工程迅速发展的时代要求

表面工程能大量节约能源、节省资源，适合我国国情，符合可持续发展战略，支持"双碳"（碳达峰、碳中和）发展目标。据统计，机电产品提前失效的原因 70%是腐蚀和磨损，它们造成材料的大量浪费和产品稳定性、可靠性下降。表面工程的最大优势是能够以多种方法制备出优于基材性能的表面功能薄层。该薄层厚度一般从几十微米到几毫米，仅占工件厚度的几百分之一到几十分之一，却使工件具有了比基材更高的耐磨性、抗腐蚀性和耐高温性能，起到更好的防护作用。

（5）现代科技成就为表面工程的迅速发展提供了技术支撑

表面工程是在表面物理、表面化学和固体力学理论基础上，融汇了现代摩擦学、腐蚀与防护、材料学、电子学以及环境工程的有关成果而发展起来的。表面工程涉及的学科领域十分宽广，已经形成了一个巨大的技术体系。

表面分析与测试仪器及装备也在迅速发展，如电子显微镜、俄歇电子能谱、X 射线光电子能谱、扫描隧道显微镜（STM）和纳米压印设备等，为材料表面成分、组织和微观结构、性能的表征提供了更为精细的技术手段，对于深入探测与解析材料表面（层）发生的变化及机理有了很大的帮助，为开发新的表面技术奠定了基础。

随着计算机的广泛应用，表面技术的设备自动化程度不断提高，并可用数值模拟的方法进行表面工程技术设计。表面与基体作为一个系统的设计，可以获得单独一方面不可得到的高性能、高价格比。这种做法有助于推动机械化和自动化研究成果在表面涂层制备领域的应用，从而提高效率和质量，特别在加工复杂形状零件及危害操作者身体健康的场合十分有用。

随着新能源、新材料等技术的发展，表面工程技术也不断发展。例如，随着离子束、电子束、激光束三束技术的发展，高密度能源的使用成本将越来越低，同时高密度能源可使表面涂覆时的变形更小、效率更高、质量更好。例如，利用激光表面强化技术，可以制出经久耐用的缸套、轧辊、模具等产品。

纳米材料的研究成为世界范围内新的热点，并逐渐进入实用化的阶段。采用纳米级材料添加剂的减摩技术可以在摩擦部件动态工作中智能地修复零件表面的缺陷，实现材料磨损部位原位自动修复，并使裂纹自愈合。又如用电刷镀制备含纳米金刚石粉末涂层的方法可以用来修复模具，延长使用寿命，是模具修复的一项突破性技术。其他各种陶瓷材料、非晶态材料、高分子材料等也正在不断地被应用于表面工程中。

0.3 表面工程技术分类

表面工程（技术）有很多种类，如图 0-1 所示。目前普遍将表面技术归纳为表面涂镀层技术、表面改性技术和表面处理技术三个方面。

① 表面涂镀层技术：也称表面覆盖层技术，即在基体材料表面形成一层新的覆盖层，覆盖层与基体之间有明显的分界面。表面涂镀层技术包括电镀、电刷镀、化学镀、涂装、堆焊、熔结、热喷涂、塑料粉末涂敷、热浸镀、搪瓷涂敷、陶瓷涂敷、真空蒸镀、溅射镀、离子镀、化学气相沉积、分子束外延制膜、离子束合成薄膜技术等。此外，还有其他形式的覆盖层，例如包箔、贴片的整体覆盖层，缓蚀剂的暂时覆盖层等。

② 表面改性：是指改变基体金属材料表面层的化学成分，以达到改变金属表面结构和性能的目的。表面改性包括化学热处理（如渗碳、氮化等）、等离子扩渗处理、离子注入等。

③ 表面处理：指在不改变基体金属表面化学成分的情况下，使其组织与结构发生变化，从而改变其性能。表面处理主要有喷丸强化、表面热处理等。

还可以从不同的角度对表面工程技术进行归纳、分类。按照作用原理，表面工程技术可以分为以下四种基本类型。

① 原子沉积：沉积物以原子、离子、分子和粒子团等原子尺度的粒子形态在表面形成覆盖层。如电镀、化学镀、物理气相沉积、化学气相沉积等。

② 颗粒沉积：沉积物以宏观尺度的颗粒形态在材料表面上形成覆盖层。如热喷涂、搪瓷涂敷等。

③ 整体覆盖：它是将涂敷材料于同一时间施加于材料表面。如包箔、贴片、热浸镀、涂刷、堆焊等。

④ 表面改性：用各种物理、化学等方法处理表面，使之组成、结构发生变化，从而使性能发生改变。如表面处理、化学热处理、激光表面处理、电子束表面处理、离子注入等。

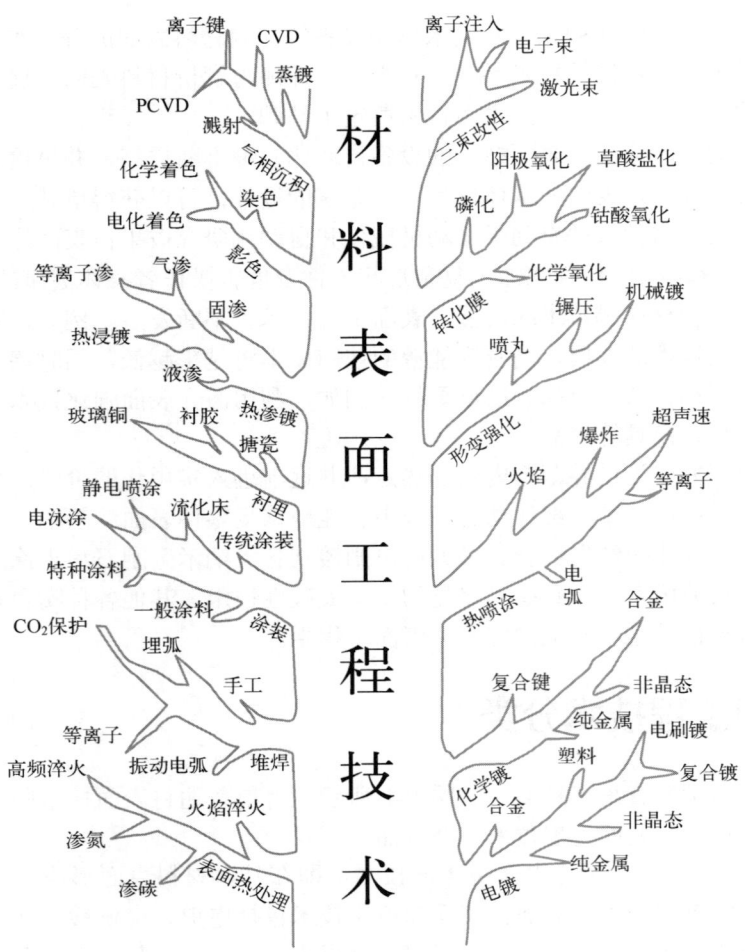

图 0-1　表面工程技术种类树形

0.4　表面工程技术的应用领域

目前表面工程技术的应用极其广泛，已经遍及各行各业，包含的内容也十分广泛，可用于耐磨、耐蚀、修复、强化、装饰等领域，也可以是光、电、磁、声、热、化学、生物等方面的应用。基体材料不仅包括金属材料，也包括无机非金属材料、有机高分子材料及复合材料。表面工程技术的种类很多，把这些技术恰当地用于构件、零部件和元器件的制造，不仅能改变基材的性质、性能，还能使元器件产生新的功能，效能显著。

（1）表面工程技术在结构材料中的应用

结构材料主要用来制造工程建筑中的构件、机械装备中的零部件以及工具、模具等，在性能上以力学性能为主，同时在许多场合又要求兼有良好的耐蚀性和装饰性。表面技术在这方面主要起着防护、耐磨、强化、修复、装饰等重要作用。

表面防护具有广泛的含义，而这里所说的"防护"主要指材料表面防止化学腐蚀和电化学腐蚀等能力。一方面，工程上从经济和使用可靠性角度出发，用价廉的金属定期更换旧的腐蚀件，采用一些措施来防止或控制腐蚀，如改进工程构件的设计，构件金属中加入合金元素，尽可能减小或消除材料上的电化学不均匀因素，控制环境，采用阴极保护法等。另一方面，许多表面技术通过改变材料表面的成分和结构以及施加覆盖层来显著提高材料或制件的防护能力。

耐磨是指材料在一定摩擦条件下抵抗磨损的能力，与材料特性以及载荷、速度、温度等磨损条件有关，以相对耐磨性（即两种材料在相同磨损条件下测定的磨损量的比值）来表示。目前对磨损的分类有磨料、黏着、疲劳腐蚀、冲蚀、气蚀等，准确确定磨损类别是选材和采取保护措施的重要依据。采用各种表面技术是提高材料或零部件抗磨损性能的有效途径之一。

强化与防护一样，具有广泛的含义。这里所说的"强化"，主要指通过各种表面强化处理来提高材料表面抵御除腐蚀和磨损之外的环境作用的能力。通过表面处理，如化学热处理、喷丸、滚压、激光表面处理等，可以显著提高材料的疲劳强度。通常许多制品要求表面强度和硬度高，而心部韧性好，以提高使用寿命，通过合理地选择材料和表面强化处理可以满足要求。

在工程中，许多零部件因表面强度、硬度、耐磨性等不足而逐渐磨损、剥落、锈蚀，使外形变小以致尺寸超差或强度降低，最后不能使用。不少表面技术如堆焊、电刷镀、热喷涂、电镀、黏结等，具有修复功能，实现再制造，不仅可修复尺寸精度，而且往往还可提高表面性能，延长使用寿命。

表面装饰主要包括光亮（镜面、全光亮、亚光等）、色泽（各种颜色和多彩等）、花纹（各种平面花纹、刻花和浮雕等）、仿照（仿贵金属、仿大理石、仿花岗石等）等多方面特性。用恰当的表面技术，可对各种材料表面装饰，不仅方便、高效，而且美观、经济，故应用广泛。

（2）表面工程技术在功能材料和元器件上的应用

功能材料主要指那些具有优良的物理、化学和生物等功能及其相互转化功能的材料，可用来制造各种装备中具有独特功能的核心部件。除了与结构材料在性能上的差异和用途不同外，它的另一个重要特点是通常与元器件"一体化"，即功能材料常以元器件形式对其性能进行评价。

材料的许多性质和功能与表面组织结构密切相关，因而通过各种表面技术可制备或改进一系列功能材料及其元器件，例如，利用表面技术制备或改进具有电学特性的功能材料及其元器件，如液晶显示器的导电玻璃、表面扩散制成的 Nb-Sn 线材、约瑟夫森器件、薄膜电阻材料、绝缘涂层、半导体薄膜材料、波导管、低接触电阻开关。

利用表面技术：a. 可以制备或改进具有磁学特性的功能材料及其元器件，如通过气相沉积技术、涂装等表面技术制备出磁记录介质、磁带、磁泡材料、电磁屏蔽材料、薄膜磁阻元件等；b. 可以制备或改进具有光学特性的功能材料及其元器件，如通过电镀、化学转换处理、涂装、气相沉积等表面技术制备出发光材料、反射镜、防眩反射镜、激光材料增透膜、反射红外线、透过可见光的透明隔热膜、多层介质膜组成的分光镜、太阳能选择吸收膜、起偏器、薄膜光致变色材料以及各种镜头的保护膜等；c. 可以制备或改进具有声学特性的功能材料及其元器件，如利用气相沉积涂覆等表面技术制备声学振膜制成高保真喇叭、声表面波器件及吸声涂层等；d. 可以制备或改进具有化学特性的功能材料及其元器件，如制备出在多种介质和温度条件下的耐蚀防护涂层、具有防粘性的各种医用器件以及各种分离膜材料、活性剂等；e. 可以制备或改进具有热学特性的功能材料及其元器件，如利用电镀、涂装、气相沉积等表面技术制备出散热材料、集热板、集热管、双金属温度计、保温材料、耐热涂层、高层建筑用的热反射镀膜玻璃、吸热材料等；f. 可以制备或改进具有功能特性的功能材料及其元器件，如光-电、电-光、热-电、电-热、光-热、磁-光、光-磁等转换功能，这类功能的转换往往通过涂装、气相沉积、等离子喷涂来制备薄膜太阳能电池、电致发光器件、电阻式温度传感器、薄膜加热器选择性涂层、电容式压力传感器、磁光存贮器、光磁记录材料等。

半导体芯片、微图案表面和电子产品都依赖于微缩印刷，这是一种将 1μm 至 1nm 宽的精确但极微小的图案放置在表面上，以赋予它们新特性的过程。传统上，这些由金属和其他材料组成的微型图案都印在平坦的硅晶圆上。但随着半导体芯片和智能材料的发展，复杂、微小的图案需要打印在新的、非传统的、非平面的表面上。直接在这些表面上打印图案是很棘手的，即使科学家们转印了印刷品，但精确转移到更普遍的任意曲率的表面仍然难以实现。科学家报告了一种利用糖在几乎任意共性表面上进行转印的方法（如图 0-2 所示），该技术为电子、光学和生物医学工程等领域开辟新材料和微结构提供了新的可能性。

图 0-2   使用玉米和糖浆将"NIST"这个词转移到头发上

（3）表面工程技术在人类适应、保护和优化环境方面的应用

表面技术在人类适应、保护和优化环境方面有着广泛应用，并且其重要性日益突出。现举例如下。

① 大气净化。用涂覆和气相沉积等表面技术制成的催化剂材料等是净化大气的材料，可除去人类在生产和生活中使用各种燃料或原料产生的大量 CO_2、NO_2、SO_2 等有害气体。

② 水质净化。利用表面技术制成的膜材料是重要的净化水质的材料，可用来进行污水处理、化学提纯、水质软化、海水淡化等。

③ 抗菌灭菌。有些材料具有净化环境的功能，其中 TiO_2 光催化剂很引人注目。它可以将一些污染的物质分解掉，使之无害，同时又因有粉状、粒状和薄膜状等形状而易于利用。过渡金属 Ag、Pt、Cu、Zn 等元素能增强 TiO_2 的光催化作用，而且有抗菌、灭菌作用。

④ 吸附杂质。用一些表面技术制成的吸附剂，可以除去空气、水、溶液中的有害成分，并且具有除臭、吸湿等作用。例如，在聚氨基甲酸乙酯泡沫上涂覆铁粉，经烧结后成为除臭剂，可用于冰箱、厨房、厕所、汽车内。

⑤ 去除藻类污垢。利用表面化学原理组合电极，除去发电厂沉淀池、热交换器、管道等内部的藻类污垢。

⑥ 活化功能。远红外光具有活化空气和水的功能，而活化的空气和水有利于人的健康。例如，在水净化器中加上能活化水的远红外陶瓷涂层装置，取得很好的效果，已经投入实际应用。

⑦ 生物医学。具有一定理化性和生物相容性的生物医学材料已受到人们的高度重视，而使用医用涂层可在保持基体材料特性的基础上，或增进基体表面的生物学性质，或阻隔基材离子向周围组织溶出扩散，或提高基体表面的耐磨性、绝缘性等，有力促进了生物医学材料的发展。例如，在金属材料上涂以生物陶瓷用作人造骨、人造牙、植入装置导线的绝缘层等。

⑧ 治疗疾病。有研究显示，将表面技术和其他技术制成的磁性涂层敷在人体的一定穴位，有治疗疼痛、降低血压等功能。涂敷驻极体膜具有促进骨裂愈合等功能。

⑨ 绿色能源。目前大量使用的化石能源往往伴随严重的污染，今后大力发展绿色能源成为趋势，表面技术是许多绿色能源装置（如太阳能电池、太阳能集热管、半导体制冷器等）制造的重要基础之一。

⑩ 优化环境。表面技术将在人类适应自然、优化环境中起到很大作用，例如，人们正在积极研究能调光、调温的"智慧窗"，即通过涂敷或镀膜等方法，使窗可按人的意愿来调节光的透过率和光照温度。

（4）表面工程技术在研究和生产新材料方面的应用

新型材料又称先进材料，是高新技术的一个组成部分和发展基础。目前表面技术在制备高临界温度（T_c）超导膜、金刚石膜、纳米粉末、纳米多层膜、纳米晶体材料、多孔硅、C_{60} 等新型材料中起着关键作用。

采用物理气相沉积如真空蒸发、溅射、分子束外延等方法制备超导薄膜，沉积膜为非晶态，经过高温氧化处理后转变为具有较高转变温度的晶态薄膜。用 YBaCuO 等高温超导薄膜可制成微波调制检测器件、超高灵敏的电磁场探测器件、超高速开关存贮器件，这些器件用于超高速计算机等。利用金属有机化合物化学气相沉积(metal-organic chemical vapor deposition，MOCVD)方法，形成多层具有特定功能的膜组合，可以制造一种纳米图形衬底侧向外延硅基量子点激光器材料，如图 0-3 所示。

利用热化学气相沉积和等离子体化学气相沉积等，在低压或常压条件下可制得金刚石薄膜新材料（过去制备金刚石材料是在高温高压条件下进行的），其硬度高达 80～100GPa，室温热导率达到 1100W/(m·K)，是铜的 2.7 倍，有较好的绝缘性和化学稳定性；在很宽的光波段范围内透明；与 Si、GaAs 等半导体材料相比，具有较宽的禁带宽度。它在微电子技术、超大规模集成电路、光学、光电子等方面有良好的应用前景，有可能成为继 Ce、Si、GaAs 以后的新一代的半导体材料。

利用化学气相沉积技术制备的类金刚石碳膜新材料，是一种具有非晶态和微晶结构的含氢碳化膜，类金刚石碳膜的一些性能接近金刚石薄膜，如高硬度、高热导率、高绝缘性、良好的化学稳定性、从红外到紫外的高光学透过率等。可考虑将其用作光学器件上的保护膜和增透膜、工具的耐磨层、真空润滑层等。在硬质合金（或陶瓷）衬底上涂覆 10～30μm 厚的金刚石薄膜，可制成涂层刀具、拉丝模、喷嘴和其他零部件，涂层的物理和化学性能都能达到或非常接近天然金刚石的水平。

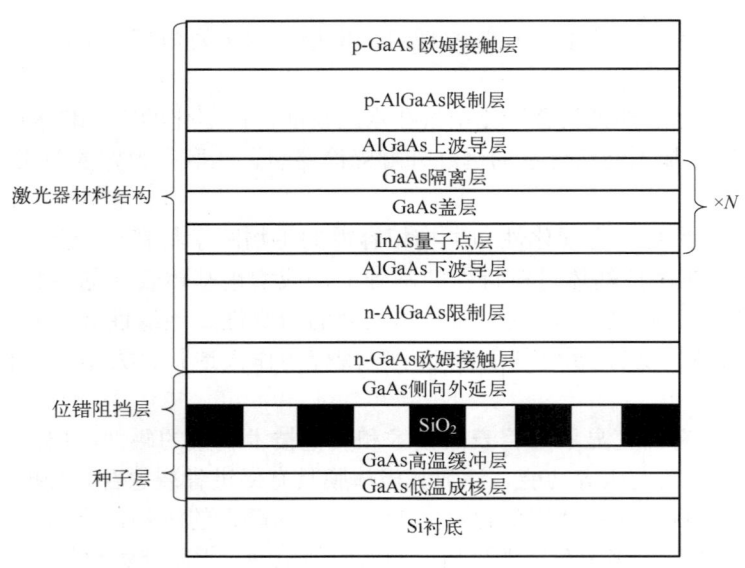

图 0-3　半导体激光器材料结构

利用化学气相沉积（CVD）和物理气相沉积（PVD）可以制备立方氮化硼薄膜，薄膜为立方结构。其硬度仅次于金刚石，而耐氧化性、耐热性和化学稳定性比金刚石更好，具有高电阻率、高热导率，掺入某些杂质可成为半导体，目前正逐步用于半导体、电路基板、光电开关及耐磨、耐热、耐蚀涂层。

利用等离子化学气相沉积、磁控溅射等技术制备的纳米硅新材料，又称纳米晶，其晶粒尺寸在 10nm 左右。它的带隙达 2.4eV，电子和空穴迁移率都高于非晶硅两个数量级，光吸收系数介于晶体硅和非晶硅之间，可取代掺氢的 SiC 作非晶硅太阳电池的窗口材料以提高其转换效率，也可考虑制作异质结双极型晶体管、薄膜晶体管等。

利用很多表面技术如等离子喷涂、离子镀、离子束合成薄膜技术、化学气相沉积、电镀、电刷镀等制备的梯度功能材料，是连续、平稳变化的非均质材料，其组织连续变化，材料的功能也随之变化。这种材料用于航空、航天领域，可以有效地缓和热应力，具有耐热性与力学强度都优异的新特性。

（5）纳米材料在表面涂层（膜）上的应用

将纳米材料与表面涂层技术相结合，有利于纳米材料的扩大应用，同时给涂层技术的进一步提高创造了条件。纳米涂层运用表面处理技术，将部分或全部含有纳米粉的材料涂覆于基体，由于纳米粉的作用，赋予基体新的性能或达到改性的目的。作为一种低维材料的制造和加工技术，随着航天航空领域对纳米结构和特性的探索不断深入，涂层和表面改性也越来越多地增加了纳米科技的内容。近年来，纳米涂层材料发展的趋势已经由单一的纳米涂层材料向纳米复合涂层材料发展。纳米复合涂层是由两相或两相以上的固态物质组成的薄膜材料，其中至少有一相是纳米相。因为集中了纳米材料的优异特性，纳米复合涂层具有更好的性能，如耐磨性、硬度、抗氧化性和耐腐蚀性等。

制备纳米复合涂层的方法很多，主要包括热喷涂技术、纳米复合镀技术、纳米粘接粘涂技术和纳米复合涂料技术等。航空航天纳米涂层材料按其用途可分为纳米结构涂层和纳米功能涂层。纳米结构涂层包括高强度、耐摩擦、耐高温、耐腐蚀、抗氧化的涂层；纳米功能涂层包括光学、隐身涂层材料等。这里主要介绍抗热障、耐磨损纳米涂层，纳米防护涂层，纳米微波涂层，纳米隐身涂层等。

① 抗热障、耐磨损纳米涂层。采用纳米材料技术对机械关键零部件进行金属表面纳米粉涂层处理，可以提高机械设备的耐磨性、硬度和使用寿命。把有机改性的纳米瓷土加入到聚合物树脂基中，制得的涂料能大大提高涂层的硬度、耐划伤性及耐磨性，此涂料比传统的涂料耐磨性提高 2～4 倍。

② 纳米防护涂层。用作涂料基料的高分子树脂在使用过程中，受到太阳中紫外线的长期照射会导致分子链的降解，影响涂膜的物性。因此，飞机防护涂层对抵抗环境对结构的腐蚀而言是非常重要的。纳米级的 TiO_2 是一种良好的永久性紫外线吸收剂，能散射和屏蔽紫外线；纳米 SiO_2 具有良好的吸收紫外线、反射红外线的功能。添加纳米 TiO_2 或 SiO_2 均能明显提高涂膜的抗老化性能。

③ 纳米微波涂层。纳米微粒特有的吸波能力，能使复合涂层广泛应用于飞机等武器装备上。把它涂在战略轰炸机、导弹等攻击性飞行器的表面，能有效地吸收防空雷达的电磁波。用纳米复合氧化物作为微波吸收材料具有涂层薄、质量轻、吸波效率高和吸收频带宽等特点。

④ 纳米隐身涂层。在航空领域，许多国家都已成功地将隐身技术应用于飞机的隐身。通过复合技术将不同波段的吸收剂及低红外发射材料有效耦合在一起做成的涂层，可实现对多种探测手段的复合隐身。美国 F-117 单座战斗轰炸机（图 0-4）采用了先进的吸声、吸波纳米功能复合材料和红外隐身复合材料。B-2 战略突防隐形轰炸机（图 0-5）的结构大量采用先进的复合材料，并在机体表面涂有雷达吸波材料。

图 0-4　美国 F-117 隐形战斗机　　　　图 0-5　美国 B-2 隐形轰炸机

0.5　表面工程技术发展的意义

表面工程技术既可对材料表面改性，制备多功能的涂、镀、渗、覆层，显著地延长零件的寿命，又可对产品进行装饰，对废旧机件进行修复。归纳起来，表面工程技术具有如下的技术特点。

① 在价廉的基体材料上，对表面施以各种处理，使其获得多功能性（防腐、耐磨、耐热、耐高温、耐疲劳、耐辐射、抗氧化以及光、热、磁、电等特殊功能）和装饰性表面。例如复合渗硼可以成倍提高材料的耐磨性、热疲劳性、红硬性以及耐蚀性。某些表面处理能使其材料得到难以获得的微晶、非晶态等特殊晶型。

② 虽然表面涂层或改性层很薄，从纳米级、微米级到毫米级，甚至多尺度组合，但却能起到大量高性能整体材料都难以达到的效果。

③ 大幅度地节材节能。作为机件、构件的预保护，使之能承受腐蚀与磨损；高温的机

件、构件的耐热性大大提高，延长了使用寿命；用于废旧机件的修复，也使机件的寿命有所延长。例如，电站的空气预热钢管不经处理，寿命仅有数月，经渗铝处理后寿命至少可达 10 年，经济效益不可低估。

总之，表面工程技术这一内涵深、外延广、渗透力强、影响面宽的综合通用性工程技术，已渗入到信息技术、生物技术、新材料技术、新能源技术、海洋开发技术、航空航天技术中，并与它们构成一个围绕制造、加工和功能产生的复合技术体系。表面工程技术具有实用性、科学性、先进性、广泛性、装饰性、修复性、经济性，对于节能制造、简约制造，实现"双碳"目标有重要意义，其发展前景广阔。

第 1 章

材料的表面结构与特征

固体材料表面上原子、分子或离子的排列情况不同于材料内部，因此表现出了与材料内部不同的物理、化学性质。这些表面特征对材料的整体性能具有显著作用，如材料的腐蚀、磨损以及疲劳等。同时，材料的一些制备与加工工艺，如焊接、复合等，无不与材料的表面密切相关。因此，系统研究材料的表面现象和行为具有十分重要的理论和实际意义。本章主要介绍了固体材料表面的相关概念、表面热力学、表面润湿等相关知识。

1.1　固体材料表面的基本概念

物质存在的某种状态或结构，通常称为某一种相。更加严谨地说，相是系统中某一成分、结构以及性质相同的区域并与其它区域以界面隔开的部分，如大自然环境中液态水和空气就是两种相，又如金属合金中既含有固溶体又含有金属间化合物，显然这也是合金中两种不同的相。两种不同相之间的交界区称为界面。自然界中的物质通常以固、液、气三相形式存在，当存在两相共存或多相共存时，就会出现固-气界面、固-液界面、固-固界面、气-液界面、液-液界面、气-气界面，甚至还会出现固-气-液多相界面。

如只单纯考虑固体材料，其中的界面可分为三种：

① 表面：固体材料与周围气体或液体的界面；

② 晶界：在多晶材料中，成分、结构相同的区域内有若干个晶粒，但晶粒间的取向不同，由此造成了不同取向的晶粒以界面隔开，这些界面称为晶界；

③ 相界：固体材料中成分、结构不同的两相之间的界面，如钢中铁素体与渗碳体之间的界面。

固体材料的表面和界面无论是在结构还是在化学组成上与其内部相比都有显著的差别。以某金属材料的表面为例，其内部的每个原子在空间上都要受到周围 6 个最近邻原子的相互作用，因此每个原子所受作用力是相同的，而处在材料表面上的原子所受到的力场是不均匀的（因为表面以外没有金属原子），因此产生了表面能，从而导致表面具有与内部不同的结构和性质，并在这些特殊性质的作用下使表面的化学成分与内部有所不同。要弄清材料表面的特性可由一系列参数来表达，比如表面结构、表面张力、表面能等。下文从这些参数出发，逐步分析材料的表面特性和一般行为规律。

1.2　固体的表面基本理论

1.2.1　固体表面的结构

从原子（或分子、离子）排列状况来看，固体材料分为晶体和非晶体，而本书主要探讨晶体材料。晶体的表面一般认为是晶体表层原子与气相或液相之间的接触区域。受限于以往材料表征技术的不足，过去人们认为晶体表面的原子结构和化学成分与其内部是一致的，且认为只要知道了晶体整体的性质就能够了解表面的性质，但这种看法被多种实验结果否定了，比如晶体内部的三线平移对称性在晶体表面消失了，这种特征完全可以证明晶体的表面结构和内部是存在巨大差异的。要想了解晶体表面的结构，可从理想表面、清洁表面和实际表面等三个方面逐步深入了解。

1.2.1.1 理想表面

晶体的结构是原子（分子或离子）在三维空间内呈周期性、往复性排列的结构。在早期，人们认为晶体表面上的原子也是呈周期性、往复性排列的，即可将表面原子看成理想的二维点阵平面，这种理想的二维点阵平面称为晶体表面的理想结构，其相当于将无限大的晶体分成两部分时，分割面处原子的位置及其结构周期性保持不变，与原来无限的晶体完全一样。理想晶体表面结构的二维点阵平面特征可由晶体学知识描述，但与三维点阵平面不同的是其只可能具有 5 种布拉菲点阵类型。

然而，理想表面结构这一模型忽略了由于表面原子周围环境与内部不同所造成的晶体内部周期性势场在晶体表面中断的客观行为，以及这种行为带给表面原子的影响，如与晶体内部不同的原子热运动、热扩散规律以及热缺陷行为等，同时还忽略了外界环境（气体或液体）对表面原子的物理和化学作用。显然，这种理想表面在现实中是很难存在的，但可为进一步理解表面结构提供理论基础。

1.2.1.2 清洁表面

由于表面原子受力状况与内部不同，表面原子易偏离平衡位置，产生晶格畸变，致使晶体表面具有一定的表面能。若实际晶体放置在自然环境中，则在这种表面能的作用下，晶体的表面会与自然环境中的一些固、气以及液态物质发生吸附、化学反应等相互作用。但若将实际晶体放置于真空、纯净的环境中，此时晶体表面就无相关的物理-化学效应发生，则称此时的晶体表面为清洁表面。这种清洁表面的化学组成与晶体内部相同，但周期结构却不同于内部。由于没有发生相关的物理-化学效应，表面能没有得到释放，影响着表面原子的排列情况，致使表面原子偏离平衡位置进而产生多种缺陷，从而降低系统的能量。因此，清洁表面必然存在着各种类型的表面缺陷。根据表面缺陷的结构特点，又可以将清洁表面分为台阶表面、弛豫表面、重构表面。

（1）台阶表面

清洁表面是完整的平面吗？答案是否定的，因为这种原子级的平整表面能量很高，属于热力学不稳定状态，那如何保持系统的稳定呢？一般地，清洁表面会存在一些台阶结构来降低系统的能量。台阶表面是由规则的或不规则的台阶与一些平面所组成的。如图 1-1 所示为一种台阶平面情况，台阶的平面是（111）晶面，台阶的立面（即连接面）是（001）晶面。若应用场离子显微镜和低能电子衍射设备，则可证实很多晶体的表面是台阶化的，如将电子束入射清洁表面时，则会发现因台阶的存在，电子束反射线之间会产生位差，如果台阶密度很高，则各个台阶的衍射线之间还会发生相干效应。

（2）弛豫表面

由于晶体内部的三维周期性在表面处突然中断，表面上原子的配位情况发生变化，相应地表面原子附近的电荷分布也将有所改变,且表面原子所处的力场与晶体内部原子也不相同。为使体系能量尽可能降低而保持系统稳定,表面上的原子常常会产生相对于正常位置的上、下位移,结果使得表面原子层的间距不同于晶体内部原子层的间距。表面上原子的这种位移(压缩或膨胀)称为表面弛豫,如图1-2所示。通常,表面层间距缩短是负弛豫现象,增大则是正弛豫现象。另外,表面弛豫所产生的最大位移在表面第一层原子与第二层原子之间,越深入晶体内部,则弛豫效应越弱,并且是急剧弱化。

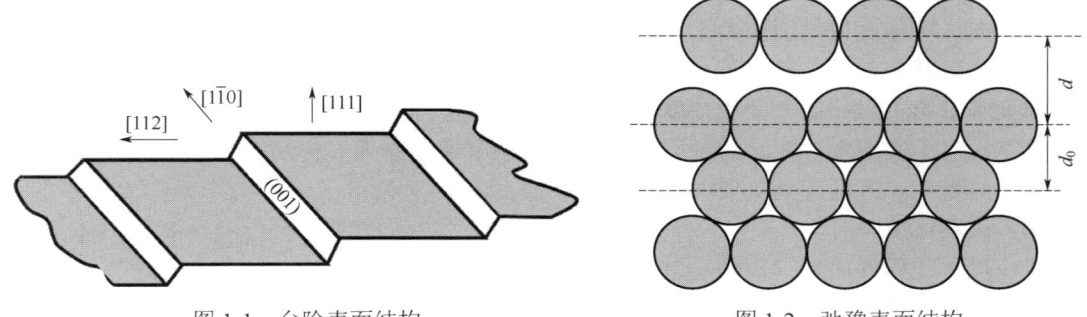

图1-1　台阶表面结构　　　　　　　　　图1-2　弛豫表面结构

(3)重构表面

重构(或称再构)指的是在平行于基底的表面上,原子层的平移对称性不同于晶体内部,但垂直方向的层间距离与内部层间距相同。图1-3所示的是面心立方结构晶体(111)面的重构表面示意图,假设其表面只包括一个单原子层,在此层中表征平行于基底方向原子排列的晶格基矢为 a_s,可以看出 a_s 明显大于内层的晶格矢量 a。一般来讲,最常见的表面重构可分为两种类型,一种是缺列型重构,另一种是重组型重构。所谓缺列型重构指的是表面周期性地缺失原子列所造成的一种结构,如洁净的面心立方金属(110)表面上的(1×2)就属于典型的缺列型重构,其表面上的原子列每间隔一列就缺失一列。重组型重构指的是表面上并不缺失原子,但其原子排列方式发生很大改变。

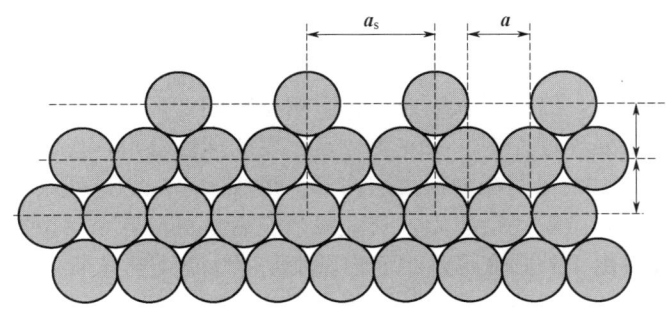

图1-3　面心立方重构表面

从上述分析可知,清洁表面是不存在任何污染的化学纯表面,因此要制备清洁表面是极其困难的,但可通过诸如超高真空解理等方法来获得。然而这些工艺往往需要复杂的设备,且获得的清洁表面与实际应用往往相差很大,得到的研究结果一般不能直接应用到实际中去。尽管如此,研究者们还是可以通过这些了解表面的本质。

1.2.1.3 实际表面

实际上，前面所述的理想表面是不存在的，纯粹的清洁表面也是很难获得的，因此现实中的固体材料表面通常称为实际表面。实际表面一般是暴露在大气环境或其他气氛环境中，或经过切割、研磨、抛光、清洗等加工处理，或放置于高温条件下所获得的表面。因此，实际表面的结构与外界因素关联很大。描述实际表面可从以下几个方面进行。

（1）表面粗糙度

对于固体材料的实际表面，从微观上看（用电子显微镜观察），即使宏观看来非常光滑平整的表面，实际上也是凹凸不平的，即表面具有一定的粗糙度。描述实际表面粗糙度的大小主要有以下几个参数：轮廓算术平均偏差 Ra，微观不平度十点高度 Rz，轮廓最大高度 Ry等（详见本书第 12 章）。表面粗糙度对材料的许多性能都有显著的影响，控制这种微观几何形状误差，对于实现零件配合的可靠和稳定、减小摩擦与磨损、提高接触刚度和疲劳强度、降低振动与噪声等方面起到重要的作用。

（2）贝尔比层

固体材料一般都需要经切削、变形等加工处理后才能使用，经这些加工处理后，固体材料表面就会出现贝尔比（Beilby）层。那什么是贝尔比层呢？它又是如何产生的呢？实际上，贝尔比层是一种在固体材料表层 $5nm\sim1\mu m$ 厚度范围内因晶格畸变等原因而产生的一种非晶态层，如果固体材料为金属材料，其成分为金属和它的氧化物，由于此层的结构和内部不同，其性能与材料内部也存在明显差异。例如，金属材料在机加工时，由于表面具有一定的粗糙度，与刀具的接触实际上是点接触，受力面积小造成在加工时摩擦所产生的温度可以远高于表面的平均温度，但又因作用时间短，而金属导热效果又好，所以摩擦后该区域的温度迅速降下来，致使高温下的活动原子来不及回到平衡位置，形成非晶层并造成一定程度的晶格畸变，其作用方式相当于淬火时的急冷。同时，由于高温的作用，表面又极易氧化而形成金属的氧化物。贝尔比层根据其性能特点，有时可以加以利用，有时则应予以消除。对于金属材料来说，贝尔比层具有较高的耐磨性和耐蚀性，这在实际应用时可以加以利用。但是在其他许多场合贝尔比层是有害的，例如在硅片上进行外延、氧化和扩散之前要用腐蚀法除掉贝尔比层，因为它会产生位错、层错等缺陷从而严重影响器件的性能。

（3）残余应力

对于一些金属材料来说，经过一些如切割、研磨或抛光等加工处理后，表层一定深度范围内还存在着残余内应力，这种残余应力将会影响材料的许多性能。那残余应力是如何产生的呢？金属材料在加工处理过程中，要发生一定程度的塑性变形，此时外力所做的功大部分转化成热能，但仍有约 10%保留在材料表层内部，形成残余应力。残余应力按其作用范围一般可分为宏观残余应力和微观残余应力。宏观残余应力是材料各个部位发生不均匀变形所引起的，如钢丝在拉拔时由于外圆变形量小而内圆变形量大，导致表面和心部变形量不一致并由此产生宏观残余应力。微观残余应力是作用范围较小的内应力，可分为两个层次：一是不同晶粒之间变形不均所导致的微观应力；二是变形产生的大量缺陷（位错和空位）所产生的晶格畸变所致的内应力。

残余应力对材料的各种性能和反应过程会产生很大的影响，通常是有害的，它有可能会导致材料的变形、开裂或产生应力腐蚀。但在表面技术中，它也有可利用的一面，例如表面高能喷丸工艺可在工件表面引入一定压应力，并且持续一定的深度，此压应力可抵消一部分外加载荷，从而有效提高零件的疲劳寿命。

（4）表面吸附

原子或分子间结合键在固体表面中断并形成不饱和键，这种键能够吸引外来原子或分子，以降低表面能，这个过程称为吸附。外界的气体、液体及固体均可被吸附。当吸附气体时，可分为物理吸附和化学吸附。物理吸附中固体表面与被吸附分子之间结合是通过范德瓦耳斯力进行的，而在化学吸附中，二者之间的作用力与化合物中原子间形成化学键的力相似，这种力比范德瓦耳斯力大得多。固体表面上的气体吸附可对其表面产生重大影响，当一些惰性气体原子在基底上通过范德瓦耳斯键形成有序的密堆积结构时，因这种物理吸附不稳定，易解吸，对表面结构和性能影响小；当一些气体原子在固体表面以化学吸附形成覆盖层，或者形成置换式或间隙式合金型结构时，则对表面结构和性能影响大。

上述讲到的是固体材料表面对气体的吸附，同理，固体材料也会对液体或其他固体进行吸附。吸附对固体表面的结构及性能会产生显著的影响，因此研究表面吸附具有十分重要的意义。

（5）表面化学反应

如果固体的表面与吸附原子之间的电负性相差很大，则有可能通过化学反应形成新的化合物。金属的氧化是表面化学反应的典型案例。当金属材料表面暴露在一般的空气中就会吸附氧或水蒸气，甚至在一定的条件下发生化学反应而形成氧化物或氢氧化物。实验证明绝大多数金属表面存在一定厚度的氧化膜，这种氧化膜对金属的腐蚀和磨损性能有重大影响。在特殊环境中，金属的表面还可与环境中的 S、N 等元素发生反应生成相关化合物，故而对表面性能产生影响，因此应严格监控表面化学反应及反应产物。

综合上述分析可知，金属材料表面实际为多层结构，其结构示意图如图 1-4 所示。最外层为吸附层，此层主要是环境中气体、液体极性分子和固体颗粒被表面吸附而形成的吸附膜或污染膜，厚度约为 0.3～

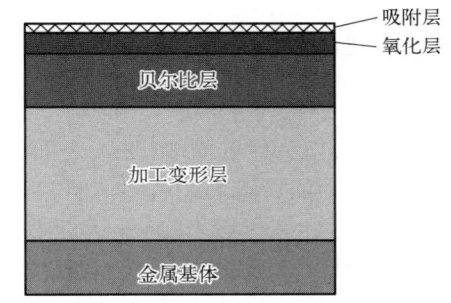

图 1-4　金属材料表面实际结构

3nm。在吸附层以下一般为氧化层，是由于表面与大气或特殊环境接触经化学反应形成的，它的组织结构与氧化程度有关，厚度约为 10～20nm。氧化层下应为贝尔比层，厚度约 1μm。贝尔比层以下应是加工变形层，厚度约为数十微米。加工变形层以下即为金属基体。

1.2.2　固体表面热力学

晶体中的原子（或分子和离子）在空间上按一定的周期进行重复性排列，形成了具有对称性的晶格。但在表面，原子的排列周期重复性中断，处于表面最外层原子的对称性被打破，表现出剩余键力，使得最外层原子有向内部运动的趋势。为了使系统平衡，在晶体表面有一种力在抵抗原子向内部运动，称作固体的表面张力。那何谓表面能呢？由于表面上的原子受到不平衡的作用力，如要将内部原子迁移到表面时，要克服向内的引力，即要增强新表面，必须反抗内部引力的作用。因此表面能就是在一定温度和压力下，增加单位面积的表面所需做的可逆非膨胀功，单位为 J/m^2。

表面张力和表面能的概念是在研究液体表面状态时提出来的。如同固体材料一样，处在液体表面层的分子与处在液体内部的分子所受的力场不相同。以液-气表面为例，气体分子对液体分子的吸引力很小，因此液体表面的分子仅受到液体内部垂直于表面的引力影响。这种分子间的引力主要来源于范德瓦耳斯力，它的大小与分子间距离的 7 次方成反比。为抵抗这种分子间的作用力，故而产生表面张力，因此表面张力本质上是由分子间相互作用力产生的。一般地，范德瓦耳斯力由色散力、诱导力、偶极力、氢键等分量组成，其中色散力由分子间的非极性相互作用而引起，诱导力、偶极力、氢键等都与分子间的极性相互作用有关，因此表面张力 σ 可分解为色散分量 σ^d 和极性分量 σ^p，即：

$$\sigma = \sigma^d + \sigma^p \qquad (1\text{-}1)$$

根据热力学知识可知，平衡状态下分子在液体内部运动无须做功，而液体内部的分子若要迁移到表面，必须克服一定引力的作用（分子间的作用力），即欲使表面增大就必须做功（内部分子运动到表面相当于增大表面积），这部分所做的功带来的能量就是该液体的表面能。一般地，表面过程是等温、等压和等容过程，如形成新的单位表面积，系统的吉布斯自由能 G_s 的变化与亥姆霍兹自由能 F_s 的变化是相同的，因此比表面能 γ 可以定义为：

$$\gamma = (\frac{\partial G_s}{A})_{T,P} = (\frac{\partial F_s}{A})_{T,V} \qquad (1\text{-}2)$$

式中，A 为表面积；G_s 与 F_s 都是总表面能；T 为温度；P 为压强；V 为体积。对于液体来说，表面自由能与表面张力在数值上是一致的，是从热力学和力学两个角度对同一表面现象的描述，即：

$$\gamma = \sigma \qquad (1\text{-}3)$$

式中，γ 为比表面能；σ 为表面张力。对于固体表面能和表面张力，采用类似液体表面能和表面张力的讨论仍能适用，但它们之间又有差别。相比于液体分子，固体中原子（分子或离子）间的相互作用力较强，因此彼此间的相对运动要困难得多，于是会带来一些后果：a. 固体在表面原子总数保持不变的条件下，在外力的作用下有可能会发生弹性变形，弹性变形会使表面积增加，因此会存在一部分弹性能，即固体表面能中包含了弹性能，此时表面张力在数值上不等于表面能；b. 液体表面张力涉及液体表面拉应力，张力功可以通过表面积测算而得到，而固体表面的增加涉及表面断键密度等概念，所以固体的表面张力和表面能计算更加复杂。

由于固体表面能和表面张力在数值上不相等，在讨论固体表面时，往往不采用表面张力的概念，而常采用表面能这一物理量。研究固体的表面能具有重要意义，对分析固体外形和表面形貌、吸附规律以及偏析行为等都具有重要作用。每种固体材料的表面能均不同，受到晶体结构类型、晶体取向、外界温度、杂质种类和含量等的影响，即使同种固体材料在表面形状、表面曲率不同时也表现出不同的表面能数值。在实际实验中，测量固体的表面能是非常困难的，通常对于不同性质的固体，分别采用接触角法、劈裂功法、溶解热法、零蠕变法、熔融外推法和薄膜浮选法等。根据这些方法测量出来的表面能数值，可用于了解固体材料表面润湿、润滑、黏附以及摩擦磨损等过程的基本机理。

1.2.3　固体表面的润湿

润湿是固体表面接触液体时的重要现象，与许多材料行为都息息相关。生活中也能观察到许许多多的润湿现象。举个例子，如果要鉴定钻戒的真假，有这样一个初步且简便的办法，用一滴水滴在钻石上，如果完全铺展开来，这个钻石就肯定是假的，如果液滴在钻石上呈现球状，这个钻石就有可能是真的。为什么铺展开来就是假的，呈球状就是真的呢？这种办法的原理是什么呢？实际上，这个问题和固-液界面的润湿有关，可通过系统学习固-液界面润湿的相关知识来解释这个现象。

（1）润湿的相关概念

润湿是表面接触状态的反映，如图1-5所示，一滴水滴在玻璃上，水滴铺展开来，滴在石蜡上却呈现球状。显然，水铺展开来就是润湿，而呈现球状就是不润湿。但这样的概念并不严谨，润湿指的是当微量的液滴与固体表面接触时，液体取代原来覆盖在固体表面的气体而铺展开来的现象。随着材料种类的变化，液滴在不同材料表面铺展能力也不同，我们把这种液滴在固体表面铺展的能力叫作润湿性。显然，从刚才的现象看，水在玻璃表面的润湿性好，而在石蜡表面的润湿性差。

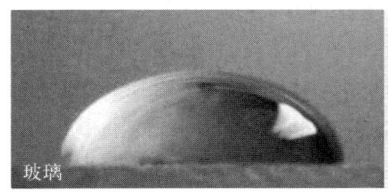

图1-5　水滴在玻璃和石蜡表面润湿情况

（2）润湿性的衡量（接触角）

用什么参数来衡量润湿性呢？假设有这样一个固体，有微量液滴滴在固体表面，如图1-6所示。在这里引入接触角的概念来描述液滴的润湿性，接触角指的是固、液、气三相交界点上固-液界面切线与液-气界面切线之间的夹角，用θ表示。当θ角等于0°时，即两条切线相平行，把这种情况叫完全润湿，如图1-7所示；当$0<\theta\leqslant90°$时，这种情况叫润湿，并且θ角越小，润湿性越好；当$90°<\theta<180°$时，此时称为不润湿；当$\theta=180°$等于180°时，此时称为完全不润湿，这个时候液滴在固体表面以点接触的形式存在，呈现一个完整的球状。

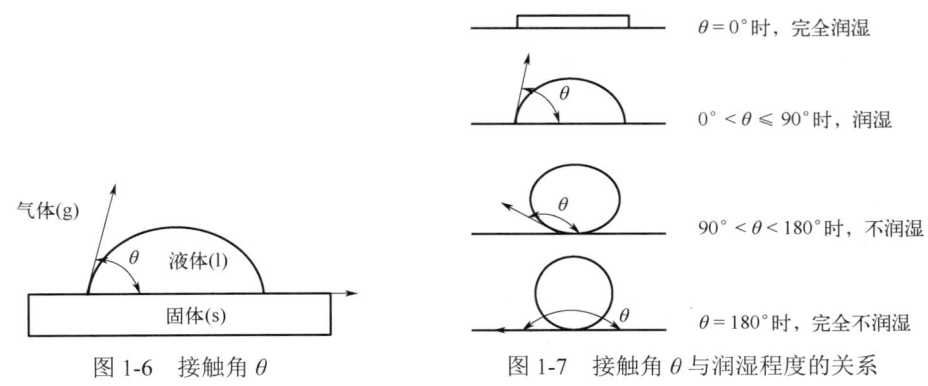

图1-6　接触角θ　　　　图1-7　接触角θ与润湿程度的关系

（3）润湿性的基本原理（引入杨氏方程）

为什么不同的材料其表面润湿性不同，这里要用到表面张力（或界面张力）来解释。如图1-6所示，此时出现了三个界面，分别是固-液界面、液-气界面和固-气界面，既然有界面就会有界面张力，界面张力是因为界面上原子或分子所处的环境与内部不同，所受到周围的原子或分子的作用力与内部也不同，因此界面上会有一种张力来维持系统的平衡。界面张力方向一般沿着界面的切线方向。取三相交点来做各个界面的张力，固-液界面的张力记作 γ_{sl}，液-气界面的张力记作 γ_{lg}，固-气界面的张力记作 γ_{sg}。按照接触角的定义，接触角 θ 正好是固-液界面和液-气界面张力之间的夹角。当系统处于平衡状态下，三个界面张力也会平衡，故有：

$$\gamma_{lg}\cos\theta + \gamma_{sl} = \gamma_{sg} \tag{1-4}$$

这就是著名的杨氏方程，由英国科学家托马斯·杨提出，此方程已成为润湿领域最基本的理论之一。将这个方程转化成下式，可以进行一些讨论：

$$\cos\theta = \frac{\gamma_{sg} - \gamma_{sl}}{\gamma_{lg}} \tag{1-5}$$

当固-气界面张力大于固-液界面张力，且它们之间的差值小于液-气界面张力时，$0<\cos\theta<1$，此时液滴在固体表面呈现润湿状态；当固-气界面张力小于固-液界面张力，$\cos\theta<0$，此时液滴在固体表面呈现不润湿状态。从杨氏方程来看，固-液界面的润湿性和界面张力有很大关系。利用杨式方程可以解释石蜡以及玻璃润湿性之间的差别。水滴在玻璃的接触角明显小于 $90°$，表现一定的润湿性，这是因为玻璃的表面张力较大，另外玻璃是由极性键构成的，而水分子也是由极性分子构成的，因此它们之间界面张力较小，玻璃的表面张力减去玻璃与水之间的界面张力大于 0，所以 $\cos\theta>0$，而 $\theta<90°$，故表现出润湿性。石蜡的接触角明显大于 $90°$，表现出不润湿的特点，这是因为石蜡的表面张力较小，另外它是由非极性键构成的，而水分子是由极性分子构成的，因此它们之间界面张力较大，故此时 $\cos\theta<0$，而 $\theta>90°$，表现出不润湿的特点。

润湿现象在表面技术中有重要作用，如在金属表面覆层技术中，润湿程度对覆层与基体的结合强度有很大影响；在液体介质化学热处理中，熔盐对金属表面的润湿性将影响热传质过程。

1.2.4 纳米材料的表面效应

纳米材料是指微观结构至少在一维方向上受纳米尺度（1～100nm）调制的各种固体材料，包括零维的原子团簇（cluster）和纳米微粒、二维调制的纳米颗粒膜（涂层）以及三维调制的纳米相材料。纳米固体中的原子排列既不同于长程有序的晶体，也不同于长程无序、短程有序的"气体状"固体结构，是一种介于固体和气体间的亚稳中间态物质。纳米材料的结构导致其具有独特的表面效应。

（1）表面效应

随着颗粒尺寸减小，纳米颗粒的表面原子数与总原子数之比急剧增大，这种情况引起的性质上的变化，称为纳米材料的表面效应。具体特征是：a. 随粒径减小，表面原子数迅速增加；b. 随着粒径的减小，纳米颗粒的表面积、表面能都迅速增加；c. 表面原子周围缺少相邻的原子，有许多悬空键，具有不饱和性质，易与其他原子结合而趋于稳定，表现出很大的化学和催化活性。如图 1-8 所示，A 原子缺少三个近邻，B、C、D 原子缺少两个近邻，E 原子缺少一个近邻，它们相比内部原子的配

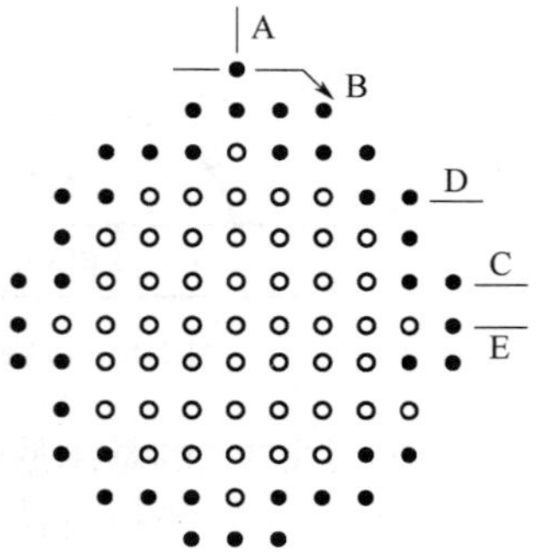

图 1-8　表面原子配位

位明显减少，均处于不稳定状态，近邻缺位越多越容易与其他原子结合，意味着活性越大。

球形颗粒的表面积与直径的平方成正比，其体积与直径的立方成正比，故其比表面积（表面积/体积）与直径成反比，表 1-1 和图 1-9 分别给出了纳米微粒粒径尺寸与表面原子数的关系。可以看出，随着颗粒粒径减小，表面原子数迅速增加。这是由于粒径小，表面积急剧变大所致。例如，粒径为 10nm 时，比表面积为 $90m^2/g$，粒径为 5nm 时，比表面积为 $180m^2/g$，粒径下降到 2nm，比表面积猛增到 $450m^2/g$。这样高的比表面积，使处于表面的原子数越来越多，同时，表面能迅速增加，如表 1-2 所示。由表看出，Cu 纳米微粒粒径从 100nm→10nm→1nm，Cu 微粒的比表面积和表面能分别增加了 2 个数量级。

表 1-1　纳米微粒粒径尺寸与表面原子数的关系

纳米微粒粒径/nm	包含总原子数/个	表面原子数所占比例/%
10	$3×10^4$	30
4	$4×10^3$	40
2	$2.5×10^2$	80
1	30	99

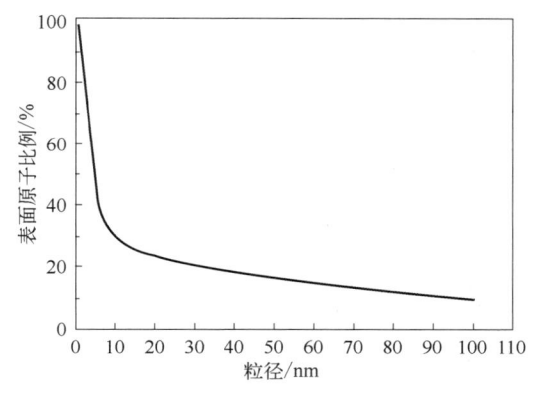

图 1-9　粒径与表面原子比例关系

表 1-2　纳米 Cu 微粒的粒径与比表面积、表面原子与全部原子之比比例、
一个粒子中的原子数和表面能的关系

粒径 d/nm	比表面积 S/(m^2/g)	表面原子与全部原子之比	一个粒子中的原子数/个	表面能 E/(J/m^2)
100	6.6	—	$8.46×10^7$	$5.9×10^2$
20	—	10	—	—
10	66	20	$8.46×10^4$	$5.9×10^3$
5	—	40	$1.06×10^7$	—
2	—	80	—	—
1	660	99	—	$5.9×10^4$

团簇是由几个乃至上千个原子、分子或离子通过物理或化学结合力组成的相对稳定的微观或亚微观聚合体，其物理和化学性质随所含的原子数目的变化而变化。团簇的比表面积随其尺寸的变小而显著增大，对于直径为 1nm 的金属团簇，表面原子数约占总原子数的百分比高达 90%，由于表面原子的几何构型、自旋构型、原子间相互作用力和电子能谱均与材料内部原子不同，因此与表面状态有关的吸附、催化及扩散特性将与宏观物体明显不同。团簇由

于具有表面积大，表面活性高的特点，在催化领域有着广泛应用。

（2）吸附

相接触的不同相之间产生的结合现象称为吸附。吸附可分成两类，一是物理吸附，吸附剂与吸附相之间是以范德瓦耳斯力之类较弱的物理力结合；二是化学吸附，吸附剂与吸附相之间是以化学键结合，结合力强。与大块材料相比，由于纳米颗粒比表面积大，表面能高，表面原子配位不足，具有较强的吸附性。纳米颗粒的吸附性与很多因素有关，如被吸附物质的性质、溶剂的性质、溶液的性质等。电解质和非电解质溶液以及溶液的 pH 值等都对纳米微粒的吸附产生强烈的影响。

电解质在溶液中以离子形式存在，主要依靠库仑力吸附在颗粒表面。由于纳米颗粒大的比表面常常产生键的不饱和性，导致纳米颗粒表面失去电中性而带电（例如纳米氧化物、氮化物颗粒），在电解质溶液中往往把带有相反电荷的离子吸引到表面上以平衡其表面电荷，这种吸附主要通过库仑力的作用而实现，结合力比较弱，因此，纳米微粒在电解质溶液中的吸附现象大多数属于物理吸附。非电解质是指电中性分子，它们可通过氢键、范德瓦耳斯力、偶极子的弱电引力吸附在颗粒表面，其中主要是以氢键形成而吸附在颗粒表面。

（3）团聚

由于纳米颗粒表面原子数增多，表面原子配位数不足以及较高的表面能，这些表面原子具有较高的活性，很不稳定，很容易与其他原子结合，最常见的是纳米颗粒极易出现相互团聚的情况。纳米颗粒表面原子的化合价通常没有达到饱和，会在其表面形成很多的悬空键，即具备极易成键的电子，从而使纳米颗粒有很高的表面活性；此外纳米颗粒在溶液或者其他介质的表面极容易吸附大量的原子、分子、离子，这也是为了抵消大量的表面未成键的悬空键。

设纳米微粒系统处于分散状态时，总表面积为 A_0，团聚后，总表面积为 A_1，显然 $A_0 > A_1$。若单位面积的表面自由能为 γ，则团聚前后系统总的表面自由能变化为：$\Delta G = \gamma(A_1 - A_0) < 0$。根据热力学定律，纳米微粒从分散到团聚的过程是不可逆的、自发的过程。因此，纳米微粒系统的团聚是不可避免的。

悬浮在溶液中的微粒普遍受到范德瓦耳斯力作用，很容易发生团聚。而由于吸附在小颗粒表面形成的具有一定电位梯度的双电子层又起到克服范德瓦耳斯力阻止颗粒团聚的作用，因此，悬浮液中微粒是否团聚主要取决于这两种作用力的对比情况。当范德瓦耳斯力大于双电子层之间的排斥力时，粒子就发生团聚。在讨论团聚时必须考虑悬浮液中电介质的浓度和溶液中离子的化学价。下面具体分析悬浮液中微粒团聚的条件。根据 Schulze-Hardy 定律：

$$C_r = \frac{16\varepsilon^3 k_B T}{N_A e^4 A^2} \times \frac{\Psi_0^4}{Z^2} \tag{1-6}$$

式中，C_r 是纳米微粒团聚时电介质的临界浓度；ε 为溶液的介电常数；k_B 表示玻尔兹曼常数；T 为热力学温度；N_A 是阿伏伽德罗常数；e 为电子电荷；A 为常数；Ψ_0 为粒子表面电位；Z 为原子价。当浓度大于临界浓度时，就发生团聚。Schulze-Hardy 定律还可以简化为：

$$C_r \propto \frac{1}{Z^6} \tag{1-7}$$

由式（1-7）可以看出，引起微粒团聚的最小电介质浓度与溶液中离子化学价的六次方成反比，与离子的种类无关。

（4）表面效应现象

超微（细）颗粒的表面具有很高的活性，且极不稳定，暴露在空气中会吸附气体，并与气体反应，在空气中金属颗粒会迅速氧化而燃烧。如要防止自燃，可采用表面包覆或有意识地控制氧化速率的方法，使其缓慢氧化生成一层极薄而致密的氧化层，确保表面稳定化。利用其表面活性，易与其它原子结合，大大提高了纳米材料的催化效率，金属超微颗粒已经成为新一代的高效催化剂和储气（储氢）材料；另外，纳米颗粒的表面与宏观物体的表面十分不同，庞大的比表面，导致键态严重失配，出现许多活性中心，表面台阶和粗糙度增加，出现非化学平衡、非整数配位的化学键，从而导致纳米体系的化学性质与化学平衡的体系有很大的差异。例如宽频带强吸收，纳米颗粒比表面大导致了平均配位数下降，不饱和键和悬键增多，与常规大块材料不同，没有一个单一的择优键振动模，而是存在一个较宽的键振动模的分布。在红外光场作用下，它们对红外吸收的频率也就存在一个较宽的分布，从而导致纳米颗粒对红外吸收带的宽化。

纳米颗粒表面修饰和包覆的基本含义是指通过物理方法或化学方法对纳米粒子表面进行处理，有目的地改变纳米颗粒表面的物理化学性质，如表面原子层结构和官能团性能、表面极性和表面电性等。通过表面修饰和包覆，可以达到：a. 解决纳米粒子容易团聚的问题；b. 提高微粒表面活性；c. 使微粒表面产生新的物理、化学、机械性能及新的功能；d. 改善纳米粒子与其他物质之间的相容性。ZrO_2 纳米颗粒表面包覆 Al_2O_3，纳米 Al_2O_3 表面包覆 ZrO_2，SiO_2 表面的有机包覆，TiO_2 表面的有机和无机包覆等，都已在实验室完成。包覆的小颗粒不但消除了颗粒表面的带电效应，防止团聚，同时，形成了一个势垒，使它们在合成烧结过程中（指无机包覆）颗粒不易长大。以 BN 胶囊为包覆剂包覆纳米 ZnO，ZnO/BN 组装体的光致发光强度大约为纯 ZnO 纳米粒子的 1000 倍。有机包覆使无机小颗粒能与有机物和有机试剂达到浸润状态，从而为将无机颗粒掺入高分子材料中奠定了良好的基础。纳米氧化物表面包覆有机物的小颗粒添加到材料中，提高了材料的强度和熔点，同时防水能力增强，光透射率有所改善；若添加高介电纳米颗粒，还可增强系统的绝缘性。

思考题

1. 试述表面张力（表面能）产生的原因。
2. 试述固体的理想表面、清洁表面和实际表面的特征。
3. 为什么会造成固体材料表面原子的重组？
4. 如何利用水笔画线法鉴别金刚石的真假，并讨论其理由。
5. 在两块玻璃之间放少许水叠在一起为什么很难分开？
6. 纳米颗粒表界面特征有哪些？
7. 纳米颗粒的表面效应应用有哪些？

第 2 章

材料表面摩擦与磨损

当材料表面相互接触且发生相对运动时，就会发生摩擦。摩擦是自然界中一种普遍存在的现象，如人的行走、齿轮的传动以及车辆的刹车等，由此可见自然界中不能缺少摩擦。然而，物体间运动速度加快和施加载荷提高，导致更大的摩擦热和材料表面损失或相互转移，甚至还发生其他的物理化学变化，即产生磨损。磨损对于整个体系的运行可靠性、安全性都会产生影响，据统计，我国每年仅磨料磨损一项需要补充的备件钢材就达 150 万吨，而美国每年因磨损失效造成的损失高达 1000 亿美元。因此，研究摩擦与磨损具有重要的理论意义和实际应用价值。一般地，将摩擦、磨损与润滑统称为摩擦学。本章仅讨论摩擦与磨损两部分内容，重点介绍摩擦基本理论和磨损相关机制。

2.1　摩擦的基本理论

当两个物体的表面相互接触时，在外力的作用下发生相对运动或具有相对运动趋势，接触面上产生一种切向的力阻碍二者相对运动，这种现象称为摩擦，这一阻力称为摩擦力，如图 2-1 所示的力 F 就是 A、B 两物体间所产生的摩擦力。

在实际应用中，摩擦有负面作用，比如物体要继续保持相对运动就要克服摩擦力，从而就要消耗一部分动力，致使机器的效率降低；摩擦产生的热会使得配合零件膨胀、咬死，阻碍机器的正常运转。然而，摩擦也有其积极作用，没有摩擦力我们将变得"寸步难行"，在原地打滑而不能行走，就算站立都成为奢望；又如车辆是通过刹车钳和刹车盘之间的摩擦来实现减速的。

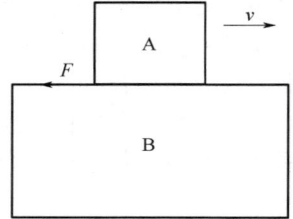

图 2-1　摩擦力形成

摩擦现象的形式多种多样，按摩擦物体表面情况和运动方式，可有以下分类：

① 按摩擦物体运动状态可分为静摩擦和动摩擦。静摩擦指的是当一物体在外力作用下与另一物体有界面接触并只有相对运动的趋势时产生的摩擦（尚保持相对静止）。静摩擦力的方向与物体运动趋势相反，且随着外力的增大而增大。静摩擦力有一最大值，当外力克服了最大静摩擦力时，物体就会开始宏观运动。动摩擦指的是当两个物体有界面接触并发生相对运动时产生的摩擦，由此产生阻碍物体运动的力称为动摩擦力，动摩擦力一般小于静摩擦力。

② 按摩擦物体运动形式可分为滑动摩擦和滚动摩擦。滑动摩擦即两物体发生滑动时产生的摩擦；而滚动摩擦指的是在外力（矩）的作用下，两物体沿着接触面发生相对滚动时产生的摩擦。

③ 按摩擦表面润滑状态可分为干摩擦、边界润滑摩擦、流体润滑摩擦以及固体润滑摩擦。干摩擦即物体间没有润滑剂时的摩擦；边界润滑摩擦指的是物体间存在一层极薄的润滑膜时的摩擦；流体润滑摩擦指的是物体完全被润滑流体隔开时的摩擦，流体可以是液体也可

以是气体；固体润滑摩擦是物体间存在固体润滑剂的摩擦。

另外，两种物体之间的摩擦仅与接触部分的表面相互作用有关，而与物体内部状态无关，这种摩擦称之为外摩擦；阻碍同一物体如液体或气体各部分之间相对运动的摩擦，称之为内摩擦。

人类很早就对摩擦现象有了认识并加以利用，许多早期的文献里都记载了把摩擦影响减至最小的多种尝试。2000 多年前的亚里士多德就已经提到摩擦力的概念，但是真正对摩擦进行定量的研究，则始于 15 世纪的文艺复兴时期。几百年间里，经过各国诸多科学家的努力，对摩擦过程及其机理的认识逐渐明晰。研究角度由宏观表面进入微观表面，研究方法从定性分析到定量计算，并考虑了多因素和动态对摩擦的影响。然而，由于摩擦过程较为复杂，至今尚未形成统一的理论，下面仅对各种摩擦理论作简要介绍。

2.1.1 古典摩擦理论

摩擦的概念最早由意大利科学家达·芬奇提出，1508 年，达·芬奇使用石头和木头开始了对固体摩擦的实验研究，测量了水平和斜面上物体间的摩擦力，进行了表面接触面积对摩擦力影响的实验研究，得出了等重物体之间的摩擦力与接触面积无关的重要结论。随后，法国工程师阿蒙顿在 1699 年验证了达·芬奇的结论，并建立起摩擦相关公式的基本框架。1785 年，法国科学家库仑在相同实验条件下，提出了第三摩擦定律和第四摩擦定律。至此，阿蒙顿-库仑摩擦定律，即古典摩擦定律正式建立，其主要内容为：

① 摩擦力的大小与名义接触面积无关。

② 摩擦力的大小与接触表面间的法线方向载荷的大小有关，即：

$$F = \mu N \qquad (2\text{-}1)$$

式中，F 为摩擦力；μ 为摩擦系数；N 为法线方向载荷。

③ 动摩擦力小于最大静摩擦力。

④ 摩擦力的大小与相对运动的速度无关。

古典摩擦定律在几百年间被认为是正确的，并在实际生产中得到了广泛应用。然而，随着科学研究的快速发展，古典摩擦定律也出现了若干局限性：

① 对于大多数金属材料，其摩擦力虽然和名义接触面积无关，但与实际接触面积有关；

② 对于黏弹性材料（某些聚合物）和弹性材料（如橡胶），摩擦力与名义接触面积存在一定关联性；

③ 从古典摩擦定律看，摩擦系数是物体固有的，但现代研究发现摩擦系数是与材料和环境条件有关的一个综合性系数；

④ 黏弹性材料的动摩擦系数不一定比静摩擦系数小。

2.1.2 黏着和犁沟摩擦理论

1942 年，英国的鲍登和泰伯在一系列实验的基础上提出了黏着摩擦理论。他们认为两种固体表面在接触并发生摩擦时，摩擦的表面处于塑性接触的状态，即表面微凸体的波峰相接触后在载荷的作用下会发生塑性变形，并因摩擦过程中产生的热而发生焊合，而在后续摩擦过程中，黏着结点会在剪切力作用下断开而产生滑动，如图 2-2 所示。因此，滑动摩擦是黏着结点形成与剪

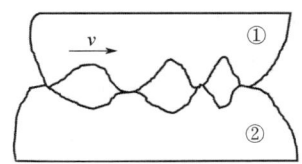

图 2-2 摩擦表面接触

切交替进行的过程。另外，如果一个表面比另外一个表面硬，硬表面上的微凸体会在外部载荷的作用下嵌入到软表面中，在后续滑动过程中，硬凸点则会在软材料表面形成犁沟。从上述分析可知两物体间摩擦阻力 F 是剪切和犁沟这两项阻力之和，可用如下公式表达：

$$F = F_a + F_p \qquad (2-2)$$

式中，F_a 为黏着剪切阻力；F_p 为犁沟力。

在工程上，通常在金属表面覆盖软材料膜层来降低摩擦系数。这些均可以用黏着理论来解释。

2.1.3　分子-机械摩擦理论

该理论是由苏联的克拉盖尔斯基基于机械摩擦理论和分子摩擦理论综合提出的。分子-机械摩擦理论的具体内容为：

① 实际的固体平面并不是理想的最平面，而是存在着微凸体和微凹坑，即使经过精密加工处理的表面在微观上也是粗糙的。因此，两表面间的接触实际上是少数微凸体之间的接触。摩擦表面上的微凸体会出现相互嵌入和啮合的现象，机械摩擦力就是这些啮合点切向阻力的综合。

② 两表面微凸体相互接触时，会产生分子力，即接触点分子间距离很小时产生斥力，而距离很大时则产生引力。摩擦阻力是分子运动断键过程所引起的，即分子力作用。

③ 两表面发生相对滑动时，接触点上会受到机械啮合和分子力联合形成的切向阻力作用，即：

$$F = F_j + F_f \qquad (2-3)$$

式中，F 为总摩擦力；F_j 为摩擦力的机械分量；F_f 为摩擦力的分子分量。

分子-机械理论不仅考虑了摩擦表面的微凸体的相互机械啮合，而且还考虑了它们之间的相互分子作用力，可以解释真实接触面积较大时的摩擦问题。一般地，机械力发生在固体层表面厚度约 $10\mu m$ 内，而分子间的作用发生在表面层深度约为 $100\mu m$ 的地方。机械作用和分子作用所占的比例取决于载荷、表面粗糙度、材料的机械性能以及材料的分子特性。如当表面粗糙度较小时，分子作用比例较大；表面粗糙度较大时，机械作用的比例较大。

2.2　磨损的基本理论

2.2.1　磨损的定义与类型

摩擦的结果是磨损的发生。摩擦是能量的转换，磨损是材料的损耗。磨损是一个复杂的微观动态过程，要寻找一个严格的定义来解释各种条件下所产生的磨损是困难的。目前大部分人认为比较完善的磨损定义是：由于机械作用，间或伴有化学和电的作用，材料表面在相对运动过程中不断损耗的现象。磨损是材料发生失效的主要原因之一，必须要引起注意。当然，磨损也具有二重性，在某些条件下也可以加以利用。

磨损按照不同的分类方法也有很多不同的类别，主要有以下三种。

① 按发生磨损的环境和介质来分，可分为干磨损、湿磨损及流体磨损。

② 按发生磨损时接触表面材料的性质来分，可分为固体-固体磨损、固体-流体磨损与固体-磨粒磨损。

③ 按磨损发生的机理来分，可分为磨料磨损、黏着磨损、疲劳磨损、腐蚀磨损、微动磨损和气蚀磨损等。前四种磨损机理是各不相同的，后两种磨损机理常与前四种有相似之处或为前四种中的几种混合。

如何评定磨损的程度呢？通常用磨损量（W）、磨损率（W'）和耐磨性作为评定材料磨损特性和行为的参数。其中，磨损量包括长度磨损量、体积磨损量以及质量磨损量，其含义均指的是磨损过程中零件的长度、体积以及质量较未发生磨损前的改变量。在实验室中，通常首先测量试样的质量磨损量，然后再换算成体积磨损量来进行比较和分析研究。磨损率指的是单位时间或单位摩擦距离的磨损量。耐磨性指的是在一定工作条件下材料抵抗磨损的特性。通常是用体积磨损量的倒数来表示材料的耐磨性，体积磨损量越小则耐磨性越高。

2.2.2 磨料磨损

在很多实际工况中，如犁耙在耕地、掘土机的铲齿在工作以及矿石粉碎机在粉碎矿石时，环境中存在硬的颗粒和凸起物，这些颗粒和凸起物在摩擦力的作用下使得材料从工具或零件表面分离的现象，称为磨料磨损。磨料磨损是一种常见的磨损形式，占整个工业范围内磨损损失的50%以上。根据摩擦表面所受到的压力与冲击力的不同，磨料磨损可分为：凿削式磨料磨损、碾碎式磨料磨损和擦伤式磨料磨损。根据摩擦表面的数目又可分为：二体磨料磨损和三体磨料磨损。二体磨料磨损指的是磨料只与一个表面接触摩擦，如犁铧表面的磨损；三体磨料磨损指的是磨料夹在两个物体之间的磨损，如齿轮啮合间落入磨料的磨损。

磨料磨损中材料表面的损失是如何产生的，迄今仍未完全弄清楚，存在多种假说，以下将介绍主要的三种。

① 微量切削假说。该假说认为磨料在材料表面的作用力分为法向力和切向力，法向力使磨料压入材料，切向力使磨料向前推进，从而在材料表面产生切削作用而引起磨料磨损。图 2-3（a）是材料经磨料磨损后表面所显示的典型犁沟照片，而此犁沟是因磨料切削而造成的，其宽度和深度都很小，可称之为微观切削。

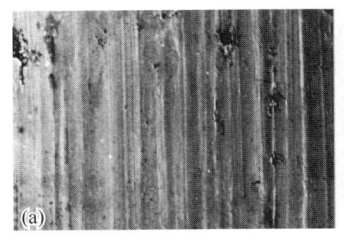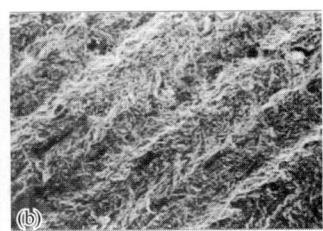

图 2-3　磨料磨损三种典型形貌
（a）犁沟；（b）疲劳剥落；（c）压痕

② 疲劳破坏假说。该假说认为磨料会在摩擦表面产生循环接触应力，从而在材料表面产生裂纹，并随着摩擦过程的进行，裂纹发生扩展，最终使表面材料发生疲劳剥落。图 2-3（b）为材料经磨料磨损后表面发生疲劳剥落的照片。

③ 压痕假说。该假说认为对于一些塑性大的材料，磨料会在载荷作用下压入表面产生压痕，从而将表面材料挤出剥落。图 2-3（c）为材料经磨料磨损后表面所显示的压痕照片。

如图 2-4 所示，摩擦副由一个平滑的软表面和一个粗糙硬表面构成，假设微凸体顶部呈圆锥形，圆锥半角为 θ。在法向载荷 W 的作用下，微凸体嵌入软表面的深度为 h。这种模型是拉宾洛维奇在 1966 年提出的磨料磨损简化模型，通过此模型可计算出磨料磨损体积为：

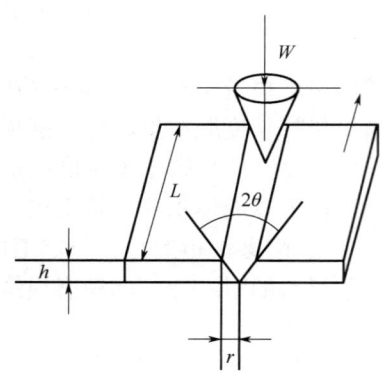

图 2-4　磨料磨损简化模型

$$V = \frac{KWL}{H} \tag{2-4}$$

式中，V 为磨损体积；K 为磨料磨损系数；H 为材料硬度；L 为滑动距离。此式表明磨料磨损的程度取决于材料、磨料的性质和摩擦副的工作条件。

① 材料性质的影响。磨损量与材料表面硬度密切相关。一般情况下，材料的硬度越高就越耐磨。但也有特殊情况，以碳钢为例，通过热处理或合金化后，硬度提高会带来耐磨性的提高，但通过加工硬化或淬火带来硬度的提高对耐磨性的提高没有明显效果。

② 磨料的影响。磨料的尺寸、形状以及硬度影响金属的磨损率。对于一般金属，其磨损率随磨料尺寸的增大而增大，但当磨料尺寸达到某一临界值后，磨损率不再变化。尖锐的、多角形的磨料比圆而钝的磨料对材料的磨损快。另外，材料的硬度 H_m 和磨料硬度 H_a 比值对于抗磨损能力有较大影响，通过实验发现：当 $H_m/H_a > 0.8$ 时，抗磨能力得到加强；当 $H_m/H_a \leqslant 0.8$ 时，抗磨能力较低。

③ 载荷和滑动距离的影响。材料的相对磨损率随载荷增大而增大，但当载荷超过某一临界值时，磨损率的增大变得平缓。若磨料在滑动过程中条件不变，则磨损量一般与滑动距离成正比。

2.2.3　黏着磨损

黏着磨损也称为咬合磨损。当两接触表面相对滑动时，表面微凸体发生接触并产生塑性变形，且在分子力的作用下使两个表面发生焊合，当施加的外力大于焊合点的结合力，会使得焊合点受剪切力而断裂，被剪切的材料以颗粒状脱落下来形成磨屑，并从一个物体表面黏附到另一物体表面，这种磨损现象称为黏着磨损，图 2-5 为材料发生黏着磨损后的典型形貌。在此过程中，有时还会发生反黏附，即被黏附到另一个表面上的材料又回到原来的表面上，这种黏附和反黏附往往使材料以自由磨屑状脱落下来。按照摩擦表面的损坏程度，黏着磨损可分为如下五类。

① 跑合磨损（也称轻微磨损）：此类磨损指的是剪切破坏发生在黏着结合面上，表面上转移材料较少。这种情况一般出现于新机器出厂的磨合阶段，由于负荷比较轻，只把表面上

的微凸体磨掉。

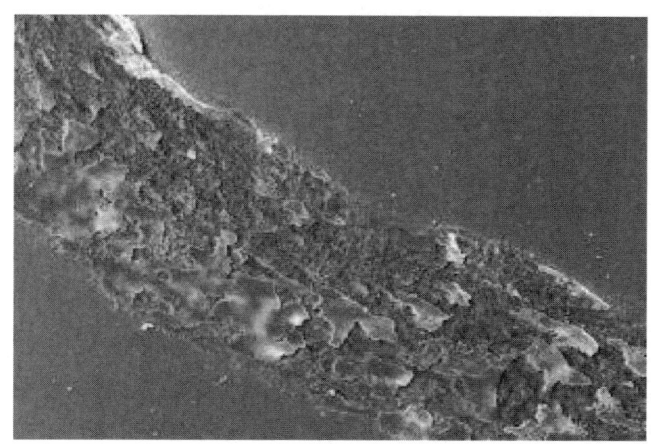

图 2-5　黏着磨损的典型形貌

② 涂抹：由于黏着结合强度比软金属的抗剪切强度强，剪切发生在离结合点不远的较软金属的浅层中，软金属涂抹到硬金属表面。

③ 擦伤：剪切发生在软金属的亚表层中，有时也在硬金属表面产生划伤。发生此类破坏的原因是黏着结合强度比两摩擦表面的基体强，转移到硬表面上的物质拉削软表面。

④ 撕脱：剪切破坏发生在一方或两方表面的较深处。发生此类磨损的原因是黏着结合强度比基体的抗剪切强度大，而切应力又比黏着结合强度强。

⑤ 咬卡：当外力不能克服界面的结合强度时，材料的相对运动被迫停止。

阿查德根据黏着磨损机理，建立了黏着磨损模型并对磨损量进行了计算：

$$V = k\frac{PL}{3H} \tag{2-5}$$

式中，V 为磨损体积；k 为磨损系数，表示所有接触微凸体点产生磨屑的概率；P 为载荷；L 为滑动距离；H 为材料的硬度。

2.2.4　疲劳磨损

疲劳磨损是指摩擦表面在交变接触应力作用下，当循环应力超过材料的疲劳强度时，在表层将萌生裂纹并逐步扩展，从而使裂纹以上的材料发生断裂剥落而引起材料流失的现象。疲劳磨损是一种普遍的磨损形式，主要发生在承受周期性交变应力的零件表面上，如齿轮、轴承或轧辊等。

一般地，金属内部存在物理和化学缺陷是发生疲劳磨损的内因。物理缺陷包括晶格缺陷、点缺陷、位错和表面缺陷等；化学缺陷是指金属夹杂物、杂质原子等。外因是在有缺陷的地方产生应力集中，从而使裂纹萌生和扩展。疲劳磨损会在表面留下深浅不同、大小不等的痘斑状凹痕，或者是大面积的表层剥落。例如，轴在做往复旋转运动时，与滚针之间产生滚动和滑动，轴的表面会出现点蚀、剥落等损伤，损伤部位形貌如图 2-6 所示。一般将 0.1～0.4mm 深的痘斑凹痕称为浅层剥落，亦称为点蚀；把 0.4～2.0mm 深的痘斑凹痕称为剥落。

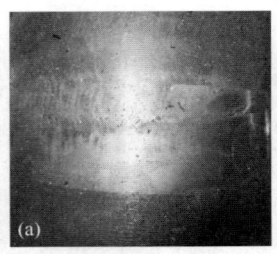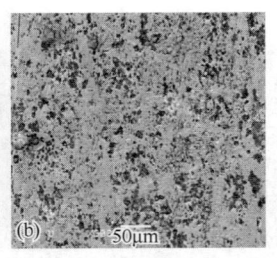

图 2-6　抽油机横梁支撑轴发生疲劳磨损后表面形貌

(a) 宏观形貌；(b) 微观形貌

根据疲劳磨损机理，疲劳磨损与裂纹的形成和发展有关。所以，能够阻止裂纹形成和发展的措施都能减少疲劳磨损。疲劳磨损的影响因素有：

① 材料本身的影响。材料的纯度越高，则其抗疲劳磨损性能越好。金属中的非金属夹杂物，尤其是表面不规则的脆性氧化物、硅酸盐等其他点状、球状夹杂物，会破坏金属材料的连续性，形成表面和内部缺陷，对疲劳磨损有严重影响。材料的表面综合力学性能也对疲劳磨损有影响，表面硬度和韧性如有良好匹配，则其抗疲劳磨损性能好。

② 润滑油的影响。润滑油的存在能够减小表面间的摩擦，而且能够增大接触面积，使接触面单位面积上的载荷降低，从而提高表面的抗疲劳磨损能力。不同的润滑油种类，也会影响作用效果，一般用环烷基油润滑的试件疲劳磨损寿命要比用石蜡基油高得多。

③ 环境的影响。环境对疲劳磨损也有明显的影响，如润滑油中的水分会加速疲劳磨损，一些环境中的酸、碱成分更是对疲劳磨损有负面影响。

2.2.5　腐蚀磨损

在腐蚀性的气体或液体环境中摩擦时，材料表面会与周围的介质发生化学反应或电化学反应，从而在表面形成各种化学反应生成物，在后续摩擦过程中反应产物被磨掉，造成材料表面物质损失的现象，称为腐蚀磨损。这种磨损发生时，会同时产生化学作用和机械作用。腐蚀磨损有以下几种典型类型。

① 氧化磨损：在磨损过程中，摩擦表面受到空气或润滑剂中氧的作用而形成氧化膜，且容易被磨掉。除少数贵金属以外的大多数纯金属在空气中表面易被氧化，形成 $10nm \sim 1\mu m$ 厚的氧化膜。氧化膜在金属表面附着力弱，在摩擦过程中很容易破碎剥落。同时，摩擦可使局部升温从而加速新的氧化膜形成，就这样不断地进行氧化—剥落—再氧化—再剥落的过程，形成氧化磨损。

② 特殊介质腐蚀磨损：当摩擦材料在酸、碱、盐溶液等腐蚀性介质中时，表面会与上述介质发生化学反应而生成各种化合物，这些化合物在摩擦过程中磨去，但又会很快生成，其机理与氧化磨损相似，但较氧化磨损速度快。特殊介质腐蚀摩擦表面主要特征为分布着点状或丝状的腐蚀痕迹。一些金属如镍、铬等，容易在特殊介质中形成结构致密、结合牢固的钝化膜，所以这些金属的抗腐蚀磨损能力强；而另一些金属如铝、镉等，易被润滑油中的酸性物质腐蚀，所以表面容易成片脱落。

③ 电化学腐蚀磨损：由于电化学作用产生腐蚀产物，经摩擦后被磨掉所造成的磨损。例如在多相材料中，尤其含有碳化物的耐磨材料，由于碳化物与基体之间存在较大的电位差

而形成了腐蚀电池，产生相间腐蚀，削弱了碳化物与基体的结合力，在磨料或硬质点的作用下，碳化物很容易从基体脱落或发生断裂，从而造成磨损。

2.2.6 微动磨损

在机械设备中，两个配合表面间常常存在一些微小振幅的滑动，所引起的磨损现象称为微动磨损。如果这种微动磨损在产生的过程中两个表面间的化学反应起主要的作用，则称为微动腐蚀磨损。直接与微动磨损相联系的疲劳磨损则称为微动疲劳磨损。由于大多数机器工作时会产生振动，所以这种磨损方式很常见，如螺栓连接、键连接、过盈配合等配合表面均可能产生这种磨损。微动磨损的磨损量很小，但危害较大，不仅改变零件的形状、恶化表面层质量，而且使尺寸精度降低，且会引起应力集中，导致工件疲劳断裂。

微动磨损的机理是当两个配合表面存在接触压力时，微凸体会发生塑性变形并焊合在一起。在外界小振幅的振动作用下，黏着点会被剪切并脱落而形成磨粒。在外加载荷作用下，接触表面配合紧密，磨粒不易排出，从而引起了磨料磨损。由于两表面间又存在一定压力，磨削逸出的机会少，表面或亚表面萌生裂纹要比一般磨损严重些。而裸露出的金属基体又会发生黏着、氧化等。由此可见，微动磨损是一种复合形式的磨损，黏着磨损、腐蚀磨损和磨料磨损同时存在。

可根据以下几点鉴别零件表面是否发生了微动磨损：

① 零件工作环境中是否存在微小的振动源，振动源一般以机械力为主，但也应考虑电场、磁场、冷热交替、流体等；

② 摩擦表面上是否具有方向一致的划痕，或是否存在硬结斑、塑性变形以及微裂纹；

③ 所产生的磨屑一般处于团聚状态，并存在大量类似锈蚀产物的氧化物。

微动磨损的影响因素较多，如载荷、振幅、温度、润滑剂以及材料本身的性能等，所以，要减轻微动磨损，就要采取控制载荷、减小振幅以及利用有效的表面处理和润滑的手段。

2.2.7 气蚀磨损

气蚀磨损指的是由于液体中的气蚀现象而产生的一种磨损。当零件与液体接触并有相对运动时，液体与零件接触处的局部压力低于液体的蒸发压力，将形成气泡。另外，溶解在液体中的气体也可能析出气泡。若这些气泡流到了高压区，液体与零件接触处的局部压力高于气泡压力时，气泡将发生溃破并产生极大的冲击力和高温，据资料介绍，气泡破裂瞬间产生可达1万标准大气压的压力和数百摄氏度的高温，如此大的冲击力和高温会使材料表面发生物质脱落，形成麻点状及泡沫海绵状的磨损痕迹。气蚀磨损严重时，会向深度方向扩展甚至出现渗漏现象。气蚀磨损是一种复杂的磨损现象，它不仅受机械力影响，往往还会伴随化学或电化学腐蚀的发生，若液体中含有磨粒，将会加剧气蚀磨损过程。在柴油机缸套外壁、水泵零件、水轮机叶片及船舶螺旋桨等处，经常产生气蚀磨损。

从上述气蚀磨损产生的机理来看，防止或减小气蚀磨损的破坏可从两方面入手：一是要防止或减少气泡的形成；二是如不可避免产生气泡时，要设法使气泡在远离工件表面的地方破裂。防止和减少气泡的形成有许多方法，如改善零件的结构和形状，避免产生涡流和局部区域流速过快，加大液体静压力；除去液体中杂质以及在液体中加入乳化防锈油等。

2.3　提高材料耐磨性能的基本途径

　　磨损的危害是巨大的，易造成巨大的经济损失或引起各类安全事故，因此提高材料的耐磨性能是工程技术中必须解决的关键问题。为此，可从以下几个方面着手进行：

　　① 利用表面工程技术使得材料表面耐磨或进行减摩处理。材料的表面硬度与耐磨性直接相关，在大多数情况下磨损率都会随硬度提高而降低。提高材料表面硬度的方法有很多，如表面淬火、合金化、涂覆等，此类技术的具体工艺可见后续各章。在具体选择表面处理方法和工艺时，不仅要注意该工艺的优点，还要考虑其局限性。另外，通过表面工程技术在材料表面进行减摩处理或获得低摩擦系数的涂层，也能达到提高耐磨性的目的。对于钢铁材料，可利用化学热处理、涂覆固体润滑涂层或离子注入的方法，使表面形成氮化物、氧化物、碳化物、硫化物以及它们的复合物，这些表面层可以抑制摩擦过程中摩擦副（两个零件）之间的黏着、焊合以及由此引起的金属转移现象，从而提高其耐磨性。

　　② 添加润滑剂。在相对运动的两接触面间加入润滑剂，在两个接触表面间形成一层起分隔作用的润滑膜，将干摩擦转变为润滑剂分子间的内摩擦，从而减少摩擦、磨损，并且在摩擦过程中还能起到降温冷却、防止腐蚀的作用，最终达到延长材料使用寿命的目的。常见的润滑剂包括液体润滑剂、润滑脂以及固体润滑剂。液体润滑剂主要有动植物油、矿物油及合成油等；润滑脂包括皂基脂、烃基脂、无机脂、有机脂等；固体润滑剂包括一些如铅、锡等的软金属和一些如石墨、氮化硼的无机物。

　　③ 工程结构的合理设计。工程结构的合理设计是提高零件耐磨性的基础。在设备内部结构设计时，尽量降低对磨材料的交互作用力，可有效降低接触载荷，从而达到提高耐磨性的目的。

思考题

1. 古典摩擦理论有哪些内容？与近代研究有哪些差异？
2. 材料的磨损量有哪些？解释相对耐磨性的含义。
3. 现代滑动摩擦的理论主要有哪些？
4. 说明磨料磨损的概念、分类及其机理，分析影响磨料磨损的因素。
5. 解释磨损的实质及磨损与摩擦的关系。
6. 说明黏着磨损的概念、分类及其机理，分析影响黏着磨损的因素。
7. 钛及钛合金具有优良的耐蚀性和较高的比强度，但它的耐磨性在特殊应用条件下较差，请讨论采用哪些办法可提高钛的耐磨性，并简述其原理。
8. 摩擦有哪些类型？各有什么特点？

第 3 章

材料表面腐蚀理论基础

　　金属的腐蚀现象非常普遍，各种金属构件、机器零部件的生锈，各种金属管道的点蚀穿孔，船舶船体的生锈等等，遍及国民经济的各个领域，给国民经济带来了巨大的损失。某些腐蚀还会造成灾难性的后果，耗费宝贵的能源、资源，污染环境，严重阻碍着社会和科学技术的发展和进步。

　　世界上针对腐蚀造成的经济损失统计结果表明，主要工业国家因腐蚀造成的经济损失约占国民经济生产总值的 1.8%～4.2%，发展中国家则达到 3%～5%。直接的经济损失尚可计算，很多间接的损失难以估量且难以挽回。1985 年，一架波音 747 客机由于应力腐蚀断裂而坠毁，造成 500 人死亡；1979 年，由于环境敏感造成断裂引起某液化石油气储罐爆炸，当场炸死 30 余人，重伤 50 多人。腐蚀还可能进一步导致物料的污染、产品质量的下降、工艺流程的中断、装置的泄漏、爆炸和人员的伤亡以及大规模的环境污染等间接损失，这类损失往往比直接经济损失更大，甚至难以估计。因此，讨论材料的腐蚀与防护具有重要的理论意义和实际应用价值。本章主要介绍材料腐蚀的基本概念、机理以及防护措施。

3.1　材料腐蚀的基本概念

　　广义上的腐蚀指材料与它所处的环境介质之间发生化学作用、电化学作用或物理溶解而产生的性能劣化和破坏现象。传统上将金属的这类作用称为腐蚀，而将非金属材料的这类作用称为老化。金属材料的腐蚀主要是金属材料表面与环境介质发生化学和电化学作用，引起材料的退化和破坏，譬如日常各种金属材料的生锈，加热过程中发生的氧化等。

　　从热力学角度看，除了极少数贵金属（Au、Pt）外，一般金属材料发生腐蚀是由金属材料向着离子化或化合物状态变化，是一个熵增加、自由能降低的自发过程。可以从动力学的角度采取各种措施尽可能减缓这一过程的速率。

　　最早用金属锡来防止铁的腐蚀出现在古希腊；我国商代开始出现锡青铜合金，用以改善铜的耐蚀性。1790 年 Keir 首先论述了铁在硝酸中出现的钝化现象。1819 年 Holl 证明铁在无氧条件下不会生锈。1824 年 Dary 的研究表明，无氧条件下的海水不会对钢质船壳产生腐蚀，同年提出了用锌保护钢质船壳的基本方法。

　　电离理论以及法拉第定律的出现大大推动了腐蚀电化学理论的发展。1830 年 de La Rive 提出了腐蚀电化学的基本理论（微电池理论），随后 Nernst（能斯特）定律、热力学腐蚀图相继出现，到 20 世纪初期，腐蚀学科已经成为一门独立的学科。

3.2 材料常见腐蚀形态与腐蚀机理

金属腐蚀的分类方式多种多样，至今尚未完全统一，大致包含以下几种：均匀腐蚀、电偶腐蚀、小孔腐蚀（点腐蚀）、缝隙腐蚀、晶间腐蚀、应力腐蚀和磨损腐蚀等，下面分别介绍。

3.2.1 均匀腐蚀

均匀腐蚀是指在全部暴露的表面或者大部分表面上均匀进行化学或者电化学反应，最终导致金属的腐蚀失效。这种腐蚀不易造成穿孔，腐蚀产物可以在整个金属表面上形成。铁生锈或钢失去光泽，镍的"发雾"现象，金属的高温氧化，钢铁构件在大气、海水及稀的还原性介质中的腐蚀，锌、铝及其镀层表面布满白色腐蚀产物，铜的发绿或者变黑等，均属于均匀腐蚀。

均匀腐蚀的腐蚀速率表示方法主要有重量法和深度法。重量法难以直观地知道腐蚀深度，而用腐蚀深度表示就非常方便，因此，均匀腐蚀的金属材料，判断其耐蚀程度及选择耐蚀材料的标准，一般情况下采用深度指标。

引起均匀腐蚀的主要原因有两个：一是纯化学腐蚀，如金属材料在高温下发生的一般氧化现象；二是电化学腐蚀，如均相电极（纯金属）或微观复相电极（均匀的合金）在电解质溶液中的自溶解过程。

3.2.2 电偶腐蚀

3.2.2.1 电偶腐蚀现象

异种金属在同一种介质中接触，由于腐蚀电位不同，就存在电偶电流流动，使电位较低的金属溶解速度增加，造成接触处的局部腐蚀，而电位较高的金属溶解速度减慢，这就是电偶腐蚀，也称接触腐蚀或双金属腐蚀。

图 3-1 螺栓连接不锈钢所形成的电偶腐蚀

电偶腐蚀在实际生产生活中非常普遍，如电镀车间的铜电极与金属锌块之间，铜的电位较锌的电位更正，在镀液中接触时，会加速锌块的腐蚀。实际工作中，异种金属直接接触的情况下，需要考虑电偶腐蚀问题，尤其是在结构设计上要特别注意，图 3-1 为螺栓连接不锈钢所形成的电偶腐蚀照片。

电偶腐蚀电池中，腐蚀电位较低的金属和腐蚀电位较高的金属接触而产生阳极极化，溶解速度增加，称为接触腐蚀效应；电位较高的金属和电位较低的金属接触而产生阴极极化，溶解速度下降，称为阴极保护效应，两种效应同时存在，互为因果，这就是电偶腐蚀原理。

3.2.2.2 电位序

异种金属在同一介质中接触，哪种金属受腐蚀，哪种金属受保护，阳极体的腐蚀倾向有多大，不能以它们的标准电极电位的相对高低作为判断依据。例如铝和锌在海水中接触，从标准电极电位看，铝是-1.66V，锌是-0.762V，二者组成电偶对，铝为阳极，锌为阴极，铝被腐蚀，锌受到保护。但实际情况与上述情况完全不同，原因在于金属的标准电极电位与其在海水中的非平衡电位相差太大。铝在3%NaCl溶液中的腐蚀电位是-0.60V，锌的腐蚀电位是-0.83V，所以在海水中两种金属接触的时候，锌是阳极被腐蚀，而铝是阴极受到保护。因此，对金属在偶对中的极性进行判断时，不能以它们的标准电极电位作为判据，而应该以它们的腐蚀电位作为判据。

根据金属（或合金）在一定条件下测得的稳定电位大小排列的表称为电位序表。金属在海水中的稳定电位随着合金成分、海水环境因素、浸泡时间而变化，经过一定时间后会趋于稳定。表 3-1 列出了金属（或合金）在海水中的电位序，这种电位序表给出的电位值仅供参考，因为电位会随着海水环境因素的变化而有所波动。

表 3-1　金属（或合金）在海水中的稳态电位序

金属	E/V	金属	E/V
镁	-1.45	锰青铜（5%Mn）	-0.20
镁合金（6%Al，3%Zn，0.5%Mn）	-1.20	镍	-0.12
锌	-0.80	α 黄铜（30%Zn）	-0.11
铝合金（10%Mg）	-0.74	青铜（5%～11%Al）	-0.10
铝合金（10%Zn）	-0.70	铜锌合金（5%～10%Zn）	-0.10
铝	-0.53	铜	-0.08
镉	-0.52	铜镍合金（30%Ni）	-0.02
硬铝	-0.50	石墨	+0.03
铁	-0.50	不锈钢（Cr13，钝态）	+0.05
碳钢	-0.40	镍（钝态）	+0.10
灰口铁	-0.36	Cr17 不锈钢（钝态）	+0.17
不锈钢（Cr13，Cr17，活化态）	-0.32	Cr18Ni9 不锈钢（钝态）	+0.17
不锈钢（Cr18Ni7，活化态）	-0.30	哈式合金（20%Mo，18%Cr，6%W，7%Fe）	+0.17
不锈钢（Cr18Ni12Mo2Ti）	-0.30	Cr18Ni12Mo3 不锈钢（钝态）	+0.20
铬	-0.30	银	+0.12～+0.2
锡	-0.25	钛	+0.15～+0.2
α+β 黄铜	-0.2	铂	+0.4

在利用电位序判断金属在偶对中的极性和腐蚀倾向时，既要考虑它们之间的相对电位差，利用热力学数据预测腐蚀发生的方向和限度，还要考虑腐蚀速率，即动力学问题。有时两种金属的电位序相差虽然很大，但偶合后阳极体的腐蚀速率不一定很大，原因在于腐蚀电流的大小不能仅由驱动力决定，还需考虑极化因素，包括阴极面积和阳极面积比、表面膜状

态、腐蚀产物性质以及介质的流速等对极化影响很大的因素。如 18-8 型不锈钢（钝态）与铜两者在电位序中的位置相差不大，但二者的腐蚀倾向差别很大。

3.2.2.3　电偶腐蚀的影响因素

电偶腐蚀是异种金属在同一种介质中接触造成的接触部位的局部腐蚀，其影响因素主要有构成电偶的金属材料的性质、环境条件、阴极与阳极的面积比等。

（1）材料的影响

异种金属构成电偶时，它们在电偶序中的位置相距越远，电偶腐蚀越严重。在设计设备和构件时，应尽量选择同类型、电位相差小的金属材料，避免使用电位相差大的材料。若在特殊情况下必须选用电位相差大的金属，则两种金属的接触面之间应进行绝缘处理，如加绝缘垫片或者表面涂覆非金属保护层。

（2）阴阳极面积比的影响

电偶对中阴极面积和阳极面积的相对大小对腐蚀速率影响很大，随着阴极面积和阳极面积比增加，腐蚀速率增加。图 3-2 所示为阴、阳极面积比与腐蚀速率的关系，电偶腐蚀速率与阴、阳极面积比呈线性关系。为了减少电偶腐蚀，在结构设计时要避免形成大阴极、小阳极的面积比。

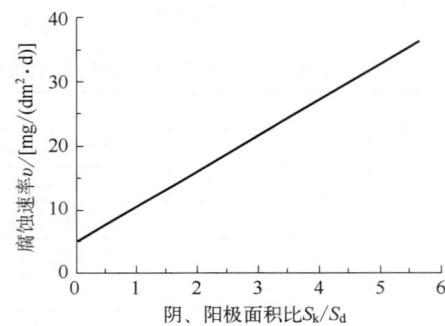

图 3-2　阴、阳极面积比与腐蚀速率的关系

例如，在航空结构设计中，如果钛合金板用铝合金铆钉铆接，就属于小阳极、大阴极，铝合金铆钉会迅速破坏；反之，如果用钛铆钉铆接铝合金板，铝合金板组成了大阳极、小阴极结构，尽管铝合金板受到腐蚀，但整个结构的破坏速率和危险性较前者小，结果如图 3-3 所示。

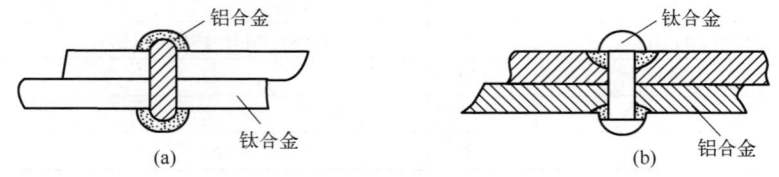

图 3-3　钛和铝形成的电偶腐蚀

（3）介质的影响

电解质溶液的组成、温度、电阻、pH 值等因素均对电偶腐蚀有重要的影响，不仅影响腐蚀速率，同一电偶对在不同环境条件下甚至会出现电偶电极极性的逆转现象。例如，在水中

金属锡相对于铁来说是阴极，而在大多数有机酸中，锡相对于铁来说成为阳极。温度的变化可能改变金属表面膜或者腐蚀产物的结构，从而导致电偶电池极性发生逆转。在某些水溶液中，钢与锌偶接时，金属锌作为阳极被腐蚀，钢件得到保护；当水温高于80℃时发生逆转，钢成为阳极而被腐蚀。同样，电解质pH值的变化也影响电极反应，甚至改变电偶电池的极性。

当金属发生全面腐蚀的时候，电解质的电导率越高，金属的腐蚀速率越大。但对于电偶腐蚀而言，电解质电导率的高低对金属腐蚀程度的影响有所不同，电解质电导率的大小会影响电偶腐蚀的空间范围。当电解质的电导率比较高时，譬如在海水中，电偶电流在阳极上分布比较均匀，总腐蚀量和影响范围较大；当电解质的电导率较小时，譬如在普通的软水中，电偶电流主要集中在离接触点较近的阳极表面，相当于阳极的有效面积缩小，使得总的腐蚀量较小，但阳极的局部表面溶解量较大。

3.2.2.4　电偶腐蚀的防护

根据电偶腐蚀的原理及其影响因素，可采取以下措施进行防护：

① 结构设计过程中尽可能避免不同金属的直接接触，若不可避免，尽量选用电位序中接近的材料组合，实践证明，当两材料间的电位差小于50mV时，电偶效应通常可以忽略不计；

② 结构设计中如果存在两种以上的金属材料组合时，需控制阴极面积和阳极面积之比，避免出现大阴极、小阳极面积比的组合；

③ 不同的金属部件之间加以绝缘，譬如可采用绝缘垫圈或者绝缘涂料；

④ 当采用涂层进行保护时，必须涂覆在阴极表面或者阴、阳极均涂覆，需避免单独涂覆在阳极表面，因涂层的非致密性会导致部分阳极暴露于介质中，形成大阴极-小阳极的组合，加速腐蚀；

⑤ 生产过程中需避免将不同金属的零件堆放在一起，尤其是电位序相差较大的金属零件；

⑥ 设计时可以安装一块比电偶接触的两块金属电位更负的第三种金属，进行牺牲阳极保护；或者把容易更换的部件作为阳极，加大厚度延长其寿命；也可以使用外加电源对整个装置进行阴极保护，防止电偶腐蚀发生。

3.2.3　点腐蚀

在介质中金属的大部分表面不发生腐蚀或者腐蚀很轻微，而只在局部区域出现腐蚀孔并向纵深扩展，形成小孔状腐蚀坑，这种现象称为点腐蚀，简称点蚀或孔蚀，图3-4为点腐蚀表面形貌及截面形貌。

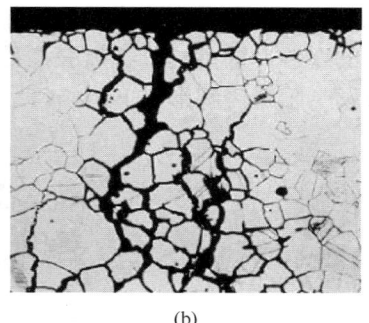

(a)　　　　　　　　　　　　　　(b)

图3-4　点腐蚀表面形貌（a）及截面形貌（b）

点蚀主要发生在易钝化金属或合金，同时有侵蚀性阴离子（如 Cl⁻）与氧化剂的条件下。例如，不锈钢、铝及铝合金、钛及钛合金在近中性的含氯离子水溶液或其他特性介质中会发生点蚀；另外镀有阴极保护层（Sn、Cu、Ni 等）的钢铁制品，如镀层不致密，钢铁表面也会产生孔蚀。

点蚀是一种外观隐蔽而破坏性大的局部腐蚀，虽然因点蚀而损失的金属重量很小，但若持续发展导致腐蚀穿孔直至整个设备失效，会产生危害性很大的事故。譬如不锈钢存储罐，一般由 4~6mm 的不锈钢板焊接而成，装水后几个月即产生了严重的点蚀，蚀孔深度达到 4~5mm，导致设备失效无法继续使用。

3.2.3.1 点腐蚀机理

点腐蚀发生时存在诱导期，即金属钝化膜的溶解和修复处于动态平衡状态。当介质中含有活性阴离子时，平衡受到破坏，钝化膜的溶解占优势，活性阴离子（如氯离子）选择性与钝化膜反应生成可溶性化合物，在新露出基底金属的点上生成小蚀坑（20~30μm），称为孔蚀核。

孔蚀核形成后的长大机制目前较为公认的是蚀孔内的自催化酸化机制，即闭塞电池作用机理，其示意图如图 3-5 所示。

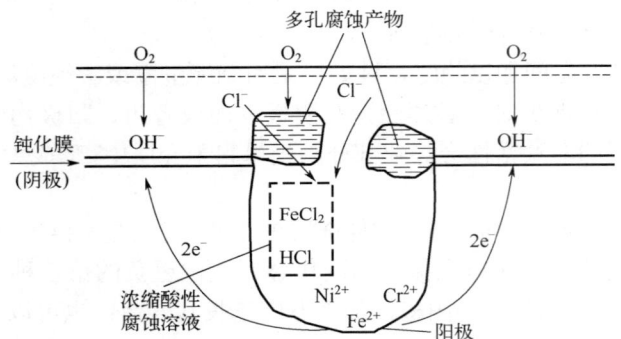

图 3-5　不锈钢在充气 NaCl 溶液中孔蚀的自催化酸化机制

在蚀坑内部，孔蚀电池产生腐蚀电流，使得氯离子向孔内迁移而富集；金属离子水化使得孔内溶液酸化，从而使得其致钝电位升高；孔内溶液浓度加大，导电性提高，氧的供应困难。所有这些均阻碍了孔内金属的再钝化，处于活化状态（电位较负）。

在蚀坑口部，形成一层水化物的外皮，阻碍扩散和对流，使得孔内溶液得不到稀释。蚀坑周围由于腐蚀电流的存在得到阴极保护，并且阴极反应产生的碱能够促进钝化，从而抑制了蚀坑周围金属的腐蚀，即蚀坑外金属表面处于钝化状态（电位较正）。蚀孔内外构成膜-孔电池，孔内金属发生阳极溶解形成 Fe^{2+}、Cr^{3+}、Ni^{2+}等。具体反应如下。

孔内，阳极反应：
$$Fe \longrightarrow Fe^{2+}+2e^- \tag{3-1}$$

孔外，阴极反应：
$$O_2+2H_2O+4e^- \longrightarrow 4OH^- \tag{3-2}$$

孔口，pH 值增高，发生二次反应：
$$Fe^{2+}+2OH^- \longrightarrow Fe(OH)_2 \tag{3-3}$$
$$4Fe(OH)_2+O_2+2H_2O \longrightarrow 4Fe(OH)_3\downarrow \tag{3-4}$$

Fe(OH)$_3$ 沉积在孔口的蘑菇状壳层，使得孔内外物质交换困难。孔内 O$_2$ 浓度继续下降，孔外富集，形成氧浓差电池，加速孔内不断离子化，Fe^{2+} 浓度不断增加，孔内氯化物浓缩、水解等使得孔内 pH 值进一步下降，孔蚀以自催化过程不断发展下去。

3.2.3.2　点腐蚀的影响因素

金属发生点腐蚀很重要的一个条件是金属在介质中必须达到某一临界电位，即点蚀电位或者击穿电位（E_{br}），点蚀电位一般比过钝化电位低，位于金属的钝态区。点蚀电位可以通过恒电位或动电位法测定其阳极极化曲线来确定，是材料在特定介质中点蚀抗力或点蚀敏感性的定量评估数据。在温度、介质和活性阴离子活度一定的条件下，钝态金属表面具有临界尺寸的最大活性点平衡电位。点蚀电位是点腐蚀倾向的热力学判据，当 $E > E_{br}$ 时，会形成新的点蚀孔（点蚀形核），已有的点蚀孔会继续长大；当 $E \leqslant E_{br}$ 时，原有的点蚀孔全部钝化，也不会形成新的点蚀孔。

金属的点腐蚀取决于许多因素：一方面与金属材料本身特性，即成分、组织、表面状态等有关；另一方面与环境因素如溶液的成分、pH 值、溶液温度、流速等有关。

（1）材料因素

不同的金属材料点腐蚀倾向并不相同，表 3-2 给出了几种常见金属在 25℃、0.1mol/L NaCl 溶液中的点蚀电位值。

表 3-2　几种常见金属在 25℃、0.1mol/L NaCl 溶液中的点蚀电位值

金属	Al	Fe	Ni	Zr	Cr	Ti
E_{br}(SHE)/V	−0.45	0.23	0.28	0.46	1.0	12.0

注：SHE 为标准氢电极

由表 3-2 可见 Al 对点蚀最为敏感，Al 及其合金在含卤素离子的介质中易受到点蚀，其点蚀倾向与其氧化膜状态、第二相、退火温度及时间有关。Fe 在溶液中存在卤素离子时，在酸性、中性、碱性条件下均发生点蚀。Ni 在含卤素离子的溶液中阳极极化时发生点蚀。Zr 在盐酸溶液中有高的耐蚀性，但在盐酸溶液中阳极极化或有氧化剂存在时会发生严重的点蚀。在含 Cl$^-$ 的碱性溶液中，Zr 在阳极极化过程中也发生点蚀。Cr 在含卤素离子的水溶液中不发生点蚀，但在加 HCl 的水-甲醇溶液中阳极极化时会发生点蚀。Ti 在含卤素离子的溶液中，耐点蚀性较好，Ti 的点蚀仅发生在高浓度氯化物的沸腾溶液中以及非水溶液中。

（2）介质中的阴离子

很多金属的点腐蚀都是在含氯离子的介质中产生的，在氯化物中，Fe、Ni、Al、Ti、Zr 及其合金均能产生点腐蚀。溴离子也能产生点蚀，碘离子对点腐蚀有一定的影响，总体而言，Cl$^-$ 的侵蚀性高于 Br$^-$ 和 I$^-$。含氟离子的溶液几乎不引起钢的点蚀，当有氟化物存在时，钝态金属的腐蚀速度增加，倾向于全面腐蚀。硫酸根离子可引起铁和低碳钢的点蚀，高氯酸根离子可导致铁、铝和锆的点蚀。

当卤素离子达到某一浓度以上时才能产生点蚀，且不同材料的临界浓度不同，因此测定溶液中引起点腐蚀所需的氯离子（或其他侵蚀性阴离子）的最低浓度可用于评定金属的耐点蚀性能，表 3-3 列出常见金属和合金发生点蚀所需阴离子的最低浓度。

表 3-3　几种金属和合金发生点腐蚀所需阴离子的最低浓度

金属	侵蚀性阴离子	最低浓度/mol/L
Fe	Cl^{①}	0.0003
Fe	Cl^{②}	0.0005
Fe	Cl^{③}	0.003
Fe-5.6%Cr	Cl^{①}	0.017
Fe-11.6%Cr	Cl^{①}	0.069
Fe-20%Cr	Cl^{①}	0.1
Fe-24.5%Cr	Cl^{①}	1.0
Fe-29.4%Cr	Cl^{①}	1.0
Fe-18.6%Cr-9.9%Ni	Cl^{①}	0.1
Ni	Cl^{①}	0.001
Ti	Br^{④}	0.002

注：①H_2SO_4+NaCl 溶液；②苯二甲酸盐缓冲液+NaCl，pH=5；③硼酸盐缓冲液+NaCl，pH=8.4；④KBr 溶液。

（3）介质中的阳离子

腐蚀介质中，金属阳离子与侵蚀性卤化物阴离子共存时，氧化性金属离子如 Fe^{3+}、Cu^{2+} 和 Hg^{2+} 对点腐蚀起促进作用。这些氧化性金属离子和溶液中的 H_2O_2、O_2 等氧化剂一样，起到去极化的作用而促进点蚀。

（4）环境温度

铁及其合金的点腐蚀电位通常随温度的升高而降低，图 3-6 所示为几种不锈钢在 0.1mol/L NaCl 水溶液中点蚀电位（E_{br}）与温度的关系。由图可见，点蚀电位随温度的升高而负移，超过一定温度后，点蚀电位又正向移动，降低点蚀敏感性。温度较低时，形成的点蚀孔小而深，温度高时则大而浅。温度升高时，氯离子在金属表面的积聚和化学吸附增加，导致钝态膜的破坏，活性点增多，但反应物移动速度变快。在点蚀孔内，反应物很难积累，阻碍了点蚀坑深度的增加。超过一定温度，点蚀敏感性的降低可能与钝化膜的生成速度加快、厚度增加以及膜本身耐蚀性的提高有关。

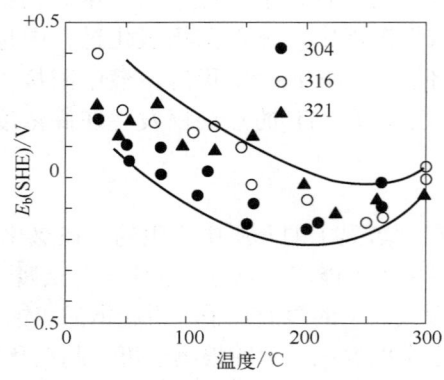

图 3-6　在 0.1mol/L NaCl 溶液中温度对不锈钢点蚀电位的影响

此外，溶液的 pH 值、流动速度均会影响材料的点腐蚀过程。溶液的 pH 值低于 9~10 时，二价金属如铁、镍、镉、锌和钴等点蚀电位基本与 pH 值无关，但 pH 值高于 10 时，点蚀电位变正。各种不锈钢点蚀电位与 pH 值关系显示出类似的特性。一般在流速慢的情况下容易发生点蚀，流速增大，点蚀倾向性降低，但流速过快则易发生磨损腐蚀。

3.2.3.3 点腐蚀的防护

根据点腐蚀的产生机理及影响因素，点腐蚀的防护措施主要有：

① 选用和研制耐点腐蚀材料，提高设备的耐点腐蚀性能。高铬和高钼配合的合金具有良好的耐点腐蚀性能，耐点腐蚀不锈钢主要有铁素体不锈钢（0Cr18Mo2Ti 等）、铁素体-奥氏体双相钢（20%～25%Cr、5%～7%Ni、2%～3%Mo）和奥氏体不锈钢（0Cr18Ni2Mo5 等）。

② 采用精炼方法降低甚至消除不锈钢中的磷、硫和含碳杂质，可大大提高钢的耐点蚀性能。

③ 降低介质中卤素离子的含量，并且促使其分布均匀。在含卤素离子的介质中，点腐蚀敏感性大小顺序为 $Cl^->Br^->I^-$，并且点蚀敏感性还与卤素离子的浓度及分布有关，尽可能降低卤素离子的含量并使其均匀，在低于点腐蚀临界浓度以下避免发生点腐蚀。

④ 在介质循环体系中加入缓蚀剂抑制点腐蚀。缓蚀剂的加入可增加钝化膜的稳定性，受损的钝化膜得以修复。常用的缓蚀剂有硝酸盐、亚硝酸盐、铬酸盐和磷酸盐等，譬如，在 0.1%NaCl 溶液中加入 0.4～0.5g/L 的 $NaNO_2$，可以完全抑制 0CrNi9 不锈钢的点腐蚀。

⑤ 降低介质温度和增加介质的流动速度，也可减缓点腐蚀的发生。

⑥ 阳极保护法抑制点腐蚀。防止点腐蚀较好的方法是对金属设备采用恰当的电化学保护，在外加电流作用下，把金属的极化电位控制在临界点蚀电位以下，可有效降低点腐蚀倾向性。

3.2.4 缝隙腐蚀

金属表面由于存在异物或结构原因而形成缝隙，缝隙内溶液中与腐蚀有关的物质迁移困难所引起的缝隙内金属的腐蚀，称为缝隙腐蚀，图 3-7 为缝隙腐蚀照片。

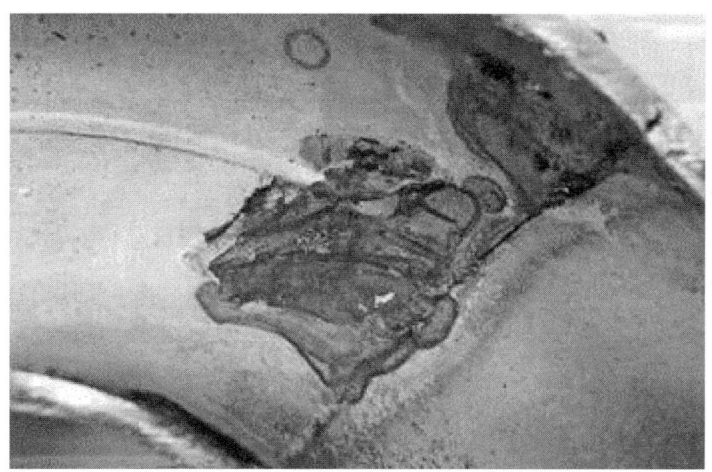

图 3-7　缝隙腐蚀

引起金属腐蚀的缝隙并非是一般用肉眼可以明辨的缝隙，而是指能使缝隙内介质停滞的极小缝隙，宽度一般为 0.025～0.1mm。譬如，铆接或螺栓连接的金属结合部、螺纹结合部等情况下形成的缝隙，金属与法兰连接垫圈等非金属材料接触所形成的缝隙，以及腐蚀产物、沙粒、灰尘、污泥、海生物等沉积或附着在金属表面所形成的缝隙等，在电解质溶液中都会在缝隙的局部范围内产生严重的腐蚀。

从具有正电性的金、银到负电性的铝、钛，从普通的不锈钢到特种不锈钢，几乎所有的金属都能够产生缝隙腐蚀，特别是依赖钝化耐蚀的金属，如不锈钢更容易产生缝隙腐蚀。几乎所有的腐蚀性介质（包括淡水）都能引起金属的缝隙腐蚀，而含氯离子的溶液通常是缝隙腐蚀最敏感的介质。

3.2.4.1 缝隙腐蚀机理

缝隙腐蚀是一个复杂的过程，对不同因素及缝隙腐蚀过程的研究和分析，形成了一些普遍认同的机理。

（1）浓差电池机理

关于缝隙腐蚀的形成机理，早期均认为是缝隙内外氧的浓度差引起的，依据是金属表面局部腐蚀的萌生和发展都与腐蚀溶液的非均匀性有关。缝隙内新鲜电解质很难到达，金属缝隙内外产生的离子和溶解气体的浓度差引起电位差，影响电极过程动力学和电化学电池的建立。形成缝隙腐蚀的浓差电池有金属离子浓差电池、氧浓差电池、氢离子浓差电池、中性盐浓差电池和缓蚀剂浓差电池等。以缝隙内、外出现金属离子浓度差异为基础，在缝隙内部由于溶液的流动或扩散受到限制，腐蚀反应生成的金属离子发生积聚，形成金属离子浓差电池，导致紧靠缝隙外缘的阳极位置加速溶解，缝隙内的阴极位置出现金属离子的还原，如图 3-8 所示。

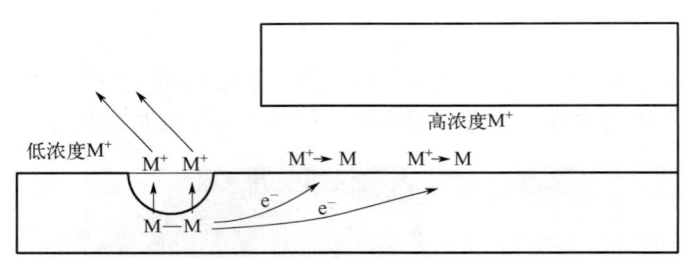

图 3-8　金属离子浓差电池产生缝隙腐蚀

基于金属表面溶液中的不同溶解氧浓度，低氧浓度处金属加速溶解，高氧浓度处则发生氧的还原反应。缝隙的外部表面要比缝隙内部更容易补充氧气，缝隙内部由于氧的消耗而加速腐蚀，如图 3-9 所示。

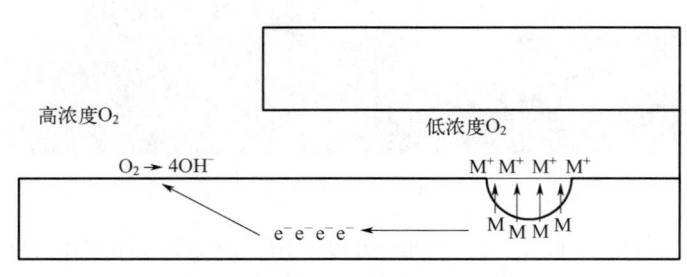

图 3-9　氧浓差电池产生缝隙腐蚀

（2）一元化机理

以金属 M 在中性海水中发生的缝隙腐蚀为例介绍缝隙腐蚀的机理，如图 3-10 所示。腐蚀开始阶段，氧去极化腐蚀（阳极：$M \longrightarrow M^{2+}+2e^-$；阴极：$O_2+2H_2O+4e^- \longrightarrow 4OH^-$）在缝隙内外均匀地进行，一段时间以后，缝隙内部因为滞留的原因导致氧供应不足，氧还原反应停止。缝隙外的氧补充充分，氧还原反应继续进行。缝隙内外实质上构成了宏观的氧浓差电池，缝隙内为阳极，缝隙外为阴极，主要反应如下。

$$缝隙内： \qquad M \longrightarrow M^{2+}+2e^- \tag{3-5}$$

$$缝隙外： \qquad 1/2O_2+H_2O+2e^- \longrightarrow 2OH^- \tag{3-6}$$

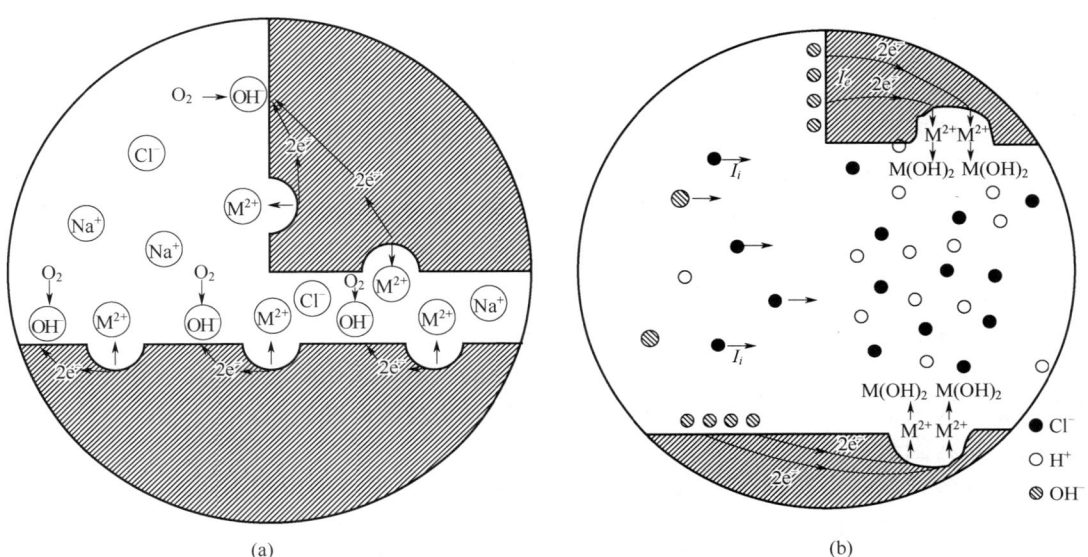

图 3-10　缝隙腐蚀一元化机理

（a）腐蚀初期；（b）腐蚀后期

随着腐蚀的进行，缝隙内部如同闭塞电池，在内部产生了大量 M^{2+} 难以迁移出缝隙，在内电场的作用下大量阴离子（如 Cl^-）大量迁移至缝隙内部，使得缝隙内部的 Cl^- 浓度大大增加；缝隙内的腐蚀产物水解反应生成无保护性的不溶性氢氧化物 $[M(OH)_2]$ 和游离酸。缝隙内部这种酸化作用和高 Cl^- 浓度，加快了金属的阳极溶解速度，进一步造成更多的 Cl^- 迁移进来，循环往复形成自催化酸化过程，使得缝隙腐蚀过程随时间的推移加速进行。

缝隙腐蚀常伴随或长或短的孕育期，有时需要半年到一年甚至更长的时间才开始产生缝隙腐蚀，一旦腐蚀开始就会不断加速发展。对于原来保护性氧化膜维持其耐蚀性的活化-钝化金属，Cl^- 和 H^+ 浓度的升高使得缝隙内的氧化膜破坏和活化腐蚀。当缝隙内腐蚀增加时，外部表面上氧的还原速度也增加，使缝隙外部获得阴极保护。当缝隙腐蚀进行时，腐蚀局限于缝隙内区域，其余表面则很少腐蚀甚至不腐蚀。

3.2.4.2　缝隙腐蚀的影响因素

（1）缝隙的几何因素

缝隙的几何形状、缝隙宽度和深度以及缝隙内外表面积比等几何因素决定着氧进入缝隙的难易程度、电解液组成的变化、电位的分布和宏观电池性能的有效性等，从而影响着缝隙腐蚀的产生。以 2Cr13 不锈钢在浓度为 0.5mol/L 的 NaCl 溶液中的腐蚀为例，当缝隙宽度大于 0.25mm 时，不锈钢基本不产生缝隙腐蚀；随着缝隙宽度变窄腐蚀率增大，腐蚀深度也随之增大；缝隙宽度在 0.10～0.12mm 时，腐蚀深度最大，50 天侵蚀深度约为 90μm；缝隙非常窄时，深度会有所降低，但总腐蚀量却会增大，可能是缝隙内的介质酸化导致缝隙内整个钝态表面的活化腐蚀。

（2）介质因素

一般来说，Cl^- 浓度越高，发生缝隙腐蚀的可能性越大。有实验表明随着 Cl^- 浓度的增加，缝隙腐蚀电流增大，孕育期缩短。对于含有非氧化性氯化物和溶解氧的体系，Cl^- 含量必须小于 0.1%，否则不锈钢就可能产生缝隙腐蚀。Br^- 也能引起缝隙腐蚀，作用小于 Cl^-，I^- 次之。SO_4^{2-}、NO_3^- 等对缝隙腐蚀有一定的缓释作用，取决于它们的浓度及其与 Cl^- 浓度的比值等。

中性电解质溶液中，溶解氧浓度增加，缝隙外部阴极反应随之加速，缝隙腐蚀量增加。当溶解氧浓度小于 0.5mg/L 时，缝隙腐蚀的倾向性较小。

介质温度对缝隙腐蚀的影响比较复杂，一方面，温度加快传输过程及反应动力学，增大阳极反应速度；另一方面，敞开体系中，溶解氧的浓度随温度升高而下降。大约在 80℃，不锈钢的缝隙腐蚀达到极大值。

增加腐蚀溶液的流速，输送到缝隙外金属表面的氧含量增加，缝隙腐蚀量也增加。但如果缝隙是由于海生物或沉积物，或设备运行中产生的残渣或疏松膜造成的，流速慢反而容易堆积，流速快则不容易附着，此时增加流速有可能减小缝隙腐蚀倾向。

（3）材料因素

不同合金元素对不锈钢在氯化物溶液中的耐缝隙腐蚀性能的影响不同。Cr、Ni、Mo、Cu、Si、N 等提高不锈钢耐缝隙腐蚀性能，而 Rh、Pd 则会增加不锈钢的缝隙腐蚀倾向性。所有合金元素中 Mo 对改善不锈钢耐缝隙腐蚀性能的作用最大，在奥氏体不锈钢中添加 2%～4%Mo 可明显改善其在海水中的耐缝隙腐蚀性能，并且合金元素 Cr、N、Cu 对在海水中的耐缝隙腐蚀性能起到有益作用。

3.2.4.3 缝隙腐蚀的防护

根据缝隙腐蚀的原理及其影响因素，采取以下措施可防止或减缓缝隙腐蚀。

① 结构设计时尽量避免存在缝隙和死角区，宜采用焊接连接，减少铆接和螺钉连接；结构上无法避免无缝方案时，要考虑缝隙处的妥善排流，以便在出现沉积物时能够及时清除。

② 合理选材，采用高钼、铬、镍不锈钢，可有效防止缝隙腐蚀；Ti-Pd 合金具有极强的耐缝隙腐蚀能力，但价格昂贵。Ti0.3Mo0.8Ni 合金具有优良的耐缝隙腐蚀性能且价格低廉，在很多领域代替 Ti-Pd 合金。

③ 垫圈不宜采用石棉、纸质等吸湿性材料，而应采用非吸湿性材料，如用聚氯乙烯塑料、聚四氟乙烯塑料等做垫圈较为理想。

3.2.5 晶间腐蚀

腐蚀沿着金属或合金的晶粒边界或它的邻近区域进行，而晶粒本身腐蚀很轻微，这种腐蚀现象称为晶间腐蚀，是一种常见的局部腐蚀。这里的"晶间"并非限定在晶界层范围，而是包括晶界在内的与晶粒尺寸相较而言很小的区域，如图3-11所示。

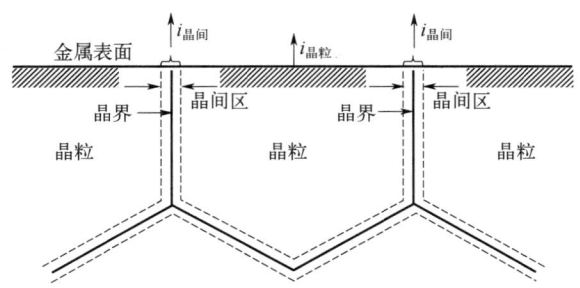

图3-11　晶界、晶间区及晶间腐蚀概念

晶间腐蚀可大大削弱晶粒间的结合力，降低材料的强度，甚至可使材料完全丧失强度。晶间腐蚀发生时，金属外观上没有明显的变化，但强度急剧降低，容易造成设备的突然破坏。

3.2.5.1　晶间腐蚀机理

通常情况下发生晶间腐蚀的金属的晶间区为阳极，晶粒为阴极。在中性水介质中，工业纯铝的晶粒与晶间区之间的电位差平均为 0.091V；黄铜的晶间区与晶粒之间的电位差平均为 0.072V；经时效处理的 Al-4%Cu 合金的晶间区和晶粒之间的电位差为 0.044V。但也有例外情况以晶间区为阴极，如 99.986%Al 在 20%HCl 溶液中和 99.99%Sn 在 Na_2CO_3 溶液中，晶界反而为阴极。在探究晶间阳极区的来源、发展和分布的过程中，形成了很多不同的晶间腐蚀理论，包括晶界吸附理论、多相合金的阳极相理论、贫化理论、亚稳相溶解理论、应力论等。

（1）贫化理论

贫化理论是最早提出也是目前最为普遍接受的理论，可以很好解释奥氏体不锈钢和铁素体不锈钢在敏化条件下出现的晶间腐蚀问题，也可以说明 Al-Cu 合金和 Ni-Mo 合金的晶间腐蚀过程。下面以奥氏体不锈钢为例介绍晶间腐蚀的贫化理论。

常用的奥氏体不锈钢在氧化性或弱氧化性介质中产生的晶间腐蚀，与其热处理工艺直接相关。当奥氏体不锈钢在 450～850℃温度区间等温或者缓慢冷却（通过该温度区间），就会产生晶间腐蚀敏感性，该温度区间称为敏化温度区或者奥氏体钢的危险使用区。

奥氏体不锈钢在出厂之前会经过固溶处理，即把钢加热到 1050～1150℃后再进行淬火以获得均相固溶体。经过固溶处理的不锈钢，碳是过饱和的，当钢在 450～850℃范围时，短暂时间便会在晶界上析出 $(Fe, Cr)_{23}C_6$ 型碳化物［见图 3-12（a）］。该碳化物中的含铬量远高于奥氏体基体的平均含铬量，自然在形成过程中消耗晶间区大量的铬。合金铬在晶内的扩散能力远远低于晶界，导致晶界附近的铬被快速消耗的过程中无法得到晶粒内部铬的补充，从而使得晶界附近区域的铬含量明显降低，当晶界附近的铬含量低于钝化所必需的临界值（原子分数为 Cr 12%）时，形成贫铬区［见图 3-12（b）］。在适当的介质条件下，钝态遭到破坏，晶间区电位下降。晶粒内固溶体中铬的浓度基本未发生变化，钝态未遭到破坏保持高电位。晶间区与晶粒构成大阴极-小阳极的微电池，导致晶间区的腐蚀。

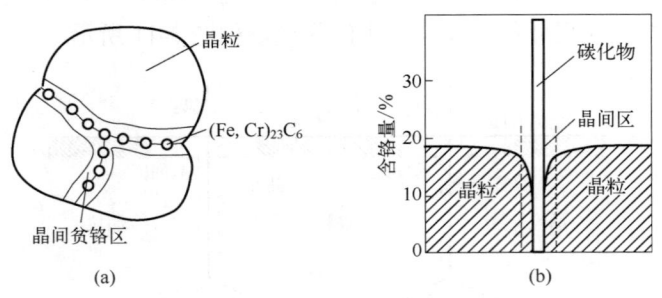

图 3-12　晶间腐蚀贫化机理

（a）碳化物析出；（b）碳化物析出时铬的分布

材料晶间腐蚀的敏感性常用 TTS（time-temperature-sentization）曲线表示，称为时间-温度-敏化图，表示回火温度和时间对晶间腐蚀倾向的影响，其中 τ_{min} 为出现晶间腐蚀的最短时间，τ'_{min} 为消除晶间腐蚀的最短时间，如图 3-13 所示。

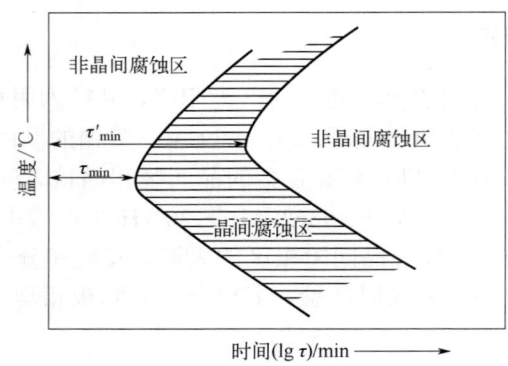

图 3-13　回火温度和回火时间对晶间腐蚀倾向的影响

TTS 曲线有助于人们制定不锈钢热处理制度及焊接工艺，从而避免产生晶间腐蚀。将钢材加热到晶间腐蚀最敏感的温度，恒温处理一段时间的工艺称为敏化处理，对应的晶间腐蚀最敏感温度称为敏化温度。譬如 18-8 不锈钢的敏化温度为 650～700℃，产生晶间腐蚀倾向所需最短时间为 1～2h。

贫化理论可以通过化学-电化学的方法予以证实。将含碳量为 0.22% 的 18-8 型奥氏体不锈钢，经 700℃保温 2h 敏化处理，硫酸中腐蚀 10 天后，对样品进行成分分析表明存在平均宽度约为 $1\times10^{-5}～4\times10^{-5}$cm 的贫铬区。

（2）晶界亚稳相溶解理论

如果把空位、位错、晶界等晶体缺陷看成几何组元，那么钢中的柯氏气团、晶界磷吸附区等可看成是亚稳相。

超低碳 18-8 型不锈钢在强氧化性介质中出现反常的晶间腐蚀，该钢中不含 Ti 和 Ni，含碳量低于 0.03%。经固溶处理后无相间沉淀析出，按照贫化机理应无晶间腐蚀倾向。但实际在固溶条件下该钢出现了严重的晶间腐蚀现象。研究表明这种晶间腐蚀与磷在晶界的偏聚有关。在无碳化物析出的高温下，磷在晶界的吸附随着温度的升高而增加，达到 1000℃后晶界磷吸附区开始分解。当固溶体中磷的含量达到 100mg/kg 时，或者硅杂质含量达到 1000～

2000mg/kg 时，便会偏析在晶界上。这些杂质在强氧化性介质作用下发生溶解，导致晶间腐蚀。晶间腐蚀程度随着杂质含量的增加而加重，晶界吸附杂质元素后，不仅可能引起晶间腐蚀，而且晶界区会产生硬化现象。

3.2.5.2 晶间腐蚀的影响因素

影响晶间腐蚀倾向的因素很多，有材料自身因素、加工工艺因素，也有外在环境因素。

（1）材料成分

碳：碳属于间隙固溶体元素，具有稳定化奥氏体作用。无论是奥氏体不锈钢还是铁素体不锈钢，其晶间腐蚀倾向都随碳含量的增多而严重，因为碳含量越高，晶间沉淀的碳化物就越多，晶间贫铬区的铬贫化程度就越严重。

氮：氮也是间隙固溶体元素，有扩大奥氏体相区的作用。氮与铬可形成 Cr_2N，增加钢中的氮含量对 $M_{23}C_6$ 的析出有抑制作用。氮化物在晶界析出时引起的铬贫化程度低于碳化物，所以在满足不出现晶间腐蚀的条件下，氮的许可含量高于碳。降低 C+N 的含量，可提高铁素体不锈钢在固溶和快冷处理下的晶间腐蚀性能。

钛和铌：钛和铌均属于强碳氮化物形成元素，与碳和氮的亲和力强，形成高熔点的 MX 型碳化物或氮化物，起到固定碳和氮的作用，从而降低晶间腐蚀倾向。要注意含钛和铌的奥氏体不锈钢要避免 1300℃ 以上的高温，否则碳化钛或碳化铌会全部溶解，并在冷却过程中重新在晶界析出树枝晶形态的 TiC 和 NbC，在强氧化性介质中发生晶间腐蚀。

铬：铬是缩小奥氏体相区元素，铬可以推迟晶间腐蚀的发生，钢产生晶间腐蚀的敏化温度随铬含量的增加而降低。因为铬含量高，非贫铬区和贫铬区之间铬的浓度梯度大，加大铬向晶界贫铬区扩散，从而提高晶间贫铬区的铬含量，减弱钢的晶间腐蚀倾向。

镍：镍会减小碳在奥氏体中的溶解度，促进碳在晶界形成 $M_{23}C_6$ 并析出，从而形成晶间区严重贫铬，因此一般镍被认为是促进晶间腐蚀的元素。

钼：钼可促使 σ 相在奥氏体及铁素体不锈钢晶界处形成；而在高铬铁素体不锈钢中加入钼后，不仅会加速 σ 相在晶界的析出，还会形成含钼量高的 $M_{23}C_6$ 型碳化物，从而加重钢的晶间腐蚀倾向。

硅：硅对退火态钢的晶间腐蚀倾向有较大的影响，含硅的钝化膜比不含硅的钝化膜具有更好的耐蚀性。如果在晶粒表面形成耐蚀性好的高硅钝化膜，而在晶界区表面不能形成具有同样耐蚀性的钝化膜，则两区钝化膜耐蚀性的差异会导致晶间腐蚀。

（2）加工工艺

冷加工对晶间腐蚀倾向的影响较为复杂，与冷加工量以及冷加工前后的热处理工艺相关。钢在固溶状态下不具有晶间腐蚀倾向，而在固溶+敏化处理状态下具有明显的晶间腐蚀倾向；在不改变热处理工艺的前提下，敏化处理前增加冷变形，可使晶间腐蚀倾向消失，并具有比固溶状态更高的断裂应力；如果在固溶+敏化处理后给予冷变形，会使晶间腐蚀倾向更为严重。

（3）环境因素

晶间腐蚀是晶界区或晶界沉淀相选择性腐蚀的结果，凡是能造成晶界区腐蚀电流密度大于晶粒本体腐蚀电流密度的介质都会促使晶间腐蚀的发生。能促使晶粒表面钝化，同时又使晶界表面活化，或者可使晶界处沉淀相发生严重阳极溶解的介质均属于诱发晶间腐蚀的介质。

3.2.5.3　晶间腐蚀的防护

① 降低 C、N、P 等有害杂质元素的含量，提高钢的纯净度；

② 通过添加少量稳定化元素，如 Ti、Nb，控制晶界吸附和抑制晶界沉淀，可减小晶间腐蚀倾向；

③ 采用固溶处理，使 $M_{23}C_6$ 型碳化物重新溶解，并以碳化物不析出的速度快速冷却，抑制碳化物的析出，避免贫铬区的形成，有利于降低晶间腐蚀倾向；

④ 需要进行冷加工时，注意冷加工工序尽可能在热处理工艺之前；通过热处理工艺细化晶粒，增加晶界面积，分散沉淀相，利于减小晶间腐蚀倾向；

⑤ 采用双相不锈钢，奥氏体不锈钢易于加工，但晶间腐蚀倾向大；铁素体不锈钢晶间腐蚀倾向小，但加工性能差；奥氏体-铁素体双相不锈钢，可解决晶间腐蚀的问题，是目前应用最为广泛的抗晶间腐蚀钢种。

3.2.6　应力腐蚀

应力腐蚀是指金属或合金在拉应力和腐蚀介质协同作用下引起金属或合金开裂的现象。应力腐蚀是普遍存在的现象和灾难性的腐蚀，必须考虑应力腐蚀对设备安全的威胁，譬如：黄铜弹壳的开裂，蒸汽机车的锅炉"碱脆"，铝合金在潮湿大气中的应力腐蚀，奥氏体不锈钢的应力腐蚀，含 S 的油、气设备出现的开裂事故和航空用 Ti 合金的应力腐蚀等等。

应力作用的腐蚀破坏形式主要包括应力腐蚀开裂、腐蚀疲劳、氢脆断裂、微动腐蚀、冲击腐蚀和空泡腐蚀等。

应力腐蚀开裂（stress corrosion cracking）是指承受应力的材料在特定腐蚀环境中产生滞后开裂，甚至发生滞后断裂的现象。

腐蚀疲劳（corrosion fatigue）是指腐蚀介质与交变应力协同作用，引起材料破坏的现象。

氢脆（hydrogen embrittlement）或氢损伤是指进入材料内部的氢导致材料性能退化的现象，包括氢压引起的微裂纹、高温高压氢腐蚀、氢化物相或氢致马氏体相变、氢致塑性损失及氢致开裂或断裂。

微动腐蚀（fretting corrosion）是指在有氧气或其他腐蚀介质存在的条件下，沿着受压载荷紧密接触的界面上有轻微的振动或微小振幅的往返相对运动，导致在接触面上出现小坑、细槽或裂纹的现象。

冲击腐蚀（impingement corrosion）是指金属表面与腐蚀流体之间由于高速相对运动而引起的金属破坏现象。冲击腐蚀时，金属的腐蚀产物因受高速流体的冲刷而离开金属表面，使得新鲜的金属表面与腐蚀介质直接接触，加速腐蚀破坏。

空泡腐蚀（cavitation erosion）是指由于流体压力分布不均匀，在金属表面形成流体的空泡，随后这类空泡破裂，产生高压冲击波，加速构件表面破坏的现象。

3.2.6.1　应力腐蚀特征

应力腐蚀主要特征包括力学特征、环境特征以及产生破坏的形态特征，具体如下。

（1）应力腐蚀力学特征

应力腐蚀只有在拉应力条件下才能发生，这种应力可以是外加载荷形成应力，或是冷热加工、热处理、表面处理及装配等过程中的残余应力，也可以是腐蚀产物楔入作用而引起的张应力。一般以残余应力为主，约占应力腐蚀的80%。应力腐蚀开裂是一种与时间有关的滞后破坏，材料所受应力越小，断裂时间越长。当应力低于某一临界值时，断裂时间趋于无穷，此应力值称为应力腐蚀临界应力（σ_{scc}）。当应力低于临界应力值时，不再发生断裂破坏。

（2）应力腐蚀环境特征

一种金属材料只有在特定的介质中才会发生应力腐蚀。因此常常以腐蚀环境特点命名一些金属材料的应力腐蚀，如锅炉钢在碱性溶液中的碱脆、低碳钢在硝酸盐溶液中的硝脆、奥氏体不锈钢在含 Cl^- 溶液中的氯脆、黄铜在氨气氛中的氨脆、奥氏体不锈钢在硫酸溶液中的硫脆、高强度钢在酸性或中性 NaCl 溶液中的氢脆等。表3-4列出了发生应力腐蚀的材料与特定介质的组合。

表 3-4 发生应力腐蚀的材料与特定介质的组合

金属或合金	腐蚀介质
软钢	NaOH 溶液，硝酸盐溶液，海水，海洋大气和工业大气
碳钢和低合金钢	42%$MgCl_2$溶液，氢氟酸
高铬钢	NaClO 溶液，海水，H_2S 水溶液
奥氏体不锈钢	氯化物溶液，高温、高压蒸馏水
铜和铜合金	氨蒸气、汞盐溶液，含 SO_2 大气，水蒸气
镍和镍合金	NaOH 溶液
铝合金	熔融 NaCl，NaCl 溶液，海水，水蒸气，含 SO_2 大气
钛合金	发烟硝酸，甲醇，甲醇蒸气，NaCl 溶液
镁	海洋大气，蒸馏水，KCl-K_2CrO_4 溶液

特定的材料-腐蚀介质组合使材料的自腐蚀电位处于钝化-活化过渡区或钝化-过钝化过渡区，从而产生应力腐蚀。

（3）应力腐蚀破坏的形态特征

应力腐蚀裂纹稳定扩展速率一般为 $10^{-8} \sim 10^{-4}$ mm/s，远小于单纯的力学因素引起的断裂速率（一般为金属中声速的 1/4～1/3），远高于无应力状态下的腐蚀速率。

应力腐蚀断裂属于脆性断裂，即使是塑性很好的材料，其应力腐蚀断口仍然显示出明显的脆性断裂特性：无明显颈缩、断口平直、与正应力垂直等。由于腐蚀介质作用，断口表面颜色呈黑色或灰黑色。宏观断口上，应力腐蚀与机械断裂过渡区断口上呈现放射性花样或"人"字纹，最后失稳断裂。

应力腐蚀断口的微观形态与应力腐蚀机理、环境条件、材料性质、电化学状态、力学因素等有重要关系。如高强度钢在水介质中发生应力腐蚀断裂时，其断口形貌随着应力强度因子的降低由韧窝断口变为准解理、解理或沿晶断口。阳极溶解型的应力腐蚀断裂一般出现脆性沿晶、穿晶、混合或相间断口。

3.2.6.2 应力腐蚀机理

关于应力腐蚀的机理，由于其影响因素复杂而有很多种看法，不同腐蚀体系腐蚀机理不同，同一体系也有不同的见解。分析较多的有阳极溶解理论、滑移-溶解-断裂机理、氢脆理论及应力吸附理论等。

当向腐蚀体系施加阳极电流时，裂纹加速扩展；施加阴极电流，裂纹扩展受到抑制甚至停止扩展。这表明引起应力腐蚀的原因与电化学过程紧密相关，可以把应力腐蚀破裂看作电化学腐蚀和应力的机械破坏互相促进的结果，应力腐蚀的阳极溶解过程示意图示于图 3-14。

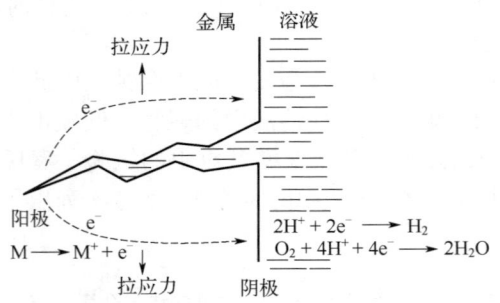

图 3-14　应力腐蚀的阳极溶解理论

在腐蚀性介质中，金属表面形成具有保护能力的表面膜，由于金属组织结构上存在的缺陷，使得钝化膜存在薄弱点，该处的电极电位比其他部位更负，是个活性位点。在应力作用下薄弱点产生破坏露出新鲜表面，在电解质溶液中成为阳极，与完整表面膜组成大阴极、小阳极的腐蚀电池，阳极的电流密度很大，被腐蚀成为沟状裂纹。

微观裂纹形成后，尖端形成应力集中，使得裂纹尖端及附近区域发生变形，微观滑移在此破坏尖端表面膜，使得尖端又一次加速溶解，阻止膜的再钝化。有研究表明，裂纹尖端的溶解速率大约是裂纹两侧溶解速率的 10^5 倍。裂纹侧面及金属表面是阴极，裂纹尖端为阳极，在应力的不断作用下，强化了阳极溶解过程，裂纹继续发展、传播、向前延伸，最终导致金属发生断裂。

此外，有学者提出闭塞电池理论、应力吸附理论和氢脆理论。

闭塞电池理论认为在设备的某些部位上存在特殊的几何形状（如裂缝或蚀孔），使得其内部出现闭塞电池，在应力和介质的联合作用下，腐蚀加速。该闭塞电池是一个自催化的腐蚀过程，在拉应力作用下裂纹不断扩展，直至破裂。

应力吸附理论认为应力腐蚀并不是由金属的电化学溶解所引起的，而是由于环境中某些侵蚀性物质对金属内表面的吸附，削弱了金属原子间结合力，在拉应力下引起了断裂。

氢脆理论强调氢在应力腐蚀中的重要作用，裂纹尖端溶液酸化，H^+ 浓度提高，在裂纹尖端微阴极上被还原以后，变成吸附氢原子向金属内部扩散，使这一区域脆化，在拉应力作用下发生脆断。

3.2.6.3　应力腐蚀的影响因素

（1）金属的成分及组织

高纯度的金属应力腐蚀敏感性远远低于二元合金及多元合金。合金成分的变化不仅改变合金的力学性能，同时也影响着合金的化学和电化学性能，进而影响合金的应力腐蚀敏感性。譬如碳钢的应力腐蚀敏感性随着含碳量的增加先增加后降低，约在 0.12% 的含碳量下应力腐蚀敏感性最大。在不锈钢中添加适量的 Ni、Al、Si 等有利于提高钢的抗应力腐蚀能力。铝合金中产生过饱和固溶体的合金元素增加，铝合金的应力腐蚀敏感性增加。

同一成分的合金，组织的不同也会影响应力腐蚀敏感性。经固溶处理的硬铝合金，合金中存在很大的内应力，具有十分严重的应力腐蚀倾向。经过人工时效处理的 Mg-Zn 合金具有良好的抗应力腐蚀性能。

（2）应力状态

产生应力腐蚀的应力主要来源于材料的加工和使用过程，包括工作应力、残余应力、热应力和结构应力。裂纹在拉应力和介质的综合作用下扩展直至破坏。外加应力较小时，应力对材料破坏失效时间影响不大；但随着外加应力的增加，构件的破裂时间会明显缩短。

（3）腐蚀介质

介质对应力腐蚀的影响相当复杂，如介质中的特殊阴离子、pH 值、温度、界面电位状况等都会影响合金的应力腐蚀倾向。

① 阴离子的影响：水溶液中只有 Cl^-、Br^-、I^- 能够加速应力腐蚀过程，且裂纹的扩展速度与离子浓度成正比。一般认为，$MgCl_2$ 最易引起应力腐蚀，不同氯化物的腐蚀作用按 Mg^{2+}、Fe^{3+}、Ca^{2+}、Na^+ 和 Li^+ 等离子的顺序递减。SCN^-、F^-、SO_4^{2-}、NO_3^- 等阴离子没有加速作用，有的甚至能够起到缓释作用。

② pH 值的影响：pH 越低，裂纹扩展速率越快。

③ 温度的影响：一般认为温度越高，应力腐蚀倾向越大，但温度过高会由于全面腐蚀作用而抑制应力腐蚀。

④ 电位的影响：中性溶液中，阴极极化可降低裂纹扩展速率，阳极极化则提高裂纹扩展速率。在强酸性溶液中，电位的变化对应力腐蚀速率影响不大。

3.2.6.4　应力腐蚀的防护

应力腐蚀与构件的应力状态、环境以及材料自身等因素有关，通过合理选材、控制应力及环境介质、外加防护等措施可避免或者减弱应力腐蚀的发生。

① 根据需要尽可能选择在给定环境中不发生应力腐蚀的材料，或者根据需要开发耐应力腐蚀破裂的新型材料。通过提高冶金水平降低材料中的有害杂质；通过热处理改变组织状态，消除有害物质的偏析、晶粒细化等，减小应力腐蚀的敏感性。

② 金属构件的设计要结构合理，避免或减少局部的应力集中，将有效应力降低到临界应力以下，避免应力腐蚀造成的破坏。采用合理的热加工和热处理工艺，消除加工或装配过程中的残余应力，重要零件特别是焊接件，需有专门的去应力退火，并结合喷砂、喷丸处理，降低或松弛表面应力，甚至形成表面压应力，有利于减小应力腐蚀的敏感性。

③ 由于不同的金属材料有着不同的应力腐蚀敏感性介质，因此通过除气、脱氧、除去矿物质等方法可以去除环境中危害较大的介质成分；通过控制温度、pH 值，添加适量的缓蚀剂等，达到改变环境的目的。

④ 外加电流保护，金属发生应力腐蚀与其电位有关，通过电化学保护使金属离开应力腐蚀敏感区，从而抑制应力腐蚀。采用外加电流的阴极保护法，可有效防止应力腐蚀，并且可以在应力腐蚀裂纹形成后停止扩展。

⑤ 合理使用涂层可使金属表面和环境隔开，从而避免产生应力腐蚀。

3.2.7　其他形式的腐蚀

3.2.7.1　磨损腐蚀

当腐蚀介质与金属构件表面的相对运动速度较大时，构件的局部表面遭受严重的腐蚀损坏，这类腐蚀称为磨损腐蚀。

流体与金属构件高速相对运动，在金属表面局部地区产生涡流，伴随有气泡在金属表面迅速形成和破灭，呈现与孔蚀类似的破坏特征，这种腐蚀称为空泡腐蚀。在水轮机叶片和船用螺旋桨的背面常出现空泡腐蚀。在高流速和压力突变的情况下，气泡的形成和破灭所引起的锤击作用压力可达到约 $14kg/mm^2$，该压力足以使金属发生塑性变形。

磨损腐蚀可通过选材、设计、降低流速、防护涂层及去除介质中的有害成分和电化学保护等方法来防止或减缓，具体包括：

① 磨损腐蚀无通用材料，在遵守耐蚀性和力学性能要求的条件下，根据手册和资料选材。譬如，航行速度不是太大的普通舰船，常选用 Cu-Ni 合金作为制造舰船中某些耐腐蚀磨损的结构材料。

② 采用喷焊镍基涂层，可以使叶轮寿命大幅度提高；工件表面覆盖橡胶层，可有效减弱空泡腐蚀。

③ 从几何形状上避免湍流、涡流的出现，是控制腐蚀的重要手段。如采用大管径设计降低流速、设计流线型构件，可减缓冲刷腐蚀的程度。

3.2.7.2 腐蚀疲劳

金属在交变应力和腐蚀介质共同的作用下形成的破坏形式称为腐蚀疲劳。腐蚀疲劳的本质是电化学腐蚀过程与力学过程的相互作用，这种相互作用远远超过交变应力与腐蚀介质分别作用的加和，是一种更为严重的破坏形式。

腐蚀疲劳与应力腐蚀既有联系也有明显的区别：

① 一般认为应力腐蚀是在特定介质、特定材料和特定应力三个特定条件下发生的，而腐蚀疲劳在任何材料中都可能发生；

② 应力腐蚀是在静拉伸或单调动载荷拉伸条件下进行研究，而腐蚀疲劳则是在非单调动载条件下进行研究；

③ 应力腐蚀破裂存在一个临界应力强度因子，应力低于该临界值，腐蚀就不会发生，但腐蚀疲劳的破裂照样产生，它不存在临界极限强度因子。

在电解质中的腐蚀疲劳过程是一个力学-电化学过程，即金属在交变应力作用下，改变结构的均匀性，破坏原有晶体结构，从而产生电化学不均匀性，应变部分的金属为阳极，未应变部分为阴极，在电化学和应力的联合作用下产生微裂纹。

腐蚀疲劳的影响因素广泛而复杂，既有力学方面的频率、应力比和加载方式，也有材质因素、介质因素和电化学因素，其影响相互作用。针对疲劳腐蚀的防护主要有以下几个方面：

① 改进设计和合理的热处理工艺消除残余应力，用喷丸、氮化等方法改变表面的应力状态为压应力；

② 加入足够量的缓蚀剂，在金属表面覆盖金属涂层（如电镀、浸镀和喷镀等）或其他涂层（如涂漆、涂油，或用塑料、陶瓷形成保护层），只要涂层在使用中不破坏，就能有效减少腐蚀疲劳；

③ 采用阴极保护的方法来提高条件疲劳极限，但它不能完全防止腐蚀疲劳断裂的产生。

3.2.7.3 多元合金的选择性腐蚀

选择性腐蚀是指多元合金中较活泼组分或负电性金属的优先腐蚀，通常只发生在二元或多元固溶体中，如黄铜脱锌、铜镍合金脱镍、铜铝合金脱铝等。

黄铜脱锌主要有两种类型，一种为层状脱锌，即均匀性脱锌，一般锌含量较高的黄铜在酸性介质中易产生均匀性脱锌；另一种是塞状脱锌，锌含量较低的黄铜在中性、碱性及弱酸性介质中（如海水热交换器用黄铜），经常出现脱锌腐蚀现象。

关于黄铜脱锌机理，一种认为黄铜中的锌优先溶解而残留铜；另一种为溶解-沉积机理，包含黄铜溶解、Zn^{2+} 留在溶液中和铜回镀在基体上的三个过程。该机理中黄铜在海水中脱锌时锌、铜溶解，Zn^{2+} 留在溶液中，Cu^{2+} 迅速形成 Cu_2Cl_2，Cu_2Cl_2 又分解成 Cu 和 $CuCl_2$，分解生成的活性 Cu 回镀在基体上。

控制黄铜脱锌的方法主要有：

① 选用脱锌不敏感的合金，如锌质量分数低于 15% 的黄铜，或蒙乃尔合金（$Ni_{70}Cu_{30}$）；

② 在 α-黄铜中加入抑制脱锌的合金元素，如少量的砷或锑可有效抑制黄铜脱锌，该方法不适用于 α-黄铜+β-黄铜。

3.3　材料在不同环境中的腐蚀

3.3.1　大气腐蚀

3.3.1.1　大气腐蚀概述

自然大气环境中，由环境因素的作用而引起材料的变质或破坏现象称为大气腐蚀。统计显示，约有 80% 的金属构件，如建筑桥梁的钢梁、交通运输的钢轨、各种机械设备、车辆等都是在大气环境下使用的，大气腐蚀损失约占金属总腐蚀量的 50%。

金属材料的大气腐蚀主要是材料受大气中所含的水分、氧气和其他介质的联合作用而引起的破坏。按腐蚀反应可分为化学腐蚀和电化学腐蚀两大类：在干燥无水分的大气环境中发生表面氧化、硫化造成失泽和变色等属于化学腐蚀；其他大多数情况均属于电化学腐蚀。但大气腐蚀中的电化学腐蚀与浸在电解液中的电化学腐蚀有所不同，是在电解液薄膜下的电化学腐蚀。空气中的氧气是电化学腐蚀阴极过程中的去极化剂，水膜的厚度、干湿交变频率、氧的扩散速度均直接影响大气腐蚀过程。

按照金属表面水膜的厚度可将大气腐蚀分为以下三类：

① 湿大气腐蚀，相对湿度大于 100%，如水分以雨、雾、水等形式直接溅落在金属表面上，在金属表面上存在着肉眼可见的水膜（1μm～1mm）时的大气腐蚀；

② 潮大气腐蚀，在相对湿度低于 100% 时，肉眼看不见的薄水膜（10nm～1μm）下的大气腐蚀，如铁没有淋雨也会生锈；

③ 干大气腐蚀，在金属表面没有水膜存在时的大气腐蚀，特点是在金属表面形成不可见的保护性氧化膜（1～10nm）和某些金属失去光泽的现象。

3.3.1.2　大气腐蚀的电化学过程

大气腐蚀是电化学腐蚀的一种特殊形式，是金属表面处于薄层电解液下的电化学过程。腐蚀过程服从于电化学腐蚀的一般规律，也有大气腐蚀独有的特点。其电解液薄膜是由于空气中水分在金属表面的吸附凝聚及溶有空气污染物质而形成的。阴极过程是氧的去极化作用，阳极过程是金属的溶解和水化，但常因阳极钝化及金属离子水化过程的困难而受到阻碍。

（1）阴极过程

当金属发生大气腐蚀时，由于表面液膜很薄，氧气易于到达阴极表面。而氧的平衡电位又较氢的电极电位正，因此，金属在有氧存在的溶液中首先发生氧的去极化腐蚀。在薄膜下的大气腐蚀，阴极过程以氧的去极化为主，存在的反应如下。

中性或碱性介质：
$$O_2+2H_2O+4e^- \longrightarrow 4OH^- \tag{3-7}$$

酸性介质：
$$O_2+4H^++4e^- \longrightarrow 2H_2O \tag{3-8}$$

大气腐蚀条件下，氧通过液膜到达金属表面的速度很快，并得到不断补充，液膜越薄，扩散速度越快，阴极上氧的去极化过程越有效。但当液膜未形成时，氧的阴极去极化过程就受到了阻滞。

（2）阳极过程

大气腐蚀的阳极过程就是金属作为阳极发生溶解的过程，在大气腐蚀的条件下，阳极过程的反应如下：

$$M+xH_2O \longrightarrow M^{n+} \cdot xH_2O+ne^- \tag{3-9}$$

当发生大气腐蚀时，由于水膜容易到达阳极表面，易使阳极表面发生钝化；同时，在很薄的吸附水膜中阳离子的水化作用困难，使阳极过程受到阻滞。因此随着水膜的减薄，阳极去极化的作用随之减小。当相对湿度低于100%且腐蚀产物的吸水性又很小时，水分供应不足以维持阳极过程的需要，阴极过程阻滞行为特别明显。如果水分能够从空气中得到补充，阳极过程的阻滞影响较小。

（3）欧姆电阻

大气腐蚀过程中，随着金属液膜的减薄，除阴极过程更容易，阳极过程进行越困难外，还会使腐蚀微电池的欧姆电阻增大，导致腐蚀微电池作用减小。一般在可见液膜下或因腐蚀产物吸水润湿时，大气腐蚀速度主要由阴极过程控制；当水膜很薄时（不可见的吸水膜），腐蚀速度主要由阳极过程控制；水膜达到一定的厚度，腐蚀速度受阴阳极过程的共同控制，而当液膜增厚，例如湿大气腐蚀，氧到达金属表面有一个扩散过程，腐蚀过程受到氧扩散过程控制。

3.3.1.3　大气腐蚀的影响因素

（1）气候因素

① 大气的相对湿度　大气腐蚀是一种水膜下的电化学反应，空气中的水分在金属表面凝聚生成水膜，氧气通过水膜进入金属表面，是发生大气腐蚀的基本条件。水膜的形成与大气相对湿度密切相关。因此，大气的相对湿度是影响大气腐蚀的最主要因素之一。

当大气相对湿度达到某一临界值时，水分在金属表面形成水膜，促进电化学过程的发展，表现为腐蚀速度迅速增加，此时的相对湿度值称为金属腐蚀临界相对湿度。常用的金属腐蚀临界相对湿度为铁65%、铝76%、镍70%。当大气的湿度小于临界湿度，金属的大气腐蚀速度很小，几乎不腐蚀。把湿度降至临界湿度以下，可防止金属发生大气腐蚀。需要长期存储的金属材料，为安全起见，环境的相对湿度应控制在35%以下。

② 气温　环境温度及其变化是影响大气腐蚀的又一重要因素，直接影响金属表面水蒸气的凝聚、水膜中各种腐蚀气体和盐类的溶解度、水膜的电阻以及腐蚀电池中阴极和阳极过程的反应速度。温度的影响还需与大气相对湿度综合起来考虑。当相对湿度低于金属的临界

相对湿度时，温度的影响很小；当相对湿度达到金属的临界相对湿度时，温度的影响十分显著，温度每提高 10℃，反应速度约提高两倍。

③ 降雨　降雨对大气腐蚀具有两个方面的影响，一方面，降雨增大了大气中的相对湿度，延长了润湿时间，同时降雨的冲刷作用破坏了腐蚀产物的保护性，加速了大气腐蚀过程；另一方面，降雨能冲洗掉金属表面的污染物和灰尘，降低液膜的腐蚀性而减缓腐蚀过程，在海洋大气环境中较为明显。工业大气中，雨水还溶解了空气中的污染物，如 SO_2、Cl^- 等，能促进腐蚀进程，在酸雨地区，腐蚀严重。

④ 风向和风速　在有污染源的环境中，风向影响着污染物的传播，直接关系到腐蚀速度。风向随着季节的不同而有所变化，在判别腐蚀因素作用时应加以注意。风速对表面液膜的干湿交替频率有一定的影响，在风沙环境中，风速过大对金属表面的腐蚀能起到一定的增强作用。

⑤ 降尘　固体尘粒对腐蚀的影响一般有三种情况：一是尘粒本身具有可溶性和腐蚀性，溶解于液膜中成为腐蚀性介质，增加腐蚀速度；二是尘粒本身无腐蚀性，也不溶解，但能吸附腐蚀性物质，溶解在水膜中，促进腐蚀过程；三是尘粒本身无腐蚀性和吸附性，但落在金属表面上可能使水泄不畅，并与金属表面形成缝隙，易于水分的凝聚，从而发生局部腐蚀。

（2）大气中的污染物质

全球范围内的大气成分几乎是不变的，但在不同环境中含有不同的杂质，也称为污染物质，其主要组成见表 3-5。

表 3-5　大气污染物质的主要组成

气体	固体
含硫化合物：SO_2、SO_3、H_2S	灰尘
含氯化合物：Cl_2、HCl	$NaCl$、$CaCO_3$
含氮化合物：NO、NO_2、NH_3、HNO_3	ZnO 粉末
含碳化合物：CO、CO_2	氧化物粉、烟粉
其他：有机化合物	—

根据污染物的性质及含量，大气环境的类型大致分为工业大气、海洋大气、海洋工业大气、城市工业大气和农村大气，不同类型的大气之间没有定量的界限，其中腐蚀性介质的典型浓度见表 3-6。

表 3-6　大气杂质的典型浓度

杂质	浓度/$(\mu m^3/m^2)$
二氧化硫（SO_2）	工业大气：冬季 330，夏季 100 农村大气：冬季 100，夏季 40
三氧化硫（SO_3）	近似于二氧化硫的 1% 工业大气：1.5～90
硫化氢（H_2S）	城市工业大气：0.5～1.7 农村大气：0.15～0.45
氨（NH_3）	工业大气：4.8 农村大气：2.1
氯化物（空气样品）	内陆工业大气：冬季 79，夏季 2.7 沿海农村大气：平均值为 5.4

杂质	浓度/$(\mu m^3/m^2)$
氯化物（雨水样品）	内陆工业大气：冬季79，夏季5.3 沿海农村大气：冬季57，夏季18
尘粒	工业大气：冬季250，夏季100 农村大气：冬季60，夏季15

工业大气：污染物中含有硫化物是工业大气的特征，它来源于工业和生活中的燃料燃烧后所释放的二氧化硫。当它被灰尘吸收或直接溶解于金属液膜时被称为强腐蚀性介质，使金属表面腐蚀，生成易溶性亚硫酸盐，并由此再引起腐蚀产物自催化的加速腐蚀作用。并且随着相对湿度的增大，SO_2 的腐蚀促进作用更为明显。

海洋大气：海洋大气主要以大气中含有海盐粒子为特征。在海洋大气环境中，海盐粒子被风携带并沉降在金属表面上，具有很强的吸湿性，并溶于水膜中形成强腐蚀性介质，加速腐蚀过程。一般情况下盐污染的数量随着与海洋距离的增加而迅速减少。

海洋工业大气：海洋工业大气既含有工业废气的有害杂质，又含有海洋环境的海盐粒子，有害气体 SO_2 与海洋的海盐粒子联合作用对金属的腐蚀相比较单一的 SO_2 或 Cl^- 因素作用严重得多。

农村大气：农村大气不含有强烈的化学污染，但含有有机物和无机物尘埃，空气的主要成分是水分、氧气、二氧化碳等，大气腐蚀程度相对较小，影响腐蚀程度的主要是大气环境中的相对湿度、温度及温差。

（3）金属表面因素

金属的表面状态对空气中的水分吸附凝聚有较大的影响，经过精细研磨和擦得比较光亮的金属表面，对腐蚀的稳定性高，尤其是在腐蚀开始阶段。新鲜的、粗糙加工的表面（特别是喷砂以后）腐蚀活动最强。长久处于干燥的空气中，由于表面生成保护膜，腐蚀活动大为降低。金属表面的清洁度对大气腐蚀也有明显的影响，当表面存在污染物且吸附有害杂质时会进一步促进腐蚀过程。

3.3.1.4　大气腐蚀的防护

材料在大气环境中的腐蚀特征及耐蚀性与材料的成分、加工工艺及所处的环境密切相关，根据不同材料的大气腐蚀特征及其影响因素可考虑以下防护措施。

（1）长期性防护

在金属表面施加保护层，对基体材料起防护作用，并要求在实际工作中不损坏保护层，这种保护称为长期性防护。常用防护措施有：电镀、涂料涂装（有机涂层）、热喷涂金属或非金属层、热浸镀金属或合金、渗金属、磷化及钝化等。

（2）暂时性防护

金属产品加工、运输、储存过程中也存在腐蚀问题，对其进行的防护措施称为暂时性防护，其防护物易于去除，常用措施有：

① 水溶液缓蚀：利用缓蚀剂分子在金属表面生成不溶性的保护膜，将金属表面从活化状态转变为钝化态。常用的缓蚀剂有亚硝酸盐、磷酸盐、铬酸盐、硅酸钠、苯甲酸钾等。

② 防锈油：以矿物油为基体添加油溶性缓蚀剂和辅助添加剂（抗氧化剂、防霉剂、助溶剂、消溶剂）所配成，可用浸涂、刷涂或喷涂等方法涂覆在金属表面上达到防锈的目的，

是目前在金属制品和金属材料加工、使用和储存过程中常用的防锈方法。

③ 气相防锈：气相缓蚀剂又称为挥发性缓蚀剂，它是在常温下有一定挥发性的物质，挥发的气体充满包装空间，吸附在金属表面上，能起到阻滞大气腐蚀的作用。

④ 可剥性塑料：以塑料为基体作为成膜物质，再加入矿物油防锈剂、增塑剂、稳定剂、防霉剂等经加热或溶解而成。可用浸、刷、涂、喷等方法将其涂在被保护材料或产品上，待冷却后或溶剂挥发后，立即形成一层塑料薄膜，防止金属腐蚀。

⑤ 干燥空气封存：将产品密封在相对湿度低于35%的清洁空气中，要求容器严密，也可放入干燥剂等。

3.3.2 海水腐蚀

3.3.2.1 海水腐蚀概述

海水是自然界中最丰富的天然电解质，有很强的腐蚀性。在海洋环境中服役船舶的外壳、螺旋桨，海港码头的各种金属设施，海上采油平台和输油管道，海中电缆等常用的金属和合金在海水中大多数都会遭到海水的严重腐蚀。各国都十分重视海水腐蚀与防护研究，积累材料在海洋环境中的腐蚀数据，研究材料在海水中的腐蚀行为和规律，为海洋工程和沿海构筑物的设计、选材、防护及新材料的开发提供依据，意义十分重大。

海水作为腐蚀性介质的特点是含有多种盐类，其中以 NaCl 为主，常把海水近似看作质量分数为 3.5%的 NaCl 溶液。相互连通的各大洋的含盐量相差不大，太平洋为 3.49%，大西洋为 3.54%，印度洋为 3.48%。海水中的盐主要为氯化物，占总盐量的 88.7%，其他主要为硫酸盐。

海水具有很高的电导率，平均电导率为 $4 \times 10^{-2} S/cm$，远高于河水（$2 \times 10^{-4} S/cm$）和雨水（$1 \times 10^{-3} S/cm$）。

海水中的 pH 值通常为 8.1~8.2，且随着海水深度变化而变化。若植物非常茂盛，CO_2 减少，溶解氧浓度上升，pH 值接近于 10；在有厌氧型细菌繁殖的情况下，溶解氧量低，而且含有 H_2S，pH 通常小于 7。

海水中的溶解氧是海水腐蚀的主要因素之一，正常情况下，海水表面层被空气饱和，表面海水氧浓度随水温在 5~10mg/L 范围内变化。

3.3.2.2 海水腐蚀机理

海水是一种含有多种盐类近中性的电解质溶液，并溶有一定量的氧，这就决定了金属海水腐蚀的电化学特征，除了电极电位很负的镁及其合金外，所有的工程用金属材料在海水中都属于氧去极化腐蚀。镁在海水中既有吸氧腐蚀又有析氢腐蚀。

金属及其合金在海水中，其表面层物理化学性质的微观不均匀性，包括成分的不均匀性、结构的不均匀性、表面应力状态的不均匀性以及界面处海水物理化学性质的微观不均匀性，导致金属-海水界面上电极电位分布的微观不均匀性，从而形成无数的腐蚀微电池，电极电位低的区域（如碳钢中的铁素体基体）属阳极区，发生铁的氧化反应：

$$Fe \longrightarrow Fe^{2+} + 2e^{-} \tag{3-10}$$

电极电位较高的区域（如碳钢中的渗碳体相）属阴极区，发生氧的还原反应：

$$O_2 + 2H_2O + 4e^{-} \longrightarrow 4OH^{-} \tag{3-11}$$

结果阳极区产生电子，阴极区消耗电子，导致金属的腐蚀。金属在海水中的腐蚀大多数都是以这种微电池腐蚀机理进行的。

海水是典型的电解质溶液，金属的海水腐蚀是典型的电化学腐蚀，其主要特点如下：

① 海水中的 Cl^- 浓度很高，大多数金属如铁、钢、铸铁、锌、镉等都无法钝化。海水腐蚀过程中阳极的阻滞很小，因而腐蚀速度相当高。在海水中用提高阳极阻滞的方法提高钢的耐蚀性是很有限的。普通的不锈钢在海水中的钝化膜是不稳定的，在不锈钢中添加钼，可降低 Cl^- 对钝化膜的破坏作用。只有以钛、锆、钽、铌为基的少数合金在海水中才能建立稳定的钝态。

② 海水的电导率很大，海水腐蚀的电阻性阻滞很小，因此海水腐蚀中金属表面形成的微电池和宏观电池都具有较大的活性。海水中不同金属接触时很容易发生电偶腐蚀，即使两种金属相距数十米，只要存在电位差并实现电连接，就可发生电偶腐蚀。

③ 中性海水的溶解氧含量较高，除镁外绝大多数金属在海水中的腐蚀都是通过氧去极化进行的。尽管表层海水被氧所饱和，但氧通过扩散达到金属表面的速度有限，小于氧还原的反应速度。在静止状态或海水以较小的速度运动时，阴极过程一般受氧到达金属表面的速度所控制，所以钢、铸铁等在海水中的腐蚀几乎完全取决于阴极阻滞。由于扩散层中央的扩散通道已经占满，因此通过合金化或热处理来改变钢中阴极相的数量和分布对腐蚀速度的影响不大。一切有利于供氧的条件，如海浪、飞溅、增加流速，都会促进氧的去极化反应，促进钢的腐蚀。

3.3.2.3 海水腐蚀的影响因素

海水是含有多种盐类的溶液，同时含有生物、溶解的气体、悬浮泥沙、腐败的有机物等，加上海水的运动、温度的变化等，使得海水腐蚀的影响因素更加复杂。

（1）含盐量

海水中溶有大量以氯化钠为主的盐类，其含盐量用盐度或氯度表示。盐度是指 1000g 海水中溶解的固体盐类物质的总质量（g）；氯度是 1000g 海水中含卤族离子的质量（g），通常用百分数或千分数来表示。通常先测定海水的氯度（Cl‰），然后用经验公式计算得到盐度（S‰），二者换算经验公式如下：

$$S‰ = 1.80655Cl‰ \tag{3-12}$$

在开阔的洋面上，表层海水盐度变化的范围为 32～37.5g/kg，通常取盐度 35g/kg 作为大洋海水的盐度平均值。海水盐度的分布取决于海区的地理、水文、气象等因素，如蒸发、降水、结冰、融冰、海流及河流等，在不同海区、纬度、海水深度，海水盐度在一定范围内波动。

水中含盐量直接影响到水的电导率和含氧量。随着水中含盐量的增加，水的电导率增加而含氧量降低。海水的含盐量刚好接近腐蚀速度最大时所对应的含盐量。大洋海水中，盐度变化不大，对海水的导电性、含氧量、碳酸盐含量及海生物活性等的影响也很小，对电化学过程几乎不产生影响。因此，大洋海水中盐度的微量变化不会对钢的腐蚀产生明显的影响。

（2）电导率

海水的电导率主要取决于海水的盐度和海水的温度，增加海水的盐度或升高海水的温度都能使海水的电导率增加。当海水温度一定时，海水电导率随着氯度（盐度）的增加而增加。因为一般海水的盐度变化不大，所以海水的电导率主要受温度影响，不同温度下海水（盐度 35g/kg）的电导率示于表 3-7 中。

表 3-7　海水的电导率

温度/℃	10	15	20	25
电导率/(mS/cm)	37.4	42.2	47.1	52.1
电阻率/(Ω·cm)	26.7	23.7	21.2	19.2

由于海水具有良好的导电性，在海水腐蚀过程中，不仅微电池腐蚀的活性大，而且宏观电池腐蚀的活性也很大，海水中异种金属接触时更容易产生电偶腐蚀，作用范围更广。

（3）其他溶解物质——氧、CO_2、碳酸盐的影响

绝大多数金属在海水中的腐蚀都属于氧去极化腐蚀，因此，海水中的氧含量是影响海水腐蚀的重要因素。氧在海水中的溶解度主要取决于海水的盐度和温度，随着海水盐度增加或温度升高，氧的溶解度降低。表 3-8 所示为常压下氧在海水中的溶解度。由于海水的盐度变化不大，氧的溶解度主要受海水温度的影响，当海水温度由 0℃上升到 30℃，氧的溶解度几乎减半。

表 3-8　常压下氧在海水中的溶解度　　　　　　　　　　　　　　mL/L

温度/℃	盐的浓度/%					
	0	1.0	2.0	3.0	3.5	4.0
0	10.30	9.65	9.00	8.36	8.04	7.72
10	8.02	7.56	7.09	6.63	6.41	6.18
20	6.57	6.22	5.88	5.52	5.35	5.17
30	5.57	5.27	4.95	4.65	4.50	4.34

氧是在海水中金属腐蚀的去极化剂，对于不同的金属，含氧量对腐蚀的作用是不同的。碳钢、低合金钢和铸铁等在海水中不发生钝化，海水中含氧量的增加会加速阴极去极化过程，使金属腐蚀速度增加。对于依靠表面钝化膜提高耐蚀性的金属，如铝和不锈钢等，含氧量的增加有利于钝化膜的形成和修补，使钝化膜的稳定性提高，点蚀和缝隙腐蚀倾向减小。

CO_2 在海水中的溶解度也较高，在海水中主要以碳酸根和碳酸氢根离子形式存在，并且以碳酸氢根离子为主。海水中的碳酸盐对金属腐蚀过程有重要的影响，碳酸盐随着 pH 值的增大，在金属表面沉积形成不同的保护层，对腐蚀过程起抑制作用。除了 CO_2 水合作用产生碳酸根离子之外，海洋生物的新陈代谢作用以及动植物死亡后尸体分解也会产生碳酸盐，某些含碳酸盐的矿物和岩石的溶解也会增加海水中碳酸盐含量。

（4）pH 值的影响

海水的 pH 值为 7.5～8.6，表层海水因植物光合作用，pH 值略高些，通常为 8.1～8.3，在深海处 pH 值略有降低，不利于金属表面生成保护性盐膜。一般来说，海水 pH 值升高，有利于抑制海水对钢的腐蚀，但由于 pH 值变化不大，不会对钢产生太大的影响。海水 pH 值升高，容易形成碳酸盐沉积层，海水腐蚀性减弱。在施加阴极保护时，阴极表面处海水 pH 值上升，很容易形成这种沉积层，对阴极保护有利。

（5）温度的影响

海水的温度随着时间、空间上的差异会在一个比较大的范围内变化。从两极到赤道，表

层海水温度可由 0℃增加到 35℃。海水深度增加，水温下降，海底的水温接近 0℃。

温度对海水腐蚀的影响是复杂的，海水温度每升高 10℃，化学反应速度提高约 10%，从动力学方面考虑，温度升高，加速金属的腐蚀。另外海水温度升高，海水中氧的溶解度降低，每升高 10℃，氧的溶解度降低约 20%，同时促进保护性碳酸盐的生成，这又会减缓钢在海水中的腐蚀。但在正常海水含氧量下，温度对扩散速度的影响是影响腐蚀的主要因素，这是因为氧含量足够高时（5mL/L 以上），控制阴极反应速度的是氧的扩散速度，而不是氧含量。

对于在海水中钝化的金属，温度升高，钝化膜的稳定性下降，点蚀和缝隙腐蚀倾向增加；不锈钢的应力腐蚀敏感性增加。温度升高，海生物活性增强，海生物附着量增多，钝性金属容易发生局部腐蚀。

（6）海水流速的影响

海水腐蚀是借助氧去极化而进行的阴极控制过程，并且主要受氧扩散速度的控制，海水流速和波浪由于改变了供氧条件，必然对腐蚀产生重要影响。海水流速对钢在海水中腐蚀的影响如图 3-15 所示。其中 a 段，随着流速的增加，氧扩散速度增加，腐蚀速度增大；b 段，流速进一步增加，供氧充分，阴极过程不再受扩散控制，而主要受氧还原反应的阴极反应控制，流速影响较小；c 段，流速超过某一临界速度 V_c 时，金属表面的腐蚀产物膜被冲刷掉，金属表面同时受到磨损，这种腐蚀与磨损的联合作用，使钢的腐蚀速度急剧增加。

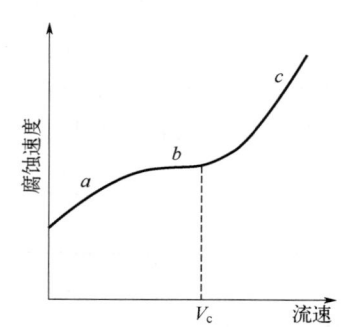

图 3-15　海水流速对钢的腐蚀速度的影响示意图

在海水中能够钝化的金属，如不锈钢、铝合金、钛合金等，海水流速的增加会促进其钝化，从而提高耐蚀性。

3.3.2.4　海水腐蚀的防护

根据海水腐蚀特点及其影响因素，可以从材料的选择、结构设计、表面涂层和电化学阴极保护等几个方面进行海水腐蚀的防护。

（1）材料的选择

在满足构件的力学性能、制造工艺性能和成本的同时，考虑材料在特定介质中的耐蚀性是控制海水腐蚀的有效方法。

对于大型海洋工程结构件，如石油平台、舰船壳体、港口码头设施、海底管线等，材料消耗量大，通常选用廉价的低碳钢和普通低合金钢制造，并辅以涂料和阴极保护。

对于环境苛刻，材料用量不大的情况，选用高耐蚀材料，如耐海水腐蚀的不锈钢、铜合金、镍基合金和钛合金。

对于多种材料构成的工程结构件，应尽量选用电位序接近的材料，以免发生电偶腐蚀。在选择焊接材料时，应使焊缝金属呈阴极，而且焊缝金属与母材的电位差尽可能小。

（2）结构设计优化

结构件形状力求简单，减少死角和缝隙，便于防腐蚀施工；构件设计尽量减少切口、尖角和焊接缺陷等，以防应力腐蚀。当必须使用电位差较大的两种或者两种以上金属材料时，要使用有机材料制成的绝缘垫片把两种金属隔开。

结构设计中应尽量避免缝隙，譬如用焊接代替铆接和螺栓连接。容易发生腐蚀的部位应避免使用电焊。设计中无法避免的狭缝，应用填料密封。

（3）涂层保护

海洋环境中大量使用的低碳钢和低合金钢耐蚀性比较差，表面涂层是广泛采用的防腐蚀方法，主要有以下涂层：

① 有机涂层保护：供海洋工程结构使用的专用涂料品种很多，可满足防腐要求，施工过程中要严格除锈、除油、除水等，注意添加氧化亚铜或有机锡化合物等防腐剂。

② 金属喷涂层：用热喷涂的方法把锌、铝和锌-铝合金喷涂在金属表面，构成了阳极性涂层，从而对底材实施保护。

③ 金属包覆层：在海洋飞溅区，阴极保护有困难，有机涂层抗冲刷能力较差，对重要的海洋结构件采用金属包覆层，常用材料有不锈钢、钛、铜镍合金等。

3.3.3 土壤腐蚀

随着社会发展以及宜居环境的建设需要，越来越多的架空线逐渐转向地下，从而导致地下的金属构件迅速增加，如输气管道、排水管道、供水管道、电缆线管道等等。土壤对金属构件的腐蚀具有发现难、检修难的特点，易引起油、气、水的泄漏，引发突发事故，造成重大经济损失和安全危害。因此，研究土壤腐蚀规律及有效的防腐蚀途径具有重要的意义。

土壤是由气、液、固三相物质构成的复杂系统，其中还存在若干种数量不等的土壤微生物，其新陈代谢产物也会对材料产生腐蚀，因此土壤腐蚀的条件极其复杂，控制因素也有很大差别，大致可以归纳为以下三种情况：

① 阴极过程控制：当腐蚀取决于腐蚀微电池或距离不太大的宏观腐蚀电池时，腐蚀过程主要为阴极过程控制，这与完全浸没在静止电解液中的金属腐蚀情况类似；

② 阳极控制过程：相对疏松和干燥的土壤内，随着氧渗透率的增加，腐蚀过程主要为阳极过程控制，这种腐蚀过程与大气腐蚀接近；

③ 电阻控制：对于由长距离宏观电池作用所引起的土壤腐蚀，如埋没在土壤中的管道交替地经过氧渗透率不同的土壤而引起的宏观电池，电阻因素所起的作用强烈增加，腐蚀电池距离越长，电阻控制作用越明显。

3.3.3.1 土壤腐蚀过程

（1）阴极过程

土壤中常用的结构金属是钢铁，在发生土壤腐蚀时，阴极过程是氧的还原，在阴极区产生 OH^- 离子：

$$O_2+2H_2O+4e^- \longrightarrow 4OH^- \tag{3-13}$$

只有在酸性很强的土壤中，才会发生析氢反应：

$$2H^++2e^- \longrightarrow H_2 \tag{3-14}$$

在硫酸盐还原菌的参与下，硫酸根离子的还原也可作为土壤腐蚀的阴极过程：

$$SO_4^{2-}+4H_2O+8e^- \longrightarrow S^{2-}+8OH^- \tag{3-15}$$

金属离子的还原也是一种土壤腐蚀的阴极过程：

$$M^{3+}+e^- \longrightarrow M^{2+} \tag{3-16}$$

金属构件在土壤中的腐蚀，阴极过程是主要的控制步骤，而这种过程受氧输送控制。因为氧从地面向地下的金属构件表面扩散是非常缓慢的过程，与传统的电解液的腐蚀不同，在土壤条件下，氧的进入不仅受到紧靠阴极表面的电解质（扩散层）的限制，而且受阴极上面整个土层的阻力等。氧的扩散速度取决于金属构件的埋没深度、土壤结构、湿度、松紧程度以及土壤中胶体粒子的含量等因素。

（2）阳极过程

钢铁构件在土壤中的阳极过程为铁氧化成二价铁离子，并发生二价铁离子的水合作用：

$$Fe+nH_2O \longrightarrow Fe^{2+} \cdot nH_2O+2e^- \tag{3-17}$$

只有在酸性较强的土壤中，才有相当数量的铁氧化成二价和三价离子，以离子状态存在于土壤中。

在稳定的中性和碱性土壤中，由于 Fe^{2+} 和 OH^- 之间的次生反应而生成 $Fe(OH)_2$：

$$Fe^{2+}+2OH^- \longrightarrow Fe(OH)_2（绿色产物） \tag{3-18}$$

在阳极区有氧气存在时，$Fe(OH)_2$ 能够氧化成溶解度很小的 $Fe(OH)_3$：

$$2Fe(OH)_2+1/2O_2+H_2O \longrightarrow 2Fe(OH)_3 \tag{3-19}$$

$Fe(OH)_3$ 产物不稳定，它会转变成更稳定的产物：

$$Fe(OH)_3 \longrightarrow FeOOH+H_2O \tag{3-20}$$

$$2Fe(OH)_3 \longrightarrow Fe_2O_3 \cdot 3H_2O \longrightarrow Fe_2O_3+3H_2O \tag{3-21}$$

其中 FeOOH 是一种赤色的腐蚀产物，$Fe_2O_3 \cdot 3H_2O$ 是一种黑色的腐蚀产物，在比较干燥的条件下会转化成 Fe_2O_3。

低碳钢在土壤中生成的不溶性腐蚀产物与基体结合不牢固，与土壤细小土粒黏结在一起，可以形成一种紧密层，有效地阻碍阳极过程，尤其在土壤中存在钙离子时，生成的 $CaCO_3$ 与铁的腐蚀产物黏结在一起，阻碍阳极过程的作用就更大。

阳极钝化也是阳极过程的重要方面，在疏松、透气性好的土壤中，空气中的氧很容易扩散到金属电极表面，促进阳极钝化，而活性离子 Cl^- 的存在阻碍阳极钝化的产生。

3.3.3.2　土壤腐蚀的影响因素

金属材料的土壤腐蚀影响因素很多，主要有土壤的导电性、酸碱性、溶解盐的类型，以及土壤微生物、杂散电流及气候条件等。

（1）土壤的导电性

对于宏观腐蚀电池起主导作用的土壤腐蚀，特别是阴极与阳极相距较远时，为电阻（欧姆）控制，导电性的好坏直接关系到土壤腐蚀速率。导电性强，腐蚀速率大，导电性差，腐蚀速率低。但土壤的导电性对以微电池腐蚀为主的土壤腐蚀影响不大。

土壤的导电性主要与土壤含盐量、土壤组成、温度、含水量等因素有关。含氧量增加、细黏粒土、高含水量及温度升高等均能使土壤的导电性提高。

（2）土壤含气量

金属在土壤中的腐蚀过程中，阴极过程主要是氧去极化反应。其中氧主要来源于空气的渗透，因此，土壤的透气性对土壤腐蚀的阴极过程有着重要影响。土壤透气性的好坏与土壤的孔隙度、松紧度、土粒结构有密切的关系。在干燥的沙土中，气体容易渗透，含氧量高；在潮湿致密的土壤中，气体传输困难，含氧量很少。不同的土壤中含气量可达到几百倍，氧浓度差将引起宏观腐蚀电池为主的土壤腐蚀。

（3）土壤的 pH 值

金属在酸性较强的土壤中，腐蚀性比较强。中性和碱性土壤对金属的腐蚀影响不大。土壤具有较强的缓冲能力，即使在 pH 值为中性的土壤中，有的土壤腐蚀也比较强，这与土壤中的总酸度有关。总酸度是指单位质量的土壤中吸附氢离子的总量，反映了土壤中无机酸性物质及有机酸性物质的综合效应。

（4）土壤盐分

土壤中的盐分从电化学角度来讲，除了对土壤腐蚀介质的导电过程起作用外，还参与电化学反应，从而对土壤腐蚀产生影响。土壤中的可溶性盐含量一般在 2%以内。土壤含盐量越高，土壤导电性越强，土壤腐蚀性越高，同时含盐量高导致氧的溶解度下降，减弱了腐蚀的阴极过程。

土壤中的阴离子对金属的腐蚀影响很大，因为阴离子对土壤腐蚀电化学过程有直接的影响，Cl^-对金属材料的钝化过程破坏明显，促进土壤腐蚀的阳极过程，并能穿透金属钝化层，与钢铁反应生成可溶性腐蚀物质，所以，土壤中 Cl^- 含量越高，土壤腐蚀性越强。

SO_4^{2-}对钢铁腐蚀有促进作用。

CO_3^{2-}对碳钢的腐蚀有较重要的作用。CO_3^{2-}与 Ca^{2+} 形成 $CaCO_3$，并与土壤中的砂粒结合成坚固的"混凝土"层，使腐蚀产物不宜剥离，抑制了电化学反应的阳极过程，对腐蚀起阻碍作用。

土壤中的阳离子 K^+、Na^+、Ca^{2+}、Mg^{2+}、Al^{3+}等主要起导电作用，对土壤腐蚀影响不大。其中 Ca^{2+} 比较特殊，它在中性和碱性土壤中，尤其是在含有丰富碳酸盐的土壤中，能形成不溶性碳酸钙，从而阻止电化学阳极过程，降低土壤腐蚀性。

（5）土壤含水量

土壤的含水量不仅依赖于降水量，而且取决于土壤保持水分的能力，如蒸发和渗漏等。土壤含水量也不是固定不变的，并且受到季节的影响。土壤含水量对土壤腐蚀性的影响很复杂，也很重要。

水分是使土壤称为电解质，造成电化学腐蚀的先决条件。如果土壤中含水量极低，土壤腐蚀受化学反应控制；随着含水量的增加，回路电阻减小，腐蚀性增加，直到某一临界值，土壤中可溶性盐全部溶解；进一步提高含水量，土壤胶粒膨胀，孔隙度缩小，透气能力下降，氧的去极化作用减慢，土壤腐蚀性降低。

（6）土壤中的细菌

土壤中缺氧时，一般情况难以发生金属的腐蚀，因为氧是阴极过程的去极化剂。但当土壤中有细菌存在时，会促进腐蚀。

在土壤中含有硫酸盐并且缺氧时，厌气性细菌（硫酸盐还原菌）就会繁殖，在其生活过程中，利用氢或者某些还原性物质将硫酸盐还原成硫化物释放出的能量而繁殖。埋在土壤中的钢铁构件表面，在腐蚀过程中阴极区有氢原子产生，若吸附在金属表面不以氢气形式逸出，会造成很大的阴极极化，腐蚀减缓或者停止；如果存在硫酸盐还原菌活动消耗金属表面的氢，促使阴极反应的进行，会使金属腐蚀加剧，表面生成黑色的硫化亚铁。

这种硫酸盐还原菌在中性土壤中最易繁殖，但在 pH＞9 的碱性土壤中，不容易繁殖。

3.3.3.3　土壤腐蚀的防护

目前针对金属结构件在土壤中的防护一般都采用防腐涂层和阴极保护联合防护措施。

（1）涂层保护

在金属表面施加保护涂层，使金属结构件与土壤隔离，阻碍金属表层微电池的形成，是防止金属产生土壤腐蚀的重要方法。常用的表面防腐材料及涂层有石油沥青、煤焦油沥青、环氧煤沥青、粉末环氧树脂、聚乙烯塑料胶带、硬质聚氨酯泡沫塑料等，并在涂层外加玻璃布加固层。

① 石油沥青涂层：这种材料资源丰富、毒性小、价格便宜，使用较为广泛。但其化学稳定性及抗微生物腐蚀性差，绝缘电阻率低，使用寿命短。

② 煤焦油沥青涂层：煤焦油沥青是多种高分子碳氢化合物的复杂混合物，其组成中芳香族烃含量高，化学稳定性好，具有较强的抗腐蚀能力，并且具有吸水率低、绝缘性好、抗微生物腐蚀能力强等特点，因此使用寿命较长。同时与金属结构件表面结合力强，耐阴极剥离，在地下金属结构件的防护中应用广泛。

③ 环氧煤沥青涂层：环氧煤沥青是由环氧树脂、煤沥青、流平剂、填料和固化剂等成分组成的，涂层具有附着力强、韧性好、耐水、耐热、耐化学介质、耐微生物等特性，同时其还具有溶剂含量低、成膜坚固、针孔少、固化速度快、省工省时等优点，应用广泛。

④ 环氧粉末涂层：环氧粉末涂层是一种不含有机溶剂的热固性防腐涂料，主要由环氧树脂、颜料、填料、固化剂等成分组成，经混合、熔融挤出、粉碎获得。该涂层与金属表面黏附性好、耐冲击、防腐蚀性能优良，可在较大温度范围内（−50～200℃）使用，是一种很有应用前景的涂层材料。

⑤ 塑料胶带防腐层：塑料胶带由一层底胶、一层内防腐带和一层外防护带构成。底胶是用溶剂配制成的橡胶弹性体，内防腐带是由自由聚乙烯薄膜和丁基橡胶黏结剂构成的，外侧的塑料带起到保护作用。该防腐层吸水率低、电阻高、防腐性能好、施工简便，应用较为广泛。

⑥ 硬质聚氨酯泡沫塑料防腐层：该泡沫塑料是由多异氰酸酯与多羟基化合物混合，在催化剂、乳化剂、发泡剂等物料的作用下发生化学反应生成的高分子多孔防腐保温材料。该材料具有防水、耐腐蚀、绝缘性好、化学性能稳定、耐热性能好、施工方便、寿命长等特点，是一种较好的防腐保温材料。

（2）阴极保护

埋地金属构件进行阴极保护可以采用牺牲阳极保护和施加阴极电流保护两种方式。

牺牲阳极保护可以选用电位较负的金属材料，如镁基阳极、铝基阳极及锌基阳极，在土壤介质中溶解，产生的电流使得金属构件作为阴极得到保护。在牺牲阳极周围填充一层导电性良好的物料，减少电流流通时的电阻，阻止牺牲阳极表面形成钝化层，促进保护电流均匀分布，延长阳极使用时间。

外加电流阴极保护系统包括直流电源、辅助阳极、参比电极。直流电源一般选用恒电位仪自控装置，输出电压 30V，输出电流 30A。辅助阳极可选用碳钢、铸铁、石墨、磁性氧化铁等。土壤中金属管道的阴极保护，因为要求管道纵向连续导电，有足够的电阻，所以管道必须施加涂层，管道与其它低电阻接地装置绝缘。

3.4 提高材料抵抗腐蚀能力的基本途径

3.4.1 缓蚀技术

在环境介质中，添加少量能阻滞或减缓金属腐蚀的物质以达到保护金属的方法，称为金属的缓蚀技术。缓蚀剂又称为腐蚀抑制剂或者阻抑剂，是一种以适当的浓度和形式存在于环境（介质）中时，可以防止或减缓腐蚀的化学物质或复合物质。通常情况下，加入微量缓蚀剂可使金属材料在该介质中的腐蚀速率明显降低甚至几乎为零，同时还能保持金属材料原来的物理、力学性能不发生变化。

缓蚀剂的缓释作用通过抑制金属腐蚀的阳极过程或阴极过程，阻止或减缓金属腐蚀速度，延长金属结构的使用寿命，保证安全生产和产品质量。缓蚀剂的保护效果与腐蚀介质的性质、温度、流动状态、被保护材料的种类和性质，以及缓蚀剂本身的种类和剂量等有着密切的关系，即缓蚀剂保护是有严格的选择性的。对某些介质和金属具有良好保护作用的缓蚀剂，对另一种介质或另一种金属就不一定有同样的效果。譬如，苯胺抑制盐酸对铁的腐蚀，聚磷酸钠抑制碳钢的水线腐蚀。钢材在轧制过程中需采用酸浸法除去表面的氧化铁鳞，此时酸中必须添加相应的缓蚀剂以抑制酸液对钢材的腐蚀。表 3-9 列出了钢材酸浸时加入和不加缓蚀剂的结果对比，表明加入缓蚀剂后钢材的质量损失下降约 90%，酸的使用量也减少约 80%。

表 3-9　钢材酸浸时是否加缓蚀剂的结果比较

对比指标	加 0.4%若丁缓蚀剂	不加缓蚀剂
钢材质量损失/%	0.2	2.7
硫酸消耗量（相对值）	1	4～5
盘条延伸率/%	5.2	2.4
钢材抗弯（酸浸前 180°可弯 12 次）/次	11.5～12	4
车间酸雾（标准要求小于 0.002mg/L）/(mg/L)	0.0008～0.0012	3.56

缓蚀剂的保护效率用缓蚀效率（I）表示，即：

$$I = (V_0 - V)/V_0 \times 100\% \tag{3-22}$$

式中，I 为缓蚀效率；V_0 为未加缓蚀剂时金属的腐蚀速率；V 为加缓蚀剂时金属的腐蚀速率。当缓蚀效率达到 100%，表明缓释剂能达到完全保护，缓蚀效率达到 90%以上的缓蚀剂为良好的缓蚀剂，缓蚀效率为零时缓蚀剂无作用。

有时采用一种缓蚀剂其缓蚀效果并不好，而采用不同类型的缓蚀剂配合使用可提高其缓蚀效果，在较低剂量下即可获得较好的缓蚀效果，这种作用称为协同效应。不同类型缓蚀剂共同使用时降低各自的缓蚀效率，这种作用称为拮抗效应。

3.4.2　阴极保护

电化学保护是在工业中常用的一种金属腐蚀防护技术，是指对被保护金属施加外电动势，将其电位移向免蚀区或钝化区，以减小或防止腐蚀的办法，只适用于电化学腐蚀情况。电化学保护作用按照原理分为阴极保护和阳极保护两类，目前已经广泛地应用于舰船、海洋工程、石油化工及城市管道等领域，是一项经济有效的防护措施。

将被保护金属进行阴极极化，以减小或防止金属腐蚀的方法称为阴极保护法。阴极保护的效果很好且简单易行，目前在地下输油及输气管线、地下电缆、舰船、海水采油平台、水闸码头等方面已经广泛采用。外加的阴极极化可采用两种方式来实现：

① 将被保护金属与直流电源的负极相连，使之成为阴极，阳极作为一个不溶性的辅助电极，利用外加阴极电流进行阴极极化，二者组成宏观电池实现阴极保护，这种方法称为外加电流阴极保护法，如图 3-16（a）所示；

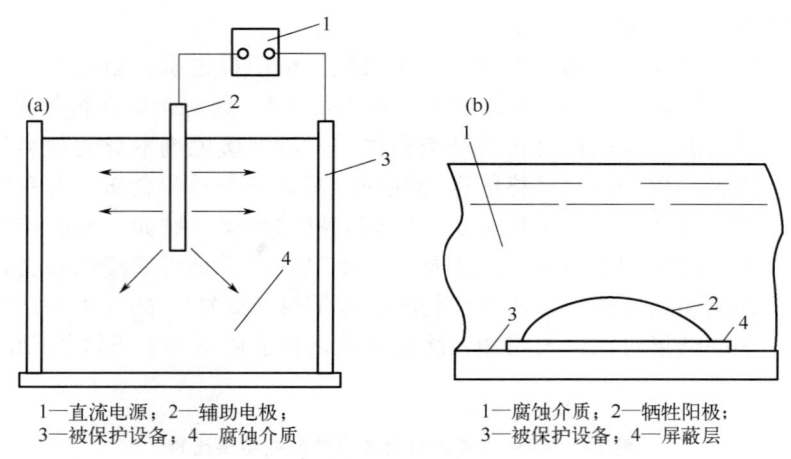

1—直流电源；2—辅助电极；
3—被保护设备；4—腐蚀介质

1—腐蚀介质；2—牺牲阳极；
3—被保护设备；4—屏蔽层

图 3-16　阴极保护法
（a）外加电流阴极保护法；（b）牺牲阳极阴极保护法

② 在被保护设备上连接一个电位更负的金属作为阳极（如在钢设备上连接锌），它与被保护金属在电解质溶液中形成大电池，依靠它不断溶解所产生的阴极电流而使设备进行阴极极化，这种方法称为牺牲阳极保护法，如图 3-16（b）所示。

3.4.3　阳极保护

将被保护设备与外加直流电源的正极相连，在一定的电解质溶液中金属进行阳极极化至一定电位，如果在此电位下金属能建立起钝态并维持钝态，则阳极过程受到抑制，使金属的腐蚀速率显著降低，设备得到保护，这种方法称为阳极保护法。Edeleanu 在 1950 年提出了阳极保护法的可能性，1958 年正式应用于工业，主要用于酸性介质，但不宜用于盐酸及含氯离子的溶液。

阳极保护的基本原理是将金属进行阳极极化，使其进入钝化区而得到保护，阳极保护的关键是要使金属表面建立钝态并维持钝态，设备得到保护；反之，会加速金属的腐蚀。

判断腐蚀体系是否可以采用阳极保护，首先需要根据恒电位法测得的阳极极化曲线进行分析。图 3-17 所示为两种典型的腐蚀体系的阳极极化曲线，其中（a）图为无钝化特征的阳极极化曲线，这种情况就不能采用阳极保护。（b）图为具有明显钝化特征的阳极极化曲线，该体系具有采用阳极保护的可能性。b 点对应的电流密度称为致钝电流密度，对应于 $c\text{-}d$ 段的电流密度称为维钝电流密度。如果对金属通以对应于 b 点的电流，使其表面生成一层钝化膜，电位进入钝化区（$c\text{-}d$ 段），再用维钝电流将其电位维持在这个区域内保持其表面的钝化膜不消失，则金属的腐蚀速率会大大降低，这就是阳极保护的基本原理。

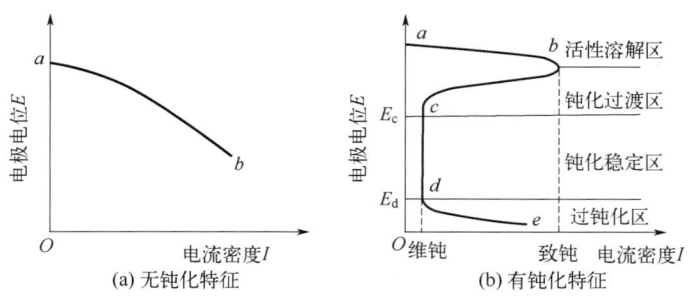

图 3-17　典型腐蚀体系的阳极极化曲线

3.4.4　涂层保护

涂层保护就是在金属表面涂覆各种保护层，把被保护金属与腐蚀介质分开，使金属不被腐蚀的方法。保护层的基本性能要求为：a. 致密、完整无孔、不透过介质；b. 与基体金属结合强度高、附着黏结力强；c. 高硬度、耐磨；d. 在整个被保护金属表面均匀分布。

涂层按照成分可以分为金属涂层和非金属涂层两大类，其制备方法可以为化学法、电化学法和物理法。各种防护涂层的制备方法、示例于表 3-10 中。

表 3-10　各种防护涂层的制备方法、示例

种类	制备方法	示例
金属涂层	电镀、电解、沉积	在钢制件上沉积 Zn、Cd、Ni、Cr、Cu 或镀 Ag、Au、Ti、Ta 等
	热浸法	在钢表面热浸 Zn、Sn、Al、Cd 等
	扩散渗层	在钢表面热渗 Al、Si、Cr 等
	喷涂与溅射	在钢表面喷涂 Zn、Al、Sn、Pb、Cu 等及其合金
	置换法（化学法）	在钢表面沉积 Ni、Cu、Ag 等
	包覆法	在铝合金表面包覆已钝化的 Al，在钢表面包覆 Ni
非金属（无机物）涂层	烧结	涂搪瓷及各种氧化物（氧化铬）
	金属表面氧化处理	Al、Mg、Cu 等合金表面阳极氧化（钝化）处理，发蓝处理
	金属表面磷化处理	钢表面磷酸盐膜
非金属（有机物）涂层	刷喷漆	涂合成树脂漆、合成橡胶、硝基漆、沥青
	烤漆	涂环氧树脂、非饱和聚酯、苯酚树脂
	电喷漆	静电喷涂及电泳喷涂
	火焰喷漆	涂聚乙烯、聚酰胺等
	衬里	涂聚乙烯、聚丙烯、聚四氟乙烯

一般认为，涂层基于屏蔽作用、缓蚀作用和电化学保护作用三个方面对金属起到保护。

① 屏蔽作用。金属表面涂层将金属和腐蚀介质隔开，这种保护作用称为屏蔽作用。涂层的致密性对屏蔽作用至关重要。如果涂层具有较大的孔隙，无法阻止水和氧的渗入，就难以阻止和减缓腐蚀过程。

对于很多的高聚物，如沥青、聚苯乙烯、聚乙烯醇缩丁醛等，具有较大的孔隙率，需要添加屏蔽性大的固体填料，达到一定的厚度且致密无孔，提高屏蔽效果。

② 缓释作用。涂料的某些组分与金属发生反应，使金属表面钝化或生成保护性物质，以提高涂层的防护作用。常见的组分有红丹、锌铬黄、磷酸盐、硼酸盐等。

③ 电化学保护作用。当介质渗透涂层接触到金属表面下会形成膜下的电化学腐蚀。但如果涂层中含有活性比铁高的金属成分，如锌等，会起到牺牲阳极的保护作用，并且其产物是盐基性的氯化锌、碳酸锌，填充腐蚀产生的孔隙，大大降低腐蚀速率。

思考题

1. 名词解释：腐蚀、均匀腐蚀、电偶腐蚀、电位序、点腐蚀、缝隙腐蚀、晶间腐蚀、应力腐蚀、大气腐蚀、阴极保护、阳极保护。
2. 电偶腐蚀的机理、影响因素及其防护。
3. 点腐蚀的机理、影响因素及其防护。
4. 缝隙腐蚀的机理、影响因素及其防护。
5. 晶间腐蚀的机理、影响因素及其防护。
6. 应力腐蚀机理、影响因素及其防护。
7. 对比分析腐蚀疲劳与应力腐蚀的联系与区别。
8. 什么是黄铜的脱锌腐蚀，抑制黄铜脱锌的方法有哪些？
9. 大气腐蚀的主要破坏形态及其影响因素。
10. 海水腐蚀的特点、影响因素及其防护。
11. 缓蚀剂的作用机理及缓蚀作用的影响因素。
12. 阴极保护的基本原理。
13. 阳极保护的基本原理。
14. 涂层防护机理及常见的防护涂层。

第 4 章

材料表面检测与分析技术

材料的表面性质与体内不同，本质原因是材料表面一侧不再存在体内的固体原子，以致表面两侧呈现不对称性。表面原子与体内原子排列是不同的，表面负电荷分布发生变化，不再与正电荷分布一致，从而在表面形成偶极层。总之，材料表面的化学成分、原子排列、电子结构及原子运动等诸多方面都会呈现与体内不同的表面特性。

为了评价表面层的质量，除了对其微观结构和成分进行检测外，还需对表面层外观质量、表面层与基体的结合状态、表面覆盖层厚度、力学性能等进行检查和测试。本章主要介绍表面最基本的检测内容和方法，以及新型表面分析技术与方法。

4.1 表面外观质量检测

表面外观质量是最基本和最常用的检验指标，外观检测包括表面缺陷、表面粗糙度、表面光泽度、色泽等内容。

4.1.1 表面缺陷

由不同工艺制备的改性表面和表面覆盖层各有其缺陷表现形式，对质量的要求也有所不同。表面缺陷主要指表面的裂纹、针孔、麻点、气泡、毛刺、斑点、脱皮、漏涂、黏结、擦伤及色差等。表面缺陷的检测方法主要为目视检测法，可利用放大镜、刚性内窥镜、柔性内窥镜和柔性视频内窥镜等目视检测设备进行检测。

内窥镜作为目视检测的重要装置，能在密闭空腔内观察其内部空间结构和状态，实现远距离观察和操作。

（1）刚性内窥镜

刚性内窥镜通常限于观察者和观察区域之间是直通道的场合。光导纤维传导光源至观察区域，由物镜、转像透镜和目镜组成的光学系统供观测者对观测区域进行放大观察。当对象检测需要不同的视向时，则通过更换固定视向的不同探头或采用旋转棱镜内窥镜，调整棱镜的轴向旋转即可获得理想的视角。

（2）柔性内窥镜

柔性内窥镜由插入部（先端部、弯曲部和柔软部）、操作部和目镜组成，内置光纤及调校前端摆头角度的钢丝。高品质的光导纤维传递图像（导像束）和光线（导光束）后，可通过目镜直接观察。

光纤弯曲时，会有一部分光线在弯曲部分逸出，造成传输损失。此外，除通过光纤轴线平面的光线外，许多倾斜的光线逸出也会引起一定的传输损失，且光纤传导图像会形成"蜂窝"影像，光纤断裂则会产生"黑白点混成灰色"效应。故柔性内窥镜虽可在一些狭小弯曲的试件内部进行检测，但光纤导像的固有结构导致其分辨力不够高，图像不够清晰。

（3）柔性视频内窥镜

柔性视频内窥镜成像系统由先端部、弯曲部、柔软部、控制部及视频内窥镜的控制组和电视监视器构成。工作时，首先利用光导管将光送至检测区，先端部的一只固定焦点透镜则用来收集由检测区反射回来的光线并将其传至电荷耦合器件芯片表面，数千只细小的光敏电容器将反射光转变成电模拟信号，经探头接收、放大、滤波、分频后，由图像处理器数字化并组合，最后输出至监视器或计算机显示图像。与柔性内窥镜相比，其具有分辨力高、焦距深、不存在光纤传像的固有缺点、文件编制方便和彩色再现性好的特点。柔性视频内窥镜不但可以减轻人眼的负担，还可供多人同时观察，使检查效果更加客观准确。

以上三种内窥镜性能特点比较见表 4-1。

表 4-1　三种内窥镜性能特点比较

类型	可视角度	结构	成像原理	传递介质	成像效果	规格	应用
刚性内窥镜	0°	简单，不可弯曲	光学成像	透镜	好	直径 4～15mm，工作长度 20～1500mm	用于机体结构，零部件内腔检查
柔性内窥镜	0～90°	简单，可弯曲	光学成像	光导纤维	"蜂窝"现象和"黑白点混成灰色"效应	直径 2.4～12mm，工作长度 5～6000mm	用于管道检测或大型设备的内腔检查
柔性视频内窥镜	0～90°	复杂，可弯曲	数字成像	电线	好	直径 6～20mm，工作长度 2～30m	主体柔软，应用场合广泛

4.1.2　表面粗糙度

表面粗糙度又称表面光洁度，是指加工表面所具有的较小间距和峰谷组成的不平度，反映的是材料表面的微观几何形状误差。表面粗糙度是评价表面质量的重要指标。

4.1.2.1　评定参数

根据国家标准，常用的表面粗糙度的评定参数有两种。

① 轮廓算术平均偏差 Ra，其定义为在取样长度（l）内轮廓偏距 $y(x)$ 绝对值的算术平均值：

$$Ra = \frac{1}{l} \int_0^l |y(x)| \, \mathrm{d}x \tag{4-1}$$

或近似为：

$$Ra = (1/n) \sum_{i=1}^n |y_i| \tag{4-2}$$

式中　y_i——第 i 点的轮廓偏距；

　　　Ra——轮廓算术平均偏差，评定表面粗糙度时用的比较普遍的特征参数。

② 微观不平度十点高度 Rz，其定义为取样长度（l）从平行于轮廓中线任意一条线算起，到被测轮廓的五个最高点（峰）和五个最低点（谷）之间的平均距离。

$$Rz = \frac{1}{5}\left(\sum_{i=1}^{5}\left|y_{pi}\right| + \sum_{i=1}^{5}\left|y_{vi}\right|\right) \qquad (4\text{-}3)$$

式中　　y_{pi}——最大峰的高度；

　　　　y_{vi}——最大谷的深度。

4.1.2.2　接触式测量

通常表面粗糙度的测量方法可分为接触式测量和非接触式测量。接触式测量方法主要基于触针描绘，主要包括目测比较法、印模法和触针法等。

（1）目测比较法

目测比较法是通过人眼直接判断中等以上大小和较粗糙的工件表面粗糙度的方法。这种测量方法常用于生产车间的现场测量环节，是一种简单、方便的常规传统测量方法。实际的测量过程是将待测工件与标有一定粗糙度的标准工件进行对比，以此确定待测工件的表面粗糙度。

（2）印模法

印模法测量时，需要将工件表面的轮廓印模，通常应用于大型零部件或工件内表面等不易直接测量的情况。操作方法是利用一些无流动性和弹性的塑料类材料贴合在被测表面，将被测表面的轮廓复制成模，然后测量印模，从而得出被测表面的粗糙度。

（3）触针法

触针法是采用金刚石微米级触针测量被测工件表面粗糙度的最常用接触式测量方法。常见的测量仪器是电动轮廓仪，利用微米级触针在被测工件的表面缓慢滑动。滑动过程中，触针会随着工件表面的高低起伏出现上下位移，将这些微小的位移量经过传感器转换成电信号，电信号经放大、滤波和运算后能在电动轮廓仪的显示器上显示实际表面粗糙度的相关参数。

4.1.2.3　非接触式测量

非接触式测量主要基于光学原理，主要测量方法分为光切法、实时全息法、散斑法以及原子力显微镜等。

（1）光切法

光切法是利用光切割原理测量工件表面粗糙度的方法，常用的仪器是光切显微镜。它的测量原理是将仪器发出的平行或发散激光以一定角度照到被测工件表面（一般入射角度和反射角度的夹角为90°效果最好），得到的光带与工件表面轮廓相交的曲线影像即为表面的微几何形状。然后，将这些光学信息通过光学传感器和电子电路进行接收、转化以及记录，最后得出工件表面的粗糙度数值。

（2）实时全息法

实时全息法能够测量任意形状和表面粗糙度的三维物体，关键技术点是动态分析由再现光场和实时光场的相关性形成的干涉条纹。当物体产生动态形变时，原参考光和变化后的物光叠加后会引起原干涉条纹的实时变化，通常会结合闭路电视系统实时显示干涉条纹，配合高速摄像装置记录干涉条纹的变化，配合计算机图像处理系统快速处理图像。

（3）散斑法

散斑法通过测量干涉光的空间分布和散射强度来推测粗糙度的相关参数。散斑法测量会产生干涉效应。当一束相干光照射到被测表面时，工件表面不同部位的反射光会发生干涉而形成强度分布为粒状的散斑，之后对散斑进行统计，从而计算出工件表面的粗糙度数值。因为光照射到工件表面会产生散射现象，所以散斑图案由散斑和散射光带共同组成。它的亮度分布和对比度等均与工件表面的粗糙度有关。

利用原子力显微镜对材料表面粗糙度进行测量将在后续章节中详细介绍。

4.1.3 表面光泽度

表面光泽度是指覆盖层表面反射光的比率或强度。反射光的比率或强度越大，表面的光泽度越高。表面光泽度的检验方法主要有以下几种：

（1）目测评定法

检验人员根据在实践中积累的经验，观察表面的反光性强弱以及表面映照出的影像的清晰程度，来评判表面光泽程度。光泽度一般分为 4 个级别，1 级光泽度最高，可清晰看出人的五官和眉毛等细节。

（2）样板对照法

样板对照法是目测法的改进方法，属于目测法中的比较测量法。它是与规定的标准光泽度样板进行比较，被检样品与标准样板某一等级相似，又低于更高一级的样板，就定为该级别光泽度等级。对照法一般分为 4 个级别。1 级光泽度最高，4 级最低。

（3）光度计测量法

光度计测量是将一块光泽度极高的标准样板的反光强度（在仪器中是转化为光电流进行测量的）定为 100%，被测表面在相同的条件下测得的反光强度与标准样板表面反光强度的比率，即为被测试表面的光泽度。需注意，表面颜色对光泽度测定有直接影响，测试时要选用适当的滤波器以消除颜色带来的影响。此外，试样表面的曲率也会干扰反光性，因而采用光度计测量表面光泽度时，以平板状试样为宜。

4.2 覆盖层附着力检测

覆盖层的附着力是指表层与基体（或中间层）之间的黏结强度，即单位表面积的覆层从基体（或中间层）上剥离下来所需要的力。该覆盖层与基体材料表面结合的强弱，是评价覆盖层质量的重要指标。

覆盖层附着力的检测有定性和定量两种方法，定性方法是以覆盖层受力后是否起泡或从基体表面剥离来判定其质量合格与否；定量方法则可测得覆盖层从基体表面剥离所需的力。由于覆盖层类别不同（薄膜、镀层或涂层等），其结合机理、制备工艺及厚度差异很大。在对其进行附着力测量时，应根据测试原理和待测对象的特点合理地选择测试方法，以获得能真实反映被测对象结合情况的信息。

4.2.1 覆盖层附着力的定性检测方法

（1）摩擦抛光检测

在工件表面约 $6cm^2$ 的面积上，用光滑的摩擦抛光工具（如铲刃倒圆的玛瑙刮刀）迅速而平稳地摩擦 15s，施加的压力应在每一进程中足以擦光金属覆盖层而又不削掉覆盖层。在放大 8 倍或 4 倍并具有照明的观察器下检查覆盖层是否起泡、剥离。本法适合厚度小于 40μm、结合强度非常差的镀层的检测。

（2）划线、划格检测

用一刃口磨成 30° 的硬质钢划刀,划两条相距 2mm 的平行线(或边长为 1mm 的正方格)。划线时应施以足够的压力,使划刀一次能划破覆盖层达到基体。如果两条划线之间（或格子内）的覆盖层有任何部分脱离基体,则认为覆盖层附着强度不好。

（3）弯曲、缠绕、深引检测

这类方法主要是使覆盖层产生变形,然后观察覆盖层在基体上碎裂或剥离的情况,判断覆盖层附着的程度。

（4）锉、磨、锯检测

采用这类工具,从基体至覆盖层的方向锉、磨、锯覆盖层,力图使覆盖层与基体剥离,并观察覆盖层从基体剥离的情况。

（5）剥离检测

剥离检测又称胶带检测,是将一种纤维胶带的黏胶面黏附在覆盖层上,使用一个固定质量的滚筒在上面仔细滚动,以除去所有的空气泡。10s 后以一稳定的垂直于覆盖层表面的拉力将胶带剥去。若覆盖层没有剥离现象,则表明附着强度好。检测面积应不少于 $30mm^2$。

（6）热震法

将试样在一定的温度下加热,然后骤冷,利用覆盖层与基体线膨胀系数不同发生的变形差异,来评定附着力是否合格。当覆盖层与基体间因温度变形产生的作用力大于其结合强度时,涂层剥落。

（7）阴极试验

将覆层的试件在溶液中作为阴极,在阴极上仅有氢析出,氢气通过一定覆盖层进行扩散时,在覆层与基体之间的任何不连续处积累产生压力,致使覆层发生鼓泡,从而导致覆层从基体上脱离。

4.2.2　覆盖层附着力的定量检测方法

（1）拉伸检测法

拉伸检测法是测量热喷涂涂层结合强度的常用方法,在规定尺寸（按国家标准和 ASTM 标准,直径分别为 25.4mm 和 40mm）的圆柱形试样 A 的端面上制备涂层,在涂层表面和相同尺寸的对偶试样 B 的端面上也涂上薄薄的一层黏胶。将 A、B 两试样涂胶面粘合并加上一定的压力使其充分黏结。待黏胶固化后,将试样在可满足静态拉伸的试验机上进行拉伸,直至涂层从基体界面全部剥离。此时涂层单位面积上所承受的载荷即为涂层的拉伸结合强度,单位为 N/mm^2。

（2）划痕检测法

划痕检测法是最常用的测硬质薄膜附着力的标准方法,将具有小曲率半径端头的硬质针状压头（如金刚石压头）,以一定速度划过被测试样表面,其间在压头上自动连续地加上垂直载荷,直至压头划透薄膜并使之与基体连续剥离。将硬质薄膜划下来的最小压力称为临界载荷,用来表征薄膜的结合强度。划痕法临界载荷的判定可根据硬质薄膜划下来时的声发射和摩擦力的测定进行判断。

（3）剪切试验法

当从涂层截面加力使涂层以剪切变形的方式与基体从界面上剥离时,涂层单位面积上所受的力即为涂层的剪切强度,单位为 N/mm^2。它反映了涂层在受到剪切应力时的抗力。

4.3 覆盖层厚度检测

常用的覆盖层厚度测量方法分为两大类：一类是非破坏法，即在不破坏覆盖层和基体的情况下测量覆盖层厚度；另一类是破坏法，测量时需破坏覆盖层或基体。非破坏法包括磁性法、涡流法、X 射线光谱法和 β 射线反向散射法等。破坏法包括金相显微镜法、干涉显微镜法、轮廓仪法、化学溶解法（如点滴法、液流法、称重法、分析法）、库仑法等。

常用覆盖层厚度测量仪器的可测厚度范围如表 4-2 所示，其中以磁性法、涡流法、库仑法、显微镜法、X 射线光谱法等应用最为普遍，其他方法视具体条件和要求选用。

表 4-2　覆盖层厚度测量仪器可测厚度范围

仪器类型	厚度范围/μm（测量误差小于 10%）	仪器类型	厚度范围/μm（测量误差小于 10%）
磁性仪（钢表面非磁性覆盖层）	5～7500	干涉显微镜	0.002～1
磁性仪（镍覆盖层）	1～125	光切显微镜	5～数百
涡流仪	5～2000	库仑仪	0.25～100
X 射线光谱仪	0.25～65	金相显微镜	8～数百
β 射线反向散射仪	0.1～100	轮廓仪	0.01～1000

（1）磁性法

磁性法主要用于测量磁性基体上的各种非磁性覆盖层的厚度（包括釉瓷和搪瓷层），也可用于测量非磁性基体上的磁性覆盖层厚度。夹在磁性测厚仪的磁体和磁性基体之间的非磁性覆盖层，会造成测厚仪磁体和磁性基体相互磁引力的变化或磁路磁阻的变化，这种变化与夹在其间的非磁性覆盖层的厚度存在一定的函数关系，由仪器计算并直接显示覆盖层的厚度。

（2）涡流法

涡流法也叫电涡流法，属于电磁法，是利用交流磁场在被测导电物体中感应产生的涡流效应进行厚度测量的方法。测量时，涡流测厚仪的测头装置所产生的高频电磁场使置于测头下面的导体产生涡流，其振幅和相位是导体与测头之间的非导电覆盖层厚度的函数。本方法主要用于非磁性金属上非导电覆盖层，以及非导体上单层金属覆盖层的厚度测定。本法普遍用于铝阳极氧化膜厚度，铝、铜及其合金上的有机涂层或其他导电覆盖层厚度的测定，以及非导电基体上的铜箔厚度的测量。涡流法测厚仪轻巧易携带，操作简单易掌握，测量快而准，价格也较低廉，是非磁性基体上覆盖层厚度测量普遍采用的方法。

（3）X 射线光谱法

当高能 X 射线束与固体物质作用时，若其能量超过了该物质的激发限，便会激发出该物质的特征 X 射线（又称荧光 X 射线或二次 X 射线）。特征 X 射线的波长与该物质的原子结构有关，而其强度则与被激发物质的量有关。此外，当 X 射线照射固体物质时会被该物质吸收，导致其强度衰减，强度衰减的程度与 X 射线在固体内通过的路程（厚度）有关。X 射线的上述特性便构成了 X 射线测量覆盖层厚度的各种方法。如通过测定覆盖层物质特征 X 射线辐射强度来确定覆盖层厚度的发射法；通过测量基体物质的特征 X 射线穿过覆盖层后强度减弱的程度确定覆盖层厚度的吸收法等。

（4）β射线反向散射法

由放射性同位素释放出来的β射线照射被测覆盖层时，被测覆盖层物质散射的反向散射线的强度是被测覆盖层物质的种类和厚度的函数。当被测覆盖层和基体材料的原子序数差足够大时（一般两者原子序数差应大于5），便可从测得的β射线强度测得单位面积上覆盖层的质量，进而求得被测覆盖层的平均厚度。该法适用于各种贵金属覆层厚度的测量，也可测量金属或非金属基体上的非金属薄层（2.5μm以下）厚度以及连续涂覆自动生产线涂层厚度的自动监控。但是，该法只有在覆层材料与基体材料的原子序数明显不同时才能使用。测厚时需要利用相应的放射源，对人的健康有害，故必须严格按规程操作，同时采取防护措施。

（5）金相显微镜法

金相显微镜法是应用较早的覆盖层厚度检测方法之一，其检测原理与普通的光学金相检测相似，即将表面覆盖层试样的横断面通过镶嵌、磨光、抛光和化学浸蚀的步骤，制成具有镜面光泽的试样，然后采用金相显微镜观察横截面的放大图像，就可以直接测量覆盖层的局部厚度。

（6）干涉显微镜法

干涉显微镜法是利用光波的干涉原理，以光的波长来测量表面的微观不平整度的方法。完全溶解一小块覆盖层而不腐蚀基体或在电镀前掩蔽一块基体，从覆盖层表面到基体形成一个台阶，再利用多光束干涉显微镜对该台阶的高度进行测量，从而获得覆盖层厚度值。该方法测量精度最高可达2~3nm，广泛应用于小于1μm的薄膜或超薄膜的厚度测量。

（7）轮廓仪法

轮廓仪长期以来是作为测量表面粗糙度用的仪器的，但也可用作覆盖层厚度测量。首先在被测覆盖层与基体之间制备出一个台阶，露出基体表面，然后通过触针对台阶的扫描来测定覆盖层厚度。此法通常测定的厚度范围为0.01~1000μm，优点是测量直观，精确度高，操作简便、迅速，硬质或超硬薄膜厚度测量时被广泛使用。

（8）化学溶解法

化学溶解法是选择合适的腐蚀液，让其只腐蚀覆盖层而不腐蚀基体，根据腐蚀所消耗的腐蚀液用量或腐蚀所经历的时间来测定覆盖层厚度的方法。此类方法有点滴法、液流法、称重法、分析法等。此法操作简便但准确度较低，对厚度在2μm以上的覆盖层，误差为±10%；对于厚度小于1μm的薄层，误差可达300%。

（9）库仑法

阳极溶解库仑法简称库仑法，主要利用电解装置将作为阳极的覆盖层从基体上溶解出来，测量溶解过程所消耗的电量。根据法拉第定律求覆盖层的局部平均厚度 d：

$$d = 1000kQE / (A\rho) \tag{4-4}$$

式中　k——溶解过程的电流效率，当电流效率为100%时，$k=1$；

　　　E——测试条件下覆盖层金属的电化学当量，g/C；

　　　A——覆盖层被溶解的面积，cm^3；

　　　ρ——覆盖层的密度，g/cm^3；

　　　Q——溶解覆盖层耗用的电量，C。

库仑法不仅可测量单层和多层金属覆层的厚度，还可测三层及三层以上覆层（如多层镍）的分层厚度和一些合金覆层（如铅锡合金）的厚度。库仑法测厚仪操作简单、测量速度快、适用范围广、人为操作影响小、测量结果准确可靠，测量范围为 $0.1 \sim 100 \mu m$，在 $1 \sim 30 \mu m$ 厚度的误差为 $\pm 10\%$。

4.4 覆盖层硬度检测

覆盖层硬度是指覆盖层抵抗外加压入体引起变形的能力，是评价覆盖层力学性能的重要指标，它关系到覆盖层的耐磨性、强度及寿命等多种功能。覆盖层硬度试验包括宏观硬度与显微硬度试验。宏观硬度是用一般的布氏或者洛氏硬度计，以覆盖层整体大范围的压痕为测定对象，测得的是覆盖层的平均硬度值；覆盖层的显微硬度是用显微硬度计，以覆盖层中的微粒为测定对象，测得的是颗粒的硬度值。测试方法不同其硬度值的物理含义也不同。对于表面覆盖层而言，由于其厚度的限制，采用极浅压痕的维氏和努氏显微硬度试验方法、纳米压痕硬度测试法以及表面洛氏硬度试验方法。

4.4.1 宏观硬度测试

对于厚度大于 $10 \mu m$ 的覆盖层，如热喷涂层、堆焊层、渗碳层、渗氮层等，一般选用宏观硬度测量方法。

4.4.1.1 布氏硬度

布氏硬度测定的原理如图 4-1 所示，它是用一定大小的载荷 F（N），将直径为 D（mm）的碳化钨合金球压入样品表面，如图 4-1（a）所示；保持规定的时间后卸除载荷，于是在试样表面留下压痕，如图 4-1（b）所示。测量样品表面的残余压痕直径 d（mm），以求出压痕的表面积 S（mm²）。将单位压痕面积承受的平均压力定义为布氏硬度值，用符号 HB 表示：

$$HB = \frac{F}{S} = \frac{F}{\pi D H} = \frac{2F}{\pi D(D - \sqrt{D^2 - d^2})} \tag{4-5}$$

实际测量，可直接从硬度计表盘上读数，或在显示器上直接显示硬度数值。

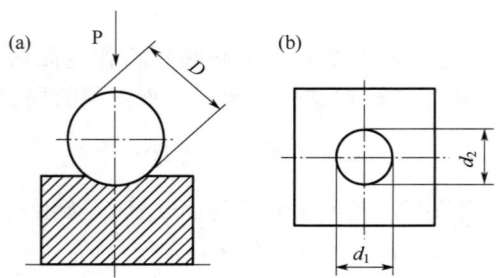

图 4-1　布氏硬度试验

（a）压头压入试样表面；（b）卸载后测定压痕直径

4.4.1.2 洛氏硬度

洛氏硬度是通过测定压痕深度来评价材料硬度的。图 4-2 为使用金刚石圆锥体压头测定硬度的过程。为保证压头与样品表面接触良好，试验时先加 100N 的预负载，压头压入表面的深度为 h_0，此时指针在表盘上的位置调整为零，如图 4-2（a）所示；然后加上 1400N 的主负载，压头压入表面的深度为 h_1，表盘上的指针逆时针方向转到相应的刻度位置，如图 4-2（b）所示；当主载荷卸去后，表面变形中的弹性变形恢复，使压头回升一定距离（h_1-h），表盘上的指针将相应地回转，如图 4-2（c）所示；最后，在试样表面留下的残余压痕深度为 h。

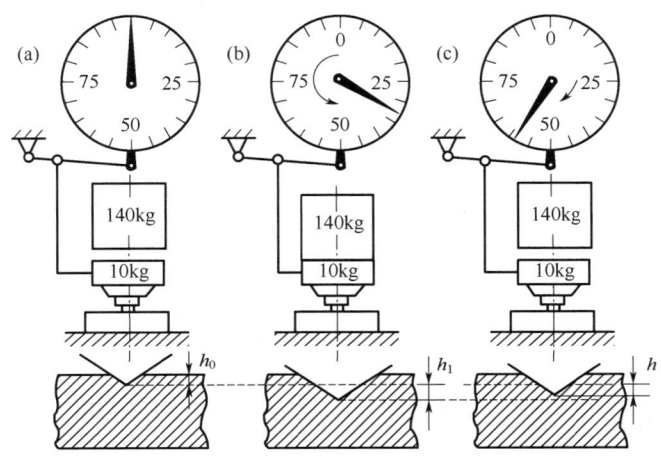

图 4-2　洛氏硬度（金刚石圆锥体压头）测试过程
(a) 加预载荷；(b) 加主载荷；(c) 卸主载荷

洛氏硬度值就是以压痕深度 h 来计算的，并规定每 0.002mm 为一个洛氏硬度单位并用符号 HR 表示，则洛氏硬度值的计算公式为：

$$HR = \frac{k-h}{0.002} \tag{4-6}$$

式中，k 为常数，金刚石压头时 $k=0.2$mm，淬火钢球压头时 $k=0.26$mm。

试验时，应当根据被测试样的硬度范围和厚度，选择不同的压头和载荷所组成的洛氏硬度标尺。常用的有 A、C、D 三种标尺，所测得的硬度分别记作 HRA、HRC 和 HRD。

表面洛氏硬度的原理与洛氏硬度完全相同，不同的是预、主载荷减轻，其预载荷为 29.42N（3kg），总负荷为 147.10N（15kg）、294.20N（30kg）和 441.30N（45kg）。因而表面洛氏硬度适宜于薄材、表面覆盖层以及表面处理层硬度的测试，一般用于测量化学热处理渗层、表面硬化层与硬薄钢板等的硬度。它具有压痕较小、操作简单、测量迅速、数值直读等优点，适用于大量生产中的产品检验。

4.4.2　显微硬度测试

4.4.2.1　显微硬度

显微硬度检测是在显微镜下进行的低载荷（＜1.96N）压入式的硬度试验方法。显微硬度根据所使用压头的不同有维氏显微硬度和努氏显微硬度等。表 4-3 为显微硬度压头的比较。

表 4-3　显微硬度用维氏和努氏压头的比较

维氏硬度	努氏硬度
金刚石角锥压头	金刚石菱形压头
相对面夹角 136°	长边夹角 172°30′
相对边夹角 148°6′20″	短边夹角 130°
压痕深度 $t \approx d/7$	压痕深度 $t \approx L/30$

显微硬度测试时，以规定的试验力，将角锥四面体金刚石压头以适当的速度压入被测试样表面（或截面平面），保持规定的时间后卸除负荷，测量所压印痕对角线的长度 d 或 L，并将对角线的长度代入相应硬度计算公式，求得维氏或努氏显微硬度值。事实上，硬度值一般无需计算，可在硬度计显示屏上直接显示（数显式硬度计）。

在显微硬度测量试验时，要依据被测试样的硬度和厚度合理选择试验力，当在覆盖层表面进行硬度试验时，所采用的试验力应当使压痕的深度小于覆盖层厚度的 1/10，即维氏硬度测量时，覆盖层的厚度至少为压痕对角线平均长度的 1.4 倍；努氏硬度测量时，覆盖层的厚度至少为长对角线长度的 35%。

4.4.2.2　纳米压痕

随着科学技术的发展，要求对极薄的器件薄膜或特殊的微区位置进行纳米级硬度测量。纳米压痕技术（又称连续记录压痕、超低负荷压痕技术）是采用高分辨率的仪器，通过对压入深度和压入载荷的连续测量和记录取代了传统压痕实验中对残余压痕尺寸和最大压入载荷的测量，然后用计算机进行数据处理即可方便获得被测薄膜的硬度和弹性模量。目前，纳米压痕系统的压入载荷一般小于 0.1mN，压入深度小于 100nm，而且载荷和位移的分辨率分别小于 0.01mN 和 1nm。纳米压痕系统的装置简图和纳米压痕实验的载荷-位移（压入深度）曲线分别见图 4-3 和图 4-4。

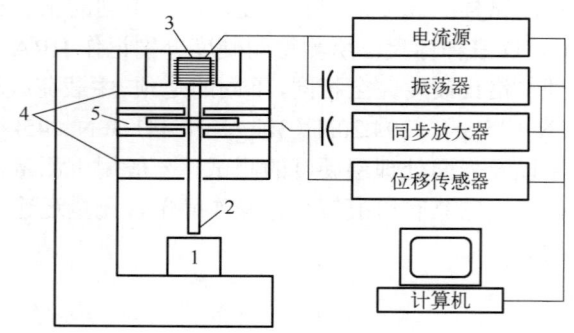

图 4-3　纳米压痕系统装置

1—试样；2—压头；3—加载线圈；4—压头阻尼；5—电容位移传感器

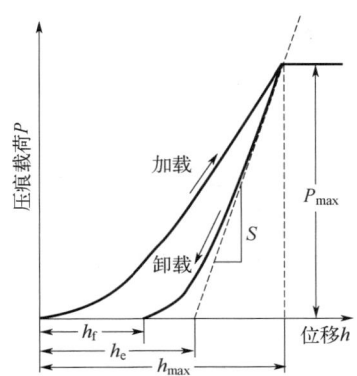

图 4-4   纳米压痕系统实验的载荷-位移（压入深度）曲线

纳米压痕技术大大地减小了传统压痕试验中的人为测量误差，适合于较浅的压痕深度；对不会导致压痕周围凸起变形的材料，如陶瓷、硬金属和加工硬化的软金属，其硬度和弹性模量的测量精度通常优于 10%。

4.5   覆盖层孔隙率检测

孔隙率指试样中孔隙体积所占的比率，可通过某物体的视密度与其真密度的比值求得。覆盖层孔隙率指标好坏的评价依据覆盖层功能和应用的要求。此外，根据孔隙是开口于表面或是封闭于层内还是上下表（界）面连通而分为开孔、闭孔和连通孔。覆盖层孔隙率的测定方法有：

（1）物理方法

物理方法包括浮力法、直接称重法，这类方法是利用物理方法测量并求得覆盖层的视密度，覆盖层视密度与覆盖层材料真密度的比值即为该覆盖层的孔隙率。

（2）化学法

化学法包括贴滤纸法、涂膏法和浸渍法，这类方法是将含有指示剂的试验溶液通过覆盖层的孔隙将基体腐蚀，腐蚀后产生的离子透过覆盖层孔隙并由指示剂在覆盖层表面显色指示，然后以单位面积（cm^2）中显示的孔隙点数作为覆盖层孔隙率的量度。此孔隙率只是覆盖层中连通孔隙的密度（单位表面积上孔隙的个数）的量度。

（3）电解显像法

在相应的电解溶液中将试样作为阳极进行电解。当通以直流电流后，试样基体或底层金属产生阳极溶解，被溶解的金属离子通过镀层上的孔隙，电泳迁移到贴于镀层表面的滤纸上，并与滤纸上的显色指示剂发生反应，形成相应的特征颜色斑点，然后以与化学法相同的方法评价覆盖层的孔隙率。本法适用于检验各种阴极性覆盖层的孔隙率。

（4）显微镜法

将覆盖层表面（或截面）按照金相观察的要求，研磨、抛光成光滑镜面，放在显微镜下观察和测量试样的孔隙率。利用数字化金相技术（图像分析技术和计算机技术的结合），可以自动而快速地获得孔隙大小和孔径分布的定量分析数据。

4.6 覆盖层耐蚀性检测与评定

4.6.1 覆盖层耐蚀性检测

覆盖层的耐蚀性反映了覆盖层保护基体金属和抵抗环境侵蚀的能力强弱，是影响基体使用寿命的重要指标。目前，覆盖层耐蚀性的检测方法有环境试验、大气暴露腐蚀试验、人工模拟和加速腐蚀试验。以下简单介绍几种普遍使用的腐蚀试验方法。

（1）大气暴露腐蚀

将涂覆层试样放在大气暴露场（室内或室外）的试样架上，进行各种自然大气条件下的腐蚀试验，定期观察腐蚀过程的特征，从而评定覆盖层抗大气侵蚀能力。

（2）浸泡腐蚀试验

将涂覆层试样浸泡在腐蚀溶液中，经过一定时间后，测量其质量变化，观察其外观变化，来评定其耐腐蚀性能。

（3）盐雾腐蚀试验

盐雾腐蚀是检验覆盖层耐蚀性的人工加速腐蚀试验的主要方法之一。将涂覆层试样以一定的角度放入专用的盐雾箱中，定时向箱体内喷射中性盐水的盐雾，使其充满箱体。盐雾箱内温度为（35 ± 2）℃，盐水 NaCl 的浓度为（50 ± 10）g/L，盐水溶液的 pH 值为 $6.5\sim7.2$。经过一定试验时间后，测量试样的失重，观察试样表面的形貌，或确定开始显示腐蚀所需的时间，可综合评价覆盖层的耐蚀性能。

（4）SO_2 腐蚀试验

工业区大气环境下使用的覆盖层多采用 SO_2 腐蚀试验方法。试验在特制的试验箱中进行，将试样均匀地放入箱中，通入 0.2L SO_2 气体，保持温度为（40 ± 3）℃，试验周期为 24h。取出试样后，根据其质量变化、外观及腐蚀缺陷等的数量和分布、第一个腐蚀点出现以前的试验时间等，综合评价耐腐蚀性能。

（5）高温腐蚀试验

主要是模拟硫（S）、钠（Na）、氯（Cl）元素的高温环境中的腐蚀条件来进行试验。即在 550℃高温下，用 95%Na_2SO_4+5%$NaCl$ 的熔盐介质对涂覆层试样进行不同时间的腐蚀，然后用能谱仪测定 S、Na、Cl 各元素在覆盖层上的分布，以判定该元素通过覆盖层的渗透能力，即覆盖层的耐高温腐蚀能力。

4.6.2 覆盖层耐蚀性评定

覆盖层腐蚀评定有以下几种方法：宏观和微观检查、重量法、试样厚度和蚀孔深度测量、容量法、力学性能损失及其评定、电阻法等。

（1）宏观和微观检查

宏观检查包括肉眼观察和低倍放大观察。检查内容包括：金属表面外部形态的变化与未受腐蚀的金属表面形态对比，排除非腐蚀损坏的缺陷；金属表面上腐蚀产物的形态和分布以及它们与金属表面的黏附性；确定腐蚀是均匀的、选择性的，还是局部的；腐蚀介质中的变化，如溶液颜色的变化，溶液中腐蚀产物的形态、分布和数量。

微观检查主要包括金相检查和电镜检查。金相检查主要观察晶间腐蚀与应力腐蚀。晶间腐蚀主要观察金属是否发生晶间腐蚀以及晶界被腐蚀的程度。而应力腐蚀观察应力腐蚀裂纹的形态，是晶间型、穿晶型还是混合型。在破裂断口上进行金相观察，可以将断口形貌和金相组织联系起来。在研究金属腐蚀机理和影响因素、发展耐蚀合金新品种、设备腐蚀破坏分析中都离不开金相显微分析。

电镜观察：在应力腐蚀试验和设备腐蚀破坏分析中，用扫描电镜和透射电镜观察破裂断口，可以获得与断口实际形貌对应的图像，为研究破裂原因和机理提供可靠的资料。

（2）重量法

1）失重法

用金属试样腐蚀后单位暴露表面积在单位时间内的重量损失评定被试金属材料的腐蚀速度。

$$V^- = \frac{m_0 - m_1}{St} \tag{4-7}$$

式中　V^-——金属失重腐蚀速度，$g/(m^2 \cdot h)$；

$\quad\quad m_0$——腐蚀前金属的质量，g；

$\quad\quad m_1$——消除腐蚀产物后金属的质量，g；

$\quad\quad S$——暴露在腐蚀介质中的表面积，m^2；

$\quad\quad t$——试样的腐蚀时间，h。

失重法测量原理简单，结果直观，应用范围广。因为是清除全部腐蚀产物后才称重，所以不管腐蚀产物是可溶的还是不溶的，是牢固附着在金属表面还是很疏松，甚至全部脱落，这种方法都可以使用。失重法测量主要适用于全面腐蚀，对于高度选择性的腐蚀（如晶间腐蚀）、成分选择性腐蚀，失重法有很大的局限性。

2）增重法

将腐蚀试验后的试样连同腐蚀产物一起称重，所得重量 m_2 比试样未腐蚀时的重量 m_0 大。增重腐蚀速度 V^+ 被定义为：

$$V^+ = \frac{m_2 - m_0}{St} \tag{4-8}$$

式中，m_2 为带有腐蚀产物的金属的质量，g。

值得注意的是：

m_2 中必须包括全部腐蚀产物。

m_2 中不能包括非腐蚀产物的其他黏附性物质（如灰尘、污垢）。

增重腐蚀速度和失重腐蚀速度一样，只适用于全面腐蚀，而且腐蚀破坏均匀地分布在试样整个暴露表面上，所求出的腐蚀速度是整个试验期间内的平均值。

（3）试样厚度和蚀孔深度测量

在实验室中可以使用一些计量工具和仪器装置在清除腐蚀产物后直接测量试样的厚度，如卡钳、游标卡尺、螺旋测微器、带标尺的双筒显微镜、测量试样截面的金相显微镜等。不过，实验室试验中直接测量厚度变化的方法应用不多，因为这种测量并不方便，厚度测量的精度也较低。测量厚度变化主要用于现场生产设备，如容器、管道等，测量方法主要是超声波测厚，应用超声波的方法有两种。

1）连续波共振法

使用连续波，改变超声波的频率，在金属中传播的超声波的波长亦改变。当波长正好为

金属厚度 d 的 $2/n$ 倍（即金属厚度 d 为超声波半波长的整数倍）时，就出现了共振条件，金属中产生驻波，振幅最大。由共振条件推出工作厚度 d。

2）脉冲反射法

将一个超声波短脉冲由探头传送到金属试件内，脉冲在金属试件的另一侧发射，反射脉冲回到探头被接收器接收。对于一定的金属，声波的速度是恒定的，故发射脉冲和反射脉冲之间经过的时间就是被测试件厚度的量度。

（4）容量法

析氢腐蚀和吸氧腐蚀的阴极反应都是气体电极反应，测量阳极反应速度比较方便，只需要测量析出的氢气体积或消耗的氧气体积，就可以计算金属的腐蚀速度。

析氢量的测量：在恒压下测量腐蚀体系气相体积的增加量，或直接测量析出的氢气量；在保持气相体积恒定条件下测量气相压力的增加量，再换算为析氢量。

耗氧量的测量：与测析氢量原理相同，在恒压下测量腐蚀体系气相体积的减少量，在保持气相体积恒定条件下测量气相压力的减小量，再换算为耗氧量。

容量法的优点：灵敏度比失重法高。例如锌在酸溶液中发生析氢腐蚀，$Zn+2H^+ \Longrightarrow Zn^{2+}+H_2$，每析氢 $7.81mm^3$ 对应于 $2.3 \times 10^{-7}g$ 锌被腐蚀。这一重量损失不可能用分析天平检测，而测量其析氢量却不难，用不着除去试样表面的腐蚀产物或收集腐蚀产物，这就不像失重法那样必须取出试样才能进行测量。因而容量法测量不会干扰被测腐蚀体系，只用一个试样（最好是一组平行试样）就可以测取腐蚀-时间曲线，测量装置简单可靠，测量方法也比较方便。

容量法的局限性：只能用于纯粹的析氢腐蚀或吸氧腐蚀，即不能有其他的阴极反应；测量金属的腐蚀破坏是间接的。要由所测的析氢速度或耗氧速度求出金属的腐蚀速度，就必须经过换算，而进行换算需要知道腐蚀的阳极过程和阴极过程，知道腐蚀产物的组成。

测量方法的要求：容量法试验要求仪器十分洁净，因此就需要进行蒸煮和反复洗涤（用水或洗液）仪器的玻璃部分，否则细小的氢气泡将附着在器壁上而引起测量误差。装置的密封也很重要，玻璃活塞要优质的，磨口要真空级研磨。注意涂封，以避免漏气。

（5）力学性质损失及其评定

腐蚀可能使金属材料的力学性能变坏，这对于金属设备和结构是很重要的。测定试样在腐蚀前、后力学性质的变化一般使用拉伸试验。

拉伸试验的注意事项：

① 全部试样应当沿金属板材的同一方向切取。对于轧态金属板材最好是全取横向。因为晶间腐蚀等选择性腐蚀对这种方向的试样更为敏感。

② 全部试样应受到相同的加工条件和热处理条件，以保持相同的组织状态和表面状态。

③ 腐蚀引起的力学性能变化与试样的尺寸（特别是横截面积）有很大关系。为了在相同基础上进行比较，全部试样的尺寸一定要相同。在进行拉伸试验时，未经腐蚀和经受腐蚀的试样的抗拉强度都是相对于试样的原始横截面的，因此试样的宽度和厚度（或直径）应在腐蚀试验前仔细测量。

④ 腐蚀的不均匀性对力学性能测量有很大影响。孔蚀、晶间腐蚀、选择性腐蚀可以使延伸率强烈下降。如果腐蚀很均匀，延伸率的变化是不大的。同时，试样的表面缺陷（擦伤、鼓泡、铸造气孔等）对力学性能的测量也有显著影响，尤其是对延伸率的影响很大。因此，制作试样时要十分注意。

⑤ 腐蚀对力学性能的作用中可能包括时效的作用。为了区分腐蚀引起的变化和时效引

起的变化，应当准备若干组次空白试样，在与腐蚀试验相同的温度条件下不受腐蚀地贮存相同的时间。

⑥ 力学性能的波动是不可避免的，为使测量结果具有广泛代表性，应当安排重复试验。腐蚀试样和空白试样的重复数应在 3 个以上。

（6）电阻法

电阻法原理：金属试样的电阻与其几何尺寸有关系。金属试样经受介质腐蚀后，几何尺寸有所改变，因而试样的电阻也随之改变。可见，测量试样腐蚀前后电阻的变化，就可以评定金属遭受腐蚀的程度。一般情况下，可以用电阻变化的百分数表示。如果金属的腐蚀是均匀的，在试样具有简单形状时，可以由电阻变化计算出试样的尺寸变化，从而求出腐蚀速度。

4.7 表面成分与结构分析技术

材料表面表现出与体内不同的成分、组织结构特点，需要从微观角度研究材料的表面成分、形貌以及结构。采用表面分析技术，对材料表面特性和表面现象进行检测、分析和测量。材料表面分析方法的原理是利用各种入射的激发粒子（电子、光子、离子等）或（电、磁、力等）场与被分析表面发生相互作用，然后分析出射粒子（或场），出射粒子可以是经过相互作用后的入射粒子，也可以是由入射粒子激发感生的另一种出射粒子。所有出射粒子都是被分析表面的信息载体，通过分析出射粒子（或场）的强度、空间特征、能量（动量）分布、荷质比、自旋等信息获得材料表面信息。因此，各种入射粒子与材料表面的相互作用是表面分析技术的基础。

表面分析一般都需要在一定程度的真空环境中进行。因为只有在真空环境中，被分析的表面才不会被周围气氛污染，出射粒子携带的表面信息不易在实验过程中出现损失，才能研究和反映出表面的本质特性。实验过程中的真空度至少需要达到 $10^{-7}Pa$，通常把低于 $10^{-7}Pa$ 的真空定义为超高真空（UHV）。

表面分析技术是获取表面信息、研究表面性能的必要手段，表面分析技术的先进性对于表面科学的发展至关重要。20 世纪 60～70 年代后，计算机技术、微电子技术、超真空技术以及传感器技术的飞速发展，促进了表面分析技术及仪器的研究和应用，各种超高真空电子、离子、光子能谱仪，二次离子质谱仪（SIMS），扫描隧道显微镜（STM），原子力显微镜（AFM）和扫描探针显微镜等相继问世。近年来，进一步发展了高时间、空间、能量分辨和高化学识别度的原位表征技术，能够实时监测和精准剖析材料在服役/反应过程中的表面变化规律，表面分析科学及其应用技术得到进一步发展。

4.7.1 表面成分分析

表面成分分析包括测定材料表面的元素组成和含量、元素化学态及元素在表面的分布特征（横向分布和纵向深度分布）等信息。

选择表面成分分析方法时应该考虑该方法的元素测定范围、元素化学态的判定、表面探测深度、检测的灵敏度、谱峰分辨率和谱图分析难易程度以及测试时对表面有无破坏性等。

常用的表面成分分析方法包括：电子探针显微分析（EPMA）、俄歇电子能谱（AES）、X 射线光电子能谱（XPS）、X 射线能谱分析（EDS）、二次离子质谱分析（SIMS）、离子散射谱（ISS）等。几种常用表面成分分析方法的比较详见表 4-4 所示。

表 4-4　常用表面成分分析方法比较

名称	原理	激发源	信号源	测定元素原子序数范围	探测深度	信息类型
电子探针显微分析（EPMA）	由特征 X 射线信息测定元素及分布（微区）	电子	光子	≥Be	<1μm	元素
俄歇电子能谱（AES）	测定俄歇电子的动能来鉴别元素	电子	电子	≥Li	0.4～2.0nm	元素、一些化学状态
X 射线光电子能谱（XPS）	测定逸出光电子的动能及位移，鉴定元素及价态	光子	电子	>He	0.5～2.5nm（金属和金属氧化物）；4～10nm（有机物）	元素、化学状态
二次离子质谱（SIMS）	测量二次离子的能量分布、质荷比来鉴定元素及同位素	离子	离子	≥H	<1nm	元素、同位素、有机化合物

4.7.2　表面形貌分析

　　材料表面形貌分析包括表面宏观形貌和显微组织形貌的分析，主要由各种能将观察对象放大成像的显微镜来完成观察和分析。不同的显微镜技术具有不同的分辨率，以满足不同的测试需求。随着显微技术的快速发展，目前有些电子显微镜已达到原子分辨能力，可以直接观察到表面原子排列情况，如高分辨透射电子显微镜（HRTEM）、扫描隧道显微镜（STM）、原子力显微镜（AFM）、场离子显微镜（FIM）等。利用先进的电子显微镜技术不仅能直接获取表面形貌信息，而且可对真实晶格进行表征分析。

　　实际使用的电子显微镜不仅具有显微放大这一基本功能，还可通过安装能谱仪、波谱仪、EBSD（电子背散射衍射）附件、动态拉伸台、高温样品台等信号探测、性能测试的附件装置，在具备微区成分、结构分析功能以及相关性能测试的同时对材料表面微观形貌的连续变化情况进行实时原位的观察与分析。

　　不同显微镜的特点及应用列于表 4-5。

表 4-5　各种显微镜特点及应用

名称	检测信号	样品	分辨率	基本应用
光学显微镜（OM）	光束	固体	最大分辨率为 0.2μm	显微组织观察
扫描电子显微镜（SEM）	二次电子、背散射电子、吸收电子等	固体	<1nm	①形貌分析；②成分分析；③结构分析；④断裂过程动态研究
透射电子显微镜（TEM）	透射电子和衍射电子	薄膜和复型膜	点分辨率为 0.3～0.5nm，晶格分辨率为 0.1～0.2nm	①形貌分析；②晶体结构分析；③成分分析
扫描隧道显微镜（STM）	隧道电流	固体（导体或半导体）	原子级/垂直 0.01nm，横向 0.1nm	①表面形貌与结构分析；②表面力学行为、表面物理与化学研究
原子力显微镜（AFM）	隧道电流	固体（导体、半导体、绝缘体）	0.1nm	①表面形貌与结构分析；②表面原子间力和表面力学性质的测定
场发射显微镜（FEM）	场发射电子	针尖状电极	2nm	①晶面结构分析；②晶面吸附、脱附和扩散等分析
场离子显微镜（FIM）	正离子	针尖状电极	当电极针尖半径为 100nm 时，室温 0.55nm，低温 0.15nm	①形貌分析；②表面结构、扩散等分析

4.7.3 表面结构分析

固体表面结构分析的主要任务是探知表面晶体的原子组成与排列方式、晶胞大小、晶体趋向、结晶对称性以及原子在晶胞中的位置等晶体结构信息。此外，外来原子在表面的物理/化学吸附、化学反应、偏析和扩散也会引起表面结构的变化，诸如吸附原子的位置、吸附构型等也是表面结构分析的内容。

表面结构分析主要采用衍射方法，包括 X 射线衍射、电子衍射、中子衍射、γ 射线衍射等。其中的电子衍射特别是低能电子衍射（LEED，20～200eV 的低能电子束轰击样品表面）和反射高能电子衍射（RHEED，10～50keV 的入射电子束以掠射的方式照射到样品表面）给出的表层或近表层的结构信息，是表面结构分析的重要手段。

此外，通过诸如高分辨电子显微镜（HRTEM）、场离子显微镜（FIM）、扫描隧道显微镜（STM）等具有原子分辨能力的显微镜直接观察表面的原子排列，也可以直接进行真实晶格的分析。其他一些谱仪如卢瑟福背散射谱（RBS）、表面增强拉曼光谱（SERS）、离子散射谱（ISS）、扩展 X 射线吸收精细结构谱（EXAFS）、分子束散射谱（MBS）等也可用来直接或间接进行表面的结构分析。

4.7.4 表面电子态分析

固体表面由于原子周期性排列在垂直于表面方向上的中断以及表面缺陷和外来杂质的影响，表面电子能级分布和空间分布与固体内部不同。表面不同于体内的电子态（附加能级），对材料表面性质和发生在表面的反应均有着重要影响。表面电子态分析的内容包括表面电荷密度分布及能量分布、表面能级性质、表面态密度分布（DOS）、价带结构、表面的元激发等。

表面电子态分析技术主要有 X 射线光电子能谱（XPS）、紫外光电子能谱（UPS）。XPS测定的是被光辐射激发出的轨道电子，是现有表面分析方法中能直接提供轨道电子结合能的唯一方法。UPS 通过对样品表面击出的光电子能量分布的测定，获得表面有关价电子信息。XPS 和 UPS 还被广泛用于研究各种气体在金属、半导体及其他固体材料表面的吸附行为以及表面成分分析。此外，表面电子态分析方法还有角分辨光电子能谱（ARPES）、离子中和谱（INS）等。

4.7.5 表面原子态分析

表面原子态分析主要是对表面原子或吸附粒子的吸附能/吸附位、振动状态及其在表面的扩散运动等的能量或势态的测量。通过测得的数据获得诸如表面吸附状态、吸附热、脱附动力学、表面原子化学键性质和成键方向以及基底原子的成键情况等信息。

表面原子态分析的方法主要有热脱附谱（TDS）、电子和光子诱导脱附谱（EDS 和 PDS）、红外光谱（IR）、拉曼光谱（Raman）、电子能量损失谱（EELS）等。

TDS 是通过对已吸附的表面加热，加速已吸附分子的脱附，然后测量脱附率在升温过程中的变化，由此获得有关吸附状态、吸附热、吸附分子浓度和脱附动力学等信息。当 TDS 与质谱技术相结合时，还可以测定脱附分子的成分。此外，低能电子、光子等与表面相互作用也可诱导脱附（EDS 和 PDS），对每一种脱附方式的研究都能从不同角度和不同程度提供吸附态和吸附键的信息。IR 和 Raman 是分子振动谱，通过对表面分子振动态的研究来获得表面分子的键长、键角等信息，并可推断分子构型和间接得知化学键强弱等信息。EELS 是利用入射电子在材料表面发生非弹性散射，通过入射和散射电子束的能量差来获取散射机制及表面原子的物理、化学信息。

思考题

1. 表面外观检测的内容有哪些？
2. 列举 2～3 种表面覆盖层附着力定量测试的方法。
3. 简述 2～3 种常用覆盖层厚度测量方法。
4. 列举 2～3 种表面覆盖层耐蚀性检测方法。
5. 简述表面分析包括哪些方面内容。
6. 比较扫描隧道显微镜和原子力显微镜的特点及应用。
7. 说明俄歇电子能谱分析的方法与应用。

第 5 章

涂（镀）覆层技术

通过涂、镀等技术手段，在目标（零部件）材料表面赋予一定厚度的表面层材料，可以改变原基体表面的成分、组织与性能，这种涂（镀）覆层技术种类多，应用非常广泛。

5.1 热喷涂技术

热喷涂技术是材料表面工程关键技术之一，在国家标准 GB/T 18719—2002《热喷涂　术语、分类》中，热喷涂技术的定义是利用热源将喷涂材料加热至熔化或半熔化状态，并以一定的速度喷射沉积到经过预处理的基体表面形成涂层的方法。

5.1.1 热喷涂的原理及工艺分类

先进制造高新技术热喷涂的应用约占表面工程技术的三分之一。热喷涂是指一系列过程，包含着复杂的物理变化和化学变化，热喷涂涂层的形成包括 3 个瞬间相连的过程：固态涂材熔融环节、液态涂材雾化环节和固化形成涂层环节。

粉状、带状、丝状或棒状的喷涂材料被燃料气、电弧或等离子弧加热到塑态或熔融态，形成焰流，同时加速形成射流，以高速喷向工件基体表面形成涂层。先喷到工件表面的塑态或熔融态粒子因受冲压变形而形成叠层薄片，黏附在经过预处理的基体表面，后面喷到的粒子也会变形，与前面的薄层形成机械结合，随之冷却，大量的喷材粒子在表面不断堆积，最终形成一种层状结构的热喷涂涂层（如图 5-1 所示）。

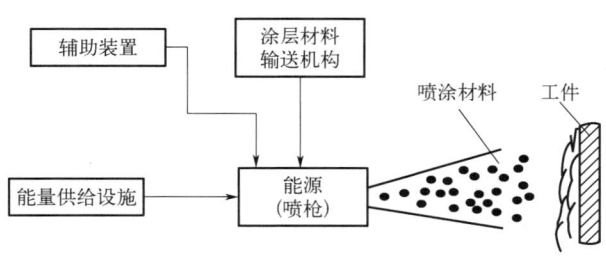

图 5-1　热喷涂工作原理图

随着热喷涂技术的进步，热喷涂工艺方法也在不断扩展，大致分为 4 类：火焰喷涂、电弧喷涂、等离子喷涂和特种喷涂。按照加热喷涂材料的热源可细分为火焰热喷涂、电能热喷涂、高能束热喷涂、熔体热喷涂等。实际生产中，需要从工件基体材料、涂层材料、成本价格等方面考虑选用合适的工艺方法。

5.1.2 热喷涂材料及设备

按照喷涂材料的性质，热喷涂材料可分为金属与合金粉体和线状材料、氧化物陶瓷和金属陶瓷复合材料、有机高分子材料等。按照材料的形态，又可分为粉末、线材（丝材）和棒材。

热喷涂丝材包括纯金属实芯丝材、合金丝材和复合喷涂丝材（粉芯状或管状）。锌丝、铝丝、铜丝、钼丝都是较为常见的纯金属喷涂丝材；合金丝材分为 Fe 基和 Ni 基两大类，如碳钢丝、不锈钢丝、耐热合金钢丝、NiCr 合金丝等。

粉末材料占整个热喷涂材料总量的 70% 以上，热喷涂粉末有纯金属粉末（Ni、W、Mo、Cu 等）、镍基、铁基和钴基合金粉末（NiCr、TiNi、CoCrW 等）、氧化物陶瓷粉末（ZrO_2、Al_2O_3、TiO_2 等）、碳化物粉末（WC、TiC 等，见图 5-2）和复合材料粉末，如金属陶瓷粉末（WC-Co、Cr_3C_2-NiCr）等，应用于不同性能要求的涂层。

图 5-2　W-TiC 复合喷涂粉末

根据用途选择粉末的制造方法，不同方法生产出来的粉末都需要考虑粉末的形貌、粒度和粒度分布。比如球磨法制备出来的陶瓷脆性材料粉末属于亚微米级范围，粒度在 0.2～5μm 之间，加入分散剂后可以获得 0.1～5μm 的颗粒；喷雾干燥法可用于制备细小的粉末。但从喷涂送粉特性（粉末流动性、是否易团聚、易堵塞等）和经济性考虑，金属粉末粒径范围在 50～100μm，陶瓷粉末在 10～50μm；小于 5μm 的细小粉末并不适合传统的热喷涂，必须形成混合团聚体。包覆法可以制备壳核结构的复合材料粉末，如 WC-Co 金属陶瓷复合粉末、NiAl 包覆粉末等等；等离子雾化、等离子球化方法生产的粉末粒径在 20～90μm 之间，适用于热喷涂。

相对于传统微米颗粒尺寸的粉末制备的涂层，纳米颗粒的引入可以获得多种特殊的功能性涂层。纳米颗粒尺寸太小，易堵塞设备或发生烧蚀，而且沉积效率低，不能直接用于喷涂，需要采用喷涂干燥等工艺实现纳米粉体的软团聚，并进行一系列处理，得到微米尺寸的球形颗粒，同时保持纳米粉体的优异特性。

随着热喷涂技术的不断发展，国内外成立了热喷涂设备专业公司，致力于热喷涂设备的制造和改进，先后研制了线材火焰喷涂枪、电弧喷枪、粉末火焰喷枪等专用设备。20 世纪 70 年代后，为适应热喷涂向着高能、高速、高效方向发展，国内外相继研发了新的设备，包括高能等离子喷涂设备、燃气高速火焰喷涂设备、燃油高速火焰喷涂设备等。到 20 世纪 90 年代中期，计算机、机器人、传感器等现代先进技术进一步推动了热喷涂设备朝着标准化、系列化和成套化发展，并实现商品化。如近年来超声速火焰喷涂技术获得了迅速发展，出现了很多新型装置，国内也已研究和开发出有特色的超声速喷涂装置，在不少领域正在取代传统的等离子喷涂。热喷涂设备涉及高温、高速、高压等安全隐患，安全与防护工作非常重要。

5.1.3 喷焊技术与工艺

热喷涂是喷涂和喷焊的总称，都是金属材料表面强化技术。喷焊是在喷涂的基础上对经预热的自熔性合金粉末（熔点比较低）涂层再加热至 1000～1300℃，用火焰使颗粒重新熔化，造渣上浮到涂层表面，生成的硼化物和硅化物弥散在涂层中，使颗粒和基体表面达到良好的冶金结合。

采用的自熔性合金粉末包括镍基、铜基、钴基、铁基四大类，其中掺入了硼、硅等元素，有良好脱渣作用，并保护金属不被氧化，而熔化的金属又能与基材金属表面互相渗透、扩散，从而形成 0.05～0.1mm 厚的致密的冶金结合层，外观呈镜面，其结合强度可达 400MPa，具有较好的抗冲击、耐磨和耐腐蚀性能。

喷焊的工艺过程与喷涂基本相同，所不同的是喷粉工序中增加了重熔工序。由于重熔过程中基体局部受热温度达 900℃会产生较大热变形，因此，喷焊使用范围有一定局限性，适用于那些要求表面硬度高、耐磨性好、受冲击载荷、几何形状简单的大型易损零件，如抛砂机叶片、柱塞、滑块、破碎机齿板、挖掘机铲斗齿等。

喷焊施工前工件表面需要经过预处理，如清除表面油污、氧化层、渗碳层或氮化层等，工件还需要经过预热处理，一般碳钢为 200～300℃，耐热奥氏体钢为 350～400℃。

喷焊有一步喷焊法和两步喷焊法。一步法适用于小型零件或小面积喷焊，工艺过程是喷一段后熔一段，喷、熔交替进行，使用同一支喷枪完成，有顺序地对保护层局部加热到熔融开始湿润时再喷粉，与熔化反复进行，直至达到预定厚度，如果一次厚度不足，可重复加厚。两步法工艺过程是先完成喷涂层再对其重熔，需采用大功率喷枪，使合金粉末在火焰中充分熔融，在工件表面上产生塑性变形的沉积层。喷粉每层厚度<0.2mm，重复喷涂达到重熔厚度，一般可在 0.5～0.6mm 时重熔。如果喷焊层要求较厚，一次重熔达不到要求时，可分几次喷涂和重熔。重熔是两步法的关键工序，在喷涂后立即进行。适当掌握重熔速度，将涂层加热，直至涂层出现"镜面"反光，然后进行下一个部位的重熔。重熔时应防止过熔（即镜面开裂）、涂层金属流淌以及局部加热时间过长使表面氧化。多层重熔时，前一层降温至 700℃左右，清除表面熔渣后，再做二次喷熔，重熔不宜超过 3 次。

氧乙炔焊、粉末等离子喷焊技术都获得了广泛应用，成为冶金设备、机械设备、汽车零部件、汽轮机叶片等表面强化的重要手段。

5.1.4 等离子喷涂技术

等离子喷涂是重要的热喷涂技术之一，是使材料表面获得各种功能涂层的工艺方法，可以提高表面的耐磨性、耐蚀性、耐高温氧化性、电绝缘、隔热、密封等性能。等离子喷涂技术具有很多优点：喷涂效率高，超喷射粒子的速度高，涂层致密，黏结强度高；喷涂材料来源广，非常适合高熔点高硬度材料的喷涂成形，获得各种特殊性能的涂层；喷涂时使用惰性气体作为工作气体，喷涂材料不易氧化等等。

等离子喷涂是利用在阴极和喷嘴之间所产生的等离子火焰加热熔化喷涂粉末进行的，正极接在喷嘴上，工件不带电，在阴极和喷嘴的内壁之间产生电弧，工作气体通过阴极和喷嘴之间的电弧而被加热，全部或部分电离，然后由喷嘴喷出形成等离子火焰。粉末由送粉气送入火焰中被加热到熔化或半熔化状态，并由焰流加速得到高于150m/s的速度，喷射到经预处理的基体材料上形成涂层，见图5-3。

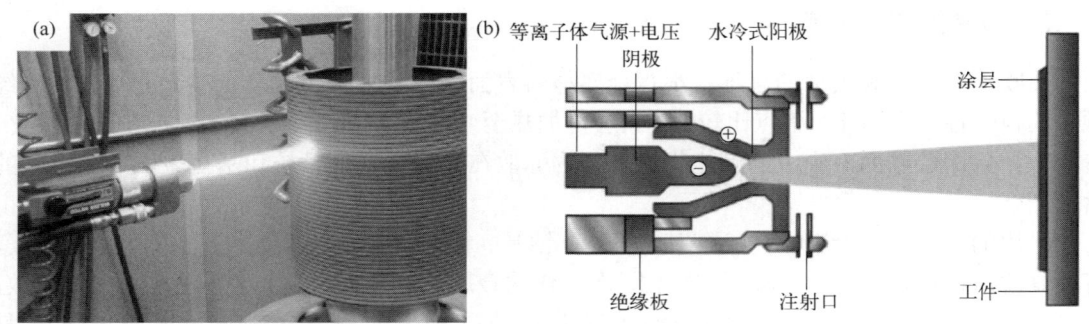

图 5-3　等离子喷涂成形（PSF）

（a）PSF 设备；（b）PSF 工作原理

一套完整的等离子喷涂设备主要包括3个部分：控制柜——用于对水、电、气、粉的调节和控制；电源——包括主弧电源、维弧电源、高频振荡器等；喷枪、送粉器、供气系统、冷却系统等部分，其中喷枪是最关键的部件，是等离子火焰发生器。喷涂装置的升级优化一直是等离子喷涂技术的研发热点和重点，等离子喷涂设备正向着高能、高速、高真空方向发展。机器人热喷涂设备可改善操作环境，还可对喷涂轨迹和过程进行数字化描述和精确控制，从而显著提高喷涂成形工艺的质量稳定性。在线监测技术、多尺度模拟技术和先进的分析检测手段等对等离子喷涂制备工艺优化、涂层结构和性能评价以及影响机制的应用研究有重要作用，成为等离子喷涂的发展方向。

等离子喷涂火焰温度和速度极高，可熔化各种喷涂材料，适用范围很广。等离子喷涂包括大气等离子喷涂、真空等离子喷涂、水稳等离子喷涂、反应等离子喷涂等。

（1）大气等离子喷涂

大气等离子喷涂是最常用的等离子喷涂，具有涂料材料种类多、沉积速率快、操作简单、成本低等优点。等离子气体为氩气、氢气、氦气、氮气或它们的混合气体。大气等离子喷涂已经在航空航天、船舶、汽车等领域获得应用，对零部件表面具有强化和防护作用，可在金属基体表面制备陶瓷涂层，提高表面的耐磨损、抗高温氧化等性能。

（2）真空等离子喷涂

大气等离子喷涂时喷嘴吸入大量空气，金属粉末会氧化，而且有些有毒材料无法在大气中进行喷涂，真空等离子喷涂（低压等离子喷涂）可以解决上述问题。与大气等离子喷涂相比它多了真空系统，等离子喷枪在气氛可控的4～40kPa的密封舱内，由机械手操作，设备相对复杂，价格昂贵。喷流速度是超声速的，适合于对氧化高度敏感的材料；提高真空度有助于减少杂质和污染，可用于制备高纯度涂层，也可用于制备难熔金属和陶瓷材料涂层。

（3）水稳等离子喷涂

水稳等离子喷涂工作介质不是气而是水，它是一种功率大、成本低、喷涂速度快的等离子喷涂方法，捷克从事水稳等离子喷涂的研究较早，取得了这方面的专利权，进入实用化。

其工作原理是：喷枪内通入高压水流，在枪筒内壁形成涡流，这时，在枪体后部的阴极和枪体前部的旋转阳极间产生直流电弧，使枪筒内壁表面的水一部分蒸发、分解，变成等离子态，产生连续的等离子弧。由于旋转涡流水的聚束作用，其能量密度提高，燃烧稳定，因此，可喷涂高熔点材料，特别是氧化物陶瓷，喷涂效率非常高。

（4）反应等离子喷涂

这种喷涂方法是将等离子喷涂和自蔓延高温合成结合，利用等离子射流控制自蔓延的反应速度，喷涂的过程中完成材料的合成和涂层的沉积过程。目前已可制备氮化物和硼化物陶瓷涂层、原位合成金属/陶瓷复合涂层，如 TiB_2、Al_2O_3-Fe、TiC-Fe 等复合涂层，在工模具的表面强化中有很好的应用前景。

5.1.5 热喷涂技术的应用

热喷涂技术可实现机械零部件的表面处理和再制造，其应用领域非常广泛。

① 热喷涂技术可快速、有效地在基体上大面积沉积，使基体材料获得长效防腐、耐磨等性能。如采用新型超声速电弧喷涂工艺对热电公司的污泥干化车间离心风机叶轮表面进行喷涂处理，修复大型叶轮局部腐蚀和磨损，还可以用于电厂锅炉水冷壁、过热器表面的腐蚀和磨损防护。对于长期暴露在户外大气的钢铁结构件，如桥梁、电视塔、高压输电铁塔等，采用喷涂铝、锌及其合金涂层，代替传统的刷油漆方法进行防腐，防腐效果更长效，近年来得到了迅速发展。

② 热喷涂技术在石化设备修复中的应用也已成熟，能够有效提高设备的耐腐蚀性和耐磨性。如采用热喷涂技术对油井抽油泵柱塞表面喷涂 Al_2O_3/TiO_2 的陶瓷材料形成陶瓷涂层后，其在含砂井中的运行时间可达两个多月，寿命为传统工艺所制造柱塞的两倍。超声速火焰喷涂适用于钻头，采用等离子喷涂工艺在人造金刚石钻头表面制备合金涂层能大大提高钻头的抗磨损、抗腐蚀和抗冲蚀能力。

③ 热喷涂技术在航空工业上的应用也越来越多，如采用爆炸喷涂技术在航空发动机零件上喷涂 WC-Co 材料，改善耐磨材料的综合性能，以达到航空发动机零件对耐磨材料的要求；采用超声速火焰喷涂技术制备的碳化物类耐磨涂层显示出优异的性能，成为制备航空发动机耐磨涂层的首选技术之一。热障涂层是现代航空发动机的关键技术之一，它是指由金属黏结底层和隔热性能优良的陶瓷涂层组成的复合涂层体系，仅 200～400μm 厚的热障涂层，就能使零件表面温度降低 200～300℃。制备热障涂层黏结层的工艺一般为大气等离子或低压等离子喷涂。图 5-4（a）为大气等离子喷涂，YSZ 涂层呈典型的层状结构；超低压等离子喷涂 YSZ 呈现出柱状晶结构，见图 5-4（b）。

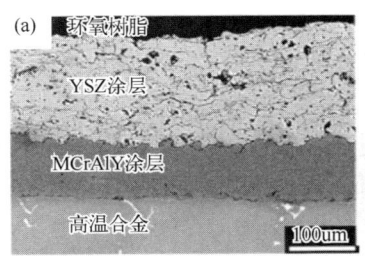 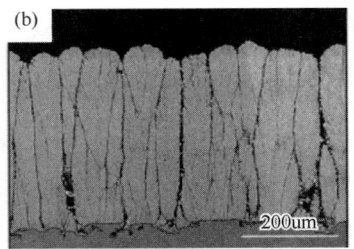

图 5-4 热障涂层

（a）大气等离子喷涂 YSZ 层状结构涂层；（b）超低压等离子喷涂 YSZ 柱状晶结构涂层

④ 电厂设备的很多关键部件长期在腐蚀、磨损、高温、高压等恶劣工况下运行，高速电弧喷涂、燃气火焰喷涂、等离子弧喷涂等技术在电厂设备再制造过程中有典型应用，应加强热喷涂技术同其他表面技术的复合应用研究，实现高效规模化生产。

⑤ 等离子喷涂、超声速火焰喷涂、高速电弧喷涂等热喷涂技术用于制备高熵合金涂层，等离子喷涂成为制备高熵合金涂层应用最为广泛的一种技术，主要集中在 AlCrFeCoNi、AlTiCrFeCoNi、AlSiCrFeCoNi、CrFeCoNi（Mn/Nb/Mo）等合金体系，应用范围在耐磨涂层、耐蚀涂层、抗高温氧化涂层等领域。优化、开发新技术，开发高熵陶瓷、高熵非晶合金、高熵复合材料等新型热喷涂材料，建立高熵合金数据库是热喷涂制备高熵合金涂层的发展趋势。

总之，热喷涂技术应用正朝着高效、大功率方向发展，在航空航天、化工防腐、生物医疗、建筑装潢、铁路船舶、大件修复等方面都得到了应用，随着热喷涂技术的发展与提高，该技术将开辟出越来越广的应用新领域。

5.2　电镀技术

利用电解的原理，将直流电通入有一定组成的电解质溶液中，在电极和溶液之间的界面上发生电化学氧化-还原反应，使金属或合金从其化合物水溶液、非水溶液或熔盐中沉积出来，在导电体表面沉积一层金属或合金的过程，工业上称为电镀，这是电解冶炼、电解精炼和电铸的基础，涉及材料学、化学、电化学、金属腐蚀等多个学科领域。

5.2.1　电镀的基本原理

5.2.1.1　电镀装置

以电镀铜为例，典型的电镀装置如图 5-5 所示。其主要由三部分构成：a. 供给电能的直流电源和连接电极的导线，这部分称为外电路；b. 能传导电流并具有一定组成的电镀溶液；c. 与电镀液相接触的两个电极。镀层金属接电源正极，如磷铜板，待镀制品接电源负极，如钥匙。

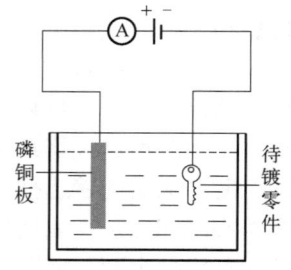

图 5-5　电镀（铜）装置

5.2.1.2　电极反应

电镀过程必须经过三个主要步骤：首先镀液中的水化金属离子或络离子，通过某种方式从溶液内部转移到镀件附近的液层中去；然后在电场的作用下去掉它周围的水化壳层或配位体层，在阴极上得到电子，生成金属原子；最后金属原子排列成金属晶体形成镀层。电镀过程中反应的实质是发生在金属和溶液界面上的氧化-还原反应。阳极的金属失去电子发生氧化反应，溶液中的金属正离子则在阴极得到电子发生还原反应。

如镀铜时阳极的主要反应是铜原子失去电子变为铜离子，电子通过金属导线进入阴极，铜离子在阴极得到电子变为铜原子，沉积到镀件表面：阳极 $Cu-2e^-\!=\!Cu^{2+}$，阴极 $Cu^{2+}+2e^-\!=\!Cu$。

5.2.1.3　阳极过程

电镀时，金属阳极既会发生阳极溶解也会发生金属钝化，有的还会发生自溶解现象。

当使用可溶性金属阳极时，如果阳极的电流效率与阴极的电流效率不相等，则电镀一段时间之后，所镀金属离子的平均浓度会发生变化。若阳极溶解的电流效率低于阴极电流效率，所镀金属离子的平均浓度会下降，当使用不溶性阳极时，阳极效率为零，要完全依靠加主盐来补充金属离子的消耗。如果相反，阳极效率高于阴极效率，则金属离子的平均浓度会上升。

金属阳极的活性溶解过程符合电化学步骤控制的动力学规律：

$$i_{a} = i^{0}\exp\left(\frac{\beta nF}{RT}\eta_{a}\right) \tag{5-1}$$

式中，i_a 为阳极溶解速度；i^0 为交换电流密度；β 为电荷传递系数；n 为电子数；F 为法拉第常数；R 为气体常数；T 为热力学温度；η_a 为阳极过电位。

电流通过阳极时阳极电极电位向正方向偏移，大多数金属阳极在活性溶解时的交换电流密度比较大，所以阳极极化一般不大。在阳极正常溶解的范围内，阳极电流密度越大，溶解速度越快。如果阳极的极化进一步加大，理论上来说，其溶解速度会更大。但是，实际在电镀过程中发现过大的阳极极化会使阳极溶解速度明显降低甚至几乎不溶解，并发生溶液中其他组分氧化或氧气的析出，这就是阳极钝化现象，阳极不能向溶液提供足够的金属离子，并且阳极电阻增大，槽电压上升，影响阳极过程的正常进行，对镀液的稳定性和镀层的性能带来不利的影响。钝化成因较为复杂，至今还没有一种理论能完全解释所有的钝化现象，目前较广泛认可的理论有成相膜理论和吸附理论。成相膜理论认为金属的钝化是由于在表面上生成了一层与基体结合牢固的、紧密的、完整的并具有一定厚度的固态产物（成相膜），这层膜将金属与溶液机械地分开，使金属的溶解速度大大降低，进入钝态。吸附理论认为金属的钝化是由于在金属表面或部分表面上仅仅生成了氧或含氧粒子的吸附层，改变了金属/溶液界面结构，氧或含氧粒子的吸附使金属表面有价键饱和，失去原有的活性而发生钝化。可以认为金属的钝化是一种表面现象，在金属表面出现第一层氧后，不管是吸附层还是氧化物，都造成金属的溶解速度急剧下降，进入钝化状态，刷洗阳极可以消除钝化。

溶液中络合剂和活化剂的存在可以促进阳极溶解，卤素离子和某些其他金属离子对金属有活化作用，此外溶液的组成及浓度、pH 值、中性盐的浓度和温度等对阳极的溶解和钝化也有影响。如游离氯化物在镀铜中对阳极有很好的活化作用；镀镍溶液中加入一定量的氯化物，可以有效地防止钝化，使镍阳极正常溶解。一般而言，金属在稀溶液和中性溶液里以及在较低的温度下容易发生钝化，酸性较强镀液中，阳极不易生成难溶的反应产物，但铁在浓酸（氧化剂）中发生钝化，不锈钢则更容易发生钝化。升高镀液温度，对金属的阳极溶解也是有利的。

从热力学观点看，在许多电解质溶液中大多数以单质形式存在的金属是不稳定的，通过电流，它们也能够和电解质溶液作用而生成各种化合物，这种现象称为金属腐蚀或自溶解。

5.2.1.4 阴极过程

（1）简单金属离子还原

电镀时，阴极发生金属离子的还原，不仅要实现电子传递，金属离子还必须失去全部水化层成为晶格相上的金属原子。这个还原过程（不包括液相传质步骤）经历下列几个阶段：首先是电极表面层中金属离子水化分子重排，水化程度降低，这样使中心离子的空能级提高到与电极中反应电子的平均能级相接近；然后电子在电极与离子之间跃迁，部分失去水的金属离子得到电子被还原，这种仍然保留部分水化层的金属原子称为吸附原子；最后失去剩余的水化层进入金属晶格。

多价离子的还原过程更复杂一些，以二价金属离子为例，主要有四种可能的反应历程：

$$① \quad M^{2+}+2e^- \longrightarrow M \quad （一步还原）$$

$$② \quad M^{2+}+e^- \longrightarrow M^+, \quad M^++e^- \longrightarrow M \quad （分步还原）$$

$$③ \quad M^{2+}+e^- \longrightarrow M^+, \quad 2M^+ \longrightarrow M+M^{2+} \quad （中间价离子歧化）$$

$$④ \quad M^{2+}+M \longrightarrow 2M^+, \quad M^++e^- \longrightarrow M \quad （中间价离子还原）$$

实际的还原过程不容易确定，研究表明一步还原的可能性较小，即二价离子同时得到两个电子还原为金属原子的可能性较小。事实上，除了热力学稳定的中间价离子（如 Fe^{2+}、Cu^{2+}、Sn^{2+}、Cr^{2+}）外，其他多价金属离子还原时大都不易检测出中间价离子的存在。而分步还原时，往往得到第一个电子比较困难，因此不易检测出中间价离子。引起这种情况的原因可能是高价离子（M^{z+}高价离子 $[M^{(z-1)+}]$）之间的溶剂化程度差别往往很大，电子转移时需要较高的重组能与较高的活化能。

（2）金属配（络）离子的还原

一般情况下，直接在电极上放电的总是配位数较低的络离子，而不是浓度最大的离子。配位数高的络离子在镀液中的能量低、较稳定，放电时需要较大的能量。一方面，大部分络离子的配体带负电荷，配位数越高的络离子所带负电荷越多，受到双电层的斥力越大，越不易在阴极表面直接放电。另一方面，金属络离子在电极上析出比简单离子困难，电沉积时极化较强，反而有利于镀层表面质量的改善。

直接放电粒子在溶液中的浓度往往很低甚至无法检测出，因此直接放电的络离子在溶液中几乎不存在，而只有存在于电极表面的络离子。络离子还原电化学过程大致为：络离子移向阴极，在靠近阴极表面一侧失去部分配体离解，向低配位数配离子转化，低配位数的金属配离子以吸附的水分子为桥梁，过渡并直接吸附于阴极表面，形成"吸附态离子"，吸附态离子在阴极表面放电，还原为金属原子，然后周围的剩余配体逐渐被水分子置换。

以碱性氰化镀锌溶液为例，金属络离子的还原过程表述如下：

① 电解液中络离子在电极表面转化成能在电极上直接放电的电活性粒子：

$$[Zn(CN)_4]^{2-}+4OH^- \rightleftharpoons [Zn(OH)_4]^{2-}+4CN^- \quad （配位体交换）$$

$$[Zn(OH)_4]^{2-} \rightleftharpoons Zn(OH)_2+2OH^- \quad （配位数降低）$$

对于多配体溶液，如上述还原过程，既有配位数降低，又有配体交换存在。也有仅发生配位数降低的体系，如在氯化镀镉的电极体系中：

$$[Cd(CN)_4]^{2-} \rightleftharpoons Cd(CN)_2+2CN^-$$

② 电活性粒子在电极上放电还原：

$$Zn(OH)_2+2e^- \rightleftharpoons [Zn(OH)_2]^{2-} \quad （吸附态）$$

$$[Zn(OH)_2]^{2-} \rightleftharpoons Zn(晶格)+2OH^- \quad （还原为最终产物）$$

在金属电沉积的阴极过程中，不仅涉及电极与溶液间的电荷传递，还涉及阴极表面上新相的生成，即电结晶过程。

（3）金属的电结晶

金属离子放电后进入晶格形成晶体的过程称为电结晶。电结晶是在电场的存在下进行的，它是一种运动、变化着的电极表面上沉积结晶的过程，包含沉积与结晶两个方面。为了弄清楚电结晶理论，设想如图 5-6 所示金属的电沉积过程，金属离子从溶液的主体内通过传质过程到达分散双电层，然后穿过双电层并同时进行一系列的转化（如脱掉溶剂或减少配位数），吸附到电极表面，吸附的阳离子从电极发生电荷转移，成为中性原子，然后在基体表面扩散，迁移至最稳定的位置；最后进入晶格的固定位置而成为新相（沉积层）的一部分。单金属沉积重复这一过程，最后形成镀层。

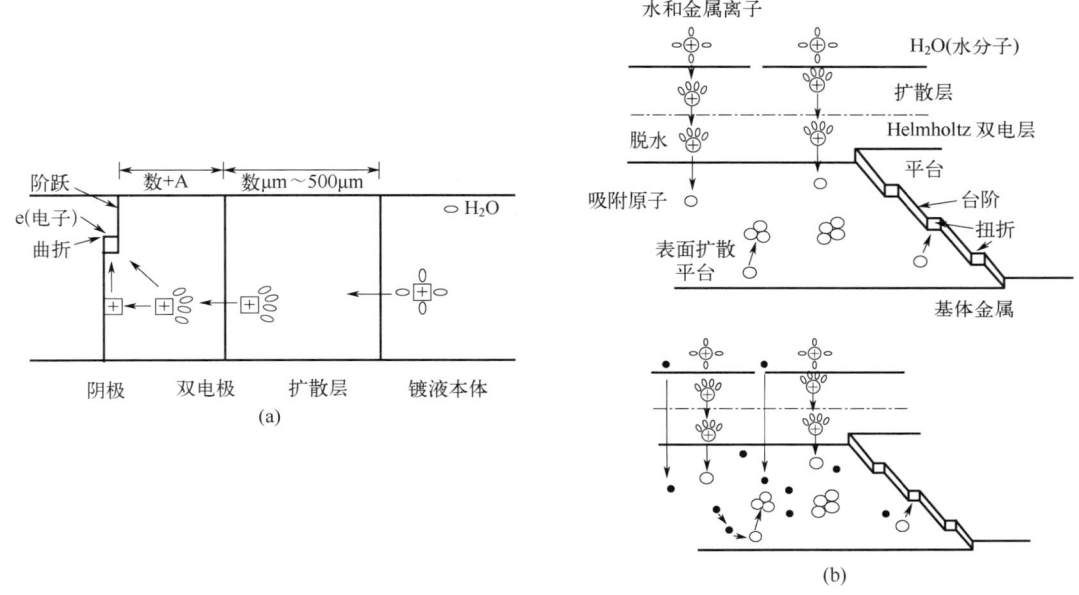

图 5-6　金属电沉积

在近代电结晶理论中，金属离子放电可在晶面上任何地点发生，通常晶体表面并不完整光滑，存在台阶和拐角等缺陷，这些位置能量较低，吸附离子总是优先进入这些部位，然后在表面扩散，直至原子进入晶格和晶体生长。这些部位称为晶体的"生长点"。电结晶过程的复杂性既与晶体表面的不均匀性有关，又与形成新相有关，离子放电步骤与新相生成步骤间存在表面扩散步骤。

（4）晶面生长的基本模型

电沉积出来的镀层大多数情况下呈晶态，包括柱状或层状的晶态结构，同时也有微晶结构、纳米晶结构和非晶结构。在形成晶体时包含同时进行的两个过程：晶核的形成和长大。这两个过程的速度决定着金属结晶的粗细程度。晶核生成速度大于晶核长大速度的程度越大，镀层结晶越细致。目前电结晶理论尚未成熟，大致归为两类，即是否直接在生长点上放电和是否形核。晶面的生长归纳起来主要有以下三种生长机理。

1）阶梯生长机理

Volmer（沃尔默）于 1931 年提出"直接转移机理"，根据这一理论，离子穿过双电层时，徘徊寻找合适的放电位置，直接转移到金属电极晶面上阶梯的生长点处，同时发生离子的放电和结合而进入晶格。放电步骤与结晶步骤合二为一，这种情况不存在额外的结晶步骤控制问题，图 5-7 所示为晶面阶梯生长示意图。Brandes（布兰德斯）在 1929 年提出的"表面扩散机理"，与上述"直接转移机理"恰好相反，这种理论认为离子是直接穿过双电层而转移到金属电极已有的晶面上。离子放电可以在晶面上的任何地点发生，并保持一种吸附状态，一段时间后，形成部分放电的"吸附原子"或"吸附离子"，然后通过这种吸附离子沿金属电极表面的扩散，转移到"生长线"和生长点Ⅱ、Ⅲ并结合进入晶格。显然吸附原子倾向于占有能量最低的 C 点位置。这种情况下，放电步骤和结晶步骤分别进行，多数情况下，放电速度大于吸附原子的表面扩散速度，整个电极反应受结晶步骤的控制，在有的情况下，放电速度也不大，电极反应受放电速度和表面扩散速度的控制。

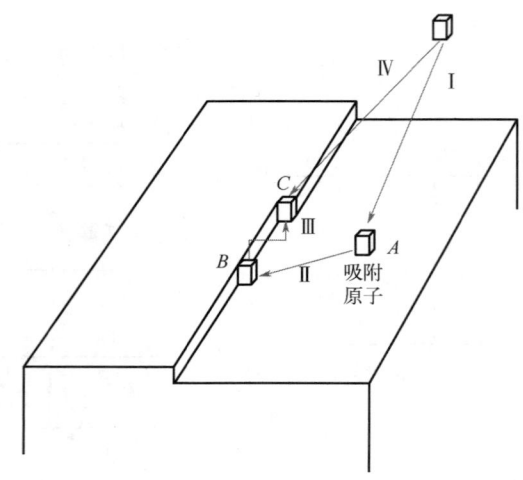

图 5-7　晶面阶梯生长

2）晶核生长机理

吸附离子表面扩散理论认为在实际金属电极表面形成晶格，主要是通过表面扩散和沿位错生长的，并不需要形成二维晶核。但如果位错少或不存在位错，以及过电位特别高时，也可能形成晶核并按二维晶核的机理生长。

众所周知，在过饱和溶液中的结晶过程是一个典型的新相生成过程，由三维晶核开始，晶核继续长大成为晶体；而且过饱和度愈大，晶核的临界尺寸就愈小，晶核的形核功也愈小。晶核多，晶粒数目就愈多。同样研究表明金属电沉积过程也遵循瞬时成核和三维长大的机理，当电沉积发生在理想的平滑表面时，结晶过电位与形成晶胚有关，金属的晶核由为数不多的配置在同一平面上（二维晶核）的原子或相互重叠的原子（三维晶核）所组成，过电位就是金属电沉积情形下的动力学因素。随着阴极极化值（过电位）的增大，新晶核形成的概率迅速增大，晶粒数目也迅速增多，晶核尺寸随之变小，所得镀层组织结构就越细密，因此，要想获得细致紧密的镀层，就要增大阴极极化，采用络合剂和添加剂是提高阴极极化和获得细致紧密镀层的有效方法。

3）位错生长机理

实际的金属表面存在大量的位错，因此沿着位错生长不需要过高的电位，如果生长面上存在着螺旋位错露头点，由其在晶面上引起的台阶直接作为晶体生长的台阶源，在生长过程中，生长台阶绕着螺旋位错线回旋扩展，生长线也永不消失。位错生长从许多不同的生长中心出发，同时长到交错接触而最后形成多晶镀层。所以金属晶体中螺旋位错的存在提供了一种无需形成二维晶核但又能持续生长的方式。沿位错生长的过程示于图 5-8 中，单个位错生长形成锥面结构，沿着螺旋位错生长形成金字塔形角锥结构。这种沉积机理已有实验证实，在某些电沉积表面，用低倍显微镜可以观察到螺旋形的生长台阶。

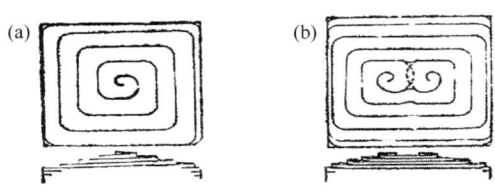

图 5-8　沿位错生长过程
（a）单个位错生长和锥面的形成 ；（b）金字塔状生长（一对螺旋位错）

　　镀层的结晶形态和生长方式与电流密度密切相关，如图 5-6 所示，阴极和镀液的界面是双电层，水的配位离子随着靠近阴极而发生极化，在阴极面上吸取配位水，成为吸附离子后在表面扩散，在曲折的地方失去电荷而进入阶跃过程，部分直接放电。当电流密度低时，由于到达的离子比活性点少，故在转折、阶跃的活性点不断和原子结合，易形成粗晶，而电流密度高时，吸附离子较多，正规的活性点少，在非活性点开始生长新的晶体，易形成细晶。另外，用络盐溶液进行电镀时使极化程度变大，容易获得细晶组织，由于细晶表面的凹凸处的波长小于光的波长，故成为光亮面。获得细晶、致密、均匀而且同基体结合牢固以及具有一定的机械、电磁、光学或其他性能的沉积层，都与电结晶过程以及沉积层的晶体结构有关，而过电位是决定结晶形态的第一位因素，因为吸附离子的浓度和电极上局部电流密度分布都取决于过电位。例如电位上升致使局部的吸附离子过饱和，易结合而形成晶核；并且晶核的临界尺寸也是过电位的函数。此外，不同的粒子，特别是溶液中的有机物质在电极表面的吸附也取决于过电位。过电位还有其他一些较间接的影响，如影响溶液的表面张力等等，也会影响到结晶的形态。

（5）添加剂在电解液中的重要作用

　　为了改善电解液特性和镀层质量，往往在电解液中加入少量的添加剂，除有机添加剂外，还有无机添加剂。有机添加剂（也叫表面活性剂）是材料表面处理技术领域中重要的材料之一，也是绝大多数电沉积添加剂重要的组成之一，很少的加入量就能明显降低水的界面张力，改变物系的界面状态，产生润湿、乳化、渗透、气泡、增溶及分散等一系列作用。按其在水溶液中的状态和离子类型可分为非离子型表面活性剂和离子型表面活性剂，其中离子型表面活性剂在水溶液中发生电离产生带正电或带负电的离子，根据离子类型，此类表面活性剂可分为阴离子表面活性剂、阳离子表面活性剂和两性表面活性剂。

　　在整个电沉积过程中，包括预处理（脱脂、除锈、活化）到单金属电沉积、合金电沉积和复合电沉积以及沉积后处理，都会用到有机表面活性剂。利用其乳化、润湿作用来提高镀件的除油质量，使用时应有搅拌，应用最多的是非离子型和阴离子型表面活性剂。表面活性剂对电沉积过程的动力学特征有较大影响，它可以在电极表面产生特性吸附和定向排列，增大电化学反应阻力，提高阴极极化来改善镀层的结晶组织；表面活性剂还可在界面与络合物络合，增大活化能而对电极过程起阻化作用，这有利于新晶核的形成。此外，利用其润湿作用可防止氢气在镀件表面滞留，防止沉积层产生针孔、麻点缺陷。表面活性剂对提高沉积层的平整性、光亮度及降低镀层的内应力和脆性等都有积极影响。例如在复合电沉积中，阳离子表面活性剂如十六烷基三甲基溴化铵，非离子表面活性剂如聚氧乙烯醚等还能促进固体微粒的共沉积。

电沉积过程中除了添加有机表面活性剂外，还有一些无机添加剂应用于单盐镀液中。导电盐作用是提高溶液电导率以改善分散能力，如碱金属或碱土金属的盐类（包括铵盐）。缓冲剂起缓冲作用，以避免形成氢氧化物或碱性盐并析出，造成电极表面碱化，如镀镍液中硼酸就能起到很好的缓冲作用。无机添加剂还有防止主盐水解、降低内应力及增加光亮度等作用。

金属离子按其在溶液中的存在形式可分为简单金属离子和金属络离子两类，相应的电解液可分为单盐和络盐两类。简单金属离子，除交换电流小的体系外，大多因其极化作用小，从其单盐溶液中往往只能得到结晶较粗的镀层。为了得到结晶细致的镀层，金属电沉积过程必须在较大的阴极极化条件下进行。除铁系金属电沉积具有较大的阴极极化外，大多数金属电沉积都是在电解液中加入添加剂，即络合剂，与金属离子形成络离子。由于络离子在阴极表面还原需要较大的活化能，造成了放电迟缓效应而促使电化学极化和过电位的提高，从而容易得到结晶细致的镀层。同时金属离子浓度的高低对电沉积也有很大的影响，金属离子浓度高时，界面浓度与交换电流均相应增加，会降低电化学极化，故无论在单盐还是络盐溶液中提高金属离子浓度，都具有减小形核率并伴随着镀层粗糙的趋势；金属离子浓度的降低将导致浓差极化增强，极限电流密度随之下降。

5.2.2 单一金属电镀

理论上只要电极电位足够负，任何金属离子都能在电极上还原并进行电沉积，但各种金属本身还原时具有不同的电化学动力学特征，表现为不同的电极反应速度与交换电流密度。如表 5-1 所示，常见金属按其交换电流的大小可粗略地分为四类。交换电流越小，电极反应速度越慢，还原时表现出的电化学极化和过电位越大，具有这种特征的金属能从其简单盐溶液中沉积出细晶层；反之，电化学极化和过电位越小，从其简单盐溶液中只能沉积出粗晶层。

表 5-1　常见金属的电化学动力学特征

性质	第一类金属 (Pb^{2+}, Cd^{2+}, Sn^{2+})	第二类金属 (Cu^{2+}, Zn^{2+})	第三类金属 (Fe^{2+}, Co^{2+}, Ni^{2+})	第四类金属 (Cr^{2+})
过电位/V	$0\sim10^{-3}$	10^{-2}	10^{-1}	—
交换电流密度/（A/cm^2）	$10^{-3}\sim10^{-1}$	$10^{-5}\sim10^{-4}$	$10^{-9}\sim10^{-8}$	很小
粒子平均线长度/cm	$\geqslant10^{-3}$	$10^{-4}\sim10^{-3}$	$\leqslant10^{-5}$	—

如图 5-9 所示，可以大致归纳出金属离子还原的可能性。在元素周期表中位置越靠左边的金属元素在电极上还原及电沉积的可能性越小；反之，在周期表中位置越靠右边的金属元素在电极上越容易实现还原及电沉积。在水溶液中大致以铬族为分界线，位于铬族左方的金属元素不能电沉积或不能单独电沉积，铬族中除铬能较容易地从水溶液中电沉积外，钼、钨在水溶液中的电沉积都非常困难；位于铬族右方的金属元素的金属离子能较容易地从水溶液中电沉积出来。

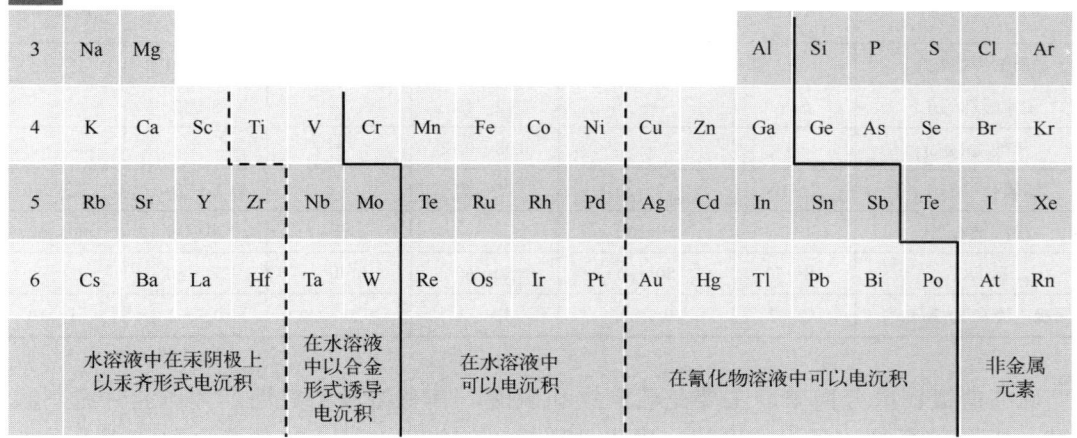

图 5-9　元素周期表

5.2.2.1　电镀铜

铜呈紫红色金属光泽，密度 8.92g/cm³，熔点 1083℃，标准电极电位 $\varphi^{\ominus}_{Cu^+/Cu}$=+0.52V，$\varphi^{\ominus}_{Cu^{2+}/Cu}$=+0.34V，具有良好的延展性、导电性和导热性。

铜镀层为粉红色，硬度在 150～220HV 之间，柔软易抛光。铜镀层的化学稳定性差，一般不作为防护性镀层，经化学处理后获得彩色铜层，涂覆透明的有机涂料可以得到本色、古铜色、铜绿色和黑色等装饰颜色。铜镀层作为预镀层，可用于局部防渗碳；锡焊件、锌压铸件等在镀镍、镀金、镀银前镀层铜，作为镀层的中间层或底层，可以提高结合力，如防护装饰性镀层 Cu/Ni/Cr 体系；铜预镀层还可以在印制电路板的制作中，用作印制板孔金属和印刷辊的表面层。铜镀层还用在电刷、电极上以提高导电性能。由于铜镀层的膨胀系数和塑料比较接近，也用于塑料的电镀底层，减小塑料电镀层的内应力，从而改善镀层的结合力和耐冲击性能。

镀铜溶液的种类很多，有碱性氰化物镀液和酸性硫酸盐镀液，在焦磷酸盐、酒石酸盐、乙二胺等配制的无氰电解液中也有少量应用。氰化镀铜液自 1915 年开始在工业上获得应用，适应性强，随着配方和工艺不断改进，可获得沉积速率高、结晶细致的光亮平整铜镀层，镀液的分散能力和覆盖能力也很好，按用途可细分为预镀铜、防渗镀铜、光亮镀铜、高速镀铜等类型，用于钢铁件、压铸件、锡焊件、锌制品等表面直接镀铜。但是因为氰化物对化学沉积层和铜箔黏结剂有侵蚀效果，所以不能用于塑料电镀和印制电路板电镀，而且氰化物剧毒，镀液废水治理难度大，不符合清洁生产，氰化镀铜的替代是电镀工作者的主要课题之一。典型的工艺规范如表 5-2 所示。

表 5-2　典型的氰化镀铜的工艺规范

组成及工艺条件	预镀铜	普通镀铜或防渗镀铜	光亮镀铜	压铸件预镀铜	滚镀铜	高速镀铜
氰化亚铜/(g/L)	8～35	20～40	50～70	20～30	35～45	80～120
氰化钠/(g/L)	12～54	40～60	65～90	6～8	50～70	95～140

组成及工艺条件	预镀铜	普通镀铜或防渗镀铜	光亮镀铜	压铸件预镀铜	滚镀铜	高速镀铜
酒石酸钾钠/(g/L)	—	30～60	10～15	—	30～40	—
硫氰酸钾/(g/L)	—	—	12～18	—	8～12	—
硫酸锰/(g/L)	—	—	0.08～0.12	—	—	—
氢氧化钠/(g/L)	2～10	10～20	15～20	—	8～12	25～40
碳酸钠/(g/L)	—	20～30	—	—	20～30	0～60
温度/℃	18～50	50～60	50～60	40	50～60	60～80
阴极电流密度/(A/dm^2)	0.2～2	0.5～3	1.5～3	0.5～0.8	0.5～2	1～10

　　硫酸盐镀铜成分简单，主要是硫酸铜和硫酸，具有溶液稳定性好、作业时无刺激性气味、电流效率高、沉积速度快、废水处理简单的优点。缺点是镀液分散能力差、结晶粗大、无光泽，加入添加剂后可以获得镜面光泽、平整性和延展性好的镀层。如采用硫酸盐型电沉积镀铜液，通过调整添加剂，可在钛阴极辊上获得双光面超薄的铜箔制品——锂电铜箔，它是新能源行业制备动力能源电池的关键材料。但是钢铁件在与硫酸盐镀铜液接触时会发生置换反应，表面生成一层疏松的置换层，与基体结合差，因此不能直接在钢铁件上电镀铜，必须先预镀镍、浸镍或氰化预镀铜以获得结合良好的铜镀层。典型的工艺规范如表 5-3 所示。高酸低铜镀液适用于塑料和印制电路板等形状不太复杂的零件，镀层均匀细致，韧性好；低酸高铜镀液的配方分散能力较好，但光亮及整平效果不如高酸低铜镀液的配方。

表 5-3　典型的硫酸盐镀铜的工艺规范

组成及工艺条件	简单镀液	低酸高铜		高酸低铜	
		1#	2#	1#	2#
硫酸铜/(g/L)	200～250	180～220	190～250	60～100	40～80
氯离子/(g/L)	—	0.04～0.1	0.04～0.10	20～100	40～80
硫酸/(g/L)	50～70	50～70	50～60	170～220	180～220
葡萄糖/(g/L)	30～40	—	—	—	—
润湿剂（聚乙烯乙二醇）/(g/L)	—	5～10	—	15～40	—
光亮剂（聚二硫二丙烷磺酸钠）/(g/L)	—	10～40	—	25～60	—
延展剂（聚乙烯乙二胺）组合光亮剂/(g/L)	—	0.5～1.0	—	1.5～3.0	—
组合光亮剂	—	—	适量	—	适量
温度/℃	20～30	15～40	20～30	15～40	20～30
阴极电流密度/(A/dm^2)	1～3	2～5	1～3	2～5	1～3

5.2.2.2　电镀锌

　　锌呈银白色，密度 7.14g/cm^3，熔点 419.5℃。标准电极电位 $\varphi^{\ominus}_{Zn^{2+}/Zn}$ =-0.76V。金属锌在常温和大于 250℃时较脆，加热到 100～150℃时才具有一定的塑性。

　　锌镀层镀覆于钢铁制品的表面钝化后，在干燥空气中几乎不发生变化，在常温和中性介质中也有很好的防锈功能。锌的电位比铁负，对于钢铁而言是典型的阳极性镀层，对基体既有机械保护作用，又能提供电化学保护，其防护寿命与厚度成正比关系。但是在高温高湿的环境下，表面会生成碱式碳酸锌膜，此时钢铁零件表面的锌镀层必须致密无孔且有足够的厚度才能起到保护作用。锌是易溶于酸也溶于碱的两性金属，锌能和硫化氢及含硫化合物起反应生成硫化锌，在有机酸气氛条件下容易长"白毛"而失去金属光泽。锌不耐氯离子，在海水中不稳定。

镀锌后经过不同的钝化处理工艺可获得白色、蓝白色、彩虹色、军绿色、黑色等不同颜色的钝化膜，其中彩虹色钝化膜的抗蚀性是无色钝化膜的 5 倍以上，而且划伤后还有"自钝化"作用使钝化膜得到恢复。不同颜色的钝化膜也可用来作为装饰性镀层。锌资源丰富，价格便宜，在工业中应用广泛。

镀锌溶液类型有碱性、中性、酸性和弱酸性镀液，碱性镀液有氰化物型、锌酸盐型、焦磷酸盐型，中性和弱酸性镀液有氯化物型、硫酸盐型等，酸性镀液有硫酸盐型、氯化铵型等。氰化物镀锌工艺成熟，锌层结晶细致，延展性、结合力、耐蚀性能好，镀液分散能力好，操作温度范围宽；但最大的缺点是氰化物有剧毒，危害操作人员健康，目前氰化物镀锌工艺已大部分被无氰镀锌工艺所替代。在保留的氰化物镀锌工艺中，主要以中、低氰镀锌工艺为主，我国氰化物镀锌仅占镀锌总量的 5%左右。低氰镀锌液具有高氰镀锌液的优点，但维护费和废水处理费用都大大减少了。

典型的镀锌工艺规范如表 5-4 所示。其中碱性锌酸盐镀锌由于镀液不含有剧毒的氰化物而成为我国广泛应用的锌镀液之一，据不完全统计，约占镀锌总量的 60%。碱性锌酸盐镀锌主要成分是氧化锌和氢氧化钠，镀液成分简单、分散能力好，选用优质的光亮剂可以获得结晶细致光亮的优质镀层。锌镀层易进行铬酸盐钝化处理，钝化膜不变颜色，废水处理比较方便；与氰化物镀锌相比镀层脆性大，电流效率稍低（仅 65%～75%）。

表 5-4　典型的镀锌溶液组成与工艺规范

组成及工艺条件	低氰镀锌	碱性锌酸盐镀锌	组成及工艺条件	酸性硫酸盐镀锌	氯化钾镀锌
氧化锌/(g/L)	8～15	10～15	硫酸锌/(g/L)	300～400	—
氰化钠/(g/L)	5～25	—	氯化锌/(g/L)	—	60～70
氢氧化钠/(g/L)	80～120	100～150	硼酸/(g/L)	25～30	25～35
硫化钠/(g/L)	—	40～45	硫锌-30 光亮剂/(mL/L)	15～20	—
BH-332 走位剂/(g/L)	6～8	—	氯化钾/(g/L)	—	180～220
BH-336 光亮剂/(g/L)	3～5	—	光亮剂氯锌-1/(mL/L)	—	14～18
EDTA 二钠/(g/L)	—	0.5～1	pH 值	4.5～5.5	4.5～5.5
DE 添加剂/(mL/L)	—	4～6	温度/℃	10～50	10～50
香草醛/(g/L)	—	0.05～0.1	阴极电流密度/(A/dm²)	20～60	1～3
温度/℃	10～40	10～40	搅拌与否	阴极移动	—
阴极电流密度/(A/dm²)	1～4	1～3			

硫酸盐镀锌液简单、性能稳定、易于维护、电流效率高（接近 100%）、可采用较高电流密度，沉积速率快，镀后不进行钝化处理。但硫酸盐镀锌液的分散能力和覆盖能力较差，镀层结晶粗糙，因此只适用于形状简单的零部件，如金属线材、钢带、板材和圆钢等。加入明胶、糊精等相对分子质量较大的物质可改善镀液性能、细化结晶，但镀层

易发黄、耐蚀性下降。近年来研发的芳香醛或芳香酮、聚醚化合物以及含苯环的脂肪酸、含氮杂环化合物组成的复合添加剂已投入应用，可以获得外观光亮、结晶细致、色泽银白的锌镀层。

氯化钾镀锌液属于无铵镀液，镀层光亮、平整性好，电流效率高（＞95%），可应用在各种钢件、铸钢件、弹性零件上，由于电镀过程渗氢少，也适用于高碳钢。而且镀液呈弱酸性，电镀过程中逸出的气体少，对操作人员的影响小，镀液不含配合剂，方便管理和维护。

5.2.2.3 电镀镍

镍白色微黄，具有金属光泽，密度 8.9g/cm^3，熔点 1452℃。标准电极电位 $\varphi^{\ominus}_{Ni^{2+}/Ni}$ =−0.25V。镍在空气中能迅速形成一层极薄的钝化膜而具有较高的化学稳定性；在碱、盐和有机酸中很稳定，与盐酸、硫酸的作用也非常缓慢，但易溶于硝酸。镍的硬度高，韧性好，能提高工件表面硬度使其具有较好的耐磨性。

镍镀层应用很广，作为防护性镀层，应用于低碳钢，锌铸件，某些铜合金、铝合金表面，保护基体不被腐蚀；抛光暗镍和光亮镍层还可以达到装饰效果。但是钢铁上的镍层属于阴极性镀层，镀层孔隙较多，不能单独作为铁的防护性镀层，必须与其他金属镀层组成多层防护体系，如铜-镍-铬多层体系，镍镀层作为中间层或打底层。镍镀层还在功能性方面具有广泛的应用，如用作修复电镀、耐磨镀层、耐热镀层，用于电铸、印制板和模具中等等。

镀镍液种类很多，可分为电镀亮镍、半光亮镍、暗镍和特殊要求镍镀层镀液等，也常分为瓦特（Watts）型镀液、硫酸盐镀液、氨基磺酸盐镀液、柠檬酸盐镀液等。大多数镀镍液都以 Watts 型镀液为基础，稍加改动可用于不同需要。Watts 型镀液用于预镀，可获得与钢铁件结合力好的底镀层；加入光亮剂就可获得光亮和半光亮的镀镍层，同时获得不同机械和化学性能。典型的工艺规范如表 5-5 所示。

表 5-5 三种硫酸盐型镀镍液的工艺规范

组成及工艺条件	Watts 镀液	光亮镀镍		半光亮镀镍
		1#	2#	
硫酸镍/(g/L)	250～320	250～300	300～350	250～300
氯化镍/(g/L)	40～50	30～50	—	40～50
氯化钠/(g/L)	—	—	12～15	—
硼酸/(g/L)	35～45	35～40	35～40	40～45
十二烷基硫酸钠/(g/L)	0.05～0.1	0.05～0.1	0.05～0.10	—
糖精/(g/L)	—	0.5～1.0	—	—
1,4-丁炔二醇/(g/L)	—	0.3～0.5	—	—
主光亮剂	—	—	适量	—
辅助光亮剂	—	—	适量	—
润湿剂	—	—	适量	适量
无硫半光亮剂添加剂	—	—	—	适量
pH 值	3.8～4.4	3.8～4.4	4～4.5	—
温度/℃	45～60	40～50	40～50	50～60
阴极电流密度/(A/dm^2)	1～3	1～3	2～3	2～6
搅拌与否		搅拌或阴极移动		

氨基磺酸盐镀液的突出优点是能得到低应力镀层，镀速快，镀液的分散能力优于硫酸盐型，用于低应力镍、修复性镀层、电铸和印制板电镀等。但当施镀温度较高时，氨基磺酸盐易分解，镀液稳定性难以控制。柠檬酸盐镀液为中性镀液，主要用于锌压铸件表面镀镍。黑镍镀层为纯黑色，一般先用锌做中间层以提高结合力，具有很好的消光能力，在照相器材、精密光学仪器、太阳能热水器上应用较多，但其耐蚀性和耐磨性较差，镀完黑镍后需要浸油、涂漆等处理。几种镀镍的工艺规范如表 5-6 所示。

表 5-6　氨基磺酸盐、柠檬酸盐镀液、黑镍镀液的工艺规范

组成及工艺条件	氨基磺酸盐镀液	柠檬酸盐镀液	黑镍镀液
氨基磺酸镍/(g/L)	300～400	—	—
硫酸镍/(g/L)	—	120～180	120～150
氯化镍/(g/L)	18～20	10～15	—
硼酸/(g/L)	30～45	—	20～25
柠檬酸钠/(g/L)	—	150～230	—
硫酸镁/(g/L)	—	10～20	—
钼酸铵/(g/L)	—	—	30～40
pH 值	3.5～4.5	6.6～7	4.5～5.5
温度/℃	40～60	35～40	25～35
阴极电流密度/(A/dm²)	2～10	0.5～1.2	<0.6
搅拌与否	静置或搅拌均可	阴极移动	

5.2.2.4　电镀铬

铬是微带蓝色的银白色金属，相对密度 7.1g/cm³，熔点 1830℃，标准电极电位 $\varphi^{\ominus}_{Cr^{3+}/Cr}$ =−0.74V。

铬相对于钢铁基体属于阴极性镀层，在空气中易形成一层极薄的钝化膜，具有很高的化学稳定性，抗蚀能力很强，能长久地保持光泽。碱、硝酸、硫及其化合物以及大多数有机酸对铬不发生作用，但铬溶于氢卤酸和热硫酸中。镀铬层具有很好的耐热性，在 400～500℃时外观和硬度无明显变化。铬层硬度可达 400～1200HV，在常用电镀层中硬度是最高的，超过淬火钢，仅次于金刚石，具有优良的耐磨性，因此镀铬层常用于提高机械零件、工具、量具、冲压模具等的耐磨性和用作修复性镀层。

铬溶液可分为六价铬镀液和三价铬镀液两大类。六价铬镀液由铬酸酐（CrO_3）和少量催化剂组成，铬酸酐溶于水形成铬酸，因此又称铬酸镀液。由于铬在镀液中是变价元素，因此在电镀过程中不易控制，六价铬对人体可能会造成皮肤刺激、组织细胞损伤，甚至还可能会出现消化系统损伤等，因此被列入了有毒有害水污染物名录。尽管铬酸镀液存在很多缺点，但在工业生产中还是被广泛应用，生产中必须采取有效的防护和治理措施。常用铬镀液工艺规范如表 5-7 所示。

表 5-7　铬镀液的工艺规范

组成及工艺条件	普通镀铬			快速镀铬	复合镀铬
	低浓度	中等浓度	高浓度		
铬酸酐 CrO₃(g/L)	150～180	230～270	300～360	180～250	230～270
硫酸/(g/L)	1.5～1.8	2.3～2.7	3～3.6	1.8～2.5	1.2～1.4
三价铬/(g/L)	2～3	3～5	3～6	—	2～6

组成及工艺条件		普通镀铬			快速镀铬	复合镀铬
		低浓度	中等浓度	高浓度		
氟硅酸/(g/L)		35～45	35～40	35～40	—	2～6
硼酸/(g/L)		—	—	—	8～10	—
氧化镁/(g/L)		—	—	—	45	—
防护装饰铬	温度/℃	45～55	48～53	48～56	55～60	45～55
	阴极电流密度/(A/dm²)	20～40	15～35	15～30	30～45	20～40
缎面铬	温度/℃	58～62	58～62	58～65	55～60	—
	阴极电流密度/(A/dm²)	30～45	30～35	30～45	40～60	—
硬铬	温度/℃	50～60	55～60	—	50～60	55～60
	阴极电流密度/(A/dm²)	30～45	50～60	—	40～80	50～80
乳白铬	温度/℃	74～79	70～72	—	—	—
	阴极电流密度/(A/dm²)	25～30	20～25	—	—	—

铬镀层为柱状结晶，薄的铬镀层（＜0.25μm）是微孔型，厚度大于0.5μm出现网状微裂纹较多，做防护装饰性镀层时，一般以结晶致密的镍、铜、铜锡或镍铁合金镀层作为底镀层。铬镀层表面黏附力弱，表面脏物很容易擦掉，同时铬镀层光亮，反射能力好，可美化产品外观，因此耐蚀、耐磨、光亮的铬镀层常用作表面防护装饰层，厚度一般为0.5～2μm，也用于非金属材料，常见于塑料制品。

缎面铬是钢铁件或黄铜件表面喷砂后直接镀铬或镀镍后再镀铬。耐磨铬是功能性镀层，应用于各种模具表面，活塞环，印刷造纸滚筒器，工具、量具等表面板，表面再镀一层硬铬可以进一步提高硬度和耐磨性。

5.2.2.5 电镀贵金属

贵金属价格高，化学稳定性高，一般在其他金属镀层上沉积薄层，在电子工业、化学工业和高级测量仪器仪表制造业、空间工业等行业有应用需求；在项链、表带、胸针、器皿等饰品、生活用品上也能看到各种瑰丽颜色的贵金属镀层。

（1）电镀银

银是一种银白色贵金属，密度$10.5g/cm^3$，熔点960.8℃，标准电极电位$\varphi^{\ominus}_{Ag^+/Ag}$=0.799V，硬度为60～140HV，低于铜而高于金。银具有极强的反光能力，极好的导电性，电导率在25℃时为$63.3×10^4$（Ω·cm）$^{-1}$，可焊性也很好。银价格昂贵，一般不作为金属的防护层，在装饰件、乐器、首饰、餐具、纪念章等工艺品方面得到广泛应用，也应用于电器、电子、通信仪器仪表制造等工业。

银相对于常用金属为阴极性层，在大多数有机酸、强碱及盐溶液中具有良好的化学稳定性，与水和大气中的氧不起反应；但银易溶于稀硝酸和热的浓硫酸，在含有卤化物、硫化物的空气中，银表面很快失去光泽而变色，反光、导电及钎焊等性能变差。镀银的制件一般是铜或铜合金，当在钢铁件上镀银时，以镀铜层打底，并进行浸银或预镀处理，使表面迅速生成一层薄而结晶细致的、结合力好的银镀层，避免产生结合力差的置换银层。防止银镀层变色的方法有化学钝化、电化学钝化、采用防变色剂等。

目前生产上常用的有硫代硫酸盐镀银、烟酸镀银和磺基水杨酸镀银等。常用规范如表5-8。

表 5-8 电镀银工艺规范

组成及工艺条件	硫代硫酸钠镀银	烟酸镀银	磺基水杨酸镀银
硝酸银/(g/L)	40	42~50	20~40
硫代硫酸钠/(g/L)	200	—	—
焦亚硫酸钾/(g/L)	40	—	—
氢氧化钾/(g/L)	—	45~55	8~13
醋酸铵/(g/L)	—	77	—
烟酸/(g/L)	—	90~110	—
碳酸钾/(g/L)	—	70~80	—
氨水/(mL/L)	—	32	—
磺基水杨酸	—	—	100~140
总氨量（以硝酸铵与按氨水 1:1 加入）/(g/L)	—	—	20~30
pH 值	5	9.0~9.5	8.5~9.5
阴阳极面积比	1：（2~3）	—	—
温度/℃	室温	室温	—
阴极电流密度/(A/dm^2)	0.2~0.4	0.2~0.4	0.2~0.4

（2）电镀金

金是金黄色的贵金属，密度 19.3g/cm^3，熔点 1063℃，原子价态有一价和三价，标准电极电位 $\varphi^\ominus_{Au^+/Au}$ =1.68V，$\varphi^\ominus_{Ag^{3+}/Ag}$ =1.5V。由于金的标准电势比铁、铜、银及合金更正，所以金是阴极性镀层。金的抗蚀性很高，金只溶于王水而不溶于其他酸，有良好的抗变色能力，韧性好，易于抛光，用于名贵首饰和艺术品的表面。金接触电阻低、导电性好、易于焊接、耐高温，含有镍、钴、铁等少量合金元素后被称为硬金，其具有一定的耐磨性，常应用于精密仪器仪表、半导体元器件、集成电路的引线、电子管壳、电触点等要求性能长期稳定的零部件，也应用于高档商品的美化装饰。

氰化镀金历史最长，易于掌握，在此基础上逐渐发展了柠檬酸盐低氰镀金和亚硫酸盐无氰镀金。典型的规范如表 5-9 所示。

亚硫酸盐无氰镀金工艺无毒，分散能力和覆盖能力较好，镀层光亮致密、沉积速度快、孔隙少，镀层与镍、铜、银等金属结合力好。但单独用亚硫酸盐作配位剂时，镀液不够稳定，需要仔细维护，常加入柠檬酸盐、酒石酸盐和含氮有机添加剂等辅助配位剂。酸性镀液中加入钴、镍、锑、铟等金属可实现共沉积，与有机化合物一起可得到结晶致密的光亮合金镀金层。

表 5-9 电镀金工艺规范

组成及工艺条件	柠檬酸盐低氰镀金	亚硫酸盐无氰镀金
金（以三氯化金的形式加入）/(g/L)	—	10~25
金（以氰化金钾的形式加入）/(g/L)	4~10	—
亚硫酸铵/(g/L)	—	250~300
柠檬酸钾/(g/L)	—	80~120
柠檬酸铵/(g/L)	100~120	—
酒石酸锑钾/(g/L)	0.05~0.3	0.05~0.15

组成及工艺条件	柠檬酸盐低氰镀金	亚硫酸盐无氰镀金
pH 值	5.2～5.8	8.5～10
温度/℃	室温	45～55
阴极电流密度/(A/dm²)	0.1～0.15	0.1～0.8
阳极材料	铂、石墨、不锈钢	金
搅拌与否	阴极移动	阴极移动

（3）电镀钯、电镀铂、电镀铑

钯呈银白色，密度 $12.02g/cm^3$，熔点 1555℃，在高温、高湿或硫化氢含量稍高的空气中，性能稳定。钯不耐硝酸侵蚀，在空气中也会变色，可采用电镀钯镍合金改善。在非金属电镀中，钯是很好的催化剂。纯钯层具有良好的锡焊接性能，钯、锡可以形成合金 $PdSn_4$，从而提高焊点的强度。电镀钯层用作硬金底镀层可以节约大量黄金，硬度较高的钯镍合金部分替代纯钯层，又节约了金属钯，降低了成本。镀钯常用的是二氯二氨基钯溶液，可以在室温和较大的电流密度下进行电镀。

铂呈银白色，密度 $21.45g/cm^3$，熔点 1772℃，耐高温氧化，具有极高的化学稳定性。铂镀层硬度高、电阻小、可以钎焊。镀铂的电流效率低，内应力大，镀层厚度大于 $2\mu m$ 就容易开裂脱落，所以镀铂应用不广泛。一般用镀钯或镀镍代替镀铂，主要用于电极材料，如钛板上镀上一层铂，用作电镀行业的不溶性阳极。常用的是亚硝酸盐镀铂工艺。

铑呈光亮白色，密度 $12.41g/cm^3$，熔点 1966℃，化学稳定性高、耐磨性好、反射率高、接触电阻小、导电性良好，但不能钎焊，在高温下容易氧化。铑层常作为装饰镀层，也用于化学仪器、反光镜、显微镜，在镀银层表面镀铑时，可作为防银变色镀层，在无线电或声频上用作表面接触镀层，在印制电路板上可作为插接件耐磨镀层。镀铑工艺常用的有硫酸型、磷酸型和硫酸-磷酸型三种。硫酸型镀铑应力大，易开裂；磷酸型镀层光亮，耐热性较好。当镀层厚度大于 $0.25\mu m$ 时，需加入添加剂降低内应力。

5.2.3　合金电镀

现代科学技术的发展对材料性能的要求越来越高，单金属镀层在不少场合已不满足要求，因此国内外对于电镀合金，特别是电镀功能性合金和电镀功能性合金镀层进行了大量的研发和应用研究。合金镀层的形成可以采用热熔法、真空镀法、离子镀法、溅射法、化学镀法和电镀法等，其中电镀法是最有效的方法。

5.2.3.1　合金共沉积的基本条件

在阴极上同时发生两个或多个金属沉积还原反应，这个过程称为金属的共沉积。大约有33 种金属元素可以从水溶液中实现共沉积，而实际上常用的纯金属镀层仅有 14 种，合金镀层大大扩大了镀层的品种范围。合金电镀开始于 1835 年，目前获得实际应用的合金镀层虽然仅仅是一小部分，但可以实现共沉积的合金已经发现 200 多种。

为了使两种金属离子在阴极析出时形成合金，必须满足两个条件：a. 两种金属中至少有一种金属能够单独从其盐溶液中沉积出来，有些金属如钨、钼等虽不能从其盐的水溶液中单独沉积，但可以与其他金属如铁、钴、镍等同时从水溶液中实现共沉积；b. 两种金属的析出电位要十分接近或相等，因为在共沉积过程中，电位较正的金属总是优先沉积，甚至可以完全排除电位较负的金属沉积析出。

共沉积条件通常表达为如下的关系式：

$$\varphi_1 = \varphi_1^0 + \frac{RT}{n_1F}\ln a_1 - \eta_1 = \varphi_2^0 + \frac{RT}{n_2F}\ln a_2 - \eta_2 = \varphi_2 \qquad (5-2)$$

式中，R 为气体常数，8.315J/（℃·mol）；T 为热力学温度，K；F 为法拉第常数；n 为参加电极反应的电子数；φ 为电极电位；φ^0 为平衡电极电位；η 为过电位；a 为金属离子的活度。

这个关系式表明，两种金属只在一个阴极电位下实现共沉积，但在实际的共沉积体系中各种金属的极化值是难以预测和计算的，使两种标准电位相差较大的金属发生电位移动，并使之接近于相等，是实现金属共沉积的基本前提，否则在两种金属离子共存的溶液中就会发生置换反应，出现活泼金属溶解而较贵金属沉积的不可逆过程。增大较活泼金属离子的浓度使它的电位变正，或者降低较贵金属离子的浓度使它的电位变负，从而使两金属的电位彼此接近。前者受金属盐溶解度的限制，后者根据下式：

$$\varphi = \varphi^0 + \frac{RT}{nF}\ln C = \varphi^0 + \frac{0.059}{2}\ln C \quad （设\ n=2） \qquad (5-3)$$

式中，C 为放电金属离子的浓度。

当把浓度稀释 10 倍，电位仅向负移动 0.029V；稀释千倍，电位向负移动也不过 0.087V，而实际上这样稀的金属离子浓度溶液也是不可取的。

因此，为使电极电位相差较远的金属能同时析出，可通过改变离子活度或不同金属离子析出的过电位来实现。有两种主要的途径，一是向镀液中加入适宜的络合剂，对共沉积离子进行选择性络合。络离子稳定常数相差很大，因此可以较大幅度改变平衡电位，实现共沉积；同时，加入络合剂后，还能增大阴极极化作用，改善镀层质量。二是加入合适的添加剂。添加剂对金属平衡电位影响很小，但对电极极化影响显著。添加剂对金属离子的还原过程有明显的阻碍作用，而且阻碍作用具有一定的选择性，因此在镀液中加入添加剂对金属离子共沉积的影响要根据试验而定。为了实现金属共沉积，在电解液中可单独加入添加剂，也可与络合剂同时加入。

实际中常采用合适的络合剂或添加剂使两种金属在沉积时电位接近。络合物溶液中，金属离子呈络合物的形态存在，两种电位相差较大的金属产生电位移动从而彼此接近。用添加剂使两种金属实现共沉积，由于添加量一般都不高，其经济效益颇引人注意。其所得合金镀层往往具有较大的脆性。

合金共沉积分为下列五种类型：正则共沉积、非正则共沉积、平衡共沉积、异常共沉积和诱导共沉积。三种共沉积统称为"常态共沉积"，它们的共同点是两金属在合金沉积中的相对含量可以定性地依据它们在对应溶液中的平衡电位来推断，贵金属总是优先沉积。异常共沉积和诱导共沉积统称为"非常态共沉积"。

① 正则共沉积　沉积过程基本上受扩散控制，电解参数通过对金属离子在阴极扩散层中浓度变化的影响来影响合金沉积的组成。单盐电解液进行金属共沉积时常出现正则共沉积，在络合物电解液中电镀时，也有这种情形出现。

② 非正则共沉积　沉积过程受扩散控制的程度较小，主要控制因素是阴极电位。一些电解参数对合金沉积组成的影响遵循扩散理论，而另一些电解参数的影响是与扩散理论相矛盾的。非正则共沉积常见于络合物电解液体系。

③ 平衡共沉积　两种金属与含有此两种金属离子的溶液处于化学平衡状态，它们的平衡电位最终将相等，电位差变为零，在低的电流密度下合金沉积中的金属比等于电解液中的金属比。只有很少的几种共沉积过程属于平衡共沉积系统，如铜与铋、铅与锡在酸性镀液中的共沉积。

④ 异常共沉积　其特征是贱金属反而优先沉积，含有铁族元素金属（铁、钴、镍）中一个或多个的合金沉积常涉及这种沉积，如 Ni-Fe、Ni-Co、Fe-Co 等合金共沉积。

⑤ 诱导共沉积　钼、钨或锗等金属不能自水溶液中单独沉积，但可以与铁族元素一起共沉积，这种共沉积过程称为诱导共沉积，如 Ni-W、Ni-Mo、Co-W 等合金共沉积。

5.2.3.2　电镀合金的种类及用途

一般来说，许多单金属镀层所不具备的优异性能，合金镀层可以提供。合金镀层具有较高的硬度、耐蚀性、耐磨性和一些特殊的性能，如半导体性、良好的磁性、耐高温性、易钎焊性等。根据电镀合金的特性和应用来分类，电镀合金大致可分为以下几种。

（1）电镀防护性合金

目前已在生产上应用的有锌镍、锌铁、锌钴、锡锌和镉钛等合金镀层，它们对钢铁基来说属于阳极镀层，具有电化学保护作用，是良好的防护性镀层。另外，这类合金镀层具有低氢脆的特点，因此特别适用于要求高耐蚀性和低氢脆的产品。

（2）电镀装饰性合金

镍资源短缺、价格较高，为减少镍的消耗，用铜锡合金和镍铁合金作为镀铬层的底层。以锡为基的某些合金，如锡钴、锡镍和锡镍 X（X 代表锌、钴、镉等金属）和锡钴 X 三元合金等，镀层外观似铬，可代替装饰性铬。近几年，铜锌、铜锡、铜锌铟等合金镀层已作为装饰性仿金镀层，获得了广泛的应用。

（3）电镀功能性合金

随着电子、计算机、航空航天和汽车、新能源等工业的迅速发展和人们审美观的不断变化，对镀层的电学性能、磁性能、耐磨性和润滑性能、耐蚀性和可焊性及外观色泽等提出了更高的要求，在这些方面，合金镀层有着特殊的优越性。为了满足工业生产或科学研究对材料表面一些特殊的物理性能和力学性能需要，各种各样的电镀功能性合金镀层应运而生。

通过电镀方法可制取各种功能性镀层材料，如高熔点金属与低熔点金属的合金（比如锡镍合金等）；常用的可焊性合金，其中含锡质量分数为 60%的锡铅电合金在印制电路板上得到了广泛应用；还可以得到用热熔法不能制取的合金，如镍磷合金等；可以制取平衡状态相图中不存在的金属间化合物；而且利用电镀法制取的合金比热熔法得到的合金硬度高、耐磨性好，如镍钴合金等；其他如含镍 80%、铁 20%（质量分数）的强磁性镍铁合金已被用作软记忆元件材料，镍钴、镍磷合金作为硬记忆元件材料等。总之，因为功能性镀层可赋予材料表面各种优良的物理、力学等性能，受到人们的极大关注。

5.2.3.3　典型的合金电镀工艺

不同金属组成的合金镀层可以得到各种特殊的表面性能，而且种类繁多，可供选择的范围广泛。两种或两种以上金属的合金镀层在 20 世纪 80 年代就有了飞快的发展。目前在生产上已经广泛使用的是二元合金，主要有铜锌、铜锡、铜镍、锡镍、锡钴、锡锌、锡铈、镉钛、锌镍、锌铁、锌钴、锌锰、锌铬、镍磷、镍铬、镍钨、镍钴、镍铁、镍锰、铁磷、铅锡、铅铟、银钴、金镍、银锌等等，一些三元合金也得到了应用。下面举例介绍几种。

（1）锌镍合金电镀

锌的标准电极电势是 $-0.76V$，镍的标准电极电势是 $-0.25V$，锌镍合金镀层的电极电势随镍含量的变化而改变，锌镍合金的耐蚀性与含镍量有关，含镍 $7\%\sim9\%$（质量分数，以下同）的锌镍合金耐蚀性是锌镀层的 3 倍以上；含镍 13% 左右的锌镍合金耐蚀性是锌镀层的 5 倍以上；含镍量超过 15% 时镀层难以钝化，特别是经 $200\sim250℃$ 加热后，其钝化膜仍能保持良好的耐蚀性。锌镍合金镀层对钢铁基体来说，其稳定电势比铁负，所以是阳极镀层。但又比锌镀层的稳定电势正，因而其耐蚀性比锌镀层高。而且锌镍合金具有低氢脆性、可焊性、耐高温腐蚀性和可机械加工性，适用于高强钢板、汽车发动机零部件和家用电器等，应用范围越来越广泛。

锌镍合金镀液主要分为两种类型，一种是弱酸性电镀锌镍合金镀液。在 20 世纪 70 年代，首先发展和使用的是氯化铵型以及氯化铵和氯化钾混合型，pH 值多在 $4\sim5$，镀液成分简单，阴极电流效率高（95% 以上），镀液稳定，容易操作，但镀液的分散性较差，对设备的腐蚀性较大，典型的工艺如表 5-10 所示。另一种是碱性电镀锌镍合金镀液，它在近几年发展起来并得到了广泛应用。优点是镀液的分散性能好，在较宽的电流密度范围内镀层合金成分比例和厚度都较均匀，对设备和工件腐蚀性小，容易操作，工艺稳定，成本较低等。碱性电镀锌镍合金镀液组成及工艺条件见表 5-11。

表 5-10　弱酸性电镀锌镍合金镀液组成及工艺条件

组成及工艺条件	配方 1	配方 2	配方 3	配方 4
氯化锌/(g/L)	65～70	120	70～80	75～80
氯化镍/(g/L)	120～130	130	100～120	75～85
氯化铵/(g/L)	200～240	150	30～40	50～60
氯化钾/(g/L)	—	—	190～210	200～220
硼酸/(g/L)	18～25	30	20～30	25～30
721-3 添加剂/(g/L)	1～2	—	1～2	—
SSA85 添加剂/(g/L)	—	—	—	3～5
络合剂或稳定剂/(g/L)	—	—	20～35	—
pH 值	5～5.5	5～6	4.5～5.5	5～6
温度/℃	20～40	35～40	25～40	30～35
阴极电流密度/(A/dm²)	1～4	0.5～3	1～4	1～3
阳极材料	Zn 与 Ni 分控	Zn+Ni	Zn 与 Ni 分控	Zn：Ni=10：1
镀层含镍量/%	约 13	8～15	约 13	8～15

表 5-11　碱性电镀锌镍合金镀液组成及工艺条件

组成及工艺条件	配方 1	配方 2
氧化锌/(g/L)	8～12	8～14
硫酸镍/(g/L)	10～14	8～12
氢氧化钠/(g/L)	100～140	80～120

组成及工艺条件	配方1	配方2
乙二胺/(g/L)	20～30	—
三乙醇胺/(g/L)	30～50	—
镍络合物/(g/L)	ZQ 20～40	NZ-918 40～60
添加剂/(mL/L)	ZQ-1 8～14	NZ-918 8～12
温度/℃	15～35	15～35
阴极电流密度/(A/dm²)	1～5	0.5～6
阳极材料	锌和铁板	不锈钢
镀层含镍量/%	约13	8～10

（2）镍磷合金电镀

镍磷合金是非晶态合金，单一均相，不存在晶界、位错等晶体缺陷，所以具有优良的耐蚀性，尤其是具有耐晶间腐蚀性能。高磷（质量分数14%左右）和中磷（质量分数10%左右）的镍磷合金经400℃热处理1h后显微硬度可达1000HV，可获得高硬度合金镀层。电镀镍磷合金镀层致密光亮，孔隙率低，具有很多优良的物理化学性能，在化学化工、电子工业、矿山机械、汽车工业等领域得到广泛的应用，可以作为代铬镀层使用，有些性能还优于亮镍和硬铬。其组成及工艺条件如表5-12。

表5-12　电镀镍磷合金镀液组成及工艺条件

组成	工艺条件
硫酸镍/(g/L)	280～300
氯化镍/(g/L)	40～50
硼酸/(g/L)	35～40
走位剂/(mL/L)	3
光亮剂/(mL/L)	1
润滑剂/(mL/L)	1
pH值	3～4
温度/℃	55～60
阴极电流密度/(A/dm²)	3～4
阳极材料	纯Ni板或Ni珠
搅拌与否	搅拌

（3）镍钨合金电镀

钨的标准电极电势为-1.05V，在水溶液中其离子不能单独实现电沉积，但铁族金属存在时，在一定的镀液中可以实现共沉积，属于诱导共沉积。大量研究表明，钨的含量影响着镀层的结构，当钨含量达到44%（质量分数）时，镀层结构将转变为短程有序而长程无序的非晶态结构，具有许多优异的性能，硬度高（经350～400℃热处理1h后，其硬度可达到1000～1200HV，与电镀硬铬层的硬度相当），耐热性好，尤其在高温下耐磨损、抗氧化。其组成及工艺条件见表5-13。

表 5-13　电镀镍钨合金镀液组成及工艺条件

组成及工艺条件	配方 1	配方 2
硫酸镍/(g/L)	15～20	8～60
钨酸钠/(g/L)	10～30	30～60
柠檬酸/(g/L)	50～70	50～100
氨水/(g/L)	30～100	30～100
pH 值	6～7	5～7
温度/℃	60～70	38～80
阴极电流密度/(A/dm^2)	12～15	2～25
阳极材料	纯 Ni 板或 Ni 珠	1Cr18Ni9Ti 不锈钢

镍基合金纳米晶的表面形貌为胞状结构，随工艺条件的不同，形貌有很大的变化。对 Ni-W 合金电沉积过程的研究表明：镀层首先在划痕和蚀坑边缘处优先沉积并生长，然后出现少量的胞状物，随着沉积时间的延长，胞状物增多且长大，相互接触，形成一层镀层，小胞状物继续长大而产生堆积，呈现出明显的"紧密堆积"排列，最后形成表观平整的镀层。有研究表明 W 的质量分数为 43.30% 的 Ni-W 合金镀层为晶态，而 W 的质量分数为 51.20% 的 Ni-W 合金镀层是以非晶态为主的微晶结构，晶粒平均尺寸为 26.48nm，短程有序范围在 17.65～29.40nm 之间。Ni-W 非晶态合金镀层具有良好的热稳定性，在 450℃ 以下热处理，其保持非晶态结构不变。而且热处理后，镀层发生非晶晶化，显微硬度明显增大，可由 640HV 增大到 1133HV 以上。

5.2.4　纳米晶镀层

5.2.4.1　概述

纳米技术是 20 世纪 80 年代末诞生并崛起的新科技，是研究结构尺寸在 1～100nm 范围内材料性质和应用的科学技术。材料中某个相的几何尺寸（颗粒度、直径、膜厚、晶粒度）为纳米级时，由于表面效应、小尺寸效应和量子效应的影响，材料的特性往往会发生突变，表现为高强高韧、高比热、高导磁性、高电导率等等，国际上通常把这种纳米材料称为纳米晶和纳米相（nanocrystalline or nanophase）材料，是材料科学的重要研究对象。

根据结构特点，纳米晶材料可分为两类：一类表现为具有高密度的紧密结构，另一类是低密度具有大量纳米尺寸孔洞的无规则网络结构。其中紧密结构纳米晶材料是由晶粒和晶界两种结构组成的，所有的结构基元大小都为纳米尺寸，密度通常大于理论密度的 80%。材料中界面浓度很大，可达到全部体积的 50% 以上，由于高浓度界面结构的存在而引起材料物化性能的巨大变化。自从 1981 年 Turnbull 最先着手研究纳米晶体材料的制备以来，就不断涌现各种纳米晶体的合成方法。物理方法包括离子溅射技术、分子束外延技术、高能机械球磨法、物理蒸镀法、非晶晶化法以及激光蒸发/凝聚技术等；化学方法包括溶胶-凝胶法、气相沉积、电沉积和化学沉积等。

电沉积技术（电镀）是制备完全致密纳米晶材料最有前途的方法之一，通过控制工艺条件如温度、pH 值、电流密度、阴阳极面积和间距等可以获得纳米晶材料。该技术具有设备简单、工艺灵活、镀膜速度快、镀层种类多等优点，被广泛用于机械零件表面处理与强化处理，纳米技术在电镀中的应用给传统的电镀技术注入了新的活力。

与其他制备纳米晶材料的方法相比，电沉积制备纳米晶材料的主要优点为：a. 适用于该法制备的纳米晶金属、合金及复合材料的种类较多；b. 工艺上易通过改变电参数、电解液成分等条件来控制材料的化学成分、结晶组织和晶粒大小；c. 容易大量制备纯金属、合金和复合材料纳米晶，室温下即可形成合金；d. 电沉积层具有独特的高密度和低孔隙率，晶粒尺寸分布窄；e. 有很好的经济性和较高的生产率；f. 所需的设备是常规的，现有的电镀工业已为其提供了广泛的基础，将该技术从实验室转向现有工业所需克服的技术障碍相对较小，初始投资低。

5.2.4.2 电镀制备纳米晶镀层的机理

电沉积过程中，阴极附近溶液中的金属离子得到电子并通过电结晶而沉积到阴极上。沉积层的晶粒尺寸大小与电结晶时晶体的形核和晶粒的生长速度有关，纳米晶获得的关键在于制备过程中有效地控制晶粒的成核和长大。研究表明，高的阴极电位、高的吸附原子总数和低的吸附原子表面迁移率是大量形核和减少晶粒生长的必要条件。

为了使电沉积制备得到纳米晶，工艺上常采用以下措施：使用适当高的电流密度；使用脉冲电流；加入有机添加剂；合金共沉积；复合共沉积等。

脉冲电沉积基本过程与直流电沉积一样，不同的是采用脉冲电源，分为恒电流控制和恒电位控制两种方式，按脉冲性质及方向又可分为单脉冲、双脉冲和换向脉冲等。通过控制波形、频率、通断比以及平均电流密度等参数，电沉积过程在很宽的范围内变化，从而获得具有一定特性的纳米晶镀层。一个电流脉冲后阴极-溶液界面处消耗的沉积离子可在脉冲间隔内得到补充，因而可采用较高的电流密度，得到的晶粒尺寸比直流电沉积的要小。此外采用脉冲电流时由于脉冲间隔的存在，增长的晶体受到阻碍，减少了外延生长，生长的趋势也发生改变，从而不易成为粗大的晶体，更容易得到纳米晶镀层。

超声场对电沉积纳米晶材料的作用可归功于超声空化。液相中制备纳米粒子必须保证在成核期生成大量的晶核，在晶核生长期控制晶核的长大。超声空化效应对这两个过程都起到了很大的促进作用。在成核期，临界晶核的形成需要一定能量，即成核能，成核能可借助于体系内部的能量起伏来获得。在超声场作用下，局部的高能量加大了单位体积的能量起伏，使成核能大大增加，从而使体系的亚晶核容易得到所需要的成核能，成核概率增大，瞬间可生成大量的晶核。在晶核生长期，超声空化可有效控制晶核的长大。超声场下空化泡表面可作径向均匀的非线性振动，它能向反应液辐射次级均匀的球面波。当气泡移动到微粒的表面上，这种球面波就会在该微粒的表面上引起反应液的显微涡动，实现介质均匀混合，消除电解液的局部浓度不均，从而控制晶核长大。超声波电沉积中的超声振动及产生的射流能使沉积在阴极表面的金属迅速脱离阴极表面，并随溶液的流动分散到整个溶液中，防止微粒长大。

有机添加剂的加入一方面使添加剂的分子吸附在沉积层表面的活性部位，减少晶体的生长；另一方面，析出原子的扩散也被吸附的有机添加剂分子所抑制，较少到达生长点，从而优先形成新的晶核。此外，有机添加剂还能提高电沉积的过电位。以上这些作用都能细化沉积层的晶粒。

电解液中加入合金离子有可能提高阴极过电位，减少吸附原子的表面扩散，因而使合金沉积层的晶粒细小。复合共沉积时加入的纳米微粒可以抑制晶粒的生长并增加形核率，可在电流密度较小的情况下得到纳米晶。

复合电沉积是制备纳米晶体的一个重要手段，由于纳米级颗粒的加入，在适当的工艺条件下，沉积的基体金属的晶粒尺寸得以控制在纳米范围内，即使在很小的电流密度条件下也可以获得纳米晶体。如从常规的 Watts 液中镀取纳米晶镍的电流密度为 5～20A/dm^2，但加入足够的纳米级 Al$_2$O$_3$ 后，可以在 0.7A/dm^2 条件下获得纳米晶体。

电沉积过程中非常关键的步骤是新晶核的生成和晶体的成长，这两个步骤的竞争直接影响到镀层中生成晶粒的大小。这是吸附表面的扩散速率和电荷传递反应速率不一致造成的，各种沉积方式都是通过改变成核与晶体长大而获得不同特性的镀层。

5.2.4.3 电镀制备纳米晶镀层的影响因素

电沉积制备纳米晶材料最主要的影响因素是电流密度。以电沉积微晶镍和电沉积纳米晶镍为例，通常获得前者的电流密度为 1～4A/dm^2，而直流电沉积获得纳米晶镍的电流密度则为 5～20A/dm^2，远大于前者。

加入糖精、烯醇、炔醇等添加剂对获得纳米晶体有影响，如加入糖精可以使极化增大，成核速率增大，晶体生长速率变小，从而获得纳米晶体。

溶液的 pH 值往往随着电沉积过程的进行而变化，因此控制 pH 值是获得纳米晶体的又一个重要条件。通常认为 pH 值低，析氢反应加剧，氢气在还原过程中为沉积金属提供了更多的成核中心，因而可使晶粒细化。

纳米微粒及许多非金属元素如硫、磷、硼等的加入对形成纳米晶体也起着很大的作用，如纳米微粒在复合电沉积过程中起晶粒抑制剂的作用。电沉积过程中的其他参数如沉积温度、基底材料（包括前处理工艺）也对获得纳米晶有着十分重要的影响，当然镀液的组成更是一个重要的前提条件。

5.2.4.4 纳米晶镀层的性能

对电沉积纳米晶的研究发现其具有其他普通材料所不具有的许多优异性能，应用前景广阔。

① 优异的耐蚀性，可广泛应用于各种防护场所。电沉积纳米晶材料具有抵抗晶间腐蚀和晶间应力腐蚀破坏的特性，其一项重要的工业应用是在核能发电机管道内表面电沉积纳米晶结构，现场修复了因晶间应力腐蚀、应力腐蚀开裂和其他局部剥蚀而受到的损坏。又例如镍-铜纳米合金具有优异的耐海水、酸、碱、氧化还原气体腐蚀的特性，因而这类合金在工业中的应用是非常广泛的。

② 特别的磁学性能，即随晶粒减小而磁饱和强度增大，因而用它制成的磁记录介质材料的音质图像记录密度、信噪比等均很好。

③ 纳米晶的镍基合金和许多稀土合金镀层由于具有极大的比表面积，并且有良好的储氢性能，是储氢材料研究的一个不可忽视的方面。

④ 电镀纳米晶型的合金微粒具有高的表面能，从而使表面原子具有高的活性，析氢交换电流密度增大，析氢过电位降低。因而电沉积纳米晶型电催化析氢电极的研究与开发已具有很大潜力。

⑤ 电沉积技术还可以应用于模板合成制备纳米线状金属材料（纳米线状金属可看作是一串小的纳米晶粒连接而成的），如金、银、镍纳米金属线等，可以用于制备纳米电极，为研究非均相电子转移提供有利的手段；也可制备出离子选择性透过膜，用于分子的分离。

⑥ 电沉积技术制备的纳米金属迭代膜，例如铜-铬多层膜，不但每层金属膜厚度在纳米范围内，而且每层金属均为纳米晶体，这种纳米晶交替排列的迭代膜在液氮的温度下具有极高的延展性。

5.2.4.5 典型的纳米晶镀层

电沉积法制备纳米晶材料已受到了广泛关注，已研究的纳米晶材料有镍、铜、钴等，其中镍是研究最多的材料，如 Ni-P、Ni-W、Ni-Fe、Ni-Cu 等。用硫酸盐电解液电沉积 Ni-Mn、Ni-Mn-Fe 也得到了纳米晶，研究工作获得了许多成果。

（1）Ni-W 合金纳米晶镀层

表 5-13 配方 1 获得的镀层为纳米晶镀层，典型的镀层形貌为胞状结构，如图 5-10 所示。Ni-W 合金纳米晶镀层的 XRD（X 射线衍射）分析结果（图 5-11）表明 Ni-W 合金在结构上是一个以 Ni 为溶剂、W 为溶质的置换型固溶体，经计算（表 5-14）1 号试样晶粒平均尺寸约 26.48nm，XRD 峰出现宽化、矮化现象，且只有一个明显的衍射峰，显微结构介于晶态和非晶态之间，非晶态为主，称之为微晶，镀层短程有序范围为 17.65～29.40nm。XRD 的宽化程度表明，W 的溶入引起不均匀的晶格畸变，随着 W 含量的增加，晶格畸变增大，合金的长程有序可能会遭到破坏，晶粒取向趋向于短程有序化转变，即同一 [hkl] 晶向样品，在不同的小区域内具有不同的 d 值，d 值在 $d_{hkl}\pm\Delta d$ 之间变化，Δd 很小，但不是一个常数，因此，在晶体各处产生的同一晶面指数的衍射角位置将出现偏离，最终合成一个在 $2\theta\pm\Delta\theta$ 范围内一定强度的宽化峰。

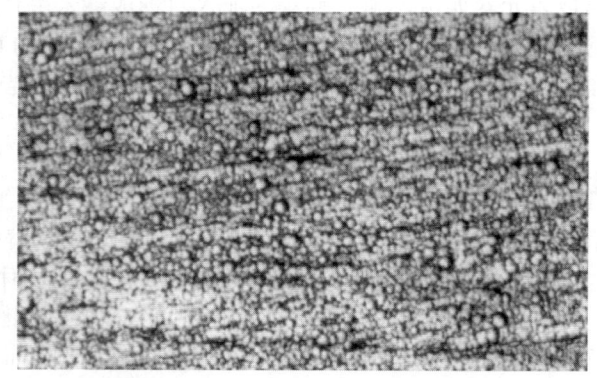

图 5-10 典型的 Ni-W 合金纳米晶镀层的表面形貌（×150）

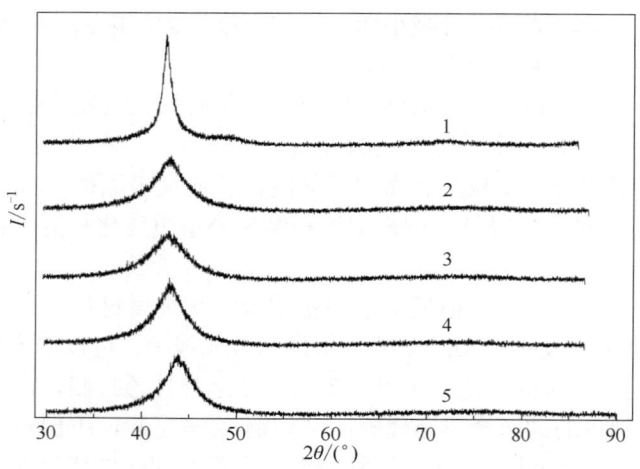

图 5-11 Ni-W 合金纳米晶镀层的 XRD 图

表 5-14　Ni-W 合金纳米晶镀层 XRD 结果分析

试样号	Na$_2$WO$_4$·2H$_2$O 浓度/(g/L)	2θ(111)/(°)	晶面间距(111)/Å	强度(111)/s^{-1}	弧度/rad	晶粒平均尺寸/nm
1	10	43.86	2.062	3227	0.32	26.48
2	20	43.86	2.062	1387	0.48	17.65
3	30	44.06	2.053	1203	0.48	17.66
4	40	43.88	2.061	1605	0.42	20.18
5	50	43.94	2.058	1681	0.51	29.40

Ni-W 纳米晶镀层的显微硬度在 550～700HV 之间，热处理后显微硬度有大幅度的提高，可达 1100HV。研究表明，在 3.5%（质量分数）NaCl 溶液中 Ni-W 镀层表面有一层彩色的钝化膜生成，有研究用 X 射线光电子能谱研究了 Ni-W 镀层腐蚀前后的表面组成，结果表明 Ni-W 镀层表面生成了以 Ni(OH)$_2$ 和 WO$_3$ 构成的钝化膜，阻止了腐蚀介质对基体的进一步侵蚀。

（2）Ni-Fe 合金纳米晶镀层

Ni-Fe 合金纳米晶镀层是一种优异的磁性材料，具有高的饱和磁矩和软磁特性，当晶粒尺寸达到纳米级时，能较大地减少磁性损失。典型的 Ni-Fe 合金纳米晶镀层的电镀工艺配方如表 5-15 所示。

表 5-15　电镀 Ni-Fe 合金纳米晶镀层工艺条件

组成及工艺条件	配方 1	配方 2
硫酸镍/(g/L)	180～220	—
氨基磺酸镍/(g/L)	—	240
硫酸亚铁/(g/L)	约 40	—
氯化铁/(g/L)	—	40
氯化钠/(g/L)	20～30	—
柠檬酸三钠/(g/L)	25～35	—
十二烷基硫酸钠/(g/L)	0.1～0.3	0.5
硫酸/(g/L)	0～20	—
硼酸/(g/L)	—	31
缓冲剂/(g/L)	50～60	—
稳定剂/(g/L)	1～3	—
糖精应力消除剂/(g/L)	3～4	1
电流	3～5	脉冲：导通时间 1～40ms，断开时间 100～360ms，峰电流密度 0.2～1.2A/dm^2
pH 值	2.5～4	2～3
温度/℃	50～60	22～65
阳极材料	高密度石墨棒	Ni 或 Ni-Fe 合金

研究表明配方 1 中对 Ni-Fe 电沉积的沉积速率影响最大的因素是电流密度，pH 值、FeSO$_4$ 的浓度和温度的影响较小；Ni-Fe 镀层表面质量较好，亮白细腻，色泽均匀，而且无明显的阴阳面；温度高，表面质量也较好。Ni-Fe 合金电沉积层为晶态结构，属于面心立方晶格的 γ 相固溶体，电子衍射图为纤细的衍射环或星状亮点围成的细光环，是典型的多晶结构；晶粒尺寸为 6.8～9.2nm，沉积层由纳米级微晶构成。沉积层的含 Fe 量在 13.41%～33.72%（质量分数）之间。配方 2 的脉冲电镀将得到两种晶体结构的 Ni-Fe 镀层，

分别为 fcc（面心立方）和 bcc（体心立方），晶粒尺寸约为 10nm，高温下容易形成 fcc 结构的镀层。

5.2.5 复合电镀

5.2.5.1 复合电沉积的原理

复合电沉积层以其独特的物理、化学、生物、机械性能成为复合材料的一个重要分支。复合电沉积是通过向镀液中加入具有特殊性能的惰性固体微粒，使之与基质金属共沉积，制备出具有特殊性能的复合电沉积层的技术。目前复合电镀工艺已有很大发展，从单金属、单颗粒复合电镀，发展到为满足特殊性能要求的合金、多种颗粒的复合电镀，工艺手段与方法不断得到完善，形成各种高硬度镀层、高耐磨复合镀层、自润滑复合镀层、有电接触功能的复合镀层、高耐蚀复合镀层、具有催化功能的复合镀层、具有光电转换效应的镀层等等，展现出广阔的应用前景。

复合电镀与单金属电镀都必须遵循一般的电镀原理，以复合电沉积 Ni 基镀层为例，在镍镀液中添加适量的无机微粒，通过外加电场的作用，Ni 和微粒共同沉积在阴极表面上，形成具有镶嵌结构的镀层。阴极上发生的主要反应为镍离子得到电子被还原沉积析出，同时有附加反应产生，即氢离子被还原析出氢气；阳极失去电子以 Ni^{2+} 的形式进入镀液中，来补充阴极上析出 Ni^{2+} 的消耗，同时放出氧气。

由于微粒属于硬质不溶性不导电微粒，它不会在外加电场的作用下移动到阴极表面上，因此，复合共沉积需要满足以下条件：

① 固体微粒在镀液中呈均匀悬浮状态，施镀过程中需要采用搅拌等方式使其达到均匀悬浮状态；

② 微粒尺寸要适当，微粒尺寸（粒径）过大，则不易包覆在镀层中，而且镀层粗糙，微粒尺寸过小，微粒在溶液中易结块或团聚，最终在镀层中分散不均匀，一般以 0.1～10μm 为宜；

③ 微粒应亲水，使用前常用稀酸浸湿以除去其他金属杂质，同时进行活化处理，并用表面活性剂对微粒进行润湿处理。

近年来，随着人们对材料性能的要求越来越高，复合电沉积技术的发展也越来越快，并开始寻求用纳米微粒来代替微米微粒，目前已经在理论和实验室里取得了一定的成功。

纳米复合电沉积是使纳米微粒与金属离子发生共沉积而镶嵌于金属镀层中，将纳米微粒独特的物理及化学特性赋予金属镀层，使其具备很多优异性能。纳米复合镀层与普通镀层相比，具有以下特点：

① 由纳米微粒与基质金属组成的复合镀层，具有多相结构，并同时具有两者的优点，使镀层性能发生巨变。

② 纳米微粒与基质金属共沉积过程中，纳米微粒的存在将影响电结晶过程，使基质金属的晶粒细化成为纳米晶。

③ 纳米复合镀层的纳米微粒质量分数通常都在 10%以内。

影响纳米复合镀层的因素主要有微粒表面的有效电流密度、纳米微粒的尺寸和形状、电流密度、搅拌强度、镀液类型、添加剂、工艺参数、极化度等。另外，纳米微粒的表面状态对沉积层的性能也有很大的影响，加入适量的添加剂可以改善微粒的润湿性和表面电荷的极性，有利于纳米微粒向阴极迁移、传递和被阴极表面俘获。纳米微粒与金属离子共沉积的复合电沉积过程大致分为三步：

① 悬浮于镀液中的纳米微粒，在搅拌形成的动力场作用下从镀液中向阴极表面输送；

② 纳米微粒黏附于阴极表面，其动力学因素比较复杂，与微粒、基体电极金属、镀液、添加剂和电流密度、温度等工艺条件都有关；

③ 纳米微粒被阴极上析出的基质金属牢固镶嵌在镀层中。

5.2.5.2　几种镍基复合电沉积

（1）Ni-SiC 复合电沉积

随着汽车、摩托车、电动车行业的日益发展和内燃机的轻量化要求，铝合金气缸大量应用，已有的铝合金气缸内表面处理工艺有内镶合金铸铁缸套和松孔镀铬两种方式，前者加工工艺要求高、传热效果不好；后者镀液中含有 Cr^{6+}，六价铬进入土壤和水体易造成环境污染，因此，铝合金气缸内表面的处理工艺问题亟待解决。电沉积镍基合金镀层具有许多优良的物理、化学和机械性能，可作为代铬镀层。研究表明：镍陶镀层能显著提高气缸抗老化、抗磨损能力，因而在汽车、摩托车行业中越来越受到人们的重视。

以镍基或镍基合金与不溶性无机微米级微粒组成的复合陶瓷镀液，通过对表面活性剂的合理选择，可以使表面活性剂既不与基础镀液相抵触，也不降低镍镀层的性能，还具有提高分散后微粒的稳定性、均匀性、促进微粒共沉积的作用。

基础镀液为：$w(NiSO_4 \cdot 6H_2O)=280\sim320g/L$、$w(NiCl_2 \cdot 6H_2O)=50\sim70g/L$、$w(H_3BO_3)=50\sim80g/L$、$w(糖精)=0.5\sim1g/L$。

采用非离子型聚氧乙烯醚类表面活性剂 OP-10[$C_8H_{17}C_6H_4O(CH_2CH_2O)_{10}H$，简称 OP-10]，用量 $0.4\sim0.7mL/L$；微米级无机非金属颗粒粒径为 $0.8\sim6\mu m$，用量为 $20\sim45g/L$，非金属颗粒可以为碳化硅、氮化硅或氧化锆等。

在 Ni-SiC 复合电沉积层中，SiC 微粒作为硬质相存在于合金镀层中，起到弥散强化镀层的作用。用移液管移取非离子型表面活性剂，用 10 倍体积的蒸馏水稀释后倒入已称量好的 SiC 微粒中搅拌均匀，使微粒表面经预处理后被表面活性剂充分包覆。向经预处理的微粒容器中加入用量为微粒体积 $2\sim3$ 倍的基础镀液，搅拌均匀，超声分散半小时以上，再均匀撒入基础镀液槽中，搅拌至镀液充分熟化，加水至规定体积。

图 5-12 为铝合金气缸内壁复合电沉积后的实物图和镀层截面金相图。采用的碳化硅粉末粒径为 $2\mu m$、用量为 $40g/L$，OP-10 用量为 $0.4mL/L$。铝合金气缸经除油、碱蚀、出光、浸锌、闪镍后装挂入槽，进行复合电沉积。电流密度为 $5\sim6A/dm^2$，镀液 pH 值为 $6\sim7$，温度为 $55℃$，时间为 60min，阳极为纯镍，进行空气搅拌和机械搅拌。电沉积后热处理工艺条件为空气炉 $200℃$ 保温 1.5h。

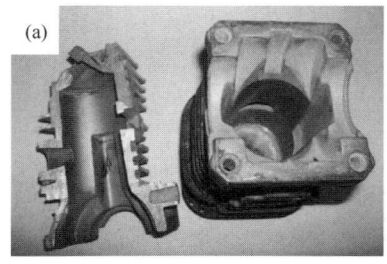 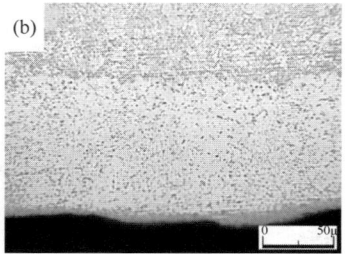

图 5-12　铝合金气缸内壁复合电沉积后实物图及镀层截面金相图

（a）实物图；（b）镀层截面金相图

所得 Ni-SiC 镀层沉积态的外观色泽均匀，磨后表面光亮，无剥落，结合好；镀层中粒子分布均匀，含量适中，组织致密；镀层硬度可达 500～600HV，热处理后镀层最终硬度 580～595HV。

此工艺的基础镀液也可以是其他镍基合金镀液，如镍-钴、镍-钴-磷合金镀液，添加的微粒可以为碳化硅、氮化硅、氧化锆，从而获得不同性能的镍陶镀层。如镍-碳化硅镀层用于铝合金气缸作为代铬镀层，镍-钴-磷-氮化硅镀层应用于活塞环，具有优良的耐磨损、耐划伤、耐腐蚀性能等；尤其是 Ni-Co 复合陶瓷镀层，添加 Co 元素可以改善镀层的耐热性，提高镀层的疲劳强度。可以通过对镀层进行后续热处理进一步调整镀层的硬度，并提高镀层与基体的结合强度。因此，该工艺有广泛的调整空间，可满足不同的使用要求。

（2）Ni-W-ZrO₂ 复合电沉积

Ni-W 合金镀层不仅具有较高的硬度、较好的耐磨性、耐腐蚀性能，而且还具有抗高温氧化、易脱模、不黏着等特性。二氧化锆（ZrO_2）具有良好的耐酸碱性、抗氧化还原性、热稳定性、抗高温氧化和机械强度等，将 Ni-W 和 ZrO_2 微粒共沉积可获得性能良好的 Ni-W-ZrO₂ 复合电沉积层。

配制 Ni-W 合金电镀液，将 ZrO_2 粉末用少量蒸馏水润湿并超声分散 30min 后倒入电镀液中，再超声 30min 以上。在电沉积时采用电动搅拌器连续搅拌，使 ZrO_2 微粒悬浮在镀液中。

试验基体材料为铜片，预处理方法为试片细磨、水洗、碱洗除油[10%（质量分数）NaOH]、水洗、酸洗活化（1：3 体积比的 HCl 溶液）、水洗、蒸馏水洗后装挂入槽，通电电镀。实验研究分别采用机械搅拌、空气搅拌、超声波等方式对微粒进行分散，发现采用超声波分散效果较好。利用超声空化产生的局部高温、高压或强冲击波和微射流，弱化了粒子间的作用能，可有效防止粒子的团聚。ZrO_2 粉末粒子的平均粒度为 1.1～1.5μm。

图 5-13 为不同 ZrO_2 粉末添加量获得的镀层形貌图片。ZrO_2 的添加量为 10～15g/L 时，镀到基体上的微粒分布较为均匀且非常细小［如图 5-13（a）、（b）］，但当 ZrO_2 的添加量大于 20g/L 时，镀液中粒子浓度增大，逐步发生团聚，微粒发生堆积，而且附着力差，极易脱离镀层。

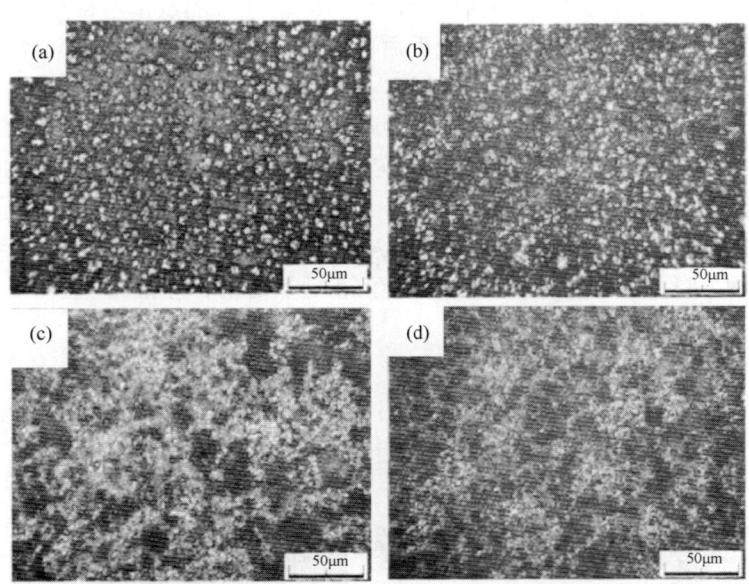

图 5-13　不同 ZrO_2 添加量下的镀层表面形貌
（a）10g/L；（b）15g/L；（c）20g/L；（d）25g/L

Ni-W-ZrO$_2$复合镀层显微硬度随着微粒加入量先升高后降低，在微粒添加量为10g/L时，显微硬度达到最大值，约880HV。显微硬度的变化与镀层的表面质量有关，尤其是粒子的分布状况。电沉积 Ni-W-ZrO$_2$ 复合电沉积层的优化工艺为：Ni-W 基础镀液中 ZrO$_2$ 添加量为10g/L，pH 为7，镀液温度为60～70℃，电流密度为15A/dm^2。

5.2.6　电刷镀

电刷镀是用浸有专用镀液的刷镀笔与镀件做相对运动，通过电解获得镀层的电镀过程。电刷镀技术的特点是设备简单、工艺灵活，用同一套设备可以在各种基材上镀覆不同镀层，并可以在现场流动作业，尤其适用于大型机械零件的不解体现场修理和野外抢修，也适用于大零件上窄缝或凹陷部位的电镀和难以入槽的组合件的电镀。电刷镀的镀速快，耗电量小，镀覆速度是一般槽镀的10～15倍，而耗电量大约是其1/10。

5.2.6.1　电刷镀复合电沉积的原理

电刷镀复合电沉积原理与在溶液中进行的复合电沉积机理基本相同，但电刷镀的镀液浓度高、阴阳极间距小，并可作相对运动，可使用较高的电流密度，进而优化了结晶过程，降低了生成粗晶的可能，获得的镀层结晶细密、孔隙少、耐蚀性优异，典型的装置示意图如图5-14所示。

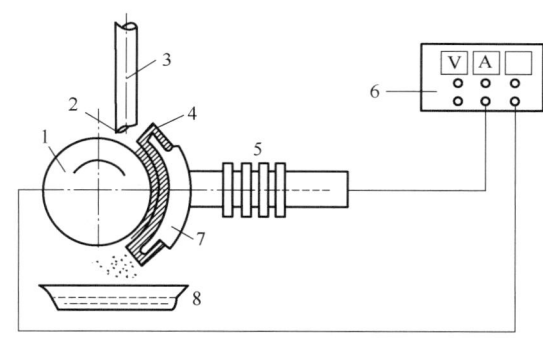

图 5-14　电刷镀装置

1—工件；2—刷镀液；3—注液管；4—包套；5—刷镀笔；6—电源；7—阳极；8—拾镀槽

电刷镀设备主要包括电刷镀直流电源、刷镀笔等。电源带有安培小时计或镀层厚度计，以显示电镀零件所消耗的电量或零件镀层厚度以保证镀层质量。电源设有正负极转换装置，以满足电镀、活化、电净等不同工艺的要求。电源设有过载保护装置，当负载电流超过额定电流的5%～10%或正负极短路时，能快速切断主电路，以保护电源和被电镀零件不受损坏。为适应现场修理或野外修理的需要，电源应体积小、质量轻、工作可靠、计量精度高、操作简单、维修方便。

刷镀笔由阳极、散热装置、导电芯棒和绝缘手柄等组成。导电柄与阳极的电阻热较大，因此在导电柄中部设计有散热片，否则会影响刷镀工作的正常进行。电刷镀过程中通常使用不溶性阳极，它要求阳极材料具有良好的导电性、化学稳定性好、不污染镀液，并且工作时不形成高电阻膜而影响导电。一般是用高纯细石墨块做阳极材料，石墨块外面包裹上棉花和耐磨的涤/棉套；有时也用不锈钢和镀铂钛材料作阳极，当阳极尺寸很小时或形状很复杂而无法用石墨作阳极时，可使用铂-铱合金（铱的质量分数为10%）作阳极。在某些场合可以采用可溶性阳极，如电刷镀镍时，用镍作可溶性阳极。如果阳极易钝化，应向刷镀液中加入防钝化剂，使阳极正常溶解。

5.2.6.2　电刷镀的工艺过程

电刷镀的电解液多种多样，电刷镀的工艺流程可概括为如下工序：预处理→水洗→电化学除油→水洗→活化（电化学浸蚀）→水洗→预镀（镀底层）→水洗→刷镀→水洗→镀后处理（钝化）→水洗→擦干（或热风吹干）。其中电化学除油液和电化学浸蚀液都采用专用溶液。电化学除油液属于碱性（pH＞10）无色透明水溶液，具有很强的电化学除油作用，而电化学浸蚀液均是酸性水溶液（pH 值为 0.5～4）。

将刷镀笔接电源的正极，工件接电源的负极。电刷镀时浸满镀液的刷镀笔以一定的相对运动速度在工件表面上移动，并保持适当的压力。在刷镀笔与工件接触的部位，镀液中的金属离子在电场力的作用下扩散到工件的表面，在工件表面获得电子被还原成金属原子，在工件表面沉积结晶形成镀层，并随着时间的延长逐渐增厚。

5.2.6.3　常用电刷镀溶液

电刷镀溶液是含有各种添加剂的金属有机配合物水溶液，配合物在水中溶解度大，并且稳定性好。镀液中金属离子含量通常比一般槽镀溶液高几倍到几十倍，这为大电流密度和快速沉积镀层提供了条件。在金属镀液中加入不同的添加剂可以起到细化晶粒、减小内应力、提高浸润性等作用。几种常用的电刷镀液介绍如下。

（1）特殊镍镀液

特殊镍镀液主要由主盐、辅盐和添加剂组成。主盐主要为硫酸镍；辅盐是一些碱金属或碱土金属的盐类，其作用是提高镀液的导电性能，改善溶液的分散能力；添加剂包括配位剂、润湿剂、缓冲剂、增光剂和整平剂等，其作用是改善镀层的性能和形貌特征。

特殊镍镀液可在不锈钢、铬、镍、铁、合金钢、铸铁铸钢、铜、铝以及其他高熔点金属基体上获得结合良好的镀层，但沉积速度慢，所以一般用特殊镍镀液沉积过渡层，厚度为 2～5μm。特殊镍镀层细致、孔隙率小、硬度高、耐磨性好，可作为防腐和耐磨镀层底层。

（2）快速镍镀液

快速镍镀液是电刷镀技术中应用最广泛的镀液之一。镀层具有多孔倾向和良好的耐磨性能，在钢、铁、铝、铜和不锈钢的表面都有良好的结合力，用于恢复尺寸和作为耐磨镀层，其工艺规范如表 5-16 所示。

表 5-16　快速电刷镀镍工艺条件

组成及工艺条件	配方
硫酸镍/(g/L)	254
醋酸铵/(g/L)	23
氨水/(g/L)	105
羟酸铵盐/(g/L)	56
草酸铵/(g/L)	0.1
工作电压/V	8～12
pH 值	约 0.7
阴极移动/（m/min）	6～35

（3）Ni-W 合金镀液

Ni-W 合金镀液为酸性溶液，pH=1.4～2.4，呈深绿色，有轻度醋酸味，镍离子含量为80～85g/L，在 Ni-W 合金镀液的基础上加入少量的硫酸钴及其他添加剂，组成 Ni-W-Co 合金镀液也是酸性镀液，pH=1.4～2.4，深绿色。这两种镀液主要用来沉积耐磨的表面镀层，镀层硬度高、致密、孔隙率少，在较高的温度下仍具有较高的硬度。而且 Ni-W-Co 镀层的应力小，可获得较厚（可达 0.2mm）镀层，Ni-W 镀层应力较大，厚度＞0.03mm 时会产生微裂纹。

电刷镀的电解液多种多样，几乎包括了所有能用于电镀的金属及合金。电刷镀纳米复合镀层在工程领域得到了一定的应用，徐滨士等人对电刷镀纳米微粒复合镀层的组织及沉积过程进行了研究，在快速镀镍液中加入粒径为 30nm 的 Al_2O_3 纳米微粒，获得了纳米微粒均匀分布的复合镀层，并指出纳米复合镀层的生长过程与纯镍镀层相似，可分为三个阶段：均匀生长阶段、微凸体形成阶段和树枝状晶形成阶段。也可将脉冲技术用于纳米电刷镀复合镀层，与直流电镀相比，只要选择适宜的脉冲参数，就能进一步提高纳米复合镀层的性能，使镀层表面更光亮，晶粒更细、更均匀、更致密、孔隙更小，同时还能提高镀层的强度和耐蚀性。

5.3 化学镀技术

化学镀（electroless plating）是指在不外加电源的前提下，镀液中的金属离子在具有催化特性的基底表面被还原获得金属或合金薄层，由于这些金属或合金薄层的自催化作用，使得金属离子可以在液固两相界面持续析出从而实现表面功能化处理的过程。化学镀层可以对金属或非金属材料基底起到强化或者功能化的作用。

5.3.1 化学镀基本理论

化学镀属于金属或合金的自催化反应过程，镀液的基本组成包括主盐、还原剂、络合剂、缓冲剂和稳定剂，根据需要还可以添加促进剂和光亮剂等。化学镀反应的基本原理是在还原剂的作用下，镀液中的金属离子在具有催化表面的基底上被还原获得游离态金属原子，同时还原剂发生分解，还原剂的类金属原子也进入镀层，从而形成致密的合金镀层。反应得以持续进行的必要条件是还原剂的氧化电位必须低于金属离子被还原的电位，满足这一条件的常用还原剂包括次磷酸钠、氨基硼烷、硼氢化钠和肼等。另外沉积金属需要具备自催化活性，这些金属元素主要集中在元素周期表中第Ⅷ族，比如铁、钴、镍等元素以及一些贵金属如金、银、钯、锗等元素。

化学镀的反应模型与机理主要包括 A. Brenner 和 G. Gutzeit 提出的原子氢催化模型、Lukes的水合阴离子模型以及 Brenner 和 Ishibashi 提出的电化学机理。其中 Gutzeit 所提出的原子氢催化模型的影响最广，这个模型以化学镀镍作为典型代表，该理论基本过程如下。

① 在Ⅷ族过渡金属的催化作用下，镀液中的次亚磷酸根脱氢形成亚磷酸根，同时析出初生态原子氢：

$$H_2PO_2^- \xrightarrow{\text{催化}} PO_2^- + 2[H]$$

$$PO_2^- + H_2O \longrightarrow HPO_3^{2-} + H^+$$

或

$$H_2PO_2^- + H_2O \xrightarrow{\text{催化}} HPO_3^{2-} + H^+ + 2[H]$$

② 原子态氢吸附在基底金属表面并起到活化作用，从而驱动溶液中的金属镍离子在基底金属表面发生还原，从而获得金属镍沉积层：

$$Ni^{2+} + 2[H] \longrightarrow Ni + 2H^+$$

③ 次亚磷酸根受原子氢的还原作用，在具有催化特性的金属基底表面生成磷原子，同时次亚磷酸根分解形成了亚磷酸和分子态氢：

$$H_2PO_2^- + [H] \longrightarrow H_2O + OH^- + P$$

$$H_2PO_2^- + H_2O \xrightarrow{\text{催化}} H[HPO_3]^- + H_2 \uparrow$$

因此这是一个镍离子还原、次亚磷酸根被氧化的氧化还原反应。其总反应式：

$$Ni^{2+} + H_2PO_2^- + H_2O \longrightarrow HPO_3^{2-} + 3H^+ + Ni$$

④ 金属镍原子和类金属磷原子发生共沉积作用形成镍磷合金镀层：

$$Ni+P \longrightarrow Ni-P \text{ 合金（固溶体或非晶态）}$$

对于本身有催化特性的金属基底比如铁、钴、镍、金、银、钯、铂、铑及其合金，在自催化的作用下，可以直接在这些金属上获得成分可控、厚度可调、结构致密的镀层。但是，如果基底对某些氧化还原反应没有催化作用，比如在铜基底上沉积镍磷合金，则需要在槽液中使基底与能进行活化沉积的试样相接触，或者瞬时地通以直流电使其成为阴极。而对于非导体材料，则需要先对其表面进行敏化和活化处理后再施镀。

5.3.2　化学镀镍/镍磷合金

5.3.2.1　概述

化学镀的实施不需要使用外加电源，化学镀设备特点是结构简单、易于操作、受场地限制较小，这也是化学镀广受欢迎的原因之一。化学镀设备通常由槽体、加热和温控装置、搅拌装置、循环装置和过滤装置组成。槽体尤其是和镀液接触的内壁材料要求有较好的耐温、耐酸碱和化学惰性，镀槽材料可以采用玻璃、陶瓷、塑料或者不锈钢等材料。如果采用不锈钢材料则需要对镀槽进行钝化和阳极保护，避免施镀过程中镀层在镀槽内壁生长沉积。当施镀温度确定时，化学镀层的结构与性能主要取决于镀液配方的设计与工艺控制。

化学镀镍主要是以镍金属盐作为主盐和含磷或者含硼等类金属元素的还原剂发生氧化还原反应而获得镀层，可以根据应用需要添加其他金属元素而获得多元合金镀层。化学镀镍磷合金是基于在溶液中的氧化还原机理，采用次亚磷酸盐等含磷强还原剂将镀液中的金属镍离子还原成镍原子，与此同时次亚磷酸盐还原剂发生分解产生磷原子并进入金属镍镀层，从而形成镍磷合金。通过镀液成分、温度和 pH 值等因素的调节可以获得不同磷含量的镀层，也可以形成含磷的过饱和镍磷合金固溶体或镍磷非晶态镀层。化学镀镍和电镀镍的区别在于，电镀镍是通过外加电源来提供电子实现镍离子的还原形成金属镍镀层；而化学镀镍不需要外加电源，是在催化的条件下在工件表面实现化学还原反应使得镍离子发生还原作用从而形成金属镍层。一些过渡金属比如 Fe、Co、Ni、Pd、Pt 等及其合金都具有催化作用，因此可以作为镍磷合金施镀的基底。当具有催化特性的基底触发了反应以后，由于镍本身具有自催化作用可以使得这种氧化还原反应持续不断地进行，最终获得具有一定厚度和成分的镍磷合金镀层。

金属主盐和还原剂是化学镀层产生与生长的基本组成。而实际上，为了保持镀层的质量和槽液的稳定性，根据实际情况还需要在槽液中加入络合剂（螯合剂）、缓冲剂、稳定剂、促进剂、改性剂、pH值调节剂等，每种组分都起到一定作用。因此镀液的成分和工艺参数对化学镀层的生长与质量起到主要作用。

从阳离子的角度，金属主盐包括镍盐、钴盐、铜盐等可溶性金属盐，主要作用是为溶液提供金属离子，是金属沉积膜赖以形成的基础。从阴离子的角度，金属主盐主要包括硫酸盐、金属氯化物盐、醋酸盐、酒石酸盐、磺酸盐等。通常提高主盐离子浓度会使得氧化还原电位正移、反应自由能减小，从动力学角度会加快沉积速度；但是如果主盐浓度过高，镀液中的络合物不足以络合主盐离子形成稳定的络合物，则会引起镀液浑浊甚至分解的情况。因此提高镀速不能依赖于金属盐浓度的提高，当主盐浓度增加时还原剂的浓度也要增大，同时要配合合适的络合剂浓度与稳定剂添加，并且保持pH值的稳定性，否则会造成镀液不稳定。研究发现主盐与还原剂的浓度比对镀速起到主导作用。但是当主盐浓度过高时，镀层容易发暗，并且色泽不均匀。

化学镀中还原剂的主要作用是提供还原金属离子所需要的电子，使金属得以在试件表面沉积。还原剂在结构上的特点是含有两个或者多个活性氢，通过催化脱氢，金属离子被还原。对于含磷、硼等类金属元素的还原剂来说，类金属原子则会与金属原子产生共沉积，从而获得合金镀层。常用的还原剂主要有次磷酸钠、甲醛、硼氢化钠、二甲基胺硼烷、二乙基胺硼烷、联氨和福尔马林等。

化学镀溶液中除了主盐与还原剂这两种驱动反应的基本成分以外，最重要的组分就是络合剂。络合剂均为有机酸或它们的盐类。把含有羟基、羧基或氨（胺）基的化合物添加到溶液中，和金属离子形成稳定的络合物或者螯合物，用来控制可供反应的游离金属离子。络合剂的使用还能提高镀液稳定性，抑制不溶性金属盐的沉淀作用，避免化学沉积溶液的自然分解以及控制金属只能在催化表面进行沉积反应，并延长镀液的寿命。常见的络合剂主要有乙醇酸、柠檬酸、酒石酸和醋酸及它们的盐类，还有一些多配位基酸，如琥珀酸、甘氨酸、乳酸、羟基丁二酸、丙酸和氨基醋酸等。镀液性能的差异、稳定性的好坏以及镀液寿命的长短主要取决于络合剂的选择与搭配。以镀镍为例，镍盐在溶于水后会形成六水合镍离子，有水解倾向，通过加入络合剂可以螯合镍离子，从而抑制其水解，获得稳定的镀液。络合剂的使用对于控制镀层的质量具有重要作用，包括控制镀层中类金属的含量、内应力和孔隙率等。

在化学镀镍反应过程中，除了有金属与类金属原子的析出外，还有氢离子产生，从而导致溶液的pH值不断发生变化，这不但使沉淀速度变慢，也对镀层质量产生影响。因此，在化学镀溶液中必须加入缓冲剂，使溶液具有缓冲能力，使得在施镀过程中槽液pH值不致变化太大，保持反应的平稳进行和镀层质量。缓冲剂性能的优劣可以用溶液的pH值与溶液中酸浓度之间的关系来衡量。如果pH值对酸浓度的变化很敏感，酸浓度的变化会引起溶液pH值的很大波动，那么缓冲剂的性能就不好。如果酸浓度在一定范围内波动时，pH值能够保持基本不变，那么就说明溶液体系的缓冲性能好。可以用溶液pH值为纵坐标，酸度为横坐标来做关系曲线，其中曲线斜率α的绝对值等于$\Delta pH/\Delta [H^+]$，其中ΔpH和$\Delta [H^+]$分别为酸度变化前后的pH和$[H^+]$各自的差值。可以看出α的绝对值越小，缓冲剂的性能越好。常用的缓冲剂有铵盐、乙酸（盐）、硼酸（盐）、乳酸盐等。需要指出的是，尽管镀液中含有缓冲剂，但是在施镀过程中需要经常监控镀液的pH值变化，并使用pH值调节剂来保证pH值的稳定。

化学镀溶液是一个热力学不稳定系统，在施镀过程中由于种种原因可能会出现各种不稳定因素。比如因加热方式不当导致局部过热，或因镀液调整补充不当导致局部pH值过高，以及因镀液被污染或缺乏足够的连续过滤导致杂质的引入或变形，从而在镀液中会出现活性颗粒，这些因素都会触发镀液在局部发生激烈的自催化反应，从而使镀液在短期内分解。因此为确保金属离子的还原和使还原反应只是在被沉积基体表面上进行，抑制溶液中的自发形核，避免溶液分解，应添加稳定剂。稳定剂的作用在于抑制镀液的自发分解，使施镀过程在控制下有序进行。适量稳定剂的添加还可以增加镀速和改进镀层的光亮效果，但是稳定剂多了会降低镀速甚至终止反应。一般稳定剂类型有：a．有机硫化物、含硫化物，如硫氰酸盐、硫代硫酸盐、硫脲及其衍生物等；b．含氧的阴离子物质，如钼酸盐、碘酸盐、溴酸盐、砷酸盐、亚硝酸盐等；c．重金属离子如铅、锡、铋、锑、锌、镉、铊离子等；d．有机酸，包括油酸和一些不饱和酸，具有能够在某一定位置吸附形成亲水膜的功能团。

另外，在镀液中加入少量的促进剂可以提高化学镀的沉积速率，一般是有机酸。促进剂的加入使得有机酸根离子取代了还原剂中的氧形成配位化合物，从而减弱还原剂中氢原子与其他原子的键合，更容易脱氢，同时可以促进氢在被催化表面上的移动和吸附，从而增强还原剂的活性。常添加的促进剂主要是有机的未被取代的短链饱和脂肪族羧酸根离子、短链饱和氨基酸、短链饱和脂肪酸，比如琥珀酸盐、羟基乙酸盐、乳酸盐及碳酸类可溶性氟化物和某些溶剂。

在进行化学镀时，在固-液界面上由于镀层表面上原子或分子的价键处于未饱和状态，表面能比较高，此时可以加入表面活性剂来降低镀液中溶剂的表面张力或者界面张力，改善体系的沉积状态。对于浸润性很好的镀件表面也需要加入活性剂来提高润湿性，减少气泡在工件表面的滞留，改善镀层质量。另外对于一些粉末试样的化学镀或者化学复合镀，表面活性剂的加入可以使得微粒在镀液内充分混合，改变粒子的表面特性，改善粒子与镀液的亲合性。常用的表面活性剂是阴离子型表面活性剂，比如十二烷基苯磺酸钠或十二烷基硫酸钠等。

pH值是在化学镀工艺中必须严格控制的重要参数，对镀液、工艺以及镀层质量的影响很大。金属离子被还原的过程中会产生氢离子，使得pH值下降。在酸性化学镀过程中，随着pH值上升，金属的沉积速度加快，同时镀层的类金属比如磷、硼的含量降低，但是通过降低pH值来提高磷含量是有限的，因为当pH值太低时会导致沉积终止。因此在化学镀的过程中，需要不断地调节pH值和补充消耗的主盐和还原剂，从而保证沉积的连续性。此外，温度、搅拌等都是影响化学镀的重要因素，同时也要考虑镀液老化对化学镀工艺实施和镀层质量的影响。

在镀层生长的工艺过程控制方面，化学镀和电镀一个显著的不同之处在于：化学镀利用化学试剂还原金属离子，还原剂在具有催化活性的基底表面被氧化后释放电子，与电镀中电压驱动的电子不同，这种电子无法被加速，能量势能较低。为使金属离子能够被顺利还原而获得镀层，化学镀件的表面需要比电镀件表面更加清洁，表面要具有高且均匀的活性。为了达到这种效果，需要采取必要的前处理工序清洁镀件表面，有时候需要进行侵蚀或粗化处理，从而暴露出基底表面，获得质量良好的镀层。通常化学镀的前处理包括除锈、除油、活化等步骤。

① 除锈：除锈的目的是将工件表面的锈蚀层采用机械或者化学的方法去除，从而使得镀层和基底之间形成洁净且牢固的结合界面。机械除锈法比较常用，将工件依次在粗细不同

的砂纸上打磨，去除氧化层，保证打磨后无明显划痕。

② 除油：是指采用碱性化学试剂处理液基于皂化和乳化作用消除工件表面油污的方法。除油剂通常由氢氧化钠、碳酸钠、磷酸三钠等碱性组分和一定种类的乳化剂和表面活性剂组成。

③ 活化：也叫弱浸蚀，目的是去除工件表面在前处理过程中产生的加工变形层或者极薄的氧化膜，从而将基底组织暴露出来以便镀层金属在其表面生长，在镀层和基底金属之间形成洁净且牢固的结合。具体做法是将工件在稀酸（3%～5%的硫酸或盐酸）溶液中浸泡30秒到1分钟从而除去工件表面的极薄氧化膜，随后用水充分清洗。

具体的工艺流程如下：

除锈→清水洗→碱液除油→热水洗→清水洗→活化→清水洗→去离子水洗→化学镀→清水洗→烘干。

5.3.2.2　镍磷合金层性能的影响因素

影响镍磷合金层性能的因素有很多，包括镀液成分、磷含量、施镀条件和热处理工艺等，这些因素对镀层的物理、化学与力学性能都有一定的影响。镀层的主要性能指标和影响因素有以下几个方面。

（1）硬度

化学镀镍磷合金层具有高硬度特点，在沉积状态下硬度可达 500～600HV（49～55HRC），经过400℃热处理后则可上升到1000～1100HV（69～72HRC）。磷含量和热处理工艺是影响镍磷化学镀层硬度的两个主要因素。通过调整镀液的成分及操作条件可以获得磷含量连续变化的镀层，同时也会带来镀层结构的变化。而热处理可以对镀层的物相结构产生影响，进而影响镀层的性能。组织和性能的可调性，使得化学镀镍磷合金层在工业界引起了广泛关注。

磷含量对镀层显微硬度的影响如图 5-15 所示。在低磷镀层中，硬度随磷含量的增加而升高。这是因为镍原子半径（1.25Å）和磷原子半径（1.10Å）相差约为12%，当磷原子与镍原子共沉积形成镍的固溶体时，镍基体会产生一定的弹性应力场。从镍-磷二元合金相图可以知道，磷在镍中的最大溶解度为 0.17%，从图中可知，镍磷合金镀层中的实际磷含量已经远远超过了最大溶解度。但是在沉积过程中并未产生镍磷的化合物，这是因为沉积过程中在形成镍晶体的同时，磷原子替代了部分镍原子在晶体点阵中的位置，形成了含磷的过饱和置换固溶体，使得金属镍的晶格点阵发生了畸变，固溶体内的磷含量越高，晶格畸变量越大，从而导致镀层的显微硬度升高。此外，伴随着过饱和固溶体的形成产生了较高密度的堆垛层错，也对镀层的表面硬化起到了很大的作用。但是当参与沉积的磷原子进一步增多时，作为典型的类金属原子，磷的沉积会对镍原子堆垛沉积的干扰作用增强，会使得金属镍的晶粒细化，并逐渐使得镍的晶格特征消失而最终转变为镍磷非晶态镀层结构。在非晶态镀层中，镍原子和磷原子的排列处于长程无序状态，原子间的结合力减弱，一方面容易进行塑性变形，另一方面会造成显微硬度的降低。表 5-17 给出了磷含量和镀态显微硬度的大致关系值。在镀态下，低磷镀层的显微硬度通常可达到550～650HV，高磷镀层则只有500～600HV。因此，低磷的晶态镍过饱和置换固溶体的硬度比高磷微晶或非晶镍磷镀层更高。但有些研究显示，镀层的机械性能和镀液的成分配比也有一定的关系，调整镀液中络合剂乳酸和乙酸比例所获得的含磷量为8%的镍磷镀层镀态硬度达到了910HV，具体原因还需要进一步研究。

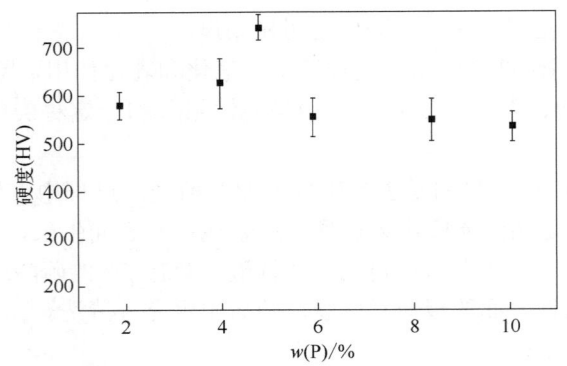

图 5-15　磷含量对化学镀镍磷合金层镀态下显微硬度的影响

表 5-17　镀态 Ni-P 合金层的显微硬度

镀层磷含量（质量分数）/%	显微硬度（HV）
3.0	510～520
5.0	530～560
7.0	550～570
10.0	490～510
11.7	480～500

　　另外热处理对镀层的硬度影响比较显著。这是因为在加热过程中镀层中的磷原子发生扩散偏聚并析出中间相 Ni_3P，此时当镀层的含磷量不同时，随热处理条件的变化，镀层硬度的变化趋势也明显不同。对于低磷镀层，以 4.9%P 镀层为例，热处理温度和加热时间对镀层显微硬度影响如图 5-16 所示。由图可知，热处理温度在 175℃时，硬度随保温时间的延长缓慢上升并趋于稳定。当热处理温度范围在 200～450℃之间时，随着保温时间的延长硬度出现先升后降的规律。其中在 350～390℃保温 1～3h 后空冷，硬度峰值在 900HV 以上，当镀层在 390℃保温 10min 空冷后，显微硬度可高达 1134HV。随着热处理温度进一步提高到 500℃，随着保温时间的延长，硬度呈单调下降的趋势。

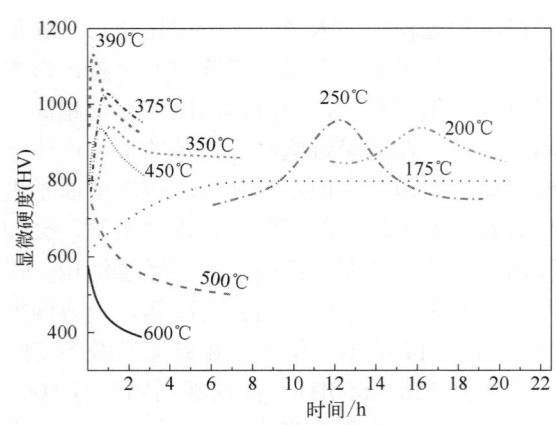

图 5-16　热处理温度和加热时间对 4.9%P 化学镍磷合金层显微硬度的影响

　　当热处理时间固定时，高温下镀层硬度的减小与温度的增加（400～700℃）有一定的线性关系，这里硬度的变化和镀层中的 Ni_3P 含量有关，如图 5-17 所示，在此温度范围内热处理后镀层的硬度随 Ni_3P 含量的增加而呈近似线性增加。

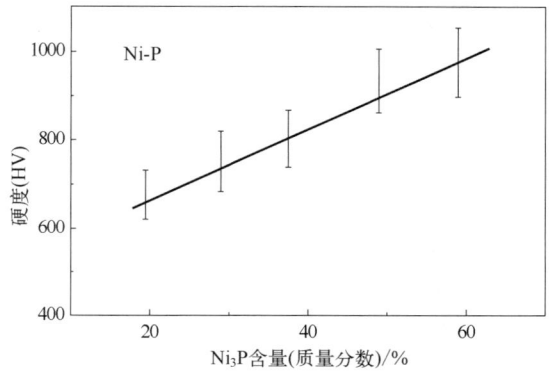

图 5-17　Ni_3P 含量与硬度的关系

　　图 5-18 概括了不同磷含量的镍磷合金镀层的显微硬度和热处理温度之间的关系。可以看出，尽管磷含量不同，但是在 100～700℃ 热处理温度范围内，随着温度的升高，不同磷含量镀层的硬度都经历了一个先升后降的过程，并且硬度的峰值都是在 400～450℃ 温度范围内，硬度峰值的大小与磷含量的多少关系较小。热处理温度较低时（100～200℃），低磷镀层具有更高的硬度；而在高温热处理区域（600～700℃）热处理 1h 后，镀层的磷含量愈高，可以获得愈高的硬度值，这主要是因为高磷镀层的 Ni_3P 硬质析出相含量较多。并且高磷镀层的稳定基体组织为 Ni_3P 相，所以高温处理后不仅可以获得较高的硬度，而且随加热温度的升高硬度下降趋势较慢。通过对比实验可以看出，随着热处理温度的提高，硬铬镀层的显微硬度迅速下降，显示出硬铬镀层不适宜在高温下服役使用。

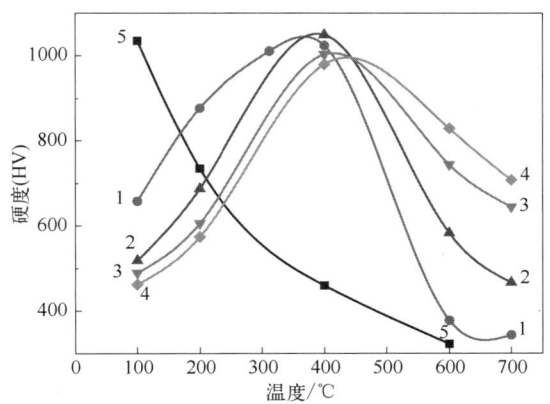

图 5-18　磷含量和热处理温度对化学沉积 Ni-P 合金显微硬度的影响曲线
1—4.0%P；2—6.0%P；3—8.5%P；4—10.0%P；5—硬铬层

（2）耐磨性

　　良好的耐磨性是保证设备工作部位精度、获得尽可能长的寿命的重要前提之一。采用合适的工艺手段对工件进行表面处理可以有效地防止或减少磨损，从而提高材料的耐磨性能。磨损是一种发生在材料表面的行为，要求表面层能降低摩擦系数，减少黏着、磨粒磨损及表面擦伤。覆层材料需要具有良好的力学和热学相容性，并且与基体材料有牢固的结合力。化学镀 Ni-P 合金镀层一个显著的优点就是具有良好的耐磨性，镀层与基体具有牢固的结合力，与一般钢材工件基底之间可以获得 $21\sim42kg/m^2$ 的附着力，并且表面平整光滑。Ni-P 合金在镀态下具有较高的硬度和耐磨性，通过合适的热处理，Ni-P 化学镀合金镀层可以获得比电镀镍层更高的耐磨性。因此 Ni-P 化学镀层可以广泛地用于零部件的表面强化和耐磨覆层。

影响 Ni-P 化学镀层耐磨性的主要因素是磷含量和热处理条件。含磷量比较低的 Ni-P 固溶体镀层晶粒较细，经过共沉积进入镀层的磷原子使得金属镍晶格发生畸变而产生固溶强化，从而使镀层具有较高的硬度和耐磨性。磷含量很高时，所获得的非晶态镍磷合金因原子排列混乱，原子结合力差，在磨损过程中原子容易发生移动，磨损量较高，耐磨性明显降低。不同磷含量的镀层经过不同的热处理条件，其耐磨性也会发生显著的变化，如图 5-19 所示。从图中可以看出，四种不同磷含量的镀层经过热处理后其耐磨性都要优于热处理前。在磷含量较低时（4%～6%），经 400℃热处理 1h 可以获得最好的耐磨性；当含磷量较高时（8.5%～10%），则热处理温度提高到 600～700℃可以获得最好的耐磨特性。

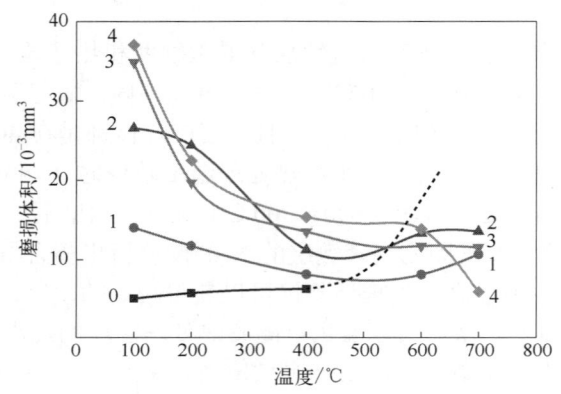

图 5-19　热处理温度对化学镀 Ni-P 合金层耐磨性的影响
0—镀硬铬；1—4.0%P；2—6.0%P；3—8.5%P；4—10%P

图 5-20 显示了在 700℃热处理 1h 的条件下，不同磷含量镀层的耐磨性性能表现。由图可知，镀层的耐磨性随磷含量的增加呈上升趋势。在 700℃、1h 的热处理条件下，经过两小时的磨损试验后，磷含量 10%的镀层显示了最好的耐磨特性，与硬铬镀层的耐磨性相当。可以推断，高磷镀层经高温热处理后，镀层中会析出大量的硬质 Ni_3P 相，这些硬质相的析出与聚集无疑会增强镀层的耐磨性。因此，为了获得最佳的耐磨性，需要根据 Ni-P 镀层的磷含量来确定热处理温度。

（3）耐腐蚀性

通过化学镀获得的薄膜，一个显著的优点就是具有良好的耐腐蚀特性，并因此而广泛应用于各种领域。在金属基底上镀镍磷合金可以显著增强工件耐各种介质的腐蚀性，可以耐碱、盐、卤水、碳氢化合物、氨水以及有机酸和还原性酸等腐蚀介质。在平滑钢板上镀 12～25μm 厚的镍磷合金，耐腐蚀寿命可以从 24 小时提升到 1000 多小时，在不均匀粗糙的表面上，耐腐蚀镀层厚度则要增加到 50～70μm，在铝基底上则需要更厚的镀层，才能满足恶劣的腐蚀条件。影响镍磷合金镀层耐蚀性的因素有很多，其中磷含量和镀层的孔隙度是主要影响因素。通常磷含量高的镀层比较致密，孔隙度较低，并且表面很容易钝化，可以获得比纯镍和铬合金镀层更优异的耐蚀性。

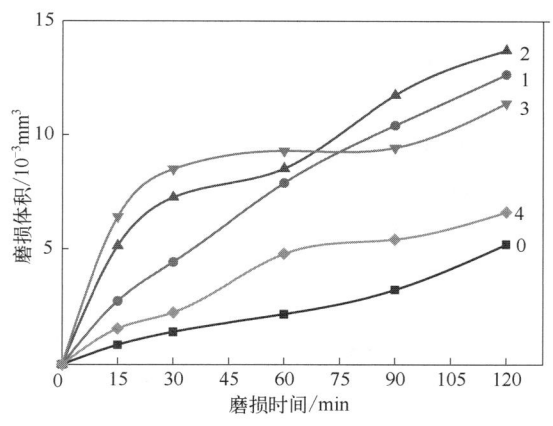

图 5-20　磷含量对化学镀 Ni-P 合金镀层耐磨性的影响（700℃，1h）

0—镀硬铬；1—4.0%P；2—6.0%P；3—8.5%P；4—10%P

在碳钢工件上镀 25μm 厚的镍磷合金，400℃热处理后，耐盐雾腐蚀能力较低。但在 600～750℃热处理后，则表现出良好的耐蚀特性。这是因为镀层经高温处理后，可以形成 Ni/Fe 扩散层从而能够阻挡介质对基体的渗入，从而提高耐蚀性。镀层在空气中加热处理时，表面会形成结合牢固的氧化膜，封闭表面微孔，使表面处于钝化状态，避免介质的损害，显示出良好的耐腐蚀性；当镀层在氢气中加热时，虽然可防氧化，但是耐蚀性较差，这是由于内应力和氢的扩散产生了微裂纹。对于 25～50μm 厚的镀层，在氧化性气氛中或在过热蒸汽中暴露后，允许的最高工作温度可达 700～800℃。18Cr9Ni 奥氏体不锈钢合金经弯曲后，在浓度为 35%～42%沸腾的 MgCl₂ 溶液中会产生严重的应力腐蚀。如果在表面镀一层 30～35μm 的镍磷镀层，会使得耐腐蚀性大幅度提高。但是当应力过高时，会导致耐蚀性的恶化，这是因为高应力会在镀层中引发微裂纹从而导致腐蚀速率的加快。表 5-18 是镍磷合金镀层应力腐蚀数据。张信义等研究了化学镀镍磷合金在 0.1mol/L HCl 酸性介质中的耐腐蚀特性。表 5-19 为四种不同磷含量的镀态合金在介质中的弱极化测量结果。

表 5-18　镍磷合金镀层在不同应力下的耐蚀性

应力/MPa	失效时间/h	
	18Cr9Ni	Ni-P（30～35μm）
167	85	820[①]
245	65	380[①]
265	50	32

①750℃加热处理 1h。

表 5-19　不同磷含量镀态合金在酸性介质中的耐蚀性

w(P)/%	E_{corr}/mV	I_{corr}/（μA/cm²）	Rp/（kΩ/cm²）
4	−529	33.07	0.66
6	−500	30.3	0.72
8.5	−480	19.66	1.10
10.4	−485	16.4	1.33

磷含量比较低时，镀层结构为过饱和固溶体，处于热力学不稳定状态，自腐蚀电流较高，显示出较差的耐蚀性。随着磷含量增加，合金溶解的驱动力获得增强，加快了钝化膜的形成，从而使自腐蚀电流降低，提高了合金的耐蚀性能。当磷含量由 4%增加到 10.4%时，自腐蚀电流降到原先的一半。根据物相和成分分析，表面钝化膜包含 $Ni_3(PO_4)_2$ 物相，并且 $Ni_3(PO_4)_2$ 的含量随着磷含量的上升而不断增加，进而增加了合金镀层的极化电阻。镀层表面钝化膜的稳定性随着磷含量的增加而获得了增强。将经过腐蚀的镀层进行表面观察，可以看出镍磷合金经过 0.1mol/L HCl 和 3%NaCl 溶液处理后容易产生孔蚀。Ni-P 合金镀层的横截面观察显示镀层为峰状或波浪状的层状结构，在 Ni-P 合金镀层生长时，形核点长大后相互结合的交界处能量较高，镍或磷原子优先在交界处成核，产生"胞状物"并形成胞界，胞界较高的能使其成为新的形核点，产生新的胞状物和胞界，使沉积过程在含 Cl^- 溶液中不断进行，能量较高的胞界和镀层表面的气孔及针孔等位置优先形成蚀核，在 Cl^- 作用下，胞界等处表面膜一旦破裂，由于磷含量分布的不均匀，表面胞体同位于胞界下面的胞体就会形成电偶对。前者磷含量较高为阴极，后者磷含量较低为阳极，由于后者露出面积很小，因而形成了大阴极、小阳极，使蚀孔迅速发展。这种腐蚀会产生两种后果，一种是腐蚀产物的增多会使得孔内的欧姆电位降加大，进而使孔底的电位转移到钝化区重新钝化，小孔不再长；另一种是当晶体镀层中包含很多缺陷时，蚀孔沿着两个胞体的交界处发展，蚀孔深度不断增加。另外由于胞界结构不规则也会产生内应力，因沉积不均匀或氢气的产生也会使镍磷合金产生气孔、针孔，因此形成蚀核。在 Cl^- 作用下，蚀核会继续发展。而镀层表面形成的蚀孔则会不断加深，甚至将镀层腐蚀穿透。当合金中磷含量超过 8.5%，合金结构发生由晶态向非晶态的转变，消除了晶态合金中的晶界、位错及偏析等缺陷，进一步改善了合金的耐蚀性能，尤其是耐孔蚀性能。

在石油工业中，通过在管道表面修饰 Ni-P 合金镀层来替代不锈钢管道可以显著降低成本。船舶或石油钻井平台上的零件表面则需要镀覆较厚的镍磷合金镀层以抵抗海洋性气候的腐蚀，厚度通常在 50~125μm 范围内。但是化学镀过程中的析氢反应容易在镀层中产生气孔，对耐蚀不利。因此可以采用溶胶-凝胶法在化学镀层表面覆盖单层的杂化陶瓷镀层（氧化铝、氧化硅和氧化锆等）并进行热处理（400℃，1h），减少气孔并且不影响镀层其他性能，从而显著提高镀层的耐蚀性。

（4）强度和塑性

化学镀镍磷合金层的最大弹性应变量为 0.5%~2%，虽然低于很多工程材料，但是足够满足大多数表面镀层的应用场合。一般情况下，材料塑性随硬度的增加而减小，多数镀层经 200℃ 处理后，所得塑性最佳；硬度最高时，镀层塑性最小。在许多应用中，通常将镀层在低于 300℃ 或高于 600℃ 的温度下进行热处理来降低硬度提高塑性。高磷合金（>7.0%P）高于晶化温度处理时，其抗拉强度会由 441MPa 减小到 196MPa，而刚度则增加 50%。随着磷含量从 6.5%增至 9.0%镀层的强度和塑性都提高了一倍。但是，同样是 750℃ 处理 2h，5%~6%P 合金镀层的塑性增加，而 9%合金镀层的塑性减小。与热处理表面强化相比，化学镀的表面强化大多情况下热处理温度低，即使低于 400℃，硬度值也可达到 50~72HRC，并且不存在热处理变形问题，特别适用于加工一些精度要求高、形状复杂、表面要求耐磨的零部件和工模具等。并且化学镀表面强化无淬透性的限制，适用于大尺寸、形状复杂的零部件和工模具的表面强化。例如，机械制造和汽车制造工业中的大型拉深模，由于淬透性限制，无法用热处理方法强化，在这种情况下可采用化学镀镍磷合金使其表面强化。通过控制化学镀层的厚度可修复零件和工模具因磨削加工或磨损而引起的尺寸超差，使报废零件复用。

（5）疲劳寿命和氢脆

对于强度比较高的镍磷合金镀层本身来说，其疲劳极限会随着热处理温度的上升和时间的延长呈现下降趋势，这与镀层内应力有很大关系。但是在工件上进行化学镀层修饰后普遍会使得工件的疲劳强度增加。通常低碳钢上镀 6～50μm 镍磷合金层就可以显著增加工件的疲劳强度，即使在 100～400℃加热，其疲劳寿命受到的影响也不大。

Ni-P 合金镀层可以明显抑制高强钢的吸氢作用。Ni-P 镀层厚 21～23μm 时，可吸附 0.08～0.19×10⁻⁶ 的氢气，而 41～43μm 厚的镀铬层会吸附 0.50～0.89×10⁻⁶ 的氢气。因此，和镀铬层相比，Ni-P 合金镀层可以明显改善高强钢的氢脆问题。由于高强度钢极易吸附氢气，因此镀覆后在 200℃加热几小时，可消除钢的氢脆。如果再加上阴极酸洗等预处理工序，可以获得更明显的效果。

（6）磁性

化学镀镍在计算机工业领域应用得非常广泛。其中无磁光滑的镀层可用于磁盘基底的预备层，而磁性镀层可应用于磁记录层，并且要求镀层均匀光滑、应力低，表面的缺陷和突起必须严格控制。化学镀镍磷合金的磁性主要受镀液的成分、pH 值和热处理条件所控制。在碱性溶液中生长的镍磷合金镀层，当磷含量<8.0%时显示铁磁性特征。通过热处理，镀层中会析出第二相 Ni₃P，会提高镀层的矫顽力使得镀层磁性获得增强。当镀液为酸性时，所获得的镀层磷含量>8.0%，通常没有磁性。经过大于 260℃ 的热处理后，可以显示弱磁性。但是当镀层的磷含量≥12%时，即使镀层经过 300℃ 的热处理也不会显示出磁性特征。根据高磷镍磷合金镀层的这种性质，通常将镀层用作计算机磁盘的预备层。在这种情况下，为了满足这种应用要求，通常需要镀层的磷含量不低于 7%。有些情况下需要化学镀镍层即使在经历 250～320℃、1h 的烘焙处理后仍然能保持非磁性特征，这时镀层的含磷量要更高（>10.5%）。

（7）可焊性

Ni-P 合金镀层由于磷的存在降低了熔点，使得工件的焊接性能（尤其是钎焊）获得显著提高。大多数电子元件的焊接需要使用 RMA（松香活化）焊剂，但是对于表面镀有镍磷（8%～11%P）合金镀层的工件来说，则不需要使用 RMA 就可以获得比较好的焊接性能。由于 Ni-P 镀层中磷的含量灵活可调，铝合金等难焊基材的可焊性显著增强。电子工业大发展对电子元件的集成度要求越来越高，其中芯片焊盘和凸点之间的金属过渡层的精密制作对于防止焊球与铝元件基底或电路板的铜层之间的扩散尤为重要。化学镀镍/金镀层具有可焊接、可接触导通、可打线、可散热等功能，为高密度印制电路板的制作提供了有力的保障。

（8）电阻

化学镀镍磷合金层的电阻率比纯镍要高，并且随磷含量的升高而增加，因此可以在印制电路板（PCB）的电子元器件技术中应用于埋嵌电阻。纯镍的电阻率是 7.8μΩ·cm，7.0%P 合金可达 70μΩ·cm。当磷含量达到 10%～13%时，合金的电阻率可以上升到 110～120μΩ·cm，但如果在 400℃处理 1h 后，电阻率则会减小到 25～50μΩ·cm 的范围内。在半导体上镀镍磷合金镀层时，通常会产生比较大的接触电阻，这时候就需要一定的退火热处理来降低接触电阻。在半导体陶瓷表面上镀 Ni-P 合金，至少需要加热到 170℃保持 10min 后，才能获得低的欧姆接触电阻，但镀层老化时欧姆接触电阻会随之增加，如果经 400℃处理则可获得稳定的欧姆接触电阻。Ni-B 合金的电阻特性和 Ni-P 合金相类似，以 5%B 的 Ni-B 合金为例，电阻率在 89μΩ·cm 左右，适用于电子工业中要求低电阻率的场合。

（9）附着力

化学镀层若要充分发挥其性能优势，首先要与基底之间具有牢固的附着力。要获得良好的附着力，有两个关键因素：一个是预处理，另一个是热处理。比如铜合金，在不损害基体性能的前提下，镀后应在 150℃烘烤数小时，方可获得最佳结合强度；钢基底上的镀层应在 200℃热处理数小时；对于铝和不锈钢，为了改善附着状况，热处理温度要限制在低于 200℃；钛及钛合金则要在 300℃或更高温度处理。

5.3.3　化学镀其他金属和合金

在微电子工业集成电路板的制作过程中，化学镀铜技术可以应用于印制电路板的通孔金属化。铜的电阻率小、散热性能好，采用化学镀铜可以在复杂电路的制造和封装技术中替代铝，可以通过光刻制作各种复杂的电路花样。陶瓷基底上的铜化学镀层可以克服以往采用的薄膜工艺的弊端，从而满足封装对功率和散热的要求，可广泛应用于雷达、通信和航空航天。铜化学镀层具有优异的电磁波吸收与屏蔽的特性，可以克服塑料电磁屏蔽层抗干扰能力差的缺点，使得电子设备尤其是精密电子设备可以获得稳定的信号传输。

化学镀金、化学镀银、化学镀锡等镀层也具有比较广泛的应用。在传统的电子工业镀金工艺中，导线周边的绝缘基体上经常会因为镀金而产生镀金层溢出。采用含阴离子型表面活性剂的置换型化学镀可以利用金与被镀金属之间的电位差抑制镀液中的微细金粒子静电吸附到绝缘基材上，从而防止镀金层外溢。由于化学镀金具有优良的物理特性，因此在电子元器件及高密度印制板制作、光学仪器等领域获得了广泛的应用。

化学镀银层的特点是具有优异的导电、导热、反光能力和可焊接特性。由于这些优点，化学镀银层在电子工业、印制电路、仪表通信和光学机械等领域获得了广泛的应用。近年来随着化学镀银工艺的改进，各种新型添加剂的研发，镀液的稳定性、镀层的致密性和美观性不断提高，在纤维和多孔金属的表面改性等方面也获得了显著的进展和应用拓展。

化学镀锡层的主要优点是施镀温度比较低以及可焊接性好。通过在钎料表面进行化学镀锡处理，可以明显改善钎料的润湿铺展特性。同时化学镀锡层也具有良好的耐蚀性，在电子产品的表面安装技术（SMT）和印制电路板（PCB）技术领域具有很好的发展前景。在电子工业中，焊接性镀层主要应用于分立元器件。陶瓷表面化学镀金、钯、镉具有较好的焊接性。由于金和钯太贵，而镉是一种对人体有害的化学元素，它们逐渐被其他复合镀层所取代。Sn-Ce、Sn-In、Sn-Pb、Au-Sn 等合金镀层具有特别好的焊接性能和流动性，适用于电子元件的低温焊接。

1962 年，研究人员获得了 Co-P 合金镀层，并发现其具有优异的磁性，适宜用作高密度磁记录材料。因此，人们对 Co-P 合金的关注重点也逐步从机械性能和耐腐蚀特性转移到对镀层物理特性的研究上面，包括磁学特性和电学特性等。随着技术的发展和应用的需求，磁记录元件逐渐向微型、轻质、高密度、高容量和复杂形状的方向发展，从而使化学镀钴基合金磁性镀层在工业上获得了广泛的应用。钴基合金之所以具有强磁性可以归因于合金内部磁畴的自发磁化。

在对化学沉积钴基合金的研究过程中，当采用不同的还原剂时可以获得两类磁性材料：一类是以 Co-B 合金为代表的软磁合金镀层，另一类是以 Co-P 合金为代表的硬磁合金镀层。

对于软磁材料要求磁性介质具有低矫顽力（H_c）、高磁导率（μ）和高比饱和磁化强度（B_s）的特点。而硬磁材料则要求介质具有高矫顽力、高剩余磁感应强度（B_r）和高矩形比（B_r/B_s）的特点，并且希望磁性膜的厚度要尽可能薄而均匀。

化学镀是一种有效的新型表面强化技术，和二元合金镀层相比，三元乃至多元合金化学镀层可以综合多种组分的优点，能更好地增强镀层的微观结构、性能和功能。三元合金化学镀反应机理和二元合金相似，在满足各金属离子在镀液中析出电位相等或相近的情况下产生共沉积而获得镀层。三元合金的化学镀层结构和性能取决于镀液成分、pH 值和温度等众多因素，通过在镀液中加入一些添加剂可以对镀层的表面形貌进行控制，比如适量的硫脲添加剂可以对镀层的胞状组织起到细化作用。

吴玉程等以优化后的钴硼（磷）合金配方为基础，通过添加硫酸镍金属盐和复合络合剂合成了纳米晶钴镍硼和钴镍磷合金镀层。镀层的厚度、镍的共沉积等因素的变化可以对矫顽力以及磁各向异性起到调节作用，通过对这些因素的控制可以获得具有不同磁性要求的薄膜，从而满足不同的磁性能需求。化学镀钴基合金的最大特点是其优异的磁学性能，其中钴基硬磁材料以钴磷系合金为代表。对于钴磷合金来说，磷的含量会显著影响合金的矫顽力。通过在钴磷合金中添加钨则可以在不改变剩磁的情况下使矫顽力获得提升，同时镀层具有良好的机械性能。加入铁、铜等元素，可以在增强磁性的同时获得较高的耐磨性。钴镍磷合金则兼具了镍磷与钴磷合金的优势，在电磁转换性能上有所增强。通过制备具有形状各向异性的纳米线阵列，可以获得磁各向异性，在超高密度磁记录存储、磁传感器和 MEMS（微电子机械系统）器件制作上有很大的应用潜力。最常用的磁记录镀层有 Co-Ni-P、Co-W-P、Co-Zn-P、Co-Mn-P、Ni-Co、Co-Ni-Re-P、Co-Ni-Zn-P 等。钴基软磁材料以钴硼系合金为代表，通过在镀液中添加铁和稀土等元素，可以显著改善软磁特性，在制造高频通信器件、传感器和开关电源等元器件上有广阔的应用前景。

对于化学镀 Ni-P 二元合金来说，通过控制镀层中磷的含量以及热处理条件可以调节镀层的微观结构、硬度、耐磨性及耐蚀性。化学镀 Ni-P 合金不仅具有良好的耐磨和抗蚀性，而且有很多物理性能也获得了开发。当磷含量较低时，Ni-P 合金镀层具有磁性，当磷含量超过 8% 时镀层的磁性逐渐消失，可以作为计算机硬盘中磁性涂层的底层。通过元素添加获得的化学镀镍基多元合金，在拥有 Ni-P 合金特性的基础上，在电磁性能等物理应用方面也显示出独特之处。1963 年 F.Pearl-Stein 采用化学镀法首次合成了 Ni-W-P 三元合金镀层，发现 W 的引入使镀层的耐磨性、耐蚀性和其他一些物理性能获得提高。当 Ni-P 合金引入金属钼获得 Ni-Mo-P 三元合金时，可应用于记忆元件和电阻器件等方面，同时可以获得良好的耐腐蚀特性，而耐蚀性对于 Ni-Mo-P 功能镀层在复杂环境下的应用以及功能扩展无疑具有重要作用。通过引入 Fe 获得 Ni-Fe-P 三元合金可以使镀层的机械、耐腐蚀和物理性能都获得提升。虽然铁元素的共沉积会对镀速有影响，但是可以明显改善镀层的表面形貌、显微硬度和耐蚀性能。比如 N80 钢表面化学镀 Ni-Fe-P 合金可以显著提高其抗 CO_2 腐蚀特性。另外具有铁磁性的 Fe 含量的增加可以改变镀层中原子的磁矩，从而显著提升镀层的磁性。

高磷含量的化学镀镍磷镀层的组织结构为非晶态，具有优异的耐腐蚀特性。在钢铁工业中为了避免工件受到腐蚀损坏或者损耗，通常在工件表面电镀一层锌镍合金作为牺牲阳极来保护钢铁件。但是一些工件的形状比较复杂，所以随着化学镀技术的发展，采用在镍磷镀层中添加锌获得 Ni-Zn-P 三元合金化学镀层来进行耐蚀处理，尤其在一些腐蚀环境比较严重的工作条件下，比如化学工业中的阀门制造业，石油和天然气运输管道，以及航海、航空、航天等领域。在镍磷合金镀层中添加铜、钨、钼等元素既可以使镀层的耐蚀性获得增强，也可以获得良好的热稳定性能。通过向镍磷镀层中添加稀土元素比如铈、镧等，可以减小镀层中的宏观孔洞，从而使镀层的防腐蚀性能获得增强。

5.3.4 化学复合镀

5.3.4.1 化学复合镀组成及发展

化学复合镀是指在普通化学镀配方的基础上，在镀液中添加具有一定功能和用途的惰性固体粒子，通过在施镀过程中进行搅拌粒子可以悬浮在镀液中，伴随着金属的自催化实现固体粒子和金属离子的共沉积形成金属/惰性粒子复合镀层结构的技术。20 世纪 90 年代，复合材料研究与开发的同时也促进了化学复合镀技术的发展。虽然化学镀镍磷合金在镀态下就具有较高的硬度，特别是热处理形成磷化物后镀层的硬度和耐磨性都会显著提高，但是磷化物本身的强化作用仍然比较有限。如果根据实际应用的需要，选择具有不同特性的第二相粒子与镍磷合金形成性质增强或者互补的组合，则可以获得一系列性能可调与变化广泛的高性能复合镀层。比如将一些具有高硬度的惰性粒子（如氧化铝、氧化锆、氧化钛、氟化钙、碳化硅和氮化硼等）添加到镀液中实现和镍磷合金共沉积，则镀层的耐磨损性能有望获得大幅度提升。如果加入一些具有减摩和润滑作用的粒子（比如石墨、聚四氟乙烯和二硫化钼等），则可以形成摩擦系数低的自润滑复合镀层。和通常的复合材料相比，复合镀层具有很多优点，比如可以在较低温度（<90℃）镀液中通过共沉积生成，不需要液态渗透法、热压等高温工艺手段；与粉末热压法相比，复合镀层则具有孔隙率低、表面光洁的优点；可以复合的固体物质形态灵活可调，可以是粒子、纤维或者薄片，能保证镀覆连续进行；能在钢铁等各种导体、非导体基材上获得，加工方便、厚度可控，尤其适合其他涂覆方法难以实现的形状复杂的零部件；复合镀层还有一个显著的优点是可以对工件的局部区域进行选择性的镀覆，尤其是零件局部发生磨损但整体结构和性能仍然能满足工作要求时，可以进行重镀修复，从而可以延长零件的工作寿命，起到节约成本的作用。

从基本组成上来说，化学复合镀层可以分为两部分，一部分是金属离子被还原后形成的基质金属镀层，为均匀的连续相，常用金属有 Ni、Co、Cu、Pb、Sn 等纯金属，还有 Ni-Co、Ni-Fe 等二元合金。还原剂中的 P 和 B 等类金属原子则在还原过程中进入镀层，可以对镀层的成分、结构性能起到调节作用。选用的基质金属应该满足下列一些要求：易于镀覆，工艺稳定；在满足性能要求的前提下，尽量使用廉价金属来替代贵金属；在强化性能要求比较高时，可采用能够进行热处理等硬化处理的合金镀层。化学复合镀层的另一组成部分则为惰性粒子，这些粒子弥散地分布在基质金属里形成一个不连续相，所以化学复合镀层属于金属基复合材料。能和基质金属或合金发生共沉积的惰性粒子种类有很多，主要有金属的氧化物、碳化物、氮化物和硼化物等。比较常用的有氧化铝（Al_2O_3）、二氧化钛（TiO_2）、氧化锆（ZrO_2）、碳化硅（SiC）、碳化钛（TiC）、碳化铬（Cr_3C_2）、氮化硼（BN）、氮化钛（TiN）、氮化硅（Si_3N_4）、二硫化钼（MoS_2）、石墨、氟化石墨 [$(CF)_n$]、聚四氟乙烯（PTFE）以及有些树脂粒子、荧光颜料等，这些都可以作为第二相粒子和基质金属或合金配合制备特殊性能的复合镀层。根据需要的不同，可以选用具有不同特性的第二相粒子。对于表面硬度和热稳定性要求高的镀层，粒子需要具备高硬度、高熔点和高稳定性的特点，通过弥散强化基质，阻碍基质的软化，进而使镀层获得高硬度和良好的耐磨性、抗氧化性和耐热性等优良的性能。而加入石墨、氟化石墨或者聚四氟乙烯等高分子粒子则可以对镀层表面起到润滑和减摩的作用。参与复合的第二相粒子除了满足镀层性能外，还应具备高的化学稳定性，不会对镀液产生污染或者其他毒害作用。另外，粒子本身或者经过表面活性剂修饰后应当易于水合润湿、分散，并且能进一步发挥基质金属的性能潜力，而不会损伤基质金属镀层本身的力学性能。制备复合镀层时，也要考虑粒子尺寸的选择，因为粒子尺寸不仅影响镀层特性，还与复合镀层的厚度、复合镀层的服役极限问题有关。

虽然采用电镀的方法也可以获得复合镀层，但是由于化学镀层中类金属元素的存在，镀层的成分和性能获得了更大的调节范围，比如化学镀复合镀层的耐磨性要远高于电镀复合镀层，甚至可以高40%。由于化学镀层均镀能力强，不存在尖端效应，因此不需要镀后精加工，不需要电镀复合镀所必需的夹具。同时，它能够对形状复杂、尺寸精度要求极高的工件和管道内侧面进行精确控制的表面强化。

相对于单一镀层来说，复合镀层性能更加优越，在材料的表面强化、减摩等方面具有显著的效果，可广泛应用于航空航天工业（如观测卫星上的扫描机构、飞机前轮操纵体、制动器活塞、级间密封圈、尾部发动机），以及电子、石油化学和机械等工业部门，并逐渐向功能化发展，在人们的生产、生活中也扮演着越来越重要的角色。但随着技术的发展和对镀层需求的提高，化学复合镀层的不足也逐渐显现出来。一方面，工业应用的复合镀层厚度一般为 $20\sim30\mu m$，但是参与复合镀的固体粒子尺寸大多在几个微米，因此在镀层有限的厚度范围内往往只能复合几层颗粒，复合量难以提高。另外一方面，由于固体粒子的尺寸较大，当工作时间较长时，工件表面受到摩擦会导致复合镀层中的固体颗粒发生松动和脱落，这些松动或脱落的颗粒不仅不会起到减摩作用，反而会加剧材料的表面磨损，甚至会对材料的工作表面产生破坏，导致工件的寿命缩短，所以这些现象在很大程度上限制了化学复合镀的发展。

纳米材料科学与技术的发展，给化学复合镀技术提供了新的机遇。由于纳米材料拥有不同于块材的尺寸效应、表面效应和其他特别效应，其展现出常规材料所不具备的力学、电学、光学和催化等方面的特性。将合适的纳米固体颗粒添加到化学镀液中通过和金属共沉积获得复合镀层，一方面可以显著提高镀层中化合物的复合量，另一方面也有望增强镀层的硬度、耐磨性、自润滑性和耐腐蚀性，这样就可以使镀层获得复合纳米材料的特异功能。生产实践证明，用合适的纳米颗粒来替代微米颗粒可以大大延长复合镀层的耐磨使用寿命，其在复合镀层中的应用有力地促进了化学镀复合镀层的发展。

5.3.4.2　化学复合镀机理及制备方法

化学复合镀涉及金属离子的扩散、还原、形核、生长，固体粒子的机械运动、静电吸附、界面和包覆作用等一系列复杂的过程，在反应过程中许多中间态离子的寿命很短，所以关于化学镀机理的解释仍然存在着很多争论。总的来说，化学复合镀是一个动态过程，最终获得的镀层中能否复合上固体颗粒以及固体复合量的多少与各个反应环节均有关联。在复合镀过程中，配位数较低的金属络合离子在基底表面获得电子被还原，通过形核长大逐渐形成金属镀层。不带电的非金属固体颗粒表面则需要借助机械搅拌力移动到基底表面，在静电吸引力的作用下吸附在金属基质表面，然后源源不断地被还原的金属原子所包覆，实现共沉积，从而获得复合镀层。

最初添加的第二相粒子的尺寸多在微米量级，但纳米粒子在理论上可以显著提升第二相的复合量，同时可以给镀层带来功能优势，因此近年来化学镀纳米复合镀层受到广泛的关注。但是纳米粒子由于尺寸较小、比表面积大，表面原子比例增加，悬键增多，从而具有较高的比表面能和活性。这些因素使得纳米粒子稳定性降低，很容易发生团聚。这些团聚体的形成使得纳米粒子的均匀分散性显著削弱，无法发挥粒子应有的纳米尺寸效应，不利于应用。从而在很多情况下，这种分散不好的纳米复合镀层与分散较好的微米复合镀层在性能体现上并没有产生明显区别。因此，纳米粒子的分散性决定着复合镀层的实际功能体现。纳米粒子在镀液中的分散过程可以分为三个步骤：a. 粒子在镀液中润湿；b. 纳米粒子形成的团聚体在各种搅拌或超声波分散等作用下被打开成小团聚体或者单分散纳米粒子；c. 在镀液中加入表面活性剂阻止分散后粒子的团聚，并形成稳定的镀液体系。洁净的固体表面被液体润湿时，通常会释放出润湿热。润湿热的大小由形成单位面积的固-液界面时所放出的热量来表示，反映了液体对固体的润湿程度。润湿热越大，说明固体在液体中的润湿程度越好。影响润湿热的因素有很多，包括固体和液体的性质、形成固-液界面时的相互作用力、固体颗粒的尺寸等。对于极性固体来说，通常极性液体对极性固体的润湿热大于非极性液体对极性固体的润湿热。对于非极性固体来说，非极性液体对非极性固体的润湿热要远大于极性液体对非极性固体的润湿热。为了获得较高的润湿热，需要选择合适的分散液，从而达到良好的分散效果。由于化学镀液一般是水系镀液，我们一般选用去离子水或者蒸馏水作为溶剂。纳米颗粒在分散后，为了避免和小团聚体再次发生团聚，需要加入表面活性剂来对纳米粒子进行表面润湿改性，这能够减小范德瓦耳斯力的相互作用，增大颗粒之间的距离，从而使得第二相纳米粒子能够稳定而分散地悬浮在镀液中，获得稳定的分散体系。因此，表面活性剂（包括阴离子型、阳离子型和非离子型）的选择对纳米颗粒的分散有重要的影响。

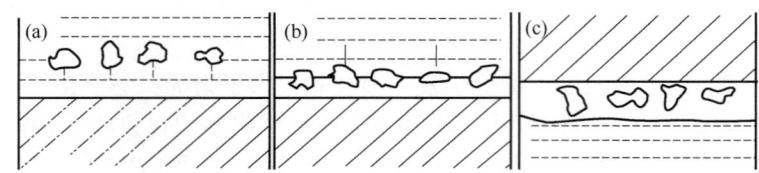

图 5-21　SiC 粒子的共沉积过程
(a) 迁移；(b) 吸附；(c) 嵌入

以 Ni-P 合金与 SiC 纳米粒子的化学复合镀为例。在镀液中加入的纳米颗粒需要具备强化学稳定性，施镀过程中不参与任何化学反应，只是与化学反应所产生的 Ni-P 基质合金复合沉积在基体表面。根据 Guglielmi 模型，复合镀液中的粒子要实现共沉积，首先必须吸附在镀面上，而在吸附过程中起作用的主要有重力、机械搅拌力及静电引力等。静电吸附与机械搅拌吸附在粒子沉积过程中同时存在，共同起作用。有了机械作用，粒子静电吸附概率增大；而静电引力的存在，又可加强机械吸附的效果。镀件的表面形状及特性也会影响到粒子的吸附效果。镀件表面各处的微观几何形态和物理状态不同，粒子附着的难易程度也不同，在重力及搅拌力的作用下粒子既会吸附在表面也会发生脱落，当搅拌速度一定时，粒子的吸附与脱落最终会达到动态平衡。如图 5-21 所示，Ni-P 基质合金与 SiC 第二相粒子的复合镀可以分为三个阶段。

① SiC 粒子从镀液中向镀件表面的迁移。镀液中，在非离子与阳离子表面活性剂共同作

用下，SiC 纳米粒子在镀液中形成均匀悬浮的分散系；在机械搅拌动力场的作用下，悬浮液流动，悬浮于镀液中的 SiC 纳米粒子会向基底表面迁移流动到达工件表面；然后在静电力及机械碰撞作用下，纳米粒子被试样表面俘获。在这个过程中，搅拌方式、搅拌强度和基底的表面形状都会对粒子的迁移产生很大的影响。

② 粒子被镀件表面吸附。这个阶段的过程是一个吸附与脱附并存的动态过程。一方面，SiC 纳米粒子在已经形成的 Ni-P 合金基底上的弱吸附转化成化学吸附，吸附力增强；另一方面，在重力和强烈的搅拌力作用下，由于镀液的冲刷，部分 SiC 纳米粒子会脱离表面，其中镀面俘获纳米粒子的概率及 Ni-P 的有效包覆决定纳米粒子的沉积量。这个过程的动力学因素比较复杂，SiC 粒子的尺寸、Ni-P 镀层的表面状态、镀液成分以及操作条件等很多因素都影响着吸脱附过程。

③ SiC 粒子嵌入生长着的 Ni-P 合金镀层。SiC 纳米颗粒被试样表面析出的 Ni-P 基质金属逐渐包覆起来，随后，新的固体表面又吸附接踵而来的纳米粒子，使前述共沉积过程重复进行，最终得到分布均匀的 Ni-P-SiC 纳米颗粒复合镀层。

在第二个阶段中，当 SiC 粒子迁移到镀件表面并产生吸附时，至少要在已经生长的 Ni-P 镀层表面停留一个临界接触时间才能保证持续沉积的 Ni-P 合金镀层能完全覆盖 SiC 粒子。这个临界接触时间与合金镀层的沉积速率、SiC 粒子的尺寸大小与形状相关。当 SiC 吸附在镀件表面上，粒子的停留时间短于临界接触时间，这时 Ni-P 合金的沉积还不足以包覆住 SiC 粒子，SiC 粒子有可能被快速流动的镀液冲刷掉，从而在 Ni-P 镀层的表面留下凹坑。由于化学镀"仿型性"的特点，后续由于氧化还原反应而产生的 Ni、P 原子则会沿着凹坑的轮廓继续沉积，当新产生的镀层原子相互连接起来后，镀层内形成了"空洞"。化学复合镀的装置示意图如图 5-22 所示。

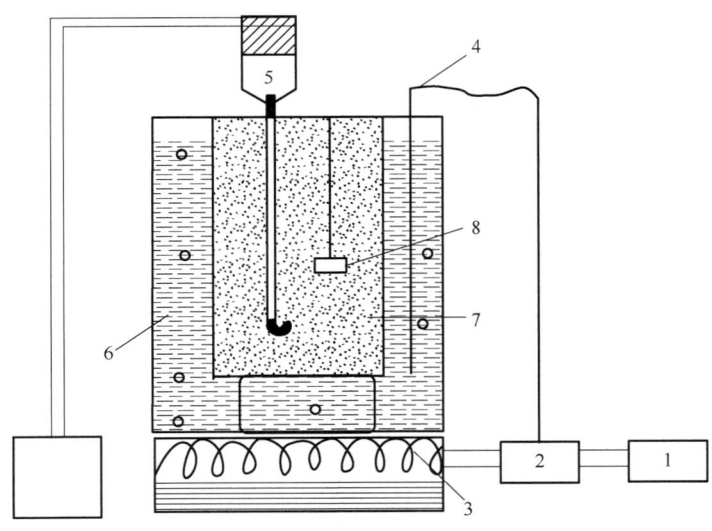

图 5-22　化学沉积 Ni-P-SiC 装置简图

1—电源；2—温度控制器；3—电阻丝；4—温度计；5—搅拌器；6—外槽；7—镀槽；8—试样

以下为一个典型的化学复合镀制备过程。

① 基体的表面预处理。有些工件表面有锈斑或者较厚氧化层，这种情况下首先需要进行除锈或除氧化层处理，具体可以采用机械打磨和低浓度强酸浸泡的方式。通常采用氧化镁

水浆清除工件表面的污垢，随后在碱性溶液中除油，或者中和由于酸洗而残留在工件表面的酸液。典型的除油配方与工艺为：氢氧化钠25g/L，磷酸钠35g/L，硅酸钠5g/L，温度80℃，时间5～10min。将工件表面清理完毕后，使用去离子水彻底冲洗工件表面，随后在稀盐酸中浸蚀2～4min来对表面进行粗化。有些表面的活性不足，比如含有石墨的铸铁或者非活性基体，则需要在氯化锡（敏化）和氯化钯（活化）溶液中处理，使得工件表面清洁而有活性，从而便于施镀。

② 施镀。在包含金属主盐、还原剂、络合剂、缓冲剂以及表面活性剂和稳定剂的镀液中，添加一定比例的第二相粒子。在第二相粒子添加至镀液中之前，通常采用混合酸对第二相粒子的表面进行润湿处理，以增加粒子和镀液之间的亲和力。在进行施镀时，可以采用机械搅拌或者在镀液中通入氮气等惰性气体的方式让第二相粒子随着镀液流动起来并均匀地分布于镀液当中。当细小的第二相粒子依靠机械力或者静电力在工件表面形成动态吸附以后，会被源源不断沉积的基质合金所俘获并包裹产生共沉积，从而逐步形成复合镀层。

5.3.4.3 化学复合镀层的分类与特性

目前广泛应用的化学复合镀层包括镍基、钴基、铜基、银基等复合镀镀层，其中以镍基化学复合镀层为典型代表。按照功能和添加第二相粒子的种类，化学复合镀层主要分为以下几类：

① 耐磨复合镀层：在镀液中添加惰性硬质微粒，比如氧化物（Al_2O_3、TiO_2 等）、碳化物和氮化物（SiC、BC、TiN 等）；

② 自润滑复合镀层：在镀液中添加一些具有层状结构的固体润滑剂，比如石墨、二硫化钼、氮化硼，其层间结合力较弱，在受到外力时层间可以发生滑移从而降低摩擦，减少磨损，产生良好的自润滑特性；

③ 其他化学复合镀功能涂层：如兼具高硬度、良好的导电性和减摩特性，可制成电接触功能镀层。

根据复合镀层的性能和用途，可将复合镀层分为：装饰与防护性镀层，耐磨损性镀层，自润滑减摩镀层，热处理分散强化合金镀层，耐高温镀层和其他性能镀层等，从中可发现复合镀层具有广泛变化的特性。

（1）装饰与防护性镀层

以镍为基质，复合 Al_2O_3、TiO_2 等微粒，利用这些微粒吸附三聚氰胺甲醛树脂荧光颜料，可得到与颜料相同色调的荧光复合镀层。复合镀层在紫外线照射下，发出的荧光可应用于交通信号设备、汽车尾灯等。改变颜料的色彩，可制备出彩色镀层。在镀镍溶液中加入 Al_2O_3、$BaSO_4$ 等粒子，得到的复合镀层光泽柔和，可用于室内装饰，以及汽车的外装饰件，这就是现在广泛应用的缎状镍。提高耐蚀性能的"镍封"普遍采用 Cu-Ni-Cr 体系，在 Cr 与 Ni 层间复合镀 Ni，粒子可用 SiO_2、$BaSO_4$、Al_2O_3 等，粒子直径小于 $1\mu m$，复合层的厚度在 $1\mu m$ 以下。由于存在大量非导电的粒子镀不上铬，可形成微孔密度为 $1\times10^{-4}\sim8\times10^{-4}$ 个/cm^2 的微孔铬层。微孔消除了铬层较大的内应力，电化学腐蚀电流的分散降低、组（复）合镀层的抗蚀能力大大增强。

（2）耐磨损性镀层

耐磨性镀层是复合镀层应用最广泛的一种。通常以 Ni-P、Ni-B 合金为主作为基质复合硬质相，形成的复合镀层以高硬度、耐磨及耐高温为特点。化学复合镀层 Ni-P-SiC、Ni-P-Al_2O_3、

Co-P-Al$_2$O$_3$、Co-P-ZrO$_2$、Ni-P-Cr$_2$O$_3$、Ni-P-TiN、Ni-P-B$_4$C、Ni-P-Si$_3$N$_4$、Ni-B-SiC、Ni-B-Al$_2$O$_3$、Ni-Zn-P-TiO$_2$ 等经适当热处理后，硬度和耐磨性都会获得显著提高，其中硬度可高达 1100～1400HV，可广泛用于对耐磨性要求高的场合，比如制动油缸、活塞环、钻头类工具、模具、变速器部件、压缩机、气缸套等。同时由于复合镀层具有优良的耐磨特性，工件更加轻型化，对于汽车等轻量化产业的发展具有重要意义。

复合镀层之所以耐磨，是因为复合的微粒硬度高、耐磨，粒子屈服极限大，可以弥散强化基质，增强基质的塑变抗力。在磨损过程中，分散相粒子充当第一滑动面，起到抗磨作用，另外一层粒子支撑基质作为第二滑动面。因此，复合镀层具有优秀的耐磨性能。

（3）自润滑减摩镀层

自润滑和减摩材料具有固体润滑的特性，可以有效减小构件接触表面的摩擦磨损，从而保证工件的工作稳定性和服役寿命，在机械、冶金、石油化工、电力、船舶、桥梁等领域具有广泛的应用。主要以 Cu、Ni 为基质，复合一些具有润滑性的粒子，如 MoS$_2$、WS$_2$、石墨、氟化石墨、云母和聚四氟乙烯（PTFE），形成的复合镀层具有良好的自润滑性，产生减摩效果。

在这类复合镀层中，过去研究较多的是 MoS$_2$ 复合镀层，复合镀层的摩擦系数低，且受到粒子的析出量、载荷等因素影响。MoS$_2$ 的共析量在 24%～60% 范围内变化，镀层的摩擦系数极低。但是，这类复合镀层不一定具有很好的耐磨损性能。这要取决于基质镀层的磨损特性。在设计这类复合镀层时，需选择合适的基质与分散粒子，最好既减摩又耐磨，但要注意只能用于低负荷场合，让复合镀层与单一镀层或复合镀层配对，效果会更佳。

化学复合镀 PTFE 是一类比较常见的自润滑镀层，PTFE 是一种非常好的固体润滑剂，化学镀 PTFE 复合镀层具有低的摩擦系数，抗黏附及擦伤性能好，且耐腐蚀。化学镀 Ni-P-PTFE 中，PTFE 的共析量一般在 25%～30%，复合镀层的硬度为 500～600HV，连续使用温度可达 290℃，结合强度接近镍镀层，耐蚀性比镍镀层好；耐磨、减摩性能优于硬铬镀层，和硬度 27～33HRC 的钢对磨，PTFE 复合镀层的磨损量仅为镍镀层的六十分之一，为硬铬层的十五分之一；具有良好的抗擦伤性能，并且摩擦系数对温度不敏感，即使在高温条件下仍然具有较低的摩擦系数，具有优异的干态耐磨润滑特性。其在发动机内壁、轴承、活塞环、各种模具以及机器滑动部件等方面具有广泛的应用，尤其适用于高温下需润滑的部件。

（4）热处理分散强化合金镀层

在镀镍溶液中，加入 Al$_2$O$_3$、ZrO$_2$、MoS$_2$ 或 SiO$_2$ 等，经过热处理，可产生分散强化作用，复合镀层在强度、韧性等机械性能上都较镀镍层有大幅度的提高。

（5）耐高温镀层

复合一些硬度高、熔点高的化合物形成的复合镀层不仅耐磨，而且具备良好的高温性能。Ni-SiC 复合镀层在高温下应用，能保证镀层与基材的结合；与镀镍层相比，Ni-Al$_2$O$_3$ 复合镀层在高温下增重很少，抗氧化性能好；Ni-ZrO$_2$ 复合镀层的耐热性好，抗氧化能力强，抗氧化性是 Ni 镀层的 10 倍。用 Ni 合金镀层代替 Ni 镀层作为基质，复合镀层的耐高温性能更好。

（6）其他性能镀层

Ni-VO$_2$、Ni-ThO$_2$ 复合镀层可制成核燃料元件、控制材料等，应用到原子能反应堆燃烧室的设备及零件中。在 Ni-Fe 合金中复合 EuO$_2$ 微粒（0.5～0.8μm），用来制造磁性薄膜，可提高存储密度。此外还有电接触功能复合镀层、Ni-氟化树脂脱模复合镀层、改善有机物与金属基体结合的复合镀层等。另外将氧化钛、硫化镉等半导体颗粒与镍形成复合镀层时，通过光照可以产生电压和电流的响应，从而获得具有明显光电效应的复合镀层。利用化学镀原理制得的过渡族金属氧化物非晶态薄膜镀层，在电化学氧化-还原反应中会发生电致变色。利用这类薄膜已经开发了许多产品，如电解电容、固体电容、电致变色显示元件等。

5.4　涂料与涂装技术

我国很早就开始使用"涂料"了，历史上的"大漆"就是现代涂料的雏形，用于船舶等的防腐。将涂料涂覆于物体表面并干燥成膜的过程称之为涂装，涂装技术是表面工程领域里的一门新兴技术。涂料与涂装技术涉及内容庞大，本节仅结合相关文献做简要叙述。

5.4.1　涂料与涂装概论

《涂料工艺》一书和百度百科上都是这样定义涂料的："涂料是一种材料，这种材料可以用不同的施工工艺涂覆在物件表面，形成黏附牢固、具有一定强度、连续的固态薄膜，通称涂膜，又称漆膜或涂层。"早期的涂料以植物油为主要原料，被叫做"油漆"，现代的涂料属于精细化工产品，成为一大类功能工程材料。

涂料主要成分包括成膜物质、颜料、溶剂、黏结剂和各种助剂。

成膜物质也称为基料，包括天然油脂、天然树脂、合成树脂、合成乳液、橡胶等，与黏结剂、稀释剂、防潮剂、各种助剂等一起制成涂料，牢固附着于被涂物表面上形成连续薄膜。成膜物质是涂料的最主要成分和基础，决定着涂膜的基本特性。

涂膜呈现不同的色彩，是因为加入了不同的颜料。红丹、锌粉是防锈颜料，钛白粉、铬黄等为着色颜料，碳酸钙、滑石粉等是常说的填料，也称为体质颜料。

助剂包括分散剂、催干剂、增塑剂、消泡剂、流平剂、稳定剂和一些特殊的功能助剂等。助剂添加量很少，但对基料成膜和提高膜层的附着力、耐久性起着重要作用。

溶剂包括矿物油精、煤油、汽油、苯类、醇类、醚类、酮类和酯类物质，使成膜基料分散而形成黏稠的液体，有助于施工和改善涂膜的性能。

涂装技术是在经表面预处理的基体上涂覆涂料而形成均匀、连续、附着牢固、具备耐腐性能或功能的涂膜的过程或技术的总称。涂装是一个系统工程，它涵盖了涂装工艺设计、涂装预处理、涂料的选择、涂层体系设计、涂料方法选择以及涂后处理等，还包括涂装质量检测、涂装作业安全与环保。涂装过程每个环节的控制，都是一环连一环，一节扣一节，才能构建起一个成功的体系。

5.4.2　涂料种类与用途

涂料的分类方法很多，如按产品的形态可分为液态涂料、粉末型涂料、高固体分涂料；按涂料使用的分散介质可分为溶剂型涂料、水性涂料（包括乳液型涂料、水溶性涂料）；按施工方法可分为刷涂涂料、喷涂涂料、辊涂涂料、浸涂涂料、电泳涂料等；按基料的种类可分为有机涂料、无机涂料、有机-无机复合涂料等。

现行国家标准《涂料产品分类和命名》（GB/T 2705—2003）对 1992 版标准进行了修订，规定了涂料产品的分类和命名构成与划分原则，提出以下 2 种分类方法。

① 以涂料产品的用途为主线，并适当辅以主要成膜物的分类方法，将涂料产品划分为

建筑涂料、工业涂料和通用涂料及辅助材料。

② 除建筑涂料外，以涂料产品的成膜物为主线，并适当辅以产品主要用途的分类方法，将涂料产品划分为两个主要类别：建筑涂料、其他涂料及辅助材料。

建筑涂料又分为墙面涂料、防水涂料、地坪涂料、功能性建筑涂料。其中墙面涂料根据涂料中使用的主要成膜物质可分为合成树脂乳液内墙涂料、合成树脂乳液外墙涂料、溶剂型外墙涂料和其他墙面涂料。主要成膜物质的类型包括丙烯酸酯类及其改性共聚乳液，醋酸乙烯及改性共聚乳液，聚氨酯、氟碳等树脂，无机黏合剂等。

工业涂料按用途又细分为汽车涂料（含摩托车涂料）、木器涂料、铁路公路涂料、轻工涂料、船舶涂料、防腐涂料和其他专用涂料。

通用涂料及辅助材料包括调和漆、清漆、磁漆、底漆、腻子及稀释剂、防潮剂、固化剂等。

GB/T 2705—2003 是涂料行业基础性标准，其最大特点是提出了将涂料按产品用途分类，这种新的分类方法适应了市场经济发展的需要，有助于规范涂料行业行为，加强行业管理，推动我国涂料行业健康持续发展，促进涂料行业对外贸易和交流。

涂料种类繁多，应用于很多领域，下面举例说明：

非固化橡胶沥青防水涂料是一种不同于水性涂料和溶剂型涂料的非固化、不成膜的蠕变材料。它是由废胶粉、沥青、高分子材料、液体辅助材料、专用添加剂、粉末辅料等组成的，在物体表面形成一种坚韧的保护膜材料。在非固化橡胶沥青防水涂料的应用和使用寿命中，始终保持其蠕变性能、自愈性、压敏性和附着力。依照不同的涂膜防水材料，它可以与各种基质卷材组合，最佳的使用形式是防水膜的组合。在安徽合肥包河区人工智能视觉产业港创业区技术设计项目中，地板、侧墙、屋面防水工艺设计已成功应用该涂料。

涂装技术在汽车行业中占有举足轻重的地位。在传统汽车工业中，使用的大部分都是传统溶剂型涂料，这种涂料的最大弊端是不够绿色环保，而水性涂料很好地解决了这个问题。随着汽车技术的不断发展，水溶性涂料由于其环保节能的特点越来越受到重视。水性涂料是指一种用水可调配的涂料，它挥发的物质中大部分都是水。现如今，在很多发达国家，汽车工业已经实现了水性涂料的普及。在汽车用水性涂料的涂装过程中，工作人员必须要考虑到其基于水性涂料的诸多特性，同时也应当随着外界气候条件来改变湿度温度进行有效的喷涂。因此努力熟悉汽车用水溶性涂料的特征，掌握其具体的技术要领，将水溶性涂料的真正作用发挥出来，才能提高我国汽车工业发展的速度。

随着全国各地挥发有机物排放标准的出台，一些乘用车、商用车等新线及老线改造开始引进高固体分 3C1B 涂装工艺。高固体分溶剂型涂料 3C1B 工艺由 Axalta 公司开发和完成，福特汽车公司在全球推广，加上废气综合治理、溶剂使用回收精细化管理，VOC（挥发性有机物）排放已低于 $20g/m^2$ 以下，符合较严的 VOC 排放法规要求。3C1B 为在电泳涂层后采用湿喷湿的方式喷涂中涂、色漆和罩光清漆，中间室温闪干，并一次性烘干的工艺。

装备制造业是为满足国民经济各部门发展和国家安全需要而制造各种技术装备的产业总称，其产品范围涵盖了国民经济和国防事业的各行各业，装备制造业几乎涉及了所有防腐涂料产品，目前溶剂型高 VOC 防腐涂料产品的使用还占据着很大的市场，这对防腐涂料企业来说，是机遇也是挑战。高性能环保型水性防腐涂料包括水性无机硅酸锌车间底漆、水性无机硅酸锌涂料、水性环氧富锌底漆、水性醇酸和环氧酯涂料、水性环氧涂料、水性丙烯酸涂料和水性聚氨酯面漆等。这些涂料的开发、推广和应用不仅能减少涂料消费税的支出，将来也能减轻下游涂装企业环保排污费用的支出，真正实现在经济建设的同时，守护我们的绿水青山。

其他，如军用车辆装备隐身涂料、机载雷达吸波涂料、船舶涂料、车辆电泳涂料、海洋工程装备重防腐涂料等功能性涂料和涂装技术的研究、开发和应用都在朝着高性能、环保和综合性的方向快速发展。

5.4.3 涂料装备与应用

涂料装备是涂料企业完成生产任务的主要手段，高效的涂料装备是涂料品质的重要保证，在发展涂料工业的同时必须重视涂料装备的改进和发展。我国涂装生产线的发展经历了由手工到生产线，再到自动化生产线的发展历程，涂装工艺可以简单归纳为前处理喷涂、干燥或固化、三废处理。

清洁化生产、自动化生产都是涂料装备行业发展新的增长点，前者包括生产过程中减少粉尘、废气和废渣的产生，密闭式破包机的研发和应用，密闭式粉料贮存、投放设备的普及、带盖的落地式分散机和移动式生产罐配套罐盖的强制实施，环境友好型涂料生产用过滤设备的研发和应用，粉尘回收和废气处理实施的强制推行，减少生产罐清洁用水或溶剂，对产生的废水、废溶剂进行专业处理等。后者包括提高落地分散机、生产罐、研磨机、包装机、反应釜等单体设备的质量和自动化程度，减少对人的依赖，提高综合使用效率；多套生产装置的自动化控制实施，并配套完善的联锁装置；针对主要生产设备，结合清洁化、自动化及安全性要求，制定新的行业标准等方面。

近40年，中国涂料工业快速发展，带动了涂料装备的技术进步，促使涂料生产力的大大提高，促进涂料生产和涂料装备的共同发展。涂料生产过程中树脂生产、分散研磨、涂料包装等设备见证了中国涂料装备40年来的发展变化。

比如，树脂是决定涂料物理化学性能的最主要成分，也是决定涂料涂膜性能的重要组成部分。树脂生产的主要流程设备由反应釜、冷凝器、分馏柱、分水器、兑稀釜、真空泵、输送泵、过滤系统、控制系统组成。近年来国内设备制造企业成立技术攻关小组，根据我国涂料行业使用要求，全力研制新型国产化树脂生产设备，先后研制成功了螺旋半管反应釜、板式密闭过滤机、高黏度输送泵系列等设备。我国树脂生产设备制造企业在产品结构上不断创新、细节配置上不断提升、制造工艺上不断更新、装备工装上不断提档，加工装备往数字化、自动化、大型化、精细化方向发展，同时要满足用户安全环保、清洁生产的需求。

又如近10年来，我国涂料灌装机的生产与研发快速发展，逐渐形成了一个比较成熟的行业，技术不断精进，产品生产也从半自动进入自动再到全自动生产线，稳定性、安全性、生产效率与便捷性不断进化。灌装机的多样化和多功能化，更加适应了产品的灌装需求，也更加专业化，所研制的船舶涂料全自动灌装生产线［图5-23（a）］、真石漆全自动灌装生产线［图5-23（b）］的先进性、可靠性已超过国外同类产品的水平。

再如，室温硫化硅橡胶（RTV）防污闪涂料是提高输变电设备外绝缘性能的有效技术手段之一。现场喷涂主要采用人工喷涂方式，操作工人的喷涂经验、喷涂工艺直接影响到RTV后期运行性能。针对人工喷涂所导致的涂层厚度不均匀、流淌等现象，国家电网江苏电力公司和电力研究院开发出适用于站内支柱绝缘子的自动喷涂装置。该装置通过设置喷枪运行姿态，实现喷枪整体的圆周、上下、摆动三维运动。喷涂后现场检测调试发现，人工喷涂厚度在不同取样位置差异较大，而自动喷涂厚度则相对较均匀，自动喷涂装备能有效提高RTV喷涂质量和效率。

图 5-23　全自动化生产线

（a）船舶涂料全自动灌装生产线；（b）真石漆全自动灌装生产线

　　围绕"高效、节能、绿色、环保"新思路，我国涂料装备行业从品种单一、功能简单、效率低下发展到产品多样、功能齐全，再发展到实现装备自动化、智能化，极大地提高了生产效率，降低了能耗，节约了人工成本，减少了污染物的排放，体现了环保、安全与高效节能水平的全面提升，为中国涂料企业走向世界提供了新的发展契机。

思考题

1. 什么是热喷涂技术？热喷涂涂层是怎么形成的？
2. 等离子喷涂有哪些优点？举例说明其应用方向。
3. 简述电镀的电极过程。
4. 以电镀镍为例，说明电镀的基本原理和镀液主要成分的作用。
5. 合金共沉积的条件是什么？分为哪几种类型？
6. 以 Ni-SiC 复合电沉积在铝合金气缸内壁上的应用为例，说明复合共沉积的工艺步骤，分析技术要点。
7. 化学镀和电镀的主要区别是什么？简述化学镀中"自催化"的含义。
8. 化学复合纳米镀的技术要点是什么？
9. 简述涂料的主要成分与作用。
10. 简述涂装设备最新发展趋势。

第 6 章

气相沉积技术

6.1 气相沉积概述

气相沉积技术是指利用气相中发生的物理或者化学过程，将含有沉积元素的气相物质在材料表面形成具有特殊性能的金属或者化合物膜层的一种新型镀膜技术。它与传统的电镀和化学镀技术相比，具有膜纯度高、膜与基材选择空间大、节约材料、绿色环保等优势，因此，近年来气相沉积技术发展速度极快。根据沉积机理划分，气相沉积技术通常被划分为物理气相沉积（physical vapor deposition，PVD）和化学气相沉积（chemical vapor deposition，CVD）两大类。本章主要介绍物理气相沉积和化学气相沉积的原理、工艺过程及装备。

6.2 物理气相沉积

物理气相沉积是利用热蒸发或辉光放电等物理过程在基材表面沉积所需涂层或薄膜的技术，与其他镀膜或表面处理方法相比，PVD 技术具有以下特点：镀层材料广泛，既可沉积各种单金属、合金和氧化物、氮化物、碳化物等化合物涂层，亦可沉积金属、化合物的多层或复合涂层；涂层与基体结合力强；工艺温度低，避免工件受热变形或材料变质的问题，沉积温度远低于化学气相沉积法；涂层纯度高、组织致密；工艺过程由电参数控制，易于操作、调节；绿色环保。虽然 PVD 存在设备结构较复杂、一次性投资较大的缺点，但其压倒性的优势使物理气相沉积技术获得了快速应用且具有广阔的发展前景。

物理气相沉积法包括三个步骤：

① 蒸气产生：用简单蒸发和升华方法，或用阴极溅射方法。

② 蒸气转移：当大气压降低时，气体材料从供给源转移到基体表面的过程中，是否与残余气体分子发生碰撞取决于真空条件和供给源与基体之间的距离。如果真空度足够高，即使存在残余气体分子，其密度也很低，因此碰撞的可能性会减小。此外，对于挥发的镀膜材料，可以通过多种方式激活或离子化，电场进一步加速离子运动。这些步骤有助于在真空条件下控制材料的输送和沉积，以实现预期的镀膜效果。

③ 蒸气凝结：在镀膜过程中，凝结会发生在基体表面，导致异相成核反应，也就是在基体表面形成沉积膜的过程中形成新的结晶核，随着时间的推移，结晶核会通过膜生长的过程逐渐形成完整的沉积膜，这个过程中的各种因素和作用对最终沉积膜的质量和性质有重要影响。

根据沉积机制的差异，PVD 可分为真空蒸发镀膜（vacuum evaporation coating）、溅射镀膜（sputtering coating）、离子镀膜（ion film plating）和分子束外延镀膜（molecular beam epitaxy coating）等。

6.2.1 真空蒸发镀膜

真空蒸发镀膜是一种在真空容器中进行的镀膜技术。该过程涉及将蒸发材料（金属、非金属或化合物）加热至适当的温度，使其表面产生大量原子和分子，并形成气相。由于真空容器内的气压非常低，这些原子或分子在几乎没有碰撞的情况下在空间中自由飞散。当它们到达被镀基体表面时，由于表面温度较低，它们会凝结并形成一层薄膜。

在高真空环境中进行蒸发镀膜有几个优点。首先，高真空环境可以防止薄膜氧化和污染，因为氧、水分和其他杂质的含量非常低。这意味着获得的薄膜具有较高的纯度和洁净度。其次，在高真空条件下，薄膜形成时没有气体分子与之碰撞，使其具有较高的致密性和均匀性。这有助于提高薄膜的物理性能和化学稳定性。

蒸发镀膜相对于后来发展起来的溅射镀膜、离子镀膜技术，设备简单可靠，价格便宜，工艺容易掌握，可进行大规模生产，因此该工艺在光学、微电子学、磁学、装饰、材料表面防护等多方面已获得广泛应用。

6.2.1.1 真空蒸发镀膜系统

图 6-1 为真空蒸发镀膜系统结构示意图。真空蒸发镀膜装置包括以下几个主要部分：真空容器、蒸发源、基片、基片架和加热器。

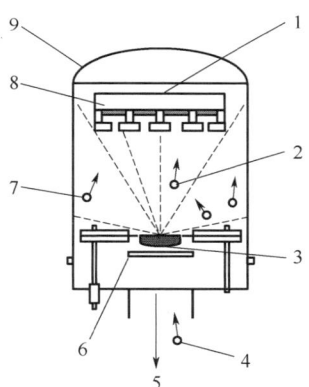

图 6-1　真空蒸发镀膜系统结构示意图

1—基片架与加热器；2—蒸发料释放的气体；3—蒸发源；4—反流气体；

5—真空泵；6—挡板；7—解吸的气体；8—基片；9—钟罩

首先是真空容器，它提供了所需的真空环境。真空容器通常是一个密封的室内空间，其中的气体被抽取至非常低的压力，形成高真空环境。

接下来是蒸发源，它为蒸镀材料的蒸发提供热量。蒸发源通常是一个加热元件，可以通过电加热或电子束加热的方式将蒸镀材料加热到适当的温度，使其快速蒸发并形成气相。

基片是待被镀工件，也称为基体。在镀膜过程中，蒸发的材料会沉积到基片表面，形成一层薄膜。基片的材料和形状根据具体的应用需求而定。

基片架用于支撑和固定基片，以确保其在镀膜过程中的稳定位置。基片架通常具有可调节的夹持机构，便于安装和更换基片。

最后是加热器，它用于加热整个系统。加热器可以控制真空容器内的温度，并提供所需的热量来加热蒸发源，使蒸镀材料发生蒸发。

通过这些关键部件的配合，真空蒸发镀膜技术能够实现在高真空环境中将蒸镀材料沉积到基片表面，形成均匀致密的薄膜。

6.2.1.2　真空蒸发镀膜过程

真空蒸发镀膜过程需要经过蒸发、蒸发材料粒子的迁移和沉积三个过程。影响成膜效果的主要是蒸发材料、基片以及气相环境的特性。

（1）蒸发过程

在镀膜过程中，通过加热蒸镀材料，使其转变为分子或原子的状态，形成气相。与常规大气压条件下相比，在真空环境下，金属、非金属或化合物等材料的蒸发更容易。表6-1为部分材料的蒸气压与温度的关系。在真空条件下，蒸镀材料的沸腾蒸发温度显著降低，蒸发时间大幅缩短。例如金属 Al 在一个标准大气压（101.325kPa）下必须加热到2400℃才能蒸发，而在 1.33×10^{-9} kPa 的真空环境下只要加热到950℃就可以大量蒸发。一般而言，大部分金属首先要达到熔点，继而从液相中蒸发，对于某些材料来说可以从固态直接升华到气态，如 Fe、Si、Cd、Zn 等。

表 6-1　部分材料的蒸气压与温度的关系

材料	熔点/℃	在不同蒸气压下的蒸发温度/℃		
		1.33×10^{-9} kPa	1.33×10^{-7} kPa	1.33×10^{-3} kPa
B	2300	2100	2200	2430
C	3700	1800	2126	2680
Al	660	950	1065	1480
S	1750	760	840	—
Ti	1690	1335	1500	2000
V	1990	1435	1605	2120
Cr	1890	1220	1250	1665
Fe	1538	1150	—	1740
Co	1459	1200	1340	1790
Cu	1083	1095	1110	1545
Zn	419	296	350	—
Nb	2500	2080	2260	3010
Mo	2617	1592	1957	2527
Ag	961	847	958	1305
Cd	321	346	390	540
Ba	725	545	627	900
Ta	2996	2230	2510	3340
W	3410	2117	2567	3227
Pt	1772	1292	1612	1907
Au	1063	1080	1220	1605

（2）成膜过程

当待蒸发物质 A 同时存在凝聚相 A（固体或液体）和气相 A（气体）时，在密闭容器中，凝聚相和气相之间会达到一种动态平衡状态。这意味着从凝聚相表面不断有分子蒸发进入气相，并且相应地，也有相当数量的气相分子返回凝聚相表面。这个平衡状态下的气相压力 P_v

也被称为蒸气压，与温度直接相关。

通过表 6-1 中的数据可以得知，不同温度下，待蒸发物质 A 的蒸气压值是不同的。随着温度升高，蒸气压也随之增加。这是因为温度升高会增加分子的热运动能量，从而增加了凝聚相表面的分子蒸发速率，导致气相中的分子数量增加，进而增加蒸气压。

在动态平衡状态下，凝聚相和气相之间的蒸发和凝结过程同时进行，且速率相等。这使得气相压力保持稳定，达到平衡状态。通过控制温度和压力等条件，可以调节平衡状态下的蒸气压值，以实现特定的蒸发或凝聚需求。

根据气体分子运动理论，单位时间内气相分子与单位面积器壁碰撞的分子数，即气体分子的流量，为：

$$J = \frac{1}{4}nV = P(\pi mkT)^{\frac{1}{2}} = \frac{AP}{(\pi MRT)^{\frac{1}{2}}} \tag{6-1}$$

式中，n 为气体分子的密度；V 为分子的最概然速率；P 为压强；m 为气体分子的质量；k 为玻尔兹曼常数，$k=1.38\times10^{-23}$J/K；A 为阿伏伽德罗常数；R 为普朗克常数；M 为分子量；T 为温度。

由于气相分子不断沉积在容器壁和基体表面上，为了保持凝聚相和气相之间的平衡，凝聚相会持续向气相蒸发。若蒸发元素的分子质量为 m，则蒸发速度 Γ 可估算为：

$$\Gamma = mJ = 5.83\times10^{-2}(\frac{M}{T})^{\frac{1}{2}}P\left[g/\left(cm^2 \cdot s\right)\right] \tag{6-2}$$

在蒸发源释放的原子或分子向基体表面沉积的过程中，它们会与真空中残留的气体分子发生碰撞。这些碰撞会导致蒸发的原子或分子失去定向运动的动能，使它们无法有效地沉积在基体上。当真空中残留的气体分子较多时，即真空度较低，碰撞事件就会更加频繁。相比之下，在高真空条件下，残留气体分子较少，碰撞的概率就会降低。为了获得更好的薄膜沉积质量，通常需要通过提高真空度来减少真空中残留气体的数量。这可以通过增强真空系统的抽气能力和使用各种气体吸附、净化技术来实现，以减少碰撞导致的损失，从而提高沉积效率。若蒸发源与基体间距离为 S，真空中残留的气体分子平均自由程为 L，则从蒸发源蒸发出的 N_s 个分子到达基体的分子数 N 为：

$$N = N_s \exp(-\frac{S}{L}) \tag{6-3}$$

由此可见，为了确保超过 80%～90% 的蒸发源释放的原子或分子能够成功地达到沉积基体，需要考虑真空中存在的残留分子的影响。为了最大限度地提高沉积效率，希望残留气体分子和蒸发元素气体分子的混合气体在蒸发源至基体的距离上具有足够的平均自由程。为了实现这一目标，可以通过增强真空系统的抽气能力，提高真空度来降低残留气体的浓度。此外，还可以使用各种气体吸附和净化技术，以减少残留气体分子的数量。这样，就可以确保混合气体具有足够的平均自由程，从而提高蒸发物质到达基体的数量和沉积效率。

此外，真空室中残余气体对成膜过程影响的另一个重要方面是污染作用，即使在高真空条件下，残留气体分子仍以一定速度在真空室内发生无规则运动，并且以一定的概率与工件表面发生碰撞。尽管残留气体分子的数量相对较少，但由于它们的高速运动和随机分布，仍然会导致一定数量的分子与基片表面发生碰撞。当蒸发源释放的蒸气分子到达基片表面时，由于基片温度较低，这些蒸气分子会在基片表面凝结。通过碰撞和吸附的过程，蒸气分子会失去足够的动能，从而使它们能够附着在基片表面并形成薄膜。如图 6-2 为采用真空蒸发工艺制备的非晶硅 SEM 显微结构，残余气体分子到达基片后，不是全部留在基片上，而有一部分气体分子损失。

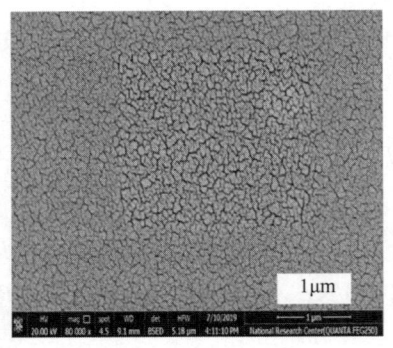

图 6-2　采用真空蒸发工艺制备的非晶硅 SEM 照片

6.2.1.3　成膜机理

真空蒸发镀膜时薄膜形成机理有核生长型、单层生长型和混合生长型三种（图 6-3）。薄膜的生长形式取决于薄膜物质的凝聚力与薄膜-基体间吸附力的相对大小、基体温度等因素，但详细机理尚在进一步研究之中。

(a) 核生长型　　　　　　　(b) 单层生长型　　　　　　　(c) 混合生长型

图 6-3　蒸镀薄膜形成机理

核生长型的形成过程如图 6-4，包含以下几个步骤。

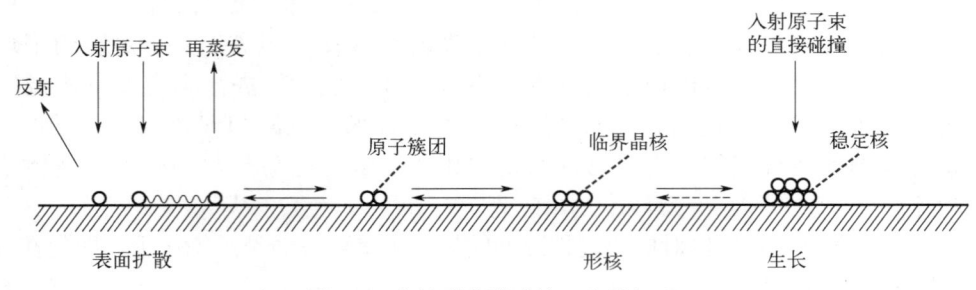

图 6-4　生长型薄膜形核、生长机理

① 蒸发源射出的蒸气流与基体碰撞后，会发生两种现象：反射和吸附。一部分蒸气流会在碰撞后反射回去，未能在基体表面附着；另一部分蒸气流会在碰撞后被基体表面吸附。

② 吸附在基体表面的原子会发生表面扩散的现象，即它们在表面上以一定的速率进行无规则的扩散运动。在扩散过程中，吸附原子可能会与已经沉积的原子发生碰撞，形成二维碰撞事件，这些碰撞会导致吸附原子聚集成为较大的原子簇团。然而，并非所有的吸附原子都会永久地停留在基体表面上。部分吸附原子可能只在表面停留一段时间后发生再蒸发。再蒸发是指已经吸附在基体表面的原子重新获得足够的能量，使其能够克服表面吸附力而重新进入气相状态。

③ 原子簇团和表面扩散原子相互碰撞，或吸附单原子，或放出单原子，这种过程反复进行，当原子数超过某一临界值时就变为稳定核。

④ 稳定核的生长可以通过两种方式进行：表面扩散原子的捕获和直接碰撞吸附。这两种方式的结合，共同促进了稳定核的生长和扩展。通过调节蒸发源的参数、控制基体温度和优化沉积条件等方法，可以有效地控制核的生长，从而获得所需的薄膜结构和性质。

⑤ 稳定核在生长过程中会继续增大，并且会与其周围的稳定核发生合并，逐渐形成一个连续的薄膜。当稳定核靠近彼此时，它们会受到相互作用力的影响，这些相互作用力可以吸引它们彼此靠近。随着稳定核之间的距离减小，它们的表面会逐渐连成一片，并通过原子的再分布来实现稳定核的合并。

当蒸气原子沉积到基体表面时，其能否凝结、成核和生长为连续薄膜受到基体温度的影响，并存在一个临界温度。当基体温度高于该临界温度时，先沉积的原子会经历重新蒸发的过程，无法形成连续的薄膜。而当基体温度低于临界温度时，形成连续膜的可能性较高。

在真空蒸镀的过程中，通常将基体温度设置在室温或稍高于室温的范围内。这是因为在温度较低的情况下，原子在基体表面可以更容易地凝结、成核并进行生长，从而形成连续的薄膜。相反，当基体温度超过临界温度时，先沉积的原子会重新获得足够的能量，导致发生再蒸发现象，阻碍薄膜的形成。

因此，在真空蒸镀的过程中，控制基体温度在适当的范围内是关键。通过调节基体温度以及其他镀膜参数，如蒸发速率和蒸气压等，可以实现对所需的薄膜成长和沉积的控制。

6.2.1.4 蒸发源

在真空条件下大多数金属材料都要求在 1000～2000℃ 的温度下进行蒸发。目前对低熔点镀材多采用电阻加热蒸发源，而对高熔点镀材则需选用能量密度高的电子束和激光束做蒸发源。

（1）电阻加热蒸发源

Au、Ag、Cu、Al、Cd 等熔点较低金属或化合物等可以用 W、Mo、Ta 等难熔金属制成的蒸发源加热蒸发。W、Mo、Ta 的熔点分别为 3410℃、2617℃、2996℃。

根据镀材形状的不同，难熔的发热源可以由丝材和箔材制成多种形状。图 6-5 所示的是其中几种典型形状。

在高温下，Al、Fe、Ni、Co、Ti 等金属与 W、Mo 等金属可以形成合金。一旦形成合金，合金中的成分不仅更难蒸发，还会对使用钨丝或钨舟等材料蒸发造成较大的负荷，可能出现上述材料烧断的现象。

因此，为了解决这个问题，目前常采用导电氮化硼材料制成的蒸发舟来进行上述金属的蒸发。导电氮化硼具有良好的导电性、高显热量以及较高的耐高温性，能够承受高温环境下的蒸发过程。

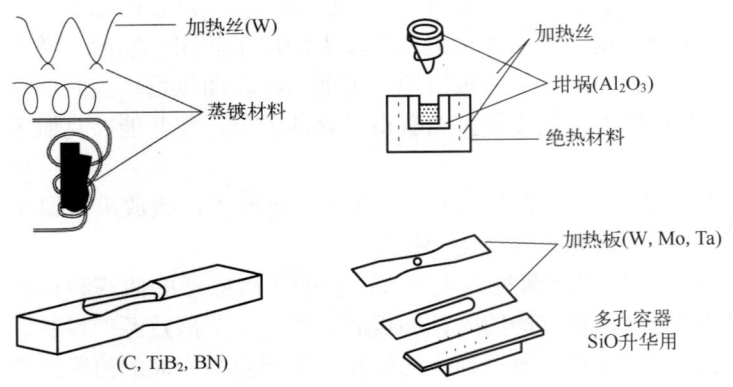

图 6-5　几种常用蒸发源的形状

（2）电子束蒸发源

发射电子束的电子枪类型较多，有直射枪、环形枪和 e 形枪。图 6-6 是 e 形枪的工作原理图。当阴极灯丝加热后，会发射出初始动能为 0.3eV 的热电子，这些热电子在阴、阳极间的电场力作用下被束缚并成为一束。同时，它们还会受到磁场的作用，在 $E \times B$ 方向上发生偏转。在途经阳极孔的过程中，电子束的能量可达 10keV。

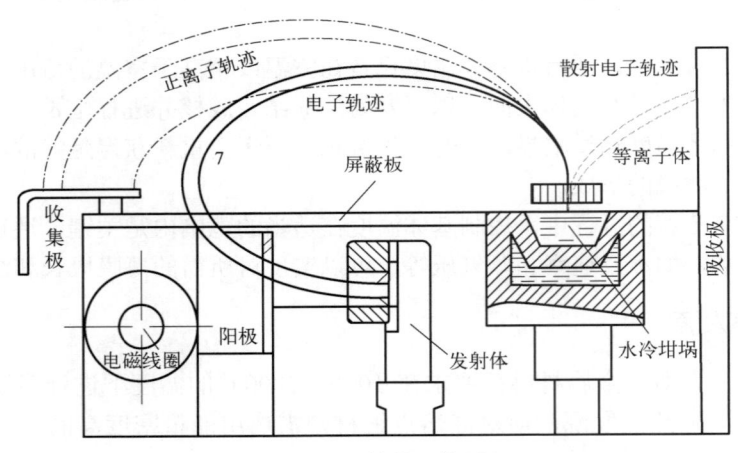

图 6-6　e 形枪的工作原理

当电子束通过阳极孔后，在磁场的作用下发生 270° 偏转，并射到坩埚内的膜材表面。这些射到膜材表面的电子束会轰击膜材，从而使其加热并蒸发。需要注意的是，图 6-6 中的吸收极用于吸收可能产生的有害散射电子，以提高束流的纯度和效率。同时，收集极用于捕获由于入射电子与蒸气云中的中性原子碰撞而游离出来的正离子。

这个过程通过磁场的作用，实现了电子束的导向和控制，同时利用电子束对膜材的轰击来实现蒸发过程。通过使用吸收极和收集极，可以提高束流的纯度，并将感兴趣的物质收集起来。这种技术被广泛应用于薄膜制备和其他相关领域，以实现高质量的薄膜沉积和材料加工。

6.2.2 溅射镀膜

溅射镀膜是一种在真空腔体中进行的技术，其原理是利用荷能粒子如离子或电子等轰击靶材的表面。通过粒子与靶材表面的碰撞，使靶材中的原子和其他粒子逃逸并沉积在基体上，形成所需的薄膜。溅射镀膜具有几个显著的优点：其一，具有快速的沉积速度，可以快速形成薄膜层；其二，溅射镀膜可以在大范围的基体表面上进行，适用于不同形状和尺寸的基体；其三，由于沉积过程是在真空环境中进行的，所以溅射镀膜的薄膜密度相对较高；其四，由于粒子与靶材之间发生碰撞，溅射镀膜具有较强的附着力和结合力。

溅射镀膜技术在近年来得到了快速的发展，并广泛应用于各个领域，它可以用于制备薄膜材料、涂层、光学器件、电子器件等。溅射镀膜的优势使它成为一种重要的表面处理和薄膜制备方法。

（1）溅射现象

使用具有几十电子伏以上动能的粒子轰击材料表面，将材料激发为气态的这种溅射现象，广泛应用于表面的镀膜、刻蚀、清洗和表面分析等技术。由于离子易于在电磁场中加速或偏转，所以荷能粒子一般为离子。如图 6-7 所示，当离子轰击表面时还会产生诸多效应。除了靶材的原子和分子最终成膜之外，其他效应对膜的生长也会产生重要的影响。在大多数辉光放电沉积工艺中，图中的各种效应在基体上同样可能发生，即在基体自偏压等作用下，基体也应被视为溅射靶。

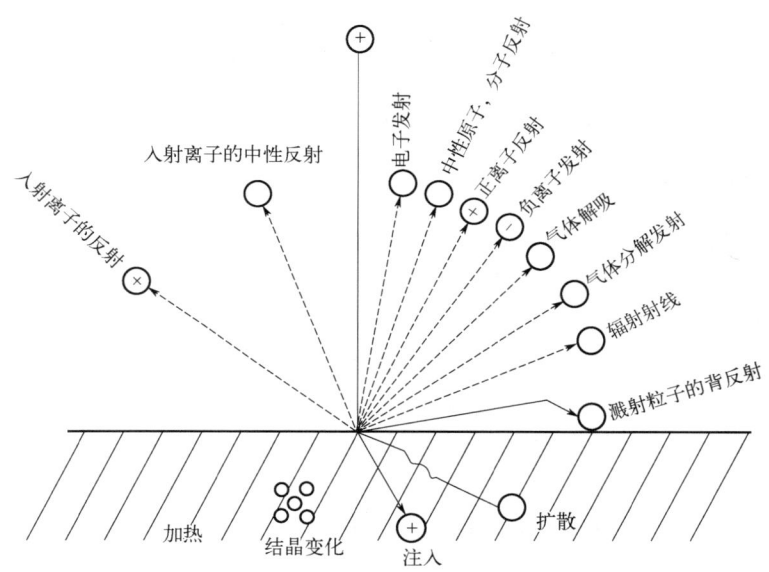

图 6-7　离子轰击固体表面引起的各种效应

（2）溅射产额

溅射产额定义为一个入射正离子所溅射出的靶原子数，单位是个原子/离子，用 S 表示，S 取决于以下因素。

① 靶材类型。当涉及溅射时，溅射产额（也称为溅射输出）随着靶材原子序数的变化会呈现一种周期性趋势。随着靶材原子的 d 壳层电子填充程度增加，溅射产额也会随之增加。这个周期性的趋势可以用来预测和解释溅射过程中不同靶材的溅射产额变化。

② 入射离子的能量。当离子能量从零增加到某值时，才产生溅射，该值称为溅射阈值。对于大多数金属溅射阈值在 10～35eV 范围内。超过阈值，在小于 150eV 时，S 与离子能量的平方成正比；在 150eV～1keV 时，S 与离子能量成正比；在 1～10keV 时，S 变化较为微弱；继续提高能量，S 呈现下降趋势。

③ 离子束的入射角。入射角 θ 从 0 增加到 60° 左右，S 单调增加；θ=70°～80° 时，S 达到最高；θ 再增加，S 急剧减小，在 θ=90° 时，S=0。

④ 入射离子的种类。入射离子中 Ne、Ar、Kr、Xe 等惰性气体可得到较高的溅射产额。考虑经济性，常用氩气作为工作气体。

此外，溅射产额与晶体结构和靶材温度也有一定的关系。沉积速率 Q 是指从靶材上溅射出来的材料，在单位时间内沉积到基片上的厚度：

$$Q = CIS \qquad\qquad (6\text{-}4)$$

式中，C 为溅射装置特性常数；I 为离子流。

经离子轰击产生的溅射原子的平均能量约为 10eV，大约是蒸发原子动能平均值（在 300K 大约 0.04eV，在 1500K 大约 0.2eV）的 150 倍。随着入射离子能量的提高，溅射原子中能量较高的比例增加。

（3）溅射方法

溅射技术是一种用于薄膜制备的多样化方法，包含多种成膜方法。以下是一些具有代表性的溅射成膜方法：直流二极（三极或四极）溅射、磁控溅射、射频溅射、反应溅射、偏压溅射等。通过选择不同的溅射成膜方法，可以实现对薄膜结构、形貌和性质的调控，满足不同应用领域的需求。这些溅射技术的发展使得薄膜制备变得更加灵活、多样化，并推动了溅射技术在各个领域的广泛应用。

6.2.2.1 直流二极溅射

直流二极溅射是最基本、最简单的溅射镀膜方法，其装置和原理如图 6-8 所示。真空室中仅仅包含阴极和阳极两个电极。导电性良好的靶材作为阴极，在 1～5kV 的负偏压工作；工件放在支架上，作为阳极（接地处理）。在溅射过程中，两极之间的距离通常在数厘米至 10cm 之间。首先，将真空腔压力抽至 10^{-3}～10^{-2}Pa，然后，引入氩气，使压力升至 1～10Pa，随后，通过电源，在阴极靶和阳极靶之间建立一个负高压，导致辉光放电并形成一个等离子区域。在这个等离子区域中，带正电的氩离子在电场的作用下被加速并轰击阴极靶，溅射出靶材原子，并在基片上沉积形成薄膜。同时，一些来自阴极靶的电子也会被溅射出来，称为二次电子，二次电子可以参与等离子体的维持和稳定，也可以通过相应的控制手段进行调控。

二极溅射是一种具有以下特点的溅射技术：结构简单、易于控制。然而，它也存在一些限制和挑战。首先，二极溅射的工作腔体压力比较高，通常在 1～10Pa 范围内，这将导致膜层易受沾污；其次，二极溅射的沉积速率相对较低，由于能量转移和损失的限制，溅射过程中仅有一小部分的溅射原子能够到达基片表面并沉积；另外，由于沉积膜层的厚度限制，通常不能沉积超过 10μm 的厚膜，这在一些需要较厚膜层的应用中可能受到限制；此外，二极溅射过程中产生的大量二次电子直接轰击基片，会给基片带来热量，导致基片温度升高，高温可能对一些材料和应用而言是不可接受的，因为它可能引起材料结构的变化或其他不良影响。因此，虽然二极溅射具有结构简单、易于控制的优点，但在选择溅射方法时需要注意上述限制，以确保其适用性和可行性。

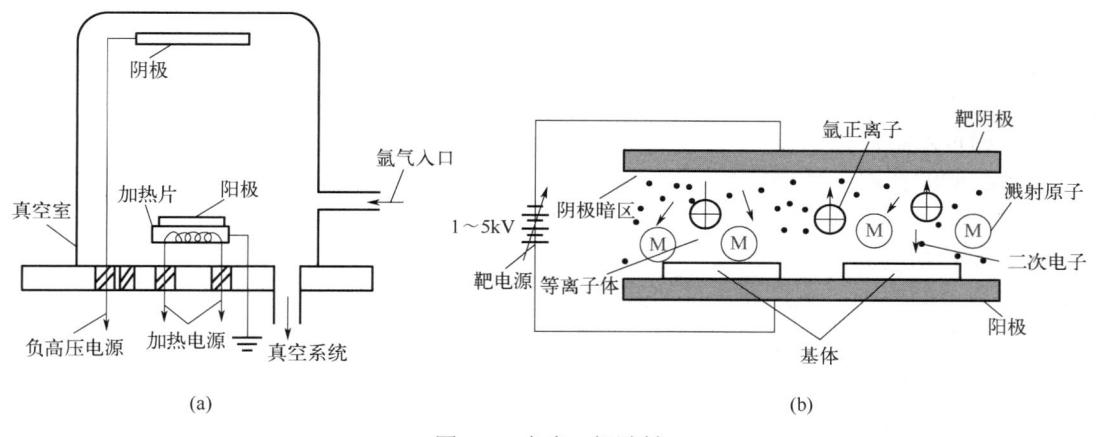

图 6-8   直流二极溅射
（a）装置示意图；（b）原理示意图

为获得高密度的等离子体，提高溅射速率，改善膜层质量，在二极溅射的基础上又开发出了三极溅射和四极溅射。

6.2.2.2   射频溅射

直流阴极溅射方法主要适用于沉积金属膜，而较难用于沉积介质膜。一方面，在直流溅射过程中，当离子轰击介质靶的表面时，由于介质靶材表面的电阻性质，无法有效中和离子表面的电荷，导致靶面电位的不断升高，使得外加电压几乎全部加在了靶上，减小了极间离子的加速和电离程度，最终导致了溅射过程的中断；另一方面，由于电中和问题，直流溅射中的电场力较小，离子的加速和冲击能量也相应降低，这使得溅射过程变得不够有效，难以实现对介质材料表面的高效溅射，为此开发了射频溅射方法。

射频溅射利用高频电磁辐射来维持在低气压环境下（约 2.5×10^{-2} Pa）产生辉光放电。在射频溅射中，阴极位于紧贴介质靶材的背后，并且高频电压被施加在靶子上。这样，正离子和电子可以在一个周期内交替轰击靶子，实现对介质材料的溅射。

在射频溅射系统中，由于电极交替作为阴极和阳极，在金属电极面积相等的情况下，离子流和电子流的轰击受到了等量级的影响，这使得该结构的射频溅射系统难以形成薄膜。为了解决这个问题，通常采用非对称平板型的结构。其中，射频电源连接到较小的电极上，将较大的电极和屏蔽罩接地作为另一个电极。这样，在电极之间产生的暗区电压降会比半暗区压降大得多。由于暗区电压降的大小决定了轰击电极的离子能量，如果较大电极的面积足够大，使流向它的离子的能量小于溅射阈能，那么就不会在较大电极上发生溅射。因此，只需将较小的电极作为靶材，而将基体或工件放置在较大的电极上，就可以实现射频溅射沉积薄膜的目的。通常射频溅射使用的频率为 10～30MHz，国际上通用的射频频率是13.56MHz。

通过非对称平板型结构和射频溅射技术，可有效控制离子能量的分布和溅射过程，实现对薄膜的高质量、高效率沉积。这种方法在材料科学、光学薄膜、电子器件等领域中得到了广泛应用。

6.2.2.3　磁控溅射

磁控溅射又称高速低温溅射，相对于二极溅射，其具有沉积速率快、工作气压低、镀膜质量高等优势，且工艺稳定，便于大规模生产。它的发展引起了镀膜工艺的深刻变革。

（1）磁控溅射原理

磁控溅射源在不同的结构中可能存在一些变化，但它们都具备以下两个基本条件：一是建立与电场垂直的磁场；二是磁场方向平行于阴极表面，并组成环形磁场。图 6-9（a）为平面磁控靶结构原理图，在实质上为二极结构的阴极靶后面设置了磁铁，磁铁在靶面上产生水平分量的磁场。电场和磁场的这种布置，正是为了对离子轰击靶材时放出的二次电子进行有效的控制。如图 6-9（b）所示，在磁控溅射过程中，当加速的二次电子受到洛伦兹力作用时，它们将以一种摆线和螺旋线的复合形式进行圆周运动。这些电子的运动路径非常长，并且由于电磁场的束缚作用，它们被约束在靠近靶表面的等离子体区域内沿着轨道转圈。在这个区域内，电子频繁地与气体碰撞，导致气体分子电离产生大量的 Ar^+，这些离子被用来轰击靶材，实现高速溅射。随着电子的多次碰撞，它们的能量逐渐降低，逐渐远离靶面，并最终朝向阳极离开。同时，沿着磁力线方向，电子也以螺旋状轨迹振荡运动。无论是跟随轨道漂移还是跨越不同轨道的振荡，这些电子均以较低的能量飞向基体。这样的运动模式可以有效降低基体的温升。由于引入正交电磁场对电子进行束缚，磁控溅射的放电电压和气压都远低于直流溅射，通常，放电电压约为 $500\sim600V$，气压约为 $10^{-1}Pa$。通过增加正交电磁场的束缚效应，磁控溅射能够实现高效的物质沉积，同时减少基体的热损伤。

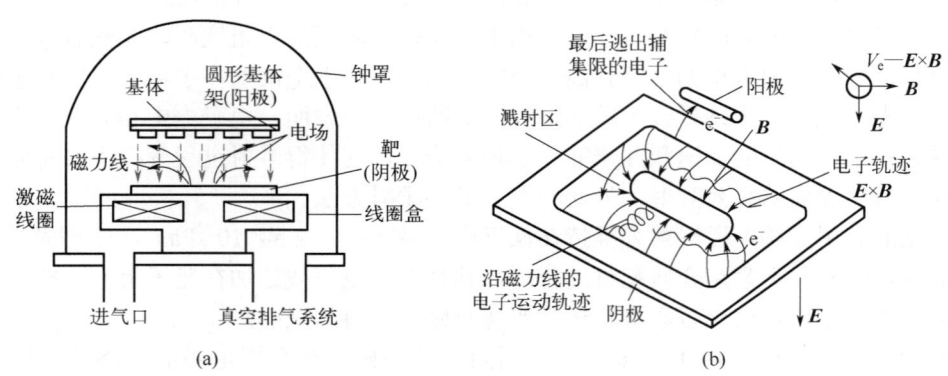

图 6-9　平面磁控溅射原理图

（a）结构简图；（b）工作原理图

V_e—带电粒子速度

（2）几种常用磁控溅射源

① 平面磁控溅射源。这是目前应用最广的溅射源，其结构简单，加工方便。靶材一般为 $3\sim10mm$ 的平板，通常做成矩形和圆形［如图 6-10（a）所示］。靶背面安装永久磁铁或电磁铁，或二者的复合结构。为控制靶温，应采用水冷；为防止非靶材零件的溅射，应设置屏蔽罩。平面磁控溅射的平均电流密度为 $4\sim40mA/cm^2$，功率密度为 $1\sim36W/cm^2$，基体与靶的距离为 $5\sim10cm$。

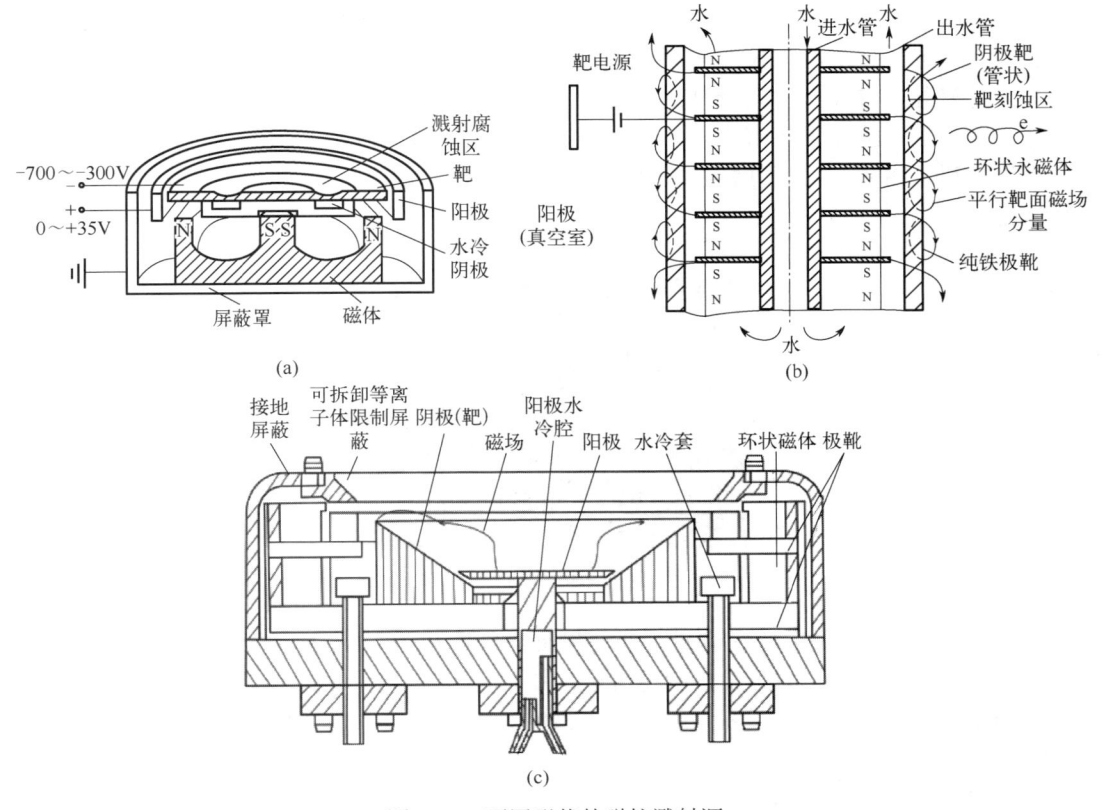

图 6-10　不同形状的磁控溅射源
（a）圆形；（b）圆柱形；（c）S 枪

② 同轴圆柱形磁控溅射源。图 6-10（b）为永磁式同轴圆柱形磁控溅射源结构示意图，这种柱状源由永磁环和水冷柱状阴极靶构成，每个永磁环之间使用纯铁垫片进行隔离，而且永磁环是以相同的极性相邻放置，即每个永磁环中间断面上的磁力线是平行于靶表面并与电场正交的。

③ S 枪磁控溅射源。图 6-10（c）为 S 枪磁控溅射源，其结构包括锥状环形或环形阴极靶、圆盘状阳极（位于阴极中心），而且阴极和阳极都采用水冷。此外，环形磁铁套在阴极的外侧。阴极靶表面形成的曲线形磁场与电场相互作用，构成了一个正交电磁场。因此，当二次电子从阴极发射出来时，它们会在靶表面的环形区域中进行复合运动。这种结构使得溅射过程中的二次电子能够在靶表面上长时间运动，并且受到磁场的束缚。二次电子经过反复的摆动和螺旋轨迹，增加了与气体碰撞的机会，产生更多的离子来轰击靶材，大大提高了溅射速率和效率。

（3）**磁控溅射镀膜工艺**

一般间歇式的磁控溅射工序为：镀前表面处理→真空室的准备→抽真空→磁控溅射→镀后处理。镀前表面处理与蒸发镀膜相同。真空室的准备包括清洁处理、检查或更换靶（不能有渗水漏水，不能有屏蔽罩短路）、装工件等。磁控溅射工艺参数为电压 0.2~1kV（高速低温），功率密度为 3~30W/cm²，氩气压力为 10^{-2}~10^{-1}Pa。

（4）磁控溅射特点

①沉积速率大，产量高。磁控溅射采用高速磁控电极，使得靶表面可以获得非常大的轰击离子电流。这样一来，靶表面的溅射刻蚀速率和基体表面上的膜沉积速率都大大提高。相比其他溅射装置，磁控溅射具有高生产能力和高产量的优势：磁控溅射能够实现高速、高效的溅射过程，生成的离子流密度大，可得到高产量的溅射材料。这对于大规模生产和工业化应用非常有利。图 6-11 为采用磁控溅射法制备的 WO_3 纳米阵列，其可用于工业上使用的电致变色玻璃。

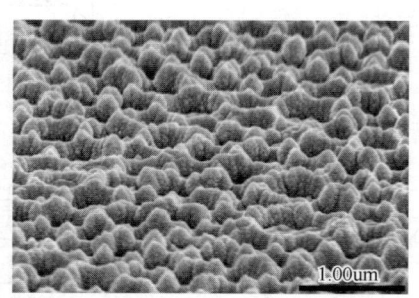

图 6-11　采用磁控溅射法制备的 WO_3 纳米阵列

② 效率高。低能电子与气体原子的碰撞概率高，因此气体离化率大大增加。相应地，放电气体（或等离子体）的阻抗大幅度降低。直流磁控溅射与直流二极溅射相比，即使压力由 $1\sim10\text{Pa}$ 降低到 $10^{-2}\sim10^{-1}\text{Pa}$，溅射电压也同时由几千伏降低到几百伏，溅射效率和沉积效率反而成数量级增加。

③ 低能溅射。磁控溅射过程中，因为施加在靶上的电压较低，等离子体被束缚在靠近阴极的区域内，形成了一个封闭的空间。这样的束缚效应抑制了高能带电粒子向基体一侧入射情况的发生。由于束缚效应的存在，磁控溅射相比其他溅射方式，高能粒子轰击所引起的损伤对基体的影响减少，从而降低了器件性能下降的风险。

④ 向基体入射的能量低。磁控溅射过程中，由电子轰击引起的热量输入到基体的较少，可以避免基体温度过度升高的问题。这是因为在溅射过程中，电子的质量较小，能量传递到基体的能力有限，相比其他粒子（如离子）轰击，电子入射产生的热能较小。此外，在直流磁控溅射方式中，阳极不需要接地，而是处于浮动电位状态，这意味着电子不需要通过接地的基体支架流回阳极，而是直接通过阳极流走，从而减少由电子轰击引起的基体热量增加。这种放电模式被称为冷模式，与使用接地阳极的热模式相区别。在冷模式下，基体的温度升高较小，有助于保持薄膜沉积过程中的温度控制和稳定性。

⑤ 靶的不均匀刻蚀。在高速磁控电极中，使用的是不均匀磁场，这将会导致等离子体产生局部收聚效应。这意味着在磁场的作用下，等离子体在靶表面的某些局部位置收缩和聚集，导致该区域的溅射刻蚀速率极大。因此，在短时间内，靶表面就会出现显著的不均匀刻蚀现象。由于不均匀刻蚀的问题，靶材的利用率一般较低，通常在 20%～30%之间。为了提高靶材的利用率，可以通过改善磁场的形状和分布，减小等离子体的聚集效应，使溅射刻蚀更加均匀。另外，还可以通过调整磁铁在阴极内部的位置，实现磁场的移动，进一步改善刻蚀的均匀性。

⑥ 溅射原子的离化。在溅射装置的放电空间中，一部分进入的溅射原子会经历电离过

程。电离概率取决于电离碰撞截面、溅射原子的空间密度以及与电离相关的粒子的入射频率三者的乘积。根据近似关系，电离概率与靶入射电流密度的平方成正比。在高速磁控溅射方式中进行大电流放电时，溅射原子的离化率通常较高。这是因为高电流密度会增加溅射原子的空间密度，从而提高了电离概率。此外，与电离相关的粒子的入射频率随着大电流放电的增加而增加，进一步增加了离化率。

⑦ 磁性材料靶材。如果溅射靶是由高磁导率的材料制成，磁力线在靶的内部会发生磁短路现象，导致磁控放电难以进行。这是因为高磁导率材料对磁力线具有极高的导磁性，使得磁场无法穿透材料内部，从而无法形成有效的空间磁场。为了解决这个问题，一方面通过使靶材的内部磁场达到饱和状态，来改善磁场的传递，使磁力线在靶内部产生漏磁，增加磁场的空间分布，从而有助于形成磁控放电所需的空间磁场；另一方面在靶上留下许多缝隙或孔洞，以促使更多的漏磁发生，这样可以增加磁力线的逃逸路径，进一步改善磁场的分布，并提供更好的空间磁场。

6.2.3 离子镀膜

6.2.3.1 离子镀概述

离子镀是一种在真空条件下进行的表面处理技术，它结合了辉光放电、等离子体技术和真空蒸发镀膜技术。在离子镀过程中，气体或蒸发物质经过气体放电部分离子化，同时被离子轰击，并在离子轰击的作用下沉积到基体表面上。

离子镀具有许多优点，使其成为一种广泛应用且迅速发展的表面处理技术。首先，离子镀具有较快的沉积速度，能够在较短的时间内形成较厚的膜层；其次，离子镀的膜层附着力强，能够在基体表面形成良好的结合；此外，离子镀的膜层具有良好的绕射效果，可以实现均匀的沉积，使得涂层的厚度在整个基体表面都保持一致；最重要的是，离子镀可应用的材料广泛，包括金属及塑料、陶瓷等非金属材料。

离子镀可以用于涂覆单金属、合金、化合物以及各种复合材料，以改善材料的性能。通过离子镀，可为表面提供耐磨、抗腐蚀、耐高温等特殊性能，因此被广泛应用于各个领域。它在工业生产、电子器件、光学镀膜、金属涂层等领域具有重要作用，并得到快速的进展。

离子镀技术最早是由 D.M.Mattox 于 1963 年提出并付诸实践的。镀前将真空室抽至 $6.65 \times 10^{-3}Pa$ 以上，后通入氩气至 $1 \sim 10Pa$。基体加 $1 \sim 5kV$ 负偏压。当电源接通后，在阴极和蒸发源之间形成辉光放电，产生等离子区。在这个区域内，由于电子的碰撞和激发作用，镀材蒸气粒子会与电子、被激发的氩原子或离化的氩原子发生碰撞。这些碰撞会导致部分蒸气粒子被电离成为正离子。这些电离的镀材离子与气体离子一起，在电场的作用下加速，并以较高的能量轰击工件表面和镀层表面。这种离子轰击的作用持续存在于整个离子镀的过程中。离子轰击效应是离子镀的关键部分。它使得离子能量高，能够在轰击过程中提供足够的能量来改善基体表面的附着力，并促进涂层与基体的结合。此外，离子轰击还有助于紧密堆积镀层的形成，提高涂层的密度和均一性。

离子镀膜与传统的真空蒸镀在许多特性上有所区别，其中一个关键区别是离子和高速中性粒子参与了镀膜过程。因此，离子镀过程中的离化率，即被电离的原子占全部蒸发原子的百分比，成为一个重要的指标。特别是在活性反应离子镀的情况下，离化率更为重要，因为它是活化程度的主要指标之一，被蒸发原子和反应气体的离化程度直接影响着膜层的各种性能。

目前使用的离子镀装置中，Mattox 直流二极型气体分子的离化率为 0.1%～2%，射频激励型的离化率约为 10%，空心阴极放电型的离化率为 22%～40%，电弧放电型的离化率可达 60%～80%。

6.2.3.2　离子镀的类型及装置

离子镀的类型较多，膜材的气化方式有电阻加热、电子束加热、等离子电子束加热、高频感应加热等。气化分子或原子的离化方式有辉光放电型、电子束型、热电子型、等离子电子束型以及各种类型的离子源等。离子镀装置示意图如图 6-12 所示。

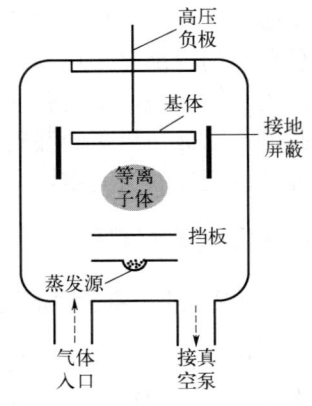

图 6-12　离子镀装置

（1）多极型离子镀和活性反应离子镀

三极型离子镀是在二极型离子镀的阴极（基体架）下方，横向安置一对电子发射极和收集极，使电子横向穿过蒸发的粒子流，增加碰撞电离；而多阴极方式是在阴极（基体）边配置几个热阴极，利用热阴极发出的电子促进电离。这两种形式的放电开始的真空度可比二极型高一个数量级，其离化率可达 10%。

在离子镀过程中，若在真空室中导入与金属蒸气起反应的气体，如以 O_2、N_2、C_2H_2、CH_4 等代替氩气或将其掺在氩气之中，并用不同放电方式使金属蒸气和反应气体的分子、原子激活、离化，促进其间的化学反应，在工件表面就可以获得化合物镀层。这种方法称为活性反应离子镀。由于各种离子镀均可改装成活性反应离子镀，因此反应性离子镀种类较多，如还有高频反应离子镀、低压等离子体离子镀（LP-PD）、空心阴极离子镀（HCD）等。

（2）空心阴极离子镀

空心阴极离子镀常用 HCD 表示，其代表的意义是空心阴极放电（hollow cathode discharge）。用钽管制作的空心阴极枪安装在真空室壁上，坩埚位于真空室底部。钽管接主电源负极，坩埚接正极，电源电压 0～100V。辅助阳极和阴极作为引燃放电的两极。工作时，先将真空室抽至高真空，后由钽管向真空室通入氩气，开启引弧电源。当钽管端部的气压达到辉光放电点燃条件时便产生辉光放电。氩气在钽管内被电离后，氩离子在电场作用下以很高能量不断地轰击钽管内壁。当钽管温度上升到 2300～2400K 时，就从钽管表面发射出大量的热电子，辉光放电转变为弧光放电。放电电压由数百伏降至几十伏，电流由毫安级突然增加至数十甚至数百安。由钽管发出的热电子在接通主电源后被引出，并在偏转磁场作用下打在坩埚上，使镀膜材料蒸发。空心阴极枪发射的是高密度的低能电子束。由于金属蒸气通过等离子体电子束区域时，受到高密度电子流中电子的碰撞而离化，因此空心阴极枪既是镀料的蒸发源又是蒸发粒子的离化源。

目前我国有多种实用 HCD 改进装置，如有的省去辅助阳极或抑制栅极、偏转线圈、一次聚焦线圈，有的为钽管另设压差室。HCD 法已成功地用于装饰、刀具、模具等的镀膜工艺中。

（3）多弧离子镀

多弧离子镀是采用真空电弧放电的方法在固体的阴极靶材上直接蒸发金属，这种装置不需要熔池将被蒸发的膜材做成阴极靶，安装在镀膜室的四周或顶部。镀膜室和阴极靶分别接主弧电源正、负极，基体接负偏压。抽真空至 10^{-2}Pa 后向镀膜室内通氩气或反应气。调整室内真空度达 $10^{-1}\sim10$Pa 时即可引弧。引弧是通过引弧电极与阴极靶的接触与分离来引发弧光放电。放电时在阴极表面产生强烈发光的阴极辉点，辉点直径在 100μm 以下，辉点内的电流密度可达 $10^5\sim10^7$A/cm^2。这种电流局部集中产生的焦耳热使该区域内的材料爆发性地蒸发并电离，发射电子和离子，同时也放出熔融阴极材料的粒子。阴极辉点以每秒几十米的速度做无规则运动，使整个靶面不断地被消耗。

多弧离子镀的工作原理基于冷阴极真空弧光放电理论。其电量的迁移主要借助于场电子发射和正离子电流。放电时，阴极前产生大量金属蒸气，阴极附近气压增高，气体自由程缩短。蒸气原子所产生的正离子堆积的结果是形成空间电荷云。正离子和阴极形成偶电层，在阴极表面很短的距离内产生的极强电场导致场电子发射。在切断引弧电路之后这种场电子发射型弧光放电仍可自动维持。

在多弧离子镀的阴极强制冷却式电弧蒸发源中，圆板状阴极用水从背后强制冷却。绝缘材料使圆锥状阳极与阴极隔开。在蒸发源周围设置磁场线圈。引弧电极安装在有回转轴的永久磁铁上。磁场线圈通电时，由作用于永久磁铁的磁力使轴回转，并通过电极由接触到拉开产生的火花引发电弧，图 6-13 是采用多弧离子镀制备的（TiCrZrVAl）N 高熵陶瓷膜的截面及表面 SEM 照片，其在成分复杂的样品制备过程中具有独特的优势。

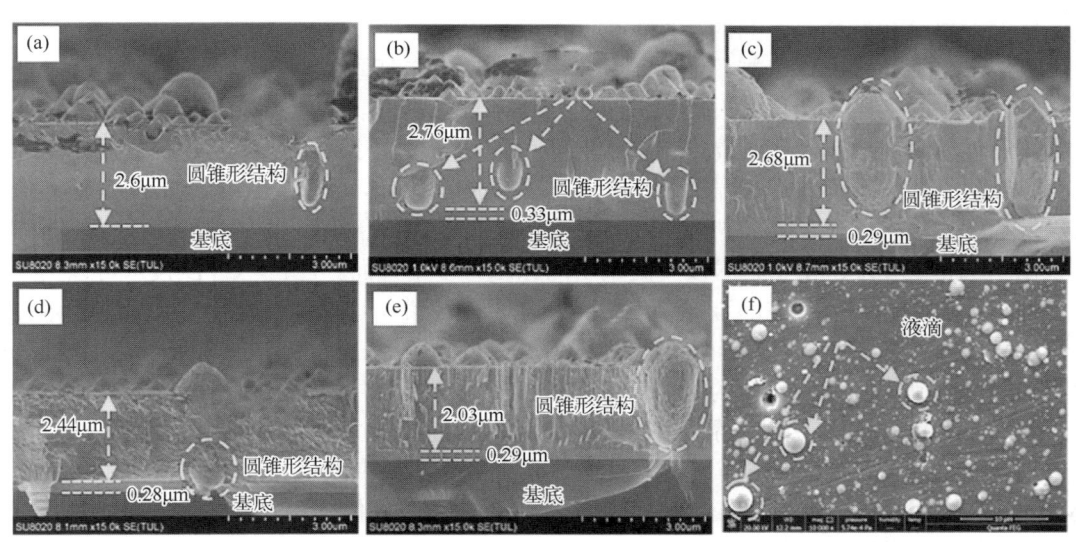

图 6-13　采用多弧离子镀制备的（TiCrZrVAl）N 高熵陶瓷膜的截面［(a)～(e)］及表面（f）SEM 照片

上述电弧蒸发源的阴极靶一般为 $\phi60\sim80$mm，常称为小弧源。一台设备需装两个、四个，多至二十几个，控制起来比较烦琐。为弥补其不足，我国学者又先后研制出性能优异的板状大弧源和柱状弧源，在镀制较大工件和工件内孔等情况下显示出很大优越性。研制者又通过对磁场等的巧妙设计和控制，使阴极靶材均匀消耗，且镀层均匀，质量好。

离子镀膜的种类，除前面介绍的几种之外，还有射频放电离子镀、感应加热离子镀、簇团离子束镀、电弧放电型高真空离子镀、电子溅射离子镀等。

6.3　化学气相沉积

化学气相沉积（CVD）是在一定的真空度和温度下，将几种含有构成沉积膜层的材料元素的单质或化合物反应源气体，通过化学反应生成固态物质并沉积在基材上的成膜方法。通过控制反应温度、反应源气体组成及浓度、压力等参数，可以方便地调控化学气相沉积（CVD）沉积层的组织结构和成分，从而改变其力学性能和化学性能，以满足不同工件使用性能的要求。

与物理气相沉积（PVD）不同，CVD 过程通常在相对较高的压力环境下进行。较高的压力有助于提高薄膜的沉积速率。在这种情况下，气体的流动状态处于黏滞流状态。气相分子不再直线运动，其在基材上沉积的概率也不再是 100%，而是取决于多个因素的复杂组合，如气压、温度、气体组成、气体激发状态和薄膜表面状态等。

这种特性使得 CVD 薄膜可以在复杂零件的表面上均匀涂覆，较少受到阴影效应的限制。阴影效应是在 PVD 等离子体沉积过程中常见的现象，由于很小而复杂的形状，导致在阴影区域无法完全沉积薄膜。而 CVD 薄膜的沉积过程中，气体分子在复杂形状和曲面上能够更好地扩散和沉积，减少了阴影效应的影响。

因此，CVD 技术具有较高的可控性，可以通过调节反应参数来实现对薄膜性质的精确控制。这使得 CVD 薄膜在微电子、材料工程、光学镀膜等领域广泛应用，并能满足对薄膜质量、厚度、成分和结构等方面的高要求。

利用 CVD 技术，可以制备的薄膜种类范围很广，包括固体电子器件所需的各种功能薄膜、轴承和工具的耐磨涂层、发动机或核反应堆部件的高温防护涂层等。特别是在高质量的半导体晶体外延技术以及各种介电薄膜的制备中，大量使用了化学气相沉积技术。同时，这些实际应用又极大地促进了化学气相沉积技术的发展。比如，在太阳能电池应用领域，应用化学气相沉积技术制备的薄膜材料就包括多晶 Si、非晶 Si、纳米金刚石膜等多种不同的材料。

化学气相沉积（CVD）技术被广泛采用的原因有多个方面。首先，CVD 技术可以用于制备各种高纯度晶态或非晶态的金属、半导体和化合物薄膜，这种多样性使得 CVD 技术在材料科学和工程领域具有广泛的应用潜力；其次，CVD 技术具有能够有效控制薄膜化学成分的优势，通过精确控制反应气体的组成和流量，以及调节反应参数如温度、压力等，可以实现对薄膜成分的精确控制，这使得 CVD 技术能够满足对复杂化学成分的薄膜需求，例如合金、化合物或多层膜的制备；此外，CVD 技术还具有高生产效率和低设备及运行成本的优势，CVD 过程通常具有较高的沉积速率，可以在相对较短的时间内制备较厚的薄膜；同时，CVD 设备相对简单，运行成本相对较低，使得大规模生产成为可能；最后，CVD 技术与其他相关工艺具有较好的相容性，可以与其他工艺如物理气相沉积（PVD）、溅射、光刻等技术相结合，实现多步骤的加工工艺，这使得 CVD 技术在集成电路制造、光学涂层、传感器制备等领域中得到广泛应用。

可见，化学气相沉积技术可以制备各种碳化物、硼化物、金刚石、单金属、合金和金属化合物层等，在新材料、电子、光学、机械、能源、航空航天等工业中广泛应用，发挥着巨大作用。

6.3.1　化学气相沉积过程与反应方程式

化学气相沉积的过程可以在常压下进行，也可以在低压下进行。在低压下进行 CVD 有许多优势，其中之一是气态反应物质的扩散速度比常压下快，这对于反应物质与基材的扩散、吸附、反应和膜层的生长均匀性都能起到很好的作用，使沉积层的质量得到明显改善。CVD法制备薄膜的过程，可以分为以下五个主要步骤。

　① 反应气体的热解；
　② 反应气体向基材表面扩散；
　③ 反应气体吸附于基材的表面；
　④ 在基材表面上发生化学反应；
　⑤ 在基材表面上产生的气相副产物脱离表面而扩散掉或被真空泵抽掉，在基材表面沉积出固体反应产物薄膜。

CVD工艺中的材料源，通常是采用挥发性的化合物，由气体携带进入高温的反应区，通过化学反应在工件表面生成薄膜。由于不少CVD工艺的副产品都是腐蚀性的和有毒的，所以必须有废气的收集和处理装置。由于制取沉积层材料的不同及使用领域的不同，在CVD技术中会采用不同的化学反应类型。在实际应用中，最常见的CVD反应方式有以下几种。

　① 热分解反应；
　② 金属还原反应；
　③ 化学输运反应；
　④ 氧化或加水分解反应；
　⑤ 等离子体激发反应；
　⑥ 金属有机物化学气相沉积。

反应的若干例子用反应式表示如下。

生成Si的热分解反应：

$$SiH_4 \longrightarrow Si+2H_2 （反应温度：700 \sim 1100℃）$$

生成Si的还原反应：

$$SiCl_4+2H_2 \longrightarrow Si+4HCl （反应温度：1200℃）$$

生成SiO_2的氧化反应：

$$SiH_4+O_2 \longrightarrow SiO_2+2H_2 （反应温度：400℃）$$

生成Cr的置换反应：

$$CrCl_2+Fe \longrightarrow Cr+FeCl_2$$

生成GaAs的金属有机物化学气相沉积：

$$Ga(CH_3)_3+AsH_3 \longrightarrow GaAs+3CH_4 （通入 H_2）$$

6.3.2　化学气相沉积反应物质源

确定沉积层材料和CVD反应类型后，最重要的问题就是选择参与反应的物质源，常用的物质源有以下几种。

（1）气态物质源

气态物质源是指在室温下呈气态的物质，如H_2、CH_4、O_2、SiH_4等。这种物质源对CVD工艺技术最为方便，因为它只用流量计就能控制反应气体流量，而不需要控制温度。这就使沉积层设备系统大为简化，对获得高质量沉积层成分和组织非常有利。

（2）液态物质源

在室温下呈液态的反应物质称为液态物质源，这类物质源分两种：一种是该液态物质的蒸气压即使在相当高的温度下也很低，必须加入另一种物质与它反应，生成气态物质送入沉积室，参与沉积反应；而另一种液态物质源在室温下或稍高一点的温度下，就能得到较高的蒸气压，满足沉积工艺技术的要求，这种液态物质源很多，如 $TiCl_4$、CH_3CN、$SiCl_4$、BCl_3 等。控制液态物质源进入沉积室的量，一般采用控制载气和加热温度，当载气（CH_4、Ar）等通过被加热的物质源时，就会携带一定数量这种物质的饱和蒸气。

载气携带物质的量，可由该液体在不同温度下的饱和蒸气压数据或蒸气压随温度变化的曲线，定量地估算出单位时间内进入反应室的蒸气量 n。要想准确地控制物质源蒸气量，达到反应气体分压的要求，就必须严格地控制工作载气流量和加热温度。但在实际应用时，还应该注意以下两个问题：一是一些文献中给出的物质蒸气压数值的测定条件和实际使用条件通常是不一样的，如不根据具体条件使用这些数据会造成较大的误差；二是盛装液体物质源容器的大小和形状，也会影响携带蒸气量的多少。所以，为了精确控制反应物质流量，应该按具体条件试验测定出不同温度和不同载气流下，每种液态物质源的蒸气量，确保沉积工艺的要求。

（3）固态物质源

固态物质源如 $AlCl_3$、$NbCl_5$、$TaCl_4$ 等。它们在较高温度下（约在 $10^2℃$ 数量级），才能升华出需要的蒸气量，可用载气带入沉积室中。因为固体物质源的蒸气压在随温度变化时，一般都很灵敏。因此，需要对加热温度和载气量的控制精度更加严格，这对沉积层设备、制造提出了更高的要求。

6.3.3 化学气相沉积层质量影响因素

（1）沉积温度

沉积温度是影响沉积层质量的重要因素，而每种沉积层材料都有自己最佳的沉积温度范围。一般来说，温度越高，CVD 化学反应速率越快，气体分子或原子在基材表面吸附和扩散作用加强，故沉积速率也越快，因此沉积层致密性好，结晶完美。但过高的沉积温度，也会造成晶粒粗大的现象。沉积温度过低，会使反应不完全，产生不稳定结构和中间产物，沉积层和基材表面的结合强度大幅下降。

（2）反应气体分压（气体配比）

反应气体分压是决定沉积层质量好坏的重要影响因素之一，它直接影响沉积层形核、生长、沉积速率、组织结构和成分等。对于沉积碳化物、氮化物沉积层等时，通入金属卤化物（如 $TiCl_4$）的量应适当高于化学当量计算值，这对获得高质量的沉积层是很重要的。

（3）沉积室压力

沉积室压力与化学反应过程密切相关，压力会影响沉积室内热量、质量及动量传输，因此影响沉积速率、沉积层质量和沉积层厚度的均匀性。在常压水平反应室内，气体流动状态可认为是层流；而在负压立式反应室内，由于气体扩散增强，反应生成废气能尽快排出，可获得组织致密、质量好的沉积层，更适合大规模工业化生产。

通过上述工艺参数的调控，可以制备多种常规条件下无法制备的材料，例如超薄二维层状材料，如图 6-14。

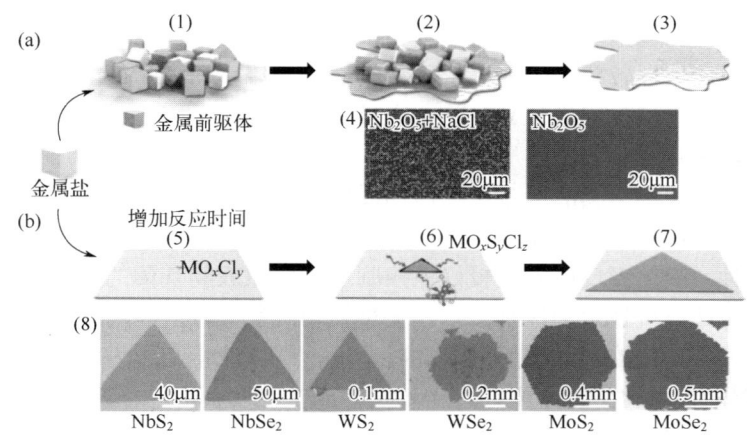

图 6-14　采用化学气相沉积合成二维层状材料

6.3.4　化学气相沉积装置

化学气相沉积（CVD）装置的类型多种多样，包括实验室用和工业生产用。尽管装置类型不同，但它们的基本结构和原理大致相似。在选择 CVD 装置时，需要考虑以下几个关键因素。

① 反应室的形状和结构：反应室通常是装置的核心部分，其中反应物质与基材进行反应和沉积。反应室的形状和结构对于反应条件和薄膜质量起着重要作用，有圆筒形、方形或平板式等形状和结构。

② 加热方法和加热温度：加热系统用于提供反应室和基材的适宜温度。不同的 CVD 装置使用不同的加热方法，如辐射加热、感应加热或电阻加热等，以实现所需的反应温度。

③ 气体供应方式：气体是 CVD 过程中至关重要的组成部分，气体供应方式可以是直接进气、液体蒸发或气体分解供气等，供气方式需要考虑气体流量、稳定性和混合控制等因素。

④ 基材材质和形状：基材的性质和形状对于薄膜沉积的均匀性和附着力非常重要，不同的 CVD 装置适用于不同类型和形状的基材，如平板、管状、粉末等。

⑤ 气密性和真空度：CVD 通常需要在较高真空条件下进行，以避免氧化和杂质的影响，装置的气密性和真空度对于反应物质扩散和薄膜质量有重要影响。

⑥ 原料气体种类：CVD 过程中使用的原料气体种类根据所需的薄膜化学成分和性质而定，不同的装置可以适应不同的气体供应和混合要求。

⑦ 产量：CVD 装置的产量和处理能力是一个重要考虑因素，对于工业生产，需要考虑装置的大规模连续生产能力和自动化程度。

CVD 装置是由反应室、气体流量控制系统、蒸发容器、排气系统和排气处理系统组成的。CVD 装置的加热方式有电加热、高频诱导加热、红外辐射加热和激光加热等。根据装置结构和实验目的，可适当选择加热方法。在 CVD 方法中一般来说只加热基材，使反应只在基材表面进行。

确保制备均匀薄膜是考虑反应室结构的主要目的之一。在 CVD 反应中，反应主要发生在基板表面，因此反应室结构应设计为能够有效抑制气相中的反应，并向基材表面提供足够的反应气体，以实现均匀的薄膜沉积。同时，反应室结构还需要能够迅速排除反应生成物气体，以保持反应环境的稳定。

常见的反应室结构包括水平型、垂直型和圆筒形。水平型反应室 CVD 装置具有高产量的优点，但薄膜的均匀性较差，因为在水平型结构中，流体动力学效应可能导致气体流动不均匀。相比之下，垂直型反应室 CVD 装置通过基材的旋转系统可以实现均匀薄膜的制备，但产量相对较低。

为了兼顾高产量和均匀膜的制备，圆筒形反应室 CVD 装置逐渐被应用。该结构下，反应室呈圆筒形，气体在圆周方向流动。这种结构有助于保持气体流动的均匀性，从而提高薄膜的均匀性。同时，圆筒形反应室也较好地控制了反应生成物气体的排放。

近年来，随着计算机技术和控制技术在化学气相沉积领域的应用，人们能够更好地监测和控制反应过程。自动化控制系统的引入，对温度、气体流量和压力实时监测与调节，大大提高了 CVD 装置的自动化生产水平。

在 CVD 过程中，反应气体包括原料气体、氧化剂和还原剂等。原料气体可以是气态、液态或固态物质。在液态情况下，原料物质通常先装在蒸发容器中，通过加热使其蒸发；在固态情况下，原料物质放置在蒸发容器中，通过加热使其升华或蒸发，进而形成蒸气进入反应室。气体流量是 CVD 过程中一个重要的控制参数，调节气体流量可以确保反应过程中原料气体的稳定供应，从而实现所需薄膜的沉积。除了原料气体，CVD 过程中还常常使用氧化剂和还原剂，氧化剂用于提供氧气，在氧化反应中起催化或氧化的作用；还原剂则用于提供氢或其他还原性物质，在还原反应中发挥作用。通过控制原料气体、氧化剂和还原剂的供应与流量，可以调节 CVD 反应的化学环境，实现所需薄膜的成长和沉积。

在薄膜制备过程中，存在两个最重要的物理量：气相反应物的过饱和度和沉积温度，这两个参数的调控将直接影响薄膜的形核率、沉积速率和微观结构。

气相反应物的过饱和度是指气相中反应物浓度超过了平衡浓度的程度，它对薄膜形核和生长过程起关键作用。较高的过饱和度能够促进形核，从而增加薄膜的形核率和沉积速率。然而，对于过饱和度较高的条件，可能导致非均匀的薄膜生长和颗粒聚集。因此，控制适宜的过饱和度对于获得均匀薄膜至关重要。另一个重要参数是沉积温度，沉积温度会影响薄膜的晶体结构、形貌和生长速率。通常，较高的温度可以提高薄膜的结晶性，增大晶粒尺寸。但是，过高的温度可能导致晶粒生长过快、薄膜表面粗糙，或者引起杂质掺杂。相反，较低的温度可能导致非晶态或多晶薄膜的形成。因此，在薄膜制备过程中，选择适当的沉积温度对控制薄膜的晶体结构和质量具有重要影响。

要想得到结构完整的单晶薄膜，两个重要的条件就是气相的过饱和度要低、沉积的温度要高，相反的条件则促进多晶甚至非晶薄膜的生成。因而在强调薄膜晶体质量的情况下，多采用高温的 CVD 系统，而在强调材料低温制备条件的场合，多使用低温的 CVD 系统。

各种薄膜的制备温度一般不同。CVD 装置的基材温度分为低温、中温和高温三个区域。低温区指的是在集成电路 IC 的制作中能在铝的配线上制备薄膜的温度，一般在 400℃左右。中温区指的是在 IC 的制作过程中掺杂在基材上的杂质原子不发生再分布的温度区域，在这个温度下制备钝化膜和电极。高温区指的是硅、碳膜等的外延生长温度区，大约在 1000℃以上。

高温 CVD 系统被广泛应用于制备半导体外延薄膜，以确保薄膜材料的生长质量。这类系统可分为热壁式和冷壁式两种，例如制备（Ga，In）、（As，P）系列半导体薄膜就是采用热壁式。这类装置的特点是使用外置的加热器将整个反应室加热至较高的温度。例如，一般需要将临近 In、Ga 物质源区的温度控制在 800～850℃的较高温度范围，而将薄膜沉积区的温度控制在 700℃左右。根据沉积速率对温度的依赖性可知，这样做既有利于实现物质源的输运，也可以减少放热反应的反应产物在器壁上的沉积。属于这一类的化学气相沉积过程可用于 GaAs 类材料制备。

等离子化学气相沉积法（PCVD）可以在较低温度下反应生成无定形薄膜，典型的基材温度是 300℃ 左右。在等离子放电时，一般气压为十到几百帕，电子密度和电子能量分别为 $1\sim10^{12}cm^{-3}$ 和 $1\sim10eV$。高速运动的自由电子的温度高于 10^4K，而离子、原子和分子的温度只有 $298\sim573K$。高能电子使得只有在高温下才能发生的反应可在较低温度下发生。

等离子聚合也可视为 CVD 过程，一般认为它的成膜机理有两种，即等离子诱导聚合和等离子聚合。前者单体聚合取决于放电时的激发气体，而且单体必须是碳链三重键或烯族双重键，等离子激活可使其他单体与这些键结合而形成聚合物；后者是等离子体中的电子、高能离子和原子碰撞产生的原子反应过程，并不要求单体是非饱和多重键，最终的聚合物与初始单体截然不同，并且形成单体中间基。

这两种机理在等离子聚合过程中是同时存在的。聚合物以高度交叉结合的形式生长，因而易于制成无微孔、结构致密、机械强度高和附着力强的均匀沉积膜层。

金属有机物化学气相沉积（MOCVD）是近十几年发展起来的新型外延技术，用来制备超晶格结构和二维电子气材料，从而获得各种超高速器件和量子阱激光器等。MOCVD 之所以如此快地发展，主要是其独特的优点所决定的。MOCVD 的适用范围广，几乎可以生长所有化合物及合金半导体，如图 6-15，可以生长超薄外延层，获得很陡的界面过渡（$10^{-9}m$），生长各种异质结构，外延层均匀性好，基材温度低，生长易于控制，适宜于大规模生产。

图 6-15　金属有机物化学气相沉积
法制备的 InP 纳米线阵列

MOCVD 与分子束外延（MBE）相比，除了同样具有超薄层、陡界面外延生长的能力外，还具有处理挥发性物质（如磷等）的明显优势，且设备简单、操作方便、便于大规模生产，因而更具实用价值。

MOCVD 是生长 GaAs 和 GaAlAs 的理想方法。大多数ⅢA 族元素的烷基化合物都容易得到，含一个或两个碳原子的有机化合物在室温下通常是有中等挥发性的液体，并在几百摄氏度温度下分解。用三甲基镓（TMG）和三甲基铝（TMA）来生长 GaAs 和 GaAlAs 就是典型的例子。TMG 通常是在 0℃ 下使 H_2 通过它而成为稀释蒸气输送进反应室。As 以 AsH_3 的形式输送。反应室是有水冷壁的玻璃室。基材放在加热底座以上，对 GaAs 的加热温度为 $500\sim700℃$。晶体的外延生长是金属有机物和氢化物分解的结果。

MOCVD 一般用金属有机化合物，如二甲基锌 $Zn(CH_3)_2$ 和二乙基锌 $Zn(C_2H_5)_2$ 作为 P 型掺杂剂或氢化物（如 H_2S）作为 N 型掺杂剂。装置中没有加热壁，反应物以高过饱和度出现在生长表面上，故其不平衡程度可能更像 MBE 而不像常规的 CVD。用这种方法容易获得高质量的 GaAs、InP 和 GaAlAs 外延层。

目前普遍采用的反应装置都属于冷壁式 CVD 装置，它们的特点是使用感应加热装置对具有一定导电性的样品台进行加热，而反应室器壁则由导电性较差的材料制成，且由冷却系统冷却至较低的温度。冷壁式装置可以减少吸热反应的反应产物在反应容器壁上的沉积，例如由 H_2 还原 $SiCl_4$，而沉积 Si 薄膜的反应以及多数 CVD 过程涉及的化学反应也都属于这种反应类型。

在上述所示的装置中，大多采取了具有一定倾斜角度的基材放置方法。这样做的目的是强制加快气体的流速，部分抵消反应气体通过反应室后发生贫化的现象。反应气体由反应器的中心输入之后，在均匀流过基材表面的同时，也会将反应的产物气体带出反应器。高温 CVD 装置除了可被用于半导体材料的外延生长之外，还被广泛应用于模具部件耐磨涂层的沉积领域。

在半导体工业中，还要用到低温 CVD 装置。它主要用于各类绝缘介质薄膜，如 SiO_2、Si_3N_4 等的沉积。由于用作半导体器件引线的 Al 与 Si 基底在 450℃以上要发生化学反应，因而低温 CVD 装置的工作温度大多低于这一温度。随着等离子体技术的发展，现今可以借助等离子体技术，有效地降低介质薄膜的沉积温度。

思考题

1. 如何区别 CVD 和 PVD 工艺？
2. CVD 技术的用途是什么？
3. 请列举 CVD 技术的优势和劣势。
4. 简述 CVD 工艺的沉积过程。
5. 影响化学气相沉积的主要因素有哪些？
6. 为了获得合格的 CVD 制品，所选用的前驱体应该具有哪些特点？
7. 一般而言，CVD 设备应该具备哪些功能？
8. 简述喷射真空泵的工作原理。
9. 什么是真空蒸发镀膜？
10. 什么是溅射镀膜？简要说明二极溅射镀膜的过程。
11. 什么是离子镀？请简述其基本工作原理。

第 7 章

高能束表面改性技术

现今，我国涂层工业发展高歌猛进，各种高性能涂层和高效环保涂层加工工艺技术在各个行业的应用要求日益剧增。高能束表面改性技术是一种新型的表面改性工艺技术，其工作原理主要是将激光束、电子束、离子束和等离子束产物当作作用热源，致使材料表面上的局部成分或结构发生变化，以此来实现材料的局部表面性能的改进，进而获得具有优异材料综合性能的涂层。高能束表面改性技术将激光束、电子束等当作热源，因此具备极高的能量密度、较小的热辐射影响区、非机械接触式的加热，对工件基板材料尺寸以及综合性能的变化有较小影响，该技术具有操作过程可控性强、便于计算机远程控制、绿色环保等优势。高能束表面改性技术主要包括激光表面改性技术、电子束表面改性技术、离子束表面改性技术和等离子体改性技术。本章主要介绍高能束表面改性技术的原理、工艺过程、装备以及应用。

7.1 高能束与材料相互作用理论

7.1.1 激光束与材料相互作用

当激光束直接照射至金属材料表面时，根据照射的持续时间和辐射密度可将其与材料之间的相互作用分为以下几个阶段：激光照射材料表面，材料内部物质吸收激光并迅速转变成为热能；材料表面受到照射，迅速加热升温，材料发生固态转变、熔化甚至形成液态物质蒸发；受到激光作用后冷却。在照射作用持续时间和激光辐射的功率密度不变的情况下，上述阶段的进展不仅取决于处理材料的化学物理特性，还取决于激光波长、材料温度和表面状态等。当激光束热源直接作用在金属材料表面时，可以产生热作用、力作用及光作用，这里面涉及复杂的物理机制及数学表达，在此仅作简要的介绍。

（1）热作用

在激光束与金属材料相互作用过程中，一般不需要特别考虑激光在材料表面的折射。当激光束与金属材料相互作用时，落在材料表面的部分光直接被金属表面反射，而其余部分则进入金属表面并被吸收。实际上，激光光子能量向金属迁移的过程，就是金属吸收激光光子和被加热的过程。由于激光光子的吸收而产生的热效应称为激光的热作用。激光与金属材料相互作用产生的热效应，应取决于材料对激光光子的吸收情况。

（2）力作用

激光在金属材料中产生的力的作用包括材料的热膨胀压力、不均匀应变内应力和材料冷却时的弹性收缩拉应力等。当激光功率密度作用于金属材料表面超过某个临界阈值，且激光作用时间低于临界阈值时，由于金属表面上吸收光子层，瞬间就被加热到沸点温度以上，由激光能转化成的热能没有时间直接传递到金属基体，在表面产生爆炸性气体。这种热膨胀产生的压力非常大，激光功率密度可以达到 $10^{14}W/cm^2$，当激光源宽为 20～100ns 时，在铝合金上的冲击力可达 8GPa。

正因如此，生产中往往利用这种压力波对无马氏体相变的铝及铝合金实施冲击硬化以达到表面强化的目的。当这种激光束的照射强度远低于材料熔化临界极限值时，高温梯度会在金属亚表层区域内部产生严重的不均匀应变，由此产生的内应力将超过材料弹性强度极限和屈服应力，材料还会发生塑性变形。激光束的照射使金属材料表面温度迅速上升，材料发生热膨胀和塑性变形。由于塑性变形，材料被直接挤出自由表面。材料冷却后，不仅会发生弹性收缩，并且还会产生塑性拉应力。此外，激光束在金属材料表面的作用还会产生光压，但当激光的功率较低时，这种光压的作用非常小，通常不会被考虑。

（3）光作用

激光束与金属材料相互作用产生的热学和力学的作用主要是由直接作用引起的。激光束与材料之间的相互作用也可以通过光作用实现，但这种效应一般被认为是一种间接效应。鉴于光作用主要被用来制备无机材料和非金属材料等特殊材料，如硅薄膜、类金刚石薄膜、金刚石薄膜等，此处不再赘述。

7.1.2 电子束与材料相互作用

当电子束入射到材料表面时，会产生入射电子，材料元素的原子核和电子通常会与其发生相互作用。鉴于入射电子与原子核的质量差异很大，两者之间的碰撞基本上属于弹性碰撞，所以这种能量转移主要是通过与材料基体的电子发生碰撞来实现的。与激光束入射的情况类似，入射电子传递给材料电子的能量，立即以热能的形式快速传递给点阵原子。由于入射过程很短，加热过程几乎可以被视为准绝热，因此热导效应可以完全忽略，温度分布遵循材料中的电子耗散曲线。在加热阶段，用能量耗散深度控制温升。

当电子束以极高的能量直接冲击工件表面时，金属表面被高速集中的电子碰撞，进而电子失去了全部动能，其中的动能可被转化成熔融工件材料的热能。在很短的加工时间内，材料表面的受热区域已经积累了大量的热能，受热区表面温度迅速上升，达到熔融工件的熔点，而材料基体的表层温度基本上都保持在室温。熔融材料的表面在这种高温下，迅速向基体内部散发热量。因为材料的表面薄层在很短的加工时间内，经历了加热和冷却两个过程，在这个过程阶段材料的温度梯度大约可高达 10^7～$10^8K/s$。材料表层加热可以形成各种亚稳态表面组织和相结构，如各种过饱和固溶体、超细晶粒和纳米结构等，从而使得辐照材料可以获得优异的表面性能。

电子束入射和激光束入射的主要不同在于两者在最高温度时的深度和最小熔化层的厚度。当电子束入射时，熔化层至少有几微米厚，这将影响固-液界面的推进速度。在冷却阶段，温度分布与激光束入射时的结果大致相似，但是和加热阶段相差很大，电子束的能量沉积范围大于激光束，并且约有 1/2 电子束作用区域几乎在同一时间内被熔化。电子束液相温度较激光束的低，因此温度梯度较小，而激光束在加热阶段温度梯度相对较高，可以保持较长一段时间。

7.1.3 离子束与材料相互作用

离子束可作用的材料范围广泛，可与金属材料、陶瓷材料、生物材料等发生作用。离子束与材料的相互作用机理非常复杂，许多物理和化学过程包含在其中，如因电子能量损失和核能量损失而产生的溅射、背散射、光电子、X射线、二次电子等效应。离子束与材料的相互作用，按照材料科学与工程的角度来看，可划分为材料的离子束掺杂与离子束合成、离子束界面混合、离子束辅助沉积等。

（1）离子束掺杂与离子束合成

离子注入技术是针对离子束材料进行表面改性的主要应用技术之一。根据离子注入材料剂量不同，可以细分为离子束掺杂（doping）和离子束合成（synthesis）两种。离子束掺杂时注入材料剂量较小，当离子束掺杂在单晶硅表面时，可以有效改善单晶硅半导体性能，被广泛应用于各种半导体材料的表面改性。在离子束合成过程中注入材料的剂量高（超过注入材料的本身固溶度），材料表面会迅速形成新的析出相或亚稳态的化合物，从而大大提高材料的光学、力学、电学等性能。

（2）离子束界面混合

薄膜（界面）与基体原子的混合可以通过离子束的注入有效实现。由于离子注入以及原子核与界面原子之间的强烈碰撞和相互冲击，薄膜（界面）原子结构会逐渐变得无序，有利于提高混合薄膜与外层基体之间的相互附着力，这对于摩擦环境下制备薄膜尤其重要。划痕试验结果表明，离子束混合可以显著提高薄膜（界面）和基体结合的能力。关于离子束界面混合的微观机制有许多，例如辐照强化扩散、热峰扩散、反冲注入、级联混合等。

（3）离子束辅助沉积

离子束技术与物理气相沉积（PVD）的结合，可使离子束辅助沉积（IBAD）有效地实现。采用复合技术制备的涂层不仅具有密度高、附着力强等优点，还可以同时制备厚度较大的涂层。与此同时，它还可以调控涂层的残余应力、成分的化学剂量比和表面形貌。辅助离子可以是惰性的，也可以是活性的。IBAD可广泛用于加工制备各种光学、电气设备的耐磨、耐腐蚀涂层。

离子束与材料的相互作用，除以上所述几种外，还包括可以使材料表面产生纳米化、溅射、再结晶、非晶化等效应的作用。

7.1.4 等离子体与材料相互作用

等离子体可划分为高温等离子体和低温等离子体两种。高温等离子体是指温度达到数千至数百万摄氏度的等离子体，其中的物质分子或原子由于高温而发生电离，形成大量的带电粒子（正离子和自由电子）。在这种高温下，物质的分子或原子失去电子，形成带正电的离子和自由的电子，从而展现出与普通气体、液体或固体不同的物理和化学特性。低温等离子体通常被用于材料表面改性领域。低温等离子体可以通过紫外线辐射、加热、冲击波、X射线、激光照射、气体放电等方法产生，在实验室和工业上多采用气体放电的方式。等离子体与材料间的相互作用可分为吸附和捕获、溅射、二次电子发射、材料表面化学反应几种类型。

（1）吸附和捕获

入射到材料表面的离子会附着在材料表面上，这种现象称为吸附现象。如果入射离子具有一定的动能，离子不仅被材料表面吸附，还会深入到材料内部，这两个现象统称为捕获。在入射到材料表面的离子中，未被材料捕获而反射回等离子体中的离子称为反射离子。

（2）溅射

入射到材料表面上的离子具有足够大的能量（大于10～30eV）时，通过离子与材料表面原子的动量交换，材料物质从表面弹射出来，这种现象称为溅射。多数溅射释放出来的物质处于原子或原子团状态，通常也被称为溅射原子。来自等离子体的中性气体原子、分子、电子也能产生溅射，但它们的动量都非常小，产生的溅射也较少，可略而不计。

（3）二次电子发射

材料表面受到粒子的轰击后，表面会发射出电子，称为二次电子。电子、离子、中性原子、分子以及光都可引起二次电子发射。直流辉光放电大都是由从电极、放电容器壁发射的二次电子维持的。二次电子发射不仅对成膜过程重要，对等离子体的发生过程也是重要的。

（4）材料表面化学反应

化学吸附主要是指在气体分子与固体材料表面之间发生化学反应后被吸附在表面上。气体分子与固体表面之间的结合力主要是化学结合力。物理吸附主要是指在气体分子与固体材料表面之间受范德瓦耳斯力的作用而结合，其强度小于化学结合。对于化学吸附，当固体表面暴露在等离子体中时，吸附分子会被来自等离子体中的电子和离子轰击而引起离解。离子轰击固体表面和固体反应之后，固体与离子的化合物会从固体表面飞出，这种现象称为化学溅射。化学溅射是由固体表面的化学反应引起的。

高能束技术在材料表面工程上的广泛应用，具有明显的技术特点。根据这些技术特点，结合社会发展需求，该领域技术的发展趋势主要包括以下几个方面。a. 高能束热处理装置正朝着稳定性和专业化两个方向不断发展。只要我们采用合适的能量束与材料的耦合技术，就可以在快速的作用周期内，迅速产生其他材料表面工程处理技术所无法或难以实现的材料表面组织和性能。同时再结合整个行业发展需求，高能束热处理技术将得到不断巩固和快速发展。b. 高能束技术将向自动化、智能化方向不断发展。由于高能束具有良好的过程可控性，其可自动精确控制各种激光束、电子束、离子束、等离子体等各种高能束，并将各种光束通过辐射传送到材料工件的各个工作部位。c. 高能束技术正朝着与其他材料表面工程技术相结合的方向不断发展。如将离子注入与激光束表面强化技术相结合，将离子注入与常规气相沉积技术相结合等。

7.2　激光束表面改性技术

7.2.1　激光束表面改性技术概述

激光表面改性技术是在普通基材材料表面上实现高性能表面改性的先进技术之一。通过激光与材料整体表面的相互作用，可以直接改变材料的表面性能。例如，在廉价的普通基体材料上，可通过采用合金化、激光淬火和熔覆等多种技术手段，来实现其耐磨性、耐蚀性及耐高温等性能的显著提高，使其比普通基体材料性能高出数倍，一方面克服了原有基材材料采用整体高合金造成的制造工艺复杂问题，另一方面也实现了高性能、低成本的材料制造。

激光作用于工件基体表面。根据不同工况条件的要求，激光改性技术所需要采用的路线和方案也会有所不同。例如，激光相变硬化技术用于大型局部工件的基体表面淬火；当工件基体为沉淀硬化不锈钢时，采用激光表面固溶强化技术；对具有一定表面粗糙度和硬度的大型工件，应采用激光熔凝强化技术；当工件表面要求具有耐磨、耐蚀、耐热等性能，且不改变几何尺寸时，应采用激光合金化、激光非晶化或激光冲击硬化等技术；当在工件表面增加一定厚度的耐磨、耐腐蚀合金层时，采用激光熔覆技术。

然而，对激光表面改性技术质量的影响因素有很多，尤其是对应力敏感、易氧化的熔覆材料，在较大面积、多层改性条件下易产生气孔、裂纹等缺陷。为了解决这个难题，近年来发展了一系列新的技术，其中表面复合改性技术尤为突出，例如，激光与 Ni 包纳米 Al_2O_3 复合改性技术；激光与纳米碳复合强化技术；激光与电化学复合或与化学原位合成复合制备纳米结构表面改性涂层技术等。激光表面改性技术不仅满足了现代工业中各种关键零部件的高性能要求，而且激光表面改性作为激光制造技术的重要组成部分，对激光制造技术总体发展起到了有力的推动作用。

7.2.2　激光束表面改性技术特点

与传统的金属表面处理方法相比，激光表面改性技术具有以下特点：

（1）加热迅速，且有强自淬火作用

激光束的能量密度相当高，聚焦性能好，功率密度一般可达 $10^6 W/cm^2$，在 $0.001\sim0.01s$ 内工件基体表面可连续加热到 1000℃以上。当激光束离开工件加热处理区后，由于热传导作用，周围冷的工件基体起了冷却剂的作用，从而可以获得自淬火效果，冷却速度一般可达 $10^4℃/s$，因此进行淬火不必要再额外添加任何冷却剂。自淬火后得到的工件组织，比经热感应、火焰和炉内加热冷却得到的淬火工件组织要细得多，从而可以具有更高的性能。如果将工件浸入液态空气或液氮中进行处理，工件基体表面可能出现非晶体。

（2）变形小

工件的形状变形小，经处理后主体表面光滑。省略处理后的形状校正和精加工两个工序，直接进入安装线。激光加热集中在工件表面，加热快且自动淬火，无大量余热排放。因此，应力应变小，表面氧化和脱碳作用少。激光表面处理具备的这一特点有很高的经济性。

（3）可实现复杂零件的局部选择性表面处理

许多大型零件需要耐热和耐腐蚀的工作表面，这些都只能局限于一定的局部区域。其他各种热处理工艺方法难以实现局部处理，必须作为一个整体来处理。由于合金的大量存在，限制了钴、铬、钨等许多性能优良的贵金属的应用。激光合金化技术可实现各种局部选择性材料表面涂层合金化，可在廉价的金属基材（如铸铁、低碳钢等）上产生高性能的合金化表面。

（4）通用性强

对窄深沟槽、拐角、深孔、盲孔、齿轮等难以通过感应和火焰加热实现表面处理的部位，可通过激光表面处理来实现。理论上，在任何有光照的地方都可以进行激光表面处理。此外，激光具有一定的聚焦深度和散焦量。在一个适当的范围内，功率密度并非不同，所以它可以处理不规则或不均匀的表面。它还可以处理不同工件直径差异小于 74mm 的情况，这可以简化工艺过程。

（5）无污染，安全可靠

热源清洁，无需明火加热或直接冷却介质，无任何环境污染，安全可靠。

（6）操作简单，效率高

激光具有良好的远距离能量传输性能。激光不需要直接靠近工件，所以更适合采用自动化流程控制的高效流水线加工生产。

7.2.3　激光束表面改性技术分类

7.2.3.1　激光相变硬化

当发射激光束快速扫描经过黑化处理或涂覆吸光材料的金属表面时，激光束中的能量被快速吸收到金属材料上的表面，使它的温度可以达到相变点以上、熔点以下。当发射激光束迅速从热的金属表面移开时，热量很快从金属表面转移到其心部，使表面迅速冷却，快速淬火，导致相变硬化，这个过程称为激光相变硬化。高的冷却速度可以处理含碳量低的普通低碳钢（碳含量可低至 0.2%）。对于不锈钢和珠光体基体的灰色合金铸铁，可以采用不熔化的激光相变硬化进行强化工艺处理，它们的硬化处理效果主要取决于工件的尺寸、工艺参数和含碳量。目前，这项技术的研究和应用最为成熟和广泛，一般应用于汽车、飞机制造等工业领域的部件的硬化强化处理，硬化深度范围为 0.1～2.5mm。

7.2.3.2　激光表面熔化处理

激光表面熔化处理技术是指金属材料表面在激光束照射下成为熔化状态，同时迅速受热凝固，产生新的表面层。根据金属材料组织结构变化情况，可以细分为激光表面合金化、激光表面熔覆、激光表面重熔、激光表面复合改性、激光上釉等。

（1）激光表面合金化

在金属表面可以涂覆所需要的合金化合物涂层，经过激光熔化处理后，金属表面层具有与基体不同的化学成分，并使之具有新的合金结构。激光表面合金化具有效率高、能耗低、合金元素消耗少、变形小等优点。

（2）激光表面熔覆

将那些具有一定特性（耐磨、耐热、耐蚀等）的合金粉末，预置涂覆在金属材料工件基体表面，或在进行激光处理的同时直接喷涂在激光照射处理区，使其在激光照射作用下迅速熔化、扩散和凝固，形成与基体具有良好冶金结合的表面包覆层。与常用的喷涂、电镀、离子镀等工艺相比，该加工方法具有组合牢固、镀层厚度可控、加工工艺周期短、操作简单、节省大量镀层所用材料等几大优点。与激光合金化类似，两者都需要同时添加其他合金金属元素。两者的根本区别主要在于：在进行合金化过程中，试样的基材表层和涂层都已经熔化，被熔化的基材和基体表面涂覆的合金金属元素均匀地扩散或化合，形成与原来基体材料化学成分不同的新合金层，合金层的化学成分与其他基体化学成分间具有很大的相关性；在熔覆过程中，表面积累了一定厚度的合金元素层，完全改变了基体表面化学成分，与基体化学成分相关性不大。

（3）激光表面重熔

激光表面重熔是利用激光加热熔化表面后快速凝固的方法，可改善表面显微组织的分布，这样的熔化可以进行一次或重复多次。铁素体可锻铸铁布氏硬度为 130～170HB，组织是铁素体基体上的团絮状石墨和少量的珠光体。这种材料不易淬火，必须把团絮状石墨溶解，而且允许有足够的时间让碳扩散到奥氏体基体中才能实现。采用激光重熔扫描时，就能使碳很快再溶解并向奥氏体扩散，使奥氏体获得所需的碳浓度，获得的淬火组织为马氏体基体，硬度可达 60HRC。通过对铝合金激光重熔处理，发现细化的处理层枝晶间距是基体枝晶间距的 1/18。

（4）激光表面复合改性

激光表面复合改性是指用两种或两种以上的改性方法，该方法也可以指激光和激光以外的表面处理方法复合处理以达到表面改性的方法，是近年来发展的新技术，包括电化学沉积复合激光合金化处理、表面喷涂复合激光重熔处理、激光熔化复合溶胶凝胶处理及激光淬火复合激光合金化等。

（5）激光上釉

激光上釉是采用高能量的激光束（$10^7 \sim 10^8 \text{W/cm}^2$），快速扫描金属表面，或把金属浸在液态氮中快速扫描处理，使金属表面极薄层熔化，处理后可得到一层非晶态组织，类似陶瓷的上釉。

7.2.3.3 激光冲击硬化

激光冲击硬化技术是采用激光脉冲照射金属表面，使这些金属表面的薄层迅速蒸发。在金属表面原子逃逸过程中，动量脉冲产生冲击波或应力波。这种冲击波可以穿过各种金属表面，引起金属表面的非弹性应变，从而不断增强和硬化各种金属材料。该技术目前在国外工业应用中发展很迅速。

7.2.4 激光束表面改性技术设备

激光表面改性设备主要由激光器系统、光路及导光系统和激光加工数控系统三个部分构成。

7.2.4.1 激光器系统

用于产生激光束的设备系统称为激光器系统。按照工作物质形态分类，可分为固体激光器、气体激光器、液体激光器、半导体激光器、Ar 离子激光器等。按能级系统分，可分为三能级系统激光器和四能级系统激光器。在激光加工领域中，常用的固体激光器包括掺铵钇铝石榴石激光器（简称为 Nd:YAG 激光器）、钛宝石激光器和红宝石激光器等。气体激光器通常是 CO_2（四能级系统）激光器和准分子激光器。

如图 7-1 所示为 JHM-1GY-400 型脉冲激光器的结构原理。YAG 脉冲激光器的基本结构包括：工作物质、泵浦灯、聚光腔、光学谐振腔以及冷却、滤光系统和激光电源等部分。工作物质是掺 Nd^{3+} 的钇铝石榴石晶体。该激光器采用光泵浦的方式，泵浦灯由电源、泵浦光源和聚光腔组成。泵浦光源为脉冲氙灯，其电-光转换效率可达 70%。聚光腔由水冷式双椭圆镀金瓦块组成，氙灯和 YAG 晶体分别同时位于该双椭圆的两个焦点上，其主要作用原理是将通过氙灯晶体辐射的光能有效、均匀地汇聚在真正工作中的物质上，以利于获得较高的泵浦驱动效率，从而激励正在工作中的物质产生反射激光。光学谐振腔由全反射镜和部分反射镜（输出镜）及 YAG 晶体组成。其作用是提供正反馈，产生光放大。受激光辐射的激发光在两个反射镜之间沿着往返方向传播，每次辐照到 YAG 晶体后，都存在着增益和损耗两种作用。当没有增益的光能用来补偿损耗时，激光在内部谐振腔内形成稳定振荡，并经输出镜输出。冷却、滤光系统是激光器中必不可少的辅助控制装置，其作用主要是为了防止聚光腔及内部元件温度升高，同时可以减小泵浦灯中紫外辐射对工作物质的有害影响。

作为四能级系统激光器，激光上、下能级是建立在两个高能级之间的，因此很容易实现粒子数的反转分布。不需要很高的泵浦功率，同时激光振荡所需满足的阈值条件较低，这是 YAG 激光器的一大优点。另外，YAG 晶体熔点为 1970℃，使 YAG 激光器可以承受更高的辐射功率，同时，YAG 晶体的热导率高，工作过程中很容易散发多余的热量，输出的激光具有更好的单色性。正是由于 YAG 激光器具有上述这些优点，使其成为激光加工领域，尤其是激光处理材料领域非常重要的一种激光器。

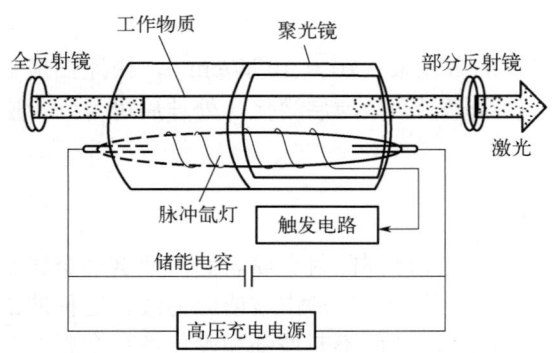

图 7-1　JHM-1GY-400 型脉冲激光器的结构原理

7.2.4.2　光路及导光系统

在激光加工过程中，根据不同的激光加工工艺要求和不同的加工目的，应分别确定不同的加工光束运动聚焦和激光导向，以获得不同的激光功率密度，还要确定所采用的激光类型（连续激光或脉冲激光）以及激光的输出模式和远场发散角等。因此，需要对光路及导光系统进行设计。图 7-2 为从激光器到样品的光束路径示意图和实验装置示意图。光路和导光控制系统大致可以分为以下几类。

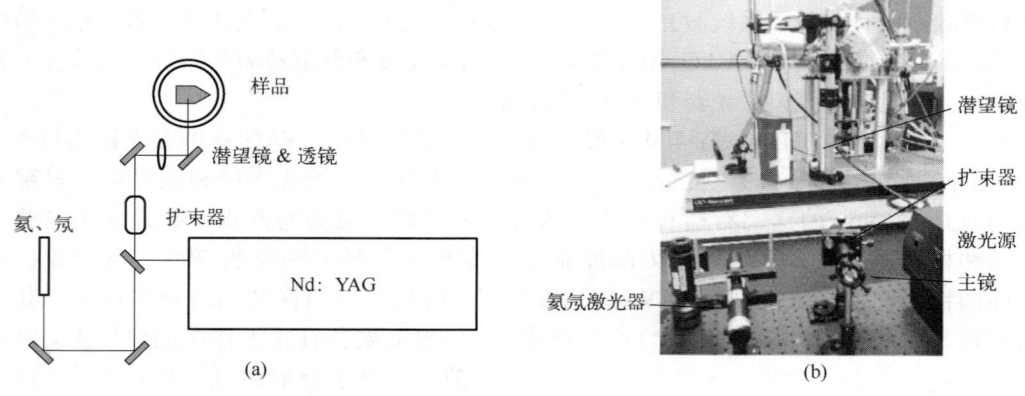

图 7-2　从激光器到样品的光束路径（a）和实验装置图（b）

（1）光束转折系统

其主要指转折反射镜。由于激光器所输出的激光方向都沿谐振腔的方向，与工作台上待处理的样品表面夹角不足以符合实际激光处理时的要求。因此，需要一个或多个激光反射镜元件来帮助改变光束的传输方向。为保护反射镜，延长反射镜的使用寿命，在反射镜镜座部位连接冷却系统进行冷却。

（2）聚焦系统

其一般采用凸透镜或凹面镜。从激光器输出的激光束通常情况下光斑直径较大，功率密度较小，不能满足激光加工所需的功率密度要求。通常情况下，需要将激光功率密度提高到 $10^4 \sim 10^9 \text{W/cm}^2$ 范围内，以满足各种材料、激光加工的需求。为此，在激光到达样品表面之前，需要对激光束进行聚焦。通常采用的汇聚透镜为 GaAs 透镜。透镜焦距的长短决定了焦点处光斑直径的大小。一般而言，焦距越短，焦点处光斑直径越小，功率密度就越高。对于激光熔覆处理，通常采用长焦距的透镜；而激光焊接则一般采用短焦距的透镜。在透镜制备过程中，可通过光学精密研磨控制透镜的有效焦距，通过在透镜表面镀红外反射膜，提高红外光的透过率，最高可达 99.5%。

（3）匀光系统

其用于形成能量均匀有序分布的光斑。常用的匀光系统有分割叠加变换系统、积分镜系统和振镜系统。研究结果表明，激光加工材料的表面质量与光斑能量分布的均匀性密切相关。当激光器输出激光为基模或低阶模高斯光束时，为了提高激光加工样品的表面质量，必须使用一个特定的光学系统，来克服低阶模横截面上能量分布不均匀的缺点。分割叠加变换系统可以将高斯光束平行地分成若干个子系统，并将它们沿分割线的平行和垂直方向分别放大，最后将各子束按一定的相对位置进行叠加，即可得到截面上能量分布均匀的光源。

7.2.4.3　激光加工数控系统

激光加工过程中，需要用激光束对样品表面进行扫描。数控加工机床既可承载被加工材料，也可实现相对激光束的运动。数控系统可控制加工机床的多维运动。加工机床按工作过程中部件运动形式可分为以下几类：

① 激光器运动。该操作方式主要适用于小型化的激光加工操作系统，应用较少。

② 工件运动。工件可以随工作台一起运动，激光器和导光控制系统不动，这种操作方式特别适用于一些工作台较小的特殊情况。

③ 光束运动。激光器和工作台固定原地不动，通过利用反射镜、聚焦镜等多种光学控制元件来实现光束运动。

④ 组合运动。一般是工件运动和光束运动组合使用，来实现加工所需的速度和精度要求。

加工机床的运动可以是二维的、三维的、四维的或者五轴联动。二维运动应用受限制，一般用于实验室的简单实验；三维运动一般而言，Z 方向控制聚焦系统，调整光斑大小，X、Y 方向控制光束或工件的运动方向；四维运动是除了 X、Y、Z 三个方向的运动外，加上旋转运动；五轴联动则是 X、Y、Z 三个方向的运动，加上 XY 平面内的 360° 旋转，以及 XY 平面在 Z 方向上 180° 的摆动，五轴联动可实现对复杂空间工件进行加工。

7.2.5　激光束表面改性技术应用

20 世纪 60 年代，激光表面改性技术进入研究阶段，但直到 70 年代初，伴随着激光器研发问世，激光表面形变和熔凝硬化技术才真正被应用于实践生产需求中。汽车工业领域作为工业革命的技术先导，激光表面改性技术在该领域得到较早发展应用。例如，1974 年美国通用汽车公司根据生产需求先后投资建立了 17 条汽车激光表面相变硬化和激光熔凝硬化新型汽车零部件专用生产线，紧随其后的德国大众、意大利菲亚特等汽车企业也相继投资建立了汽车零部件专用激光相变和熔凝硬化生产线。

经过半个多世纪的发展，激光熔覆表面改性技术已完成了从实验室研发到实际工业生产应用的突破性转变。最先采用激光熔覆表面改性技术的是汽车发动机排气阀的密封锥形面熔覆 Stellite 合金。例如，意大利菲亚特汽车排气阀座的环形表面、美国的汽车排气阀座、俄罗斯利哈乔夫汽车厂的排气阀座，皆采用激光熔覆 Stellite 耐热合金，都取得了较为瞩目的效果。

7.3 电子束表面改性技术

7.3.1 电子束表面改性技术概述

电子束是一种能量密度较高的热源。它的电子运动速度取决于加速电压的高低，最高可以达到光速的 2/3 左右。当电子束以极高的速度照射到金属材料表面时，电子可穿透金属材料表面到达一定的深度，与金属的原子核及核外电子发生相互作用。只需极短的时间（几毫秒）就可以将金属材料从室温加热到奥氏体发生转变或熔化的温度。随后借助冷基体的自身热传导，冷却速度也可达到 $10^3 \sim 10^8 °C/s$，这种快速的加热和冷却形式为获得良好表面形貌提供了条件。

7.3.2 电子束表面改性技术特点

强流脉冲电子束表面改性技术是一种新兴的表面处理技术，具有诸多优点，包括能量利用率高，能够准确地对目标区域进行处理，功率非常大，调节方式灵便，特别对各种精密工件进行处理非常方便。这种技术处理工艺包括表面非晶化、表面熔覆、表面薄层退火、表面相变强化、表面合金化、表面重熔处理等。

强流脉冲电子束具有传统处理方式所不具备的许多优点：

① 加工过程中，具备极快的加热和冷却速度，因此在加热时热应力小、组织应力小、硬化的表层浅，减小了基材的形变。

② 电子束加热的能量转化率一般为80%～90%，能量综合利用率很高。由于能量集中，热源在作用点的加热效率高，可以采用局部淬火和表面合金化，避免了整体加热，节约能源。

③ 高真空环境下开展处理过程，被处理零件可以免于接触空气，减少了氧化、氮化的影响，进而避免了许多杂质粒子的污染。

④ 灵活的处理方式，通过改变参数，从而控制零件被处理的位置，以及处理效果。工艺可重复性好，用于各种铸件和铸铁的表面硬化以及表面合金化，适用于各种形状。

⑤ 复杂的合金零件处理，可实现零件的批量生产。

⑥ 减少了各种贵金属的使用，从而降低生产成本。

电子束表面改性技术所具有的诸多优点，使其必然在以后的表面处理行业中大有作为，发展和应用空间将会越来越大。

7.3.3 电子束表面改性技术分类

（1）电子束表面相变强化

采用散焦方式，将加热速度保持在 $10^3 \sim 10^5 °C/s$ 即可。在加热过程中，电子束以极高的速度与金属材料表面发生相互碰撞。电子与金属材料中的原子发生碰撞，进行能量交换，将能量给予原子，金属材料表面获得能量从而使表面温度迅速上升。由于电子束的高能量密度和作用在金属表面的能量集中，温度梯度非常大。当表面达到相变点以上的温度时，基体金属保持低温。当电子束轰击停止时，热量迅速扩散到冷态基体金属中，从而获得很高的冷却速率。被加热的金属表面进行"自淬火"，并且不需淬火介质。由于加热和冷却过程的温度变化速度都很高，钢材料在相变过程中奥氏体化时间很短，奥氏体晶粒没有时间长大，因此获得了一种超细晶粒组织。这是电子束快速加热的最大特点。所得到的淬硬层与原组织之间的过渡区很窄，淬硬层组织的致密性很好，耐腐蚀性较高。

唐光泽等通过观察不同能量密度辐照下 M50 钢试样，发现随着辐照能密度的增加，试样表层的部分马氏体逐渐转变为残余奥氏体，其硬度由 12.5GPa 降低为 7.5GPa。表面粗糙度呈现先增大后减小的趋势，在能量密度为 6J/cm^2 时表面熔坑数量最多，粗糙度也达到最大值 0.521μm，比原表面粗糙度增大了 10 倍。易赟采用 Solo-型脉冲电子束对不锈钢 4Cr13 和 40Cr 表面性能进行研究。在不同工艺参数处理下，4Cr13 表面均出现多形态熔坑，杂质第二相是诱发熔坑出现的原因。脉冲处理后材料表面晶粒细化，可提高材料表面的耐磨性。

（2）电子束表面合金化

在金属表面上涂覆一层具有特殊性能的合金元素粉末，然后用电子束加热熔化，或在电子束作用的同时加入所需合金粉末，使其熔融在工件表面上，在零件表面形成一层很薄的具有良好性能的合金表面层，使金属表面能获得良好的耐磨性、耐腐蚀性和耐热性。虽然用电子束快速加热，进行表面合金化处理时间很短，但完成了液态金属的混合和合金元素的扩散和再分配，从而获得优异的表面合金化组织和硬度。

安健等人在电子束表面改性的基础上，通过数值计算法并利用固液相变潜热的温度补偿 Al-Si-Pb 合金的温度场和应力场进行模拟。得出 2.5J/cm^2 能量密度下，合金熔坑的最大深度为 1.65μm，表面层熔化最大深度为 4.40μm。其揭示了表面熔坑形成机制和坡面硬度分布特征。Marginean 等人利用电子束合金化方法在 Inconel 617 镍基合金表面制备 WC-Co/Inconel 617 合金层，其显微组织照片如图 7-3 所示。试样截面出现树枝状富钨区，合金层主要为 Cr9Mo21Ni20 相，合金层显微硬度得到了提高，且耐腐蚀性能优于母材。

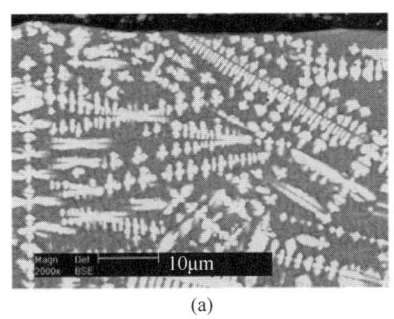 

（a）　　　　　　　　　　　　　　（b）

图 7-3　WC-Co/Inconel 617 合金层

（a）上部区域；（b）界面涂层/基底

（3）电子束表面非晶化

电子束表面非晶化处理与激光表面非晶化处理大体相似，但两者所用的热源不同。聚焦的电子束所特有的功率密度高以及作用时间短等特点，可使电子束的平均功率密度增加到 $10^6 \sim 10^7 \text{W/cm}^2$，作用时间缩短至 10^{-5}s 左右。在表面下层受热最小的情况下，可以将材料的表面熔化，形成一个小的液体池，从而获得非常快的冷却速度。当表面熔化深度为 0.025mm 时，冷却速率可达 10^6℃/s。由于快速凝固可以细化组织，可获得致密性优异的非晶态层。这种非晶组织具有很高的耐腐蚀和抗疲劳性能，可以直接使用或进一步处理以获得所需的性能。非晶层的性质影响因素有许多，包括电子束处理表面的熔凝速率及熔化层等。研究显示，电子束与基体材料相互作用时间越短，加热和冷却速率就越大。提高冷却速度不仅可以细化凝固组织，而且可以提高熔凝层显微硬度，为一般结构材料的表面直接转变成非晶层提供了新思路。

高波采用强流脉冲电子束扫描纯镁及镁合金。结果表明，处理后的表面形貌起伏不定，组织缺陷增多，产生孪晶变形和纳米氧化镁层（如图 7-4 所示），可使其耐磨性最大提高到 6 倍。Kiseok Jeon 采用高能电子束辐照氧化铟镓锌（IGZO）表面。结果表明，当加速电压为 4.5kV 时，材料表面出现非晶态和纳米晶相，提高了材料的电导性。

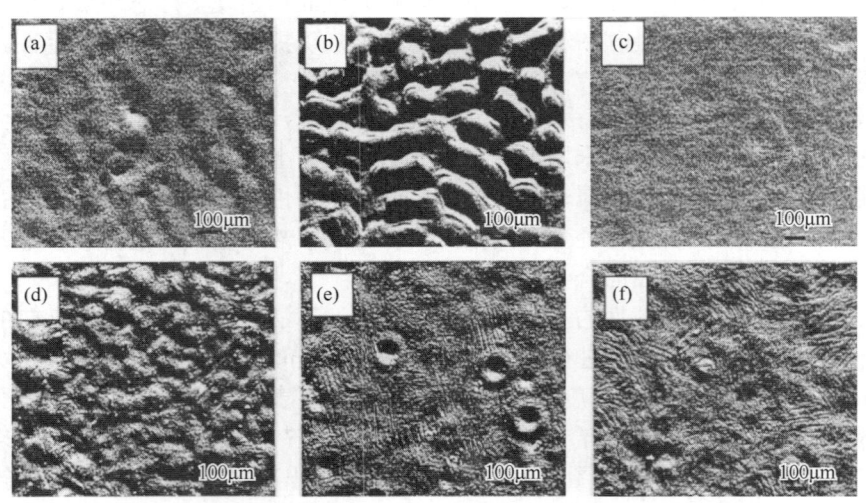

图 7-4　镁合金在不同能量强流脉冲电子束扫描后的表面形貌

（a）2J/cm², 5 脉冲；（b）2J/cm², 10 脉冲；（c）2J/cm², 15 脉冲；

（d）3J/cm², 5 脉冲；（e）3J/cm², 10 脉冲；（f）3J/cm², 15 脉冲

（4）电子束表面重熔

当电子束与工件表面发生轰击碰撞时，工件表面产生局部熔融和快速凝固，从而细化晶粒结构，达到硬度和韧性的最佳组合。对于某些合金，电子束重熔可以使化学元素在各组成相间重新分布，降低某些元素的显微偏析程度，提高工件表面性能。现如今，电子束重熔被广泛应用于工、模具和高温合金的表面处理中，能有效保持或改善工、模具韧性，增强工、模具的表面强度、热稳定性和耐磨性。例如，电子束对高速钢冲孔模的端部刃口进行重熔处理后，可获得深度为 1mm、硬度为 67HRC 的表面层，该表层组织细化、分布均匀、碳化物极细、强度和韧性结合最佳。由于电子束表面重熔是在真空密闭环境中进行的，很好地隔绝了空气，有利于防止表面重熔过程中表面的氧化，因此化学活性较高、易被氧化的铝合金和镁合金等表面特别适用于电子束表面重熔。纯铝和铝合金经电子束表面重熔处理后，晶粒发生细化，甚至形成微晶和非晶组织；镁合金经电子束表面重熔处理后，重熔层中的镁元素形成过饱和固溶体，且组成成分均匀，耐蚀性提高；钛合金经电子束表面重熔后，组织发生细化，成分均匀。

Wellman 对 HVOF（超声速火焰喷涂）制备的 MCrAlY 涂层进行了电子束熔凝试验，结果如图 7-5 所示。经电子束重熔后，MCrAlY 涂层对氧原子的抵抗能力增强。经过 1150℃热循环试验，涂层重熔前后的热循环次数由 471 次增加到 921 次，重熔后氧化速率明显降低。王瑾等人讨论了强流脉冲电子束（PEB）熔凝纯铝过程中火山坑形成的机理。试验表明，火

山坑的数量与入射能量和次数有关。由于每次轰击都会产生提纯和"抛光"作用，表面粗糙度先增大后减小。

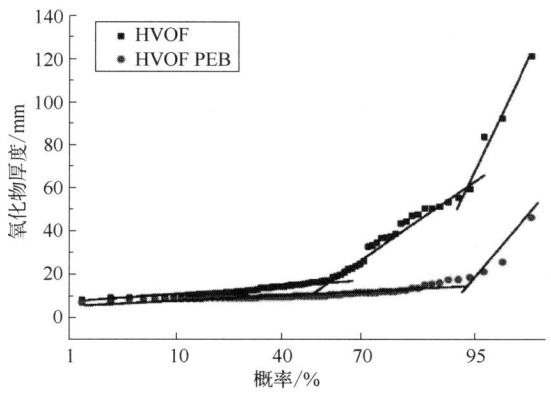

图 7-5　1150°C 时 HVOF 和 HVOF PEB 样品的氧化物厚度概率图

（5）电子束表面熔覆

利用电子束熔覆技术，将合金元素添加到熔化区，材料表面产生一些覆盖层，如薄银箔、金箔薄片和金属丝，在熔化区可得到含有想要的化学成分的覆盖层。

国内学者利用真空电子束熔覆技术，在 AZ91D 镁合金表面制备了铝涂层，研究了涂层的显微组织、成分变化、硬度及耐蚀性。结果表明，涂层与基体结合良好，主要由熔覆区、合金化区和热影响区三部分组成。在涂层表面，Mg 溶入 Al 中发生固溶强化，使铝层的硬度（标尺 HV0.05）提高到 115HV 左右；中间 Al-Mg 合金化层由于包含大量 $Mg_{17}Al_{12}$、Mg_2Al_3 等金属间化合物，硬度最高，可达 220HV；在热影响区，由于基体金属快速熔凝产生晶粒细化，从而导致硬度增加，约为 130HV。镁合金材料表面硬度的显著提高，有利于材料表面耐磨性能的提高。耐蚀性实验结果显示，未进行表面处理的 AZ91D 试样在 2h 内出现点蚀，并且在浸泡初期点蚀产生速度较快，而在浸泡 30h 后开始减慢。进一步延长浸泡时间，蚀斑横向长大、相互连接。经喷铝处理的试样大约在 12h 后出现点蚀，随着时间的延长，腐蚀介质沿着涂层的孔隙、空洞向内部渗透，其腐蚀程度变得非常剧烈。经电子束熔覆处理的试样，由于涂层致密性的改善以及中间 Al-Mg 合金化层中大量第二相的出现，耐蚀性大大提高，在 72h 浸渍试验中未出现点蚀。由此可见，电子束熔覆铝涂层处理能显著提高镁合金的耐蚀性。

7.3.4　电子束表面改性技术设备

电子束表面改性处理的设备主要由电子枪、真空、控制、电源、传动等系统组成，其结构如图 7-6 所示。

7.3.4.1　电子枪系统

电子枪是电子束表面改性的加热源和关键设备。工业生产中，常用的是热阴极电子枪，其结构如图 7-7 所示。电子枪主要由发射阴极、控制栅极和加速阳极三部分组成。在控制栅极上方施加负偏压，起到初步聚焦和控制电子束强弱的作用，自偏压线路为栅极提供比阴极负几百到近千伏的偏压。当阴极电位和阴极高度（阴极尖端至栅极的距离）固定不变时，电极间的电位分布主要取决于栅极电位，使阴极尖端发射的电子限制在 $100\mu m \times 150\mu m$ 的区域内。发射电子束流变化会随着阴极电阻或阴极加热电流的变化而变化，自偏压电路会对栅偏压进行自动校正，进而使得阴极尖端发射电子区域的大小发生调整，电子流发射稳定饱和。阴极加热发射出来的电子，其自身所具备功能还不足以满足电子束表面改性的需求，因此需通过中央带小孔的阳极板对发射出来的电子进行加速，从而使得电子束能够获得足够大的动能。电子枪的亮度与加速电压、电子流密度成正比，而与阴极热力学温度成反比。

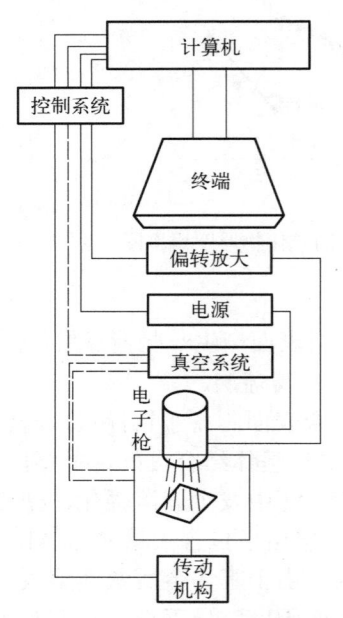

图 7-6 电子束表面改性处理装备

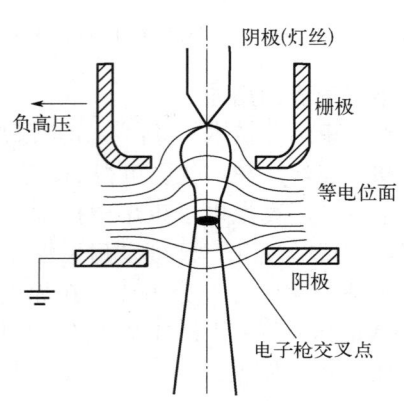

图 7-7 电子枪原理

7.3.4.2 真空系统

为了保证发射阴极在高温下不被氧化，减少其金属蒸气对工件表面的污染，并保证电子的高速运动和电子束改性工艺的要求，一般采用机械泵和扩散泵两级真空系统，以达到 $133.3 \times (10^{-6} \sim 10^{-4})$ Pa 的真空度。图 7-8 为真空系统示意图。

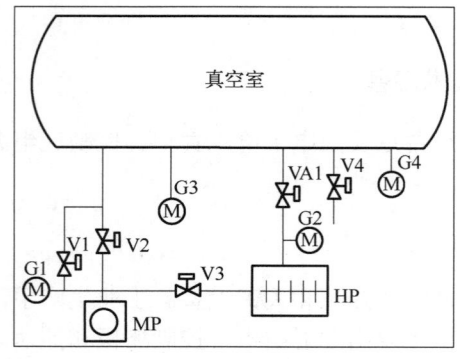

图 7-8 真空系统

G1，G2，G3，G4—真空规；V1，V2，V3，V4—阀门；M—电机；VA1—可变阀门；MP—机械泵；HP—高真空泵

7.3.4.3 控制系统

控制系统由聚焦、加速、偏转、对准装置几部分所构成。

（1）聚焦装置

利用电磁透镜，通过磁场进行聚焦。进行聚焦的目的主要是提高能量密度。而电子束聚焦的大小，最终是由工件表面改性的面积和性能要求所决定的。根据电子学原理，为消除像差，获得更为细小的焦点，我们通常会进行二次聚焦。

（2）加速装置

加速装置可以使电子流获得更高的速度，通常措施是在阳极或工件上施加 $5 \times 10^4 \sim 15 \times 10^4 V$ 的正高压（或在阴极加负高压）。有时，难免会出现热量扩散到工件上其他无需加热部分的情况，为避免此种现象的发生，我们常常会让电子束作间歇脉冲运动，脉冲延时为 $1 \sim 10 \mu s$。

（3）偏转装置

电子束的运行方向一般用磁偏转（也可用静电偏转）来改变，控制 X、Y 两个方向上的焦点位置。

（4）对准装置

通过莫尔干涉条纹探测器对电子束进行对准。此种方法先进可靠，涉及莫尔干涉条纹原理。

7.3.4.4 电源系统

电源电压上下浮动范围应当不超过 1%，这是由电子束聚焦和阴极发射强度与电压波动的关系所决定的。所以电源电压需要用稳压，各种加速电压与控制电压由超高压直流发电机或升压整流实现供给。电源有高压和低压两个基本电压，除电子枪外，都是用低压进行供电。

7.3.5 电子束表面改性技术应用

从电子束表面热处理技术的应用现状来看，钢和铸铁的电子束淬火仍然是主要的表面改性方法。例如，在汽车转缸式发动机振动最严重的顶部密封件的制造中，就采用了电子束熔化处理技术。该密封件是一种具有贝氏体结构的铸铁材料，不仅要求就有一定的强度和韧性，而且由于其工作时密封面在镀硬铬的次摆线表面上滑动，要求其侧面和端面具有抗磨性。用电子束将密封面熔深约 3mm，然后快速冷却，可得到比任何铸件都细的渗碳体结构。

电子束表面淬火的工件主要有：a. V 形零件，如滑槽的凸缘、导轨的轨道底板、机床紧固装置上的导向平面和台板等；b. 周边要进行淬硬的旋转对称部件，如套筒、转动轴、芯轴等；c. 锥形外表面或内表面要淬硬的旋转对称部件，如阀门、锥齿轮等；d. 形状和外观不规则的特殊零件，如凸轮盘、连接元件、正齿轮圈等；e. 端面淬火的旋转对称件，如导向圈和推力环等；f. 工具或其他零件，如冲压冲头、挤压模块、锻造模块、叶片、刀片等。

7.4 离子束表面改性技术

7.4.1 离子束表面改性技术概述

离子束表面改性技术与电子束大体相似，是离子源产生的离子束在真空条件下发生加速、聚焦，进而作用于材料表面。与电子束有区别的是：一方面，离子是带正电荷而电子是带负电荷；另一方面，离子的质量比电子的质量要大千万倍。由于质量较大，在同一电场中离子束加速度慢，速度较低；然而，离子束一旦加速到更高的速度时，会获得比电子束更多的能量。高速电子在撞击材料时，质量小、速度快，几乎所有动能都转化为热能，使材料局部熔化、气化，它主要是通过热效应完成。由于离子本身质量大、惯性大，在撞击材料时会产生溅射效应和注入效应，产生变形和分离等机械作用并向基体材料扩散，形成化合物产生复合、激活等化学作用。这种处理称为离子束表面处理或离子注入。

在离子注入机中把各种所需的离子，例如 N^+、C^+、O^+、Cr^+、Ni^+、Ag^+ 等非金属或金属离子加速成具有几万甚至几千万电子伏特能量的载能束，并注入金属固体材料的表面层。离子注入不仅会引发材料表层结构和成分的变化，还会引起电子组态和原子环境等微观状态的扰动，由此导致材料的各种性能，如力学、物理或化学性能发生变化。此外，对于不同的材料，在不同的条件下，注入不同元素的离子，可以获得不同的改性效果。

7.4.2 离子束表面改性技术特点

离子注入强化技术与现有的电子束和激光束等表面处理工艺不同，其突出的特点如下。

① 注入或者添加的元素不受限制。不同于其他扩散方法，离子注入强化技术注入元素的种类、剂量和能量均可选择，可注入任何元素，且不受材料本身扩散度和固溶度的影响。

② 注入过程不受温度限制。离子注入环境一般为低温或常温以及真空，因此基材在处理过程中不会与空气接触发生氧化、变形与退火软化等现象，表面粗糙度通常保持不变，其较常规的冶金过程而言，有明显的优势，可作为最终处理工艺。

③ 注入和添加到靶材中的原子不受靶材本身固溶度的限制，不受化学结合力与扩散系数的影响，因此可以获得许多合金相图上并不存在的合金，为研究新材料体系提供了新方法。

④ 提高工件的抗疲劳性能。离子注入过程中可以在基材表面产生压应力，能在一定程度上提高工件的抗疲劳性能。

⑤ 可获得性能不同的复合材料。离子注入强化技术能制得两层或两层以上复合层，且不易脱落。此外，由于注入层较薄，工件尺寸基本不发生变化。

⑥ 操作过程可控性强且重复性好。通过改变加速器能量和离子源，可以实现离子注入与分布深度的调节；通过扫描机构的调整，可以实现很小范围内的局部改性处理。

⑦ 实现低浓度掺杂和烧结制备。离子注入强化技术可以精确控制掺杂位置、掺杂数量与深度，掺杂的位置精度可以达到亚微米级，掺杂的浓度最低可以到 $5\times10^{15}\sim1\times10^{16}cm^{-3}$。

⑧ 较大面积上实现均匀化处理。离子注入过程会发生横向扩散，但其影响可以忽略，深度分布均匀；大面积均匀性好，掺杂杂质纯度高，因此特别适合半导体件和集成电路微纳加工的工艺需求。

⑨ 不改变工件尺寸。直接离子注入不会对工件尺寸产生影响，因此适合用于精密机械零件的表面处理，如航天、航空领域等。

⑩ 注入厚度有限且对零件外形有要求。通常离子注入层的厚度不大于 $1\mu m$ 且注入的离子只能作直线行进，导致对形状复杂或有内控的零件不能进行离子注入。

⑪ 离子注入设备的造价高，目前应用还不是十分广泛。

因此，这种方法是一种对新型材料开发来说非常独特的方法，但也具有一定的局限性。

7.4.3　离子注入的基本原理

当离子注入工件表面后，会与工件内原子和电子发生一连串相互碰撞，这一连串相互碰撞主要包括三个独立的过程。

① 电子碰撞。荷能离子进入工件后，将与工件内原子间运动的电子或围绕原子核运动的电子发生非弹性碰撞，致使原子获得电子、电离或 X 射线发射、引起离子激发原子中的电子等。

② 核碰撞。工件原子核与荷能离子会发生弹性碰撞（又称核阻止），弹性碰撞后，工件中会产生晶体辐射损伤和离子大角度散射等。

③ 离子与工件内原子作电荷交换。

无论哪种碰撞，离子本身的能量都会损失。经过多次碰撞后，离子耗尽能量而停止运动，并以杂质原子的形式留在固体中。离子一旦进入固体后，将对固体的表面性能产生一系列的影响，如离子被挤压到固体内的化学作用，离子轰击时产生的晶体缺陷和离子溅射作用等，这些对离子束表面改性具有重要意义。离子能量衰减的过程就是能量在金属基体中传递和离子沉积的过程。衰减区实际上是离子注入深度。表面改性的离子注入能量范围通常为 35～200keV，相应的离子注入深度为 0.01～0.5μm。

离子注入深度是有关离子能量和质量与基体原子质量的函数。一般情况下离子能量愈高，注入愈深；离子愈轻或基体原子愈轻，注入愈深。离子注入时，外来离子的注入元素分布，根据不同的情况有高斯分布、埃奇沃思分布、皮尔逊型分布和泊松分布。具有相同初始能量的离子在工件内的投影射程符合高斯函数分布。因此注入元素在离表面 x 处的体积离子数 $n(x)$ 为：

$$n(x) = n_{max} e^{\frac{-x^2}{2}} \tag{7-1}$$

式中，n_{max} 为峰值体积离子数。

设 N 为单位面积离子注入量（单位面积的离子数），L 为离子在工件内行进距离的投影，d 为离子在固体内行进距离的投影的标准偏差，则注入元素的浓度可按下式求解：

$$n(x) = \frac{N}{d\sqrt{2\pi}} \exp[-\frac{(x-L)^2}{2d}] \tag{7-2}$$

离子进入固体后，对固体表面性能发生的作用除离子挤入固体内的化学作用之外，还有辐照损伤（离子轰击所产生的晶体缺陷）和离子溅射作用，这些在材料改性中都有重要的意义。

7.4.4　离子束表面改性技术设备

图 7-9 是 100 型 MEVVA 离子源的结构图。该离子源包含金属等离子体形成区和束流引出区两部分。等离子体形成区又由阳极、阴极和触发电极三部分构成。在触发电压的作用下，阴极和阳极之间弧放电被引发，形成高密度的金属等离子体。束流引出区由一组多孔二电极系统组成。当金属等离子体扩散到引出区时，在引出电场的作用下，从等离子体中引出金属离子。

7.4.5　离子束表面改性技术应用

实验表明，离子注入基材表面后，基材表面性能将发生较大变化，主要表现在硬度与强度升高，耐磨性与抗疲劳强度增加，耐腐蚀和抗氧化性能提高。其机理主要有:固溶强化效应、晶粒细化效应、晶格损伤效应、弥散强化效应、晶格变换效应和压应力效应。离子注入的作用有：a. 可以使材料削平，提高表面接触点的接触应力；b. 产生的晶格严重畸变，材料表面产生压应力，导致应变强化，同时表面残余应力的存在也阻碍了裂纹的萌生和扩展；c. 在表面形成大量稳定或亚稳定氧化物，起到第二相粒子弥散强化的作用；d. 可以降低固体的表面能，从而降低滑动界面的附着力，减少黏着磨损。离子注入后，表面组成和表面组织发生了变化，表面电极电位发生变化，电化学腐蚀过程发生了质的变化；通过选择合适的工艺参数，可以形成浓度远大于平衡值的单相固溶体，从而避免形成具有腐蚀性的微电池。

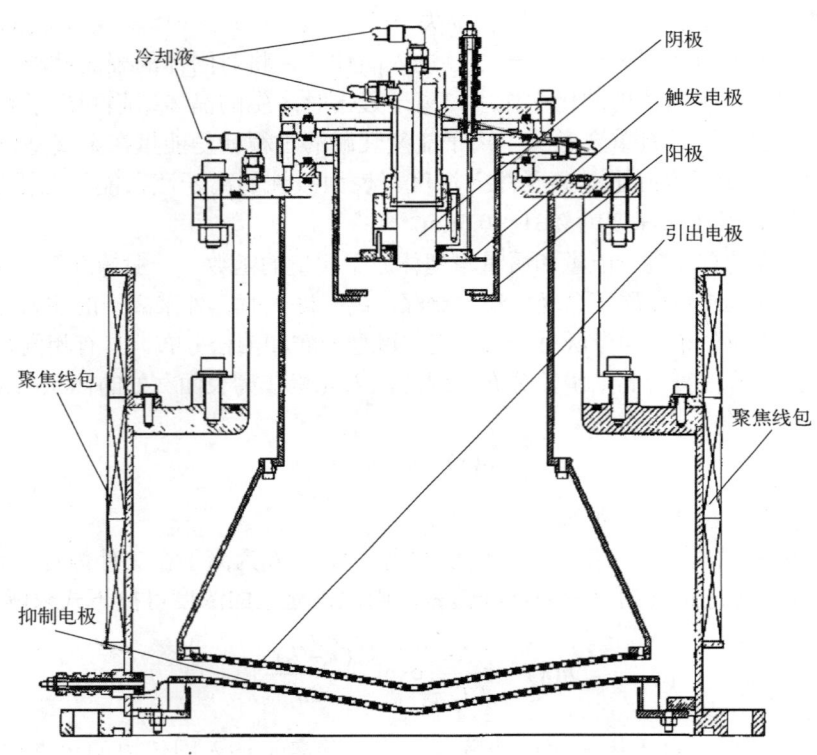

图 7-9　100 型 MEVVA 离子源结构

离子束表面改性技术在各领域应用广泛。

（1）在微电子工业中的应用

离子注入技术在微电子工业中的应用主要利用了以下特点：可以精确控制注入深度和掺杂量；注入硅中的杂质是直进的，横向扩散是热扩散的 1/10；掺杂层面积大、均匀，杂质纯度高和重复性好等。正是由于这些特点，离子注入技术成为现代微电子技术的基础工艺。在集成电路从中小型到超大型的规模发展中，离子注入技术起到十分关键的作用，并被广泛应用于激光、微波和红外集成元件与电路中。

离子注入技术可以十分精确地控制掺杂杂质的浓度分布，从而制备出 IMPATT 二极管所需要的特殊 p^+pnn^+ 和 p^+nn^+ 结构，其结构如图 7-10 所示。

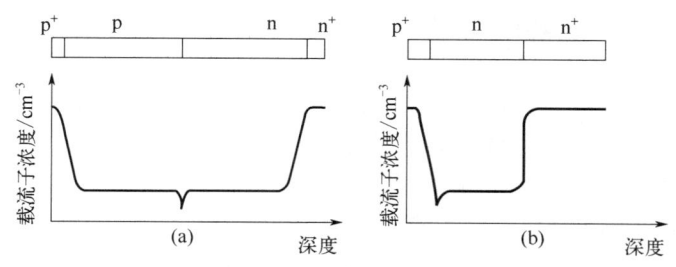

图 7-10　IMPATT 二极管几何结构（a）和掺杂浓度（b）

（2）在核反应堆材料模拟实验中的应用

在核反应堆中，中子束和离子束辐照引起反应堆中材料体积的变化，对反应堆的安全运行有很大的影响。为了确定材料在反应堆中能否经受得住考验，需要经过几年以上的中子束辐照才能有结果。由于离子的质量比中子大，注入离子于金属上可以产生与注入大量中子状态相同或相当的变化，即通过离子注入向核反应堆材料进行大量的中子束辐照模拟试验，可以在很短的时间模拟出材料的损伤和辐照肿胀，据此来判断该材料用于反应堆中是否安全可靠。

在研究纳米尺度 He-空位的复合体——He 泡对 ODS（氧化物弥散强化）铁素体钢辐照硬化的影响时，通过室温条件下向 ODS 铁素体钢注入多能 He 离子，结果显示 He 离子注入导致 ODS 钢样品发生了显著硬化，如图 7-11 所示。ODS 钢 16Cr0.1Ti 在 He 离子注入和 800℃退火后硬度明显增加，而且伴随着 He 离子注入剂量的提高，材料的硬化程度升高。

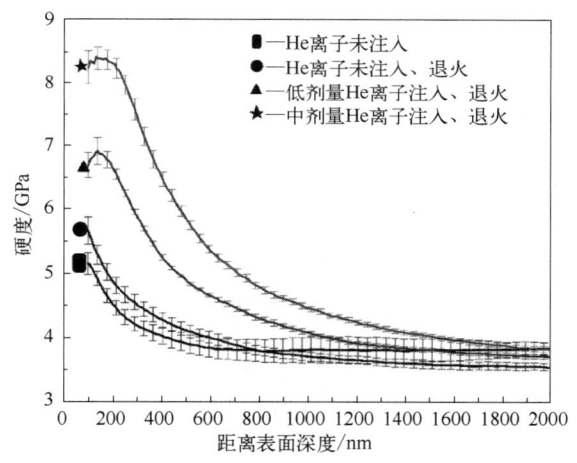

图 7-11　ODS 铁素体钢在 He 离子注入和 800℃退火前后辐照硬化情况

（3）离子注入在冶金学上的应用

离子注入是物理冶金的一种研究方法，是一门新兴的学科。注入冶金是利用离子注入技术制备新的表面合金。注入的表面合金具有传统方法无法获得的冶金参量和基体性能。这些参量包括原子晶格位置扩散、增强扩散、溶解度、沉淀等。

（4）在刀具、工具、模具等重要零部件上的应用

在刀具应用中，因氮的强离子束易于获得，用氮离子注入加工较轻质的工具，可使寿命提高 2～12 倍。在模具中，离子注入不仅保持了模具的精度而且还延长了模具的使用寿命。

将氮离子注入 GCr15 钢和 40Cr 钢中，结果发现经离子注入处理后的试件表面粗糙度下降。

（5）离子注入在生物医学中的应用

离子注入技术在生物医学上，主要应用于假体，诸如骨钉、人工关节等。注入离子后，假体的使用寿命甚至可超过患者的寿命。一些聚合物表面离子注入可有效地改善其耐磨性，UHMWPE（超高分子量聚乙烯）表面氮离子注入能增强其在血浆润滑条件下的耐磨性。对 Co-Cr 合金骨科植入物，经氮离子注入后明显增强了耐磨性，减少了毒性元素 Cr、Co、Ni 离子的释放。把氮离子注入到外科植入物 316LVM 医用级不锈钢中，疲劳寿命提高了近 2 个数量级，注入 B 和 Ta 离子，可显著减少点蚀。氮离子注入到用 Ti6Al4V 合金制成的假肢中，具有很好的抗磨损性能。

7.5 等离子束表面改性技术

7.5.1 等离子束表面改性技术概述

等离子体技术是一种常用的材料制备和表面处理技术。等离子体按温度可分为高温等离子体和低温等离子体两种。许多在常规手段下不能进行的反应可以通过低温等离子体手段实现，这使得等离子体相关工艺在金属防护领域也有着广泛的应用：采用等离子体热喷涂、等离子体增强化学气相沉积等工艺能够在金属表面涂覆一层薄膜，可以改善金属的耐磨、耐蚀性能；离子渗氮、微弧氧化等能够对金属进行硬化处理，增加金属表面致密性，提高金属的防腐蚀性能；此外，在采用有机涂层对金属进行防护时，低温等离子体对金属表面预处理可提高基底与有机涂层的附着力。图 7-12 为等离子熔覆技术示意图。

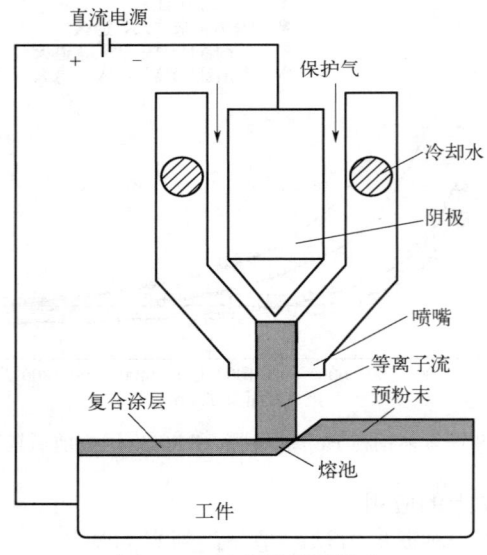

图 7-12 等离子熔覆技术

7.5.2 等离子束表面改性基本原理

（1）等离子体

等离子体（plasma）又称电浆、离子浆，是由部分电子被剥夺后的原子及原子团被电离后产生的正负离子组成的离子化气体状物质。它是由电子、离子、原子、分子等粒子组成的集合体。等离子体与固体、液体和气体的物质形态属于同一物质形态层次，也称为物质的第四态。典型的相图和相应的物质电离态示意图如图 7-13 所示。等离子体在宏观上是电中性的，其状态主要取决于组成、粒子密度和温度等。

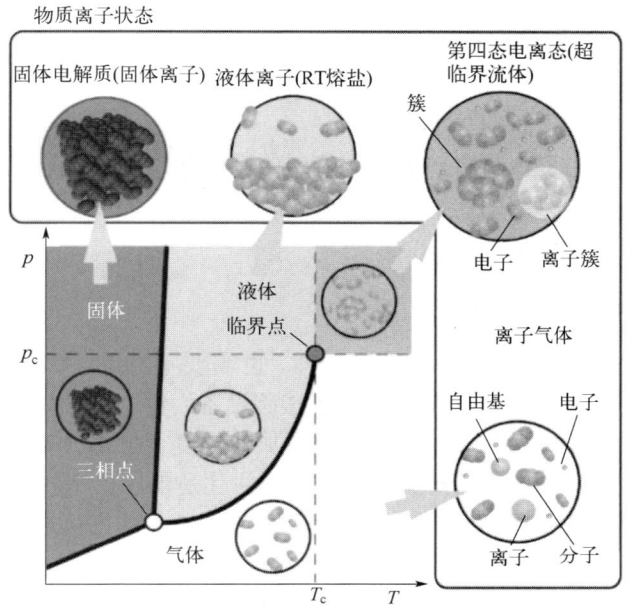

图 7-13　典型的相图和相应的物质电离态

事实上，只要一些粒子是电离的，物体就可以显示等离子体特征。例如，部分电离的气体具有显著的导电性。从广义上讲，某些固体和液体也具有等离子体特性。固体金属晶格上的正离子和运动的自由电子构成固体等离子体，半导体电子和空穴也构成固体电解质溶液。内部运动的正离子和负离子数量相等，而且所有电解质溶液都是导电的，所以它们都属于等离子体的范畴。可见，当物质中含有足够多的带正电荷和负电荷的粒子，并具有相等的电荷数时，其聚集状态都可称为等离子体。

（2）等离子体的产生与分类

要形成等离子体，必须对气体施加一定的能量，使气体发生电离。一般来说，可以用具有电离中性分子（或原子）所需的足够能量的粒子去碰撞分子（或原子），使气体电离产生等离子体。要获得具有足够能量的粒子方法很多，其中最常用的是电学手段，即放电方法。除了放电电离外，还有热电离法、激波电离法、高比能化学反应法、核反应法、高能光子（α 粒子和 γ 射线）辐射法。

在等离子体中，电子和离子的能量状态是重要的参数，一般用电子温度 T_e 和离子温度 T_i 表示。气体电离产生等离子体时，由于条件不同，一般分为 $T_e \approx T_i$ 和 $T_e > T_i$ 两种情况。前者称为平衡态等离子体，即高温等离子体（或称热等离子体）；后者称为非平衡等离子体，即低温等离子体（或称冷等离子体）。高温等离子体的整个系统温度非常高（$10^6 \sim 10^8$K），低温等离子体的电子温度非常高，而重粒子的温度接近室温，所以整个系统在较低的温度下存在。在表面处理中使用的等离子体一般为低温等离子体。

（3）等离子体的主要性质

电中性：大多数气体分子是由两个或两个以上的原子构成。典型的是氢分子模型，其结构简单。用紫外线辐射、X 射线照射、放电、加热等方法可使气体电离，从而使得中性气体的原子或分子分离成自由电子和离子，这样的气体又叫电离气体。

德拜屏蔽：因为在每个带电粒子附近都存在电场，因此等离子体的电中性是从宏观平均意义上说的。当电场完全被周围的粒子"屏蔽"时，在一定的空间区域外呈现电中性，这个屏蔽即为德拜屏蔽。

导电性：从宏观角度来说，等离子体是电中性的，但由于体系中包含大量的高浓度带电粒子，因此等离子体具备优异的导电性。

化学反应活性：等离子体具有热力学上稳定的微观状态和离子态化学反应特征。这些反应大多具有较低的活化能。例如，在大多数情况下离子分子反应中活化能为零，反应易于进行，成为以扩散为主的反应。

7.5.3 等离子束表面改性设备

不同的改性手段需要不同状态的等离子体，也需要不同的等离子设备。下面以电阻加热与辉光放电加热的复合加热（双热源）等离子渗碳设备为例，对等离子体改性设备进行介绍。

目前国内外生产型设备，大多采用辉光放电加热的复合加热（双热源）炉型。即在真空渗碳炉的基础上再加一套高压直流辉光放电装置，并且是带淬火室的双室式炉。图 7-14 是武汉市等离子体技术研究所等单位研制的立式等离子渗碳炉，其也可进行复合热处理。

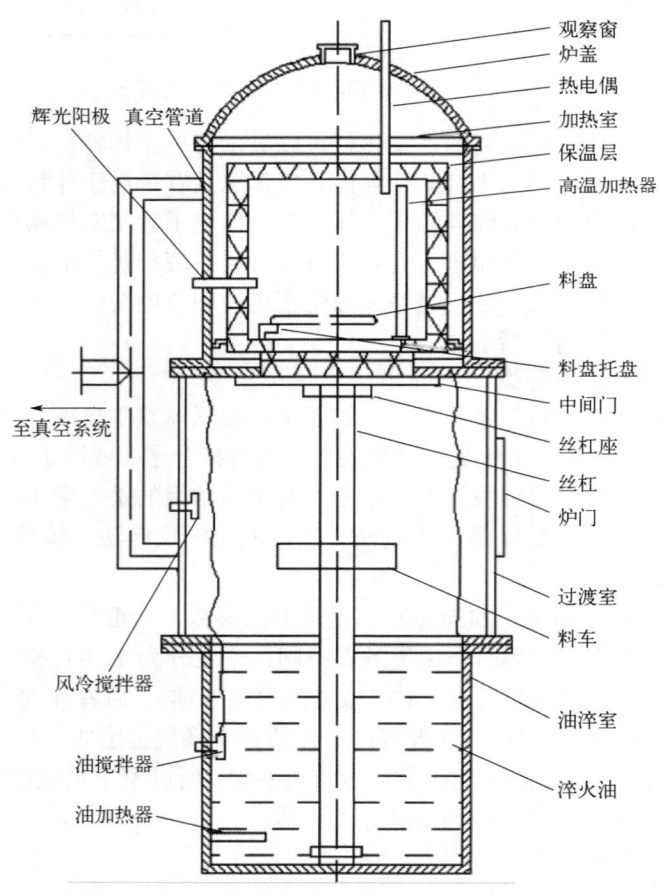

图 7-14　立式等离子体复合热处理炉体简图

（1）加热室

加热室由高温加热器、保温层、料盘托盘、测量热电偶、等离子体发生装置等组成。加热室有效加工区域尺寸为 700mm×800mm，设计的最高加热功率为 100kW，等离子体电源功率为 40kW，装炉总容量为 250kg，最高加热温度为 1050℃。

（2）过渡室

过渡室主要包括中间门（过流室与加热室隔离门）、气流导向装置、炉门、风冷搅拌器等，过渡室不仅可以使工件在本室完成气淬过程，而且可以实现炉内的连续操作。

（3）油淬室

油淬室主要包括：油搅拌器、淬火油、油加热器和往返于过渡室和油淬室的进料料车等，主要是用来满足工件对淬火介质的要求。

（4）液压机械传动系统

根据用户的要求和立式炉特点，设备炉内动作主要包括：中间门的开启和关闭；料车的上升和下降以及在气淬、液淬位置的停止动作；风冷搅拌器的启动和关闭；油搅拌器的启动和关闭；工件在加热室的放置和退出等。全部控制过程由液压站完成。

（5）高温加热器

普通离子氮化炉，电源不仅具备电离气体成为等离子体的功能，而且具备加热工件的功能。当工件渗氮所需的温度较低时，通常为 500～600℃，这种设计是合理的。但是对于在较高温度的渗碳来说，需要辉光电源功率较大，完全依靠离子的轰击加热工件大大降低了工件的稳定性。这将大大提高制造成本和增加设备制造难度，采用辅助加热可以降低造价和制造难度。

（6）真空系统和微机系统

设备采用 2X-30 机械旋片泵和 ZJB-300 罗茨泵组成真空机组。微机系统采用 SC-801 工业控制计算机，通过微机控制，炉内操作可以完全实现自动化。

7.5.4 等离子束表面改性技术应用

等离子体技术既可对金属材料，也可对非金属材料进行表面改性，增加材料的耐磨、耐蚀、浸润、防潮性等，改变对电磁波、雷达波的吸收程度，实现半导体的绝缘保护等。

（1）辉光离子氮化

采用专用的辉光离子氮化炉，以炉体为阳极，工件为阴极。抽真空后通入氨气，在阴阳两极之间加入高压直流电，伴随着高压电场作用，产生辉光放电，氨气发生部分分解形成氮和氢的正离子和电子。其中具有高能量的氮离子轰击工件表面，发生能量转化，由动能转化为热能对工件进行加工。辉光等离子放电示意图如图 7-15 所示。

辉光离子渗氮的特点是：

① 渗氮速度较快，渗氮周期可适当缩短。离子氮化时间短，能缩短到气体氮化时间的 1/3～2/3。

② 渗氮层脆性小，离子氮化表面会形成白层，这层白层很薄，近乎没有，除此之外引起的变形小，特别适合形状复杂的精密零件渗氮。

③ 能源消耗和氨的消耗少，电能消耗占气体氮化的 1/5～1/2，氨气消耗占气体氮化的 1/20～1/5。

④ 易于实现局部氮化，对于非渗氮部位，采用铁板隔断辉光、机械屏蔽，即可实现对非渗氮部位的保护。

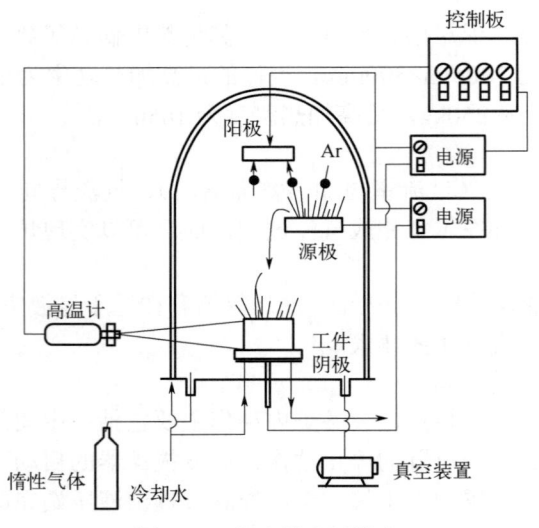

图 7-15　辉光等离子放电

⑤ 离子轰击对表面有净化作用，能够自动去除钝化膜，对于不锈钢、耐热钢材料等无需预先去除钝化膜，可直接进行渗氮操作。

⑥ 化合物层结构、组织和渗层厚度可以控制。

⑦ 具有较为宽泛的处理温度，即使在350℃以下的温度，也能获得一定厚度的渗氮层。

⑧ 可以适用于各种材料，包括要求氮化温度高的耐热钢、不锈钢，以及氮化温度较低的工模具（工具钢）和精密零件，而低温氮化对气体氮化是相当困难的。

（2）等离子物理气相沉积（PS-PVD）

PS-PVD 技术是在等离子体气氛中进行蒸发镀膜。用弧光放电使蒸发出来的金属原子被电离后，形成等离子体，在电场的加速下与基板（阴极）碰撞而成膜。等离子体的气体可以是 Ar 等惰性气体，也可以是没有惰性的气体，只有金属蒸气的等离子体也可以发生。如果通入 N_2 或 O_2 等反应性气体，则可在基板上形成化合物薄膜。

物理气相沉积（PVD）技术在工业生产中的应用有：纯金属镀层、装饰性镀层、润滑膜层、超硬复合层和多元复合镀层。

（3）等离子体化学气相沉积（PCVD）

图 7-16 展示出了薄膜沉积的反应过程。等离子体中的反应气体主要是由于电子的轰击引起激发、电离或解离，产生激发分子、原子、自由基或各种分子、原子的离子。一般认为这些粒子主要通过扩散到达基板表面，但是由于反应气体的流动，电极和基板架的形状、几何尺寸及它们之间的距离等会影响颗粒密度的分布。到达基板表面的粒子经过迁移和吸附反应，直到形成薄膜。

等离子体化学气相沉积是一种利用放电产生的激发物质反应沉积薄膜的技术。该工艺的沉积温度低于热 CVD 法。为了通过放电产生等离子体，必须降低气压。但由于是化学反应成膜过程，为了获得较大的沉积速率，必须有较高的颗粒密度。因此，等离子体化学气相沉积的气体压力一般为 10～133Pa。在这种压力下，气体粒子的平均自由程非常短，大约几微米到几百微米。一般认为，在等离子体中激发的分子间或离子-分子反应，使得系统更加复杂。

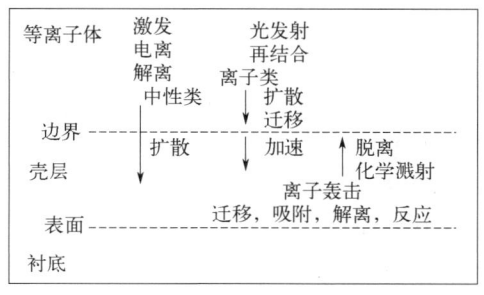

图 7-16　等离子体 CVD 中薄膜的沉积过程

（4）等离子体聚合

用含有机物的气体进行放电，会在等离子体空间和基板上产生聚合物，这就叫作等离子体聚合。选择适当的放电条件就可以沉积聚合物薄膜。

（5）脉冲爆炸-等离子体技术

脉冲爆炸-等离子体技术，简称 PDP 技术。该技术结合了爆炸和高能束处理技术。混合气体在电场作用下燃烧爆炸形成高密度能量等离子体束，并迅速沉积在金属表面。脉冲等离子体以 $10^4 \sim 10^8 K/s$ 的加热速度迅速照射工件表面，使工件表面迅速升温、熔化甚至气化，同时可向工件表面注入其他合金元素，以达到改性的目的。然后外加冷却系统使得高温的金属液体，以不低于加热速度的速率迅速冷却。再加上高速等离子束对材料表面的冲击，会在材料内部形成多个冲击波，导致表面晶粒细化，引入大量残余应力。PDP 技术可以获得一定厚度的改性层，提高表面硬度、耐磨性等性能。

（6）等离子体微弧氧化

等离子体微弧氧化简称微弧氧化（microarc oxidation，MAO），它是将 Al、Ti、Mg、Nb、Zr、Ta 等金属或其合金置于特殊的电解液中，利用电化学方法使材料表面产生火花放电斑点，在电化学、热化学和等离子体化学的共同作用下，在这些材料表面原位生长出氧化膜。

微弧氧化技术是一种新兴的表面处理技术。与其他表面处理工艺相比，该工艺制备的氧化膜具有以下优越性能：低孔隙率，因而膜层的绝缘性和耐腐蚀性能有所提升；含有高温转变相，使薄膜具有较高的硬度和良好的耐磨性；氧化层从基板上生长出来，与基体结合紧密，不易脱落；厚度易于控制，厚度可达 $200 \sim 300 \mu m$，提高了微弧氧化的可操作性；薄层的功能设计是通过改变工艺条件来实现的。

思考题

1. 分别简述激光表面改性技术、电子束表面改性技术、离子束表面改性技术及等离子体改性技术各自的特点。
2. 什么是激光表面合金化技术？它与激光熔覆相比有哪些不同？
3. 激光熔覆与通用的喷涂、电镀、离子镀层等工艺相比，优点有哪些？
4. 简述激光表面改性设备主要由哪几个部分组成，并且各个组成部分的主要作用是什么。
5. 举例说明激光表面改性技术在工业中有哪些实际应用。
6. 电子束表面改性技术的处理工艺有哪些？
7. 简述电子束表面重熔的工作原理。

8. 工模具及高温合金的表面经过电子束表面重熔处理后，在性能上有哪些变化？

9. 简述离子注入强化技术的机理。

10. 离子注入基材表面后，基材表面性质有哪些显著变化？

11. 举例说明离子束表面改性技术在生活上和工业领域中有哪些实际应用。

12. 简述等离子体的产生原理和主要性质。

13. 简述等离子体改性的基本原理。

14. 举例说明等离子体改性技术有哪些实际应用。

第 8 章

表面热处理技术

据统计，国民经济的每一个历程中，80%以上的废弃部件是表面故障造成的。因此，通过各种表面工程手段改善组件的表面状态，改善其耐腐蚀、耐磨损、耐疲劳等特性，从而提高产品的耐用年限是非常重要的。表面热处理在表面工程中起着重要的作用。表面热处理有着悠久的历史和成熟的技术，与钢铁冶炼技术几乎同时出现，从几千年前的渗碳工程，到今天广泛使用的表面淬火和化学热处理，再到先进能源开发等出现的高能量束表面改性，可实现在各种复杂的工作条件下有足够的选择。本章主要介绍表面热处理的基本原理、工艺过程、设备以及应用。

8.1 表面热处理概述

表面热处理是一种不改变工件化学成分，只对工件表面采取加热与冷却手段以改善其表面结构和特性的一种工艺方法。对于本身具有固态相变，可以进行热处理强化的这一类材料，我们对其进行适当的表面热处理后可以发现，工作物表面硬度和耐磨性都有所提升，并且适当的核心结构还可以使工件获得更高的疲劳强度和韧性。表面热处理具有工艺简单、强化效果显著、变形小、易于机械化和自动化生产、生产率高、节能、污染少等特点，因此是应用相当广泛的材料表面改性技术之一。表面热处理工艺包括：感应加热表面淬火、接触电阻加热淬火、火焰加热表面淬火、浴炉加热表面淬火、电解液淬火等。

大多数情况下，组件的高强度（硬度）和良好的韧性，二者不可得兼，因此理想选择是维持组件心部韧性和表面强化，它可以通过表面淬火等过程来实现。所谓的表面淬火有两种过程：其一是在淬火前将工件全部加热，冷却过程中表面的奥氏体过冷却，使其变成马氏体，但内部的奥氏体冷却速度缓慢，只能引起珠光体转变，从而得到表面淬火，这种方法对材料的选择、淬火冷却介质、过程控制都有很高的要求，由于固化层的深度难以控制，所以在业界很少使用；其二是使用特殊的加热方法。工作件的表面加热，温度急剧上升，表面层温度超过 $A_{c1} \sim A_{c3}$（A_{c1} 为加热时珠光体开始向奥氏体转变的温度，A_{c3} 为加热时先共析铁素体全部转变为奥氏体的终了温度）温度，然后急剧冷却，表面硬化，心部的温度低于 A_{c1}，甚至没有被加热，心部都不会显示淬火现象，得到表面淬火。后者可以选择广泛的热源，工艺、硬化深度和质量都很容易控制，因此成为一种被广泛使用的表面强化工艺。

表面淬火按加热方法的不同可以分为两类：一种是外部热源加热方法，包括火焰加热、浴加热、电解质加热；另一种是内部热源加热方法，主要是感应加热和接触电阻加热。表面淬火是局部硬化，需要特别注意的是，它与传统的一体化加热方式完全不同。

8.2 感应加热表面淬火

感应加热处理作为表面热处理的重要组成部分，可以获得以往传统独特的热处理方式所难以达到的特殊效果。其淬火过程是电磁场、温度场、微结构场（组织场）和应力场相互作用的复杂过程，如图 8-1 所示。

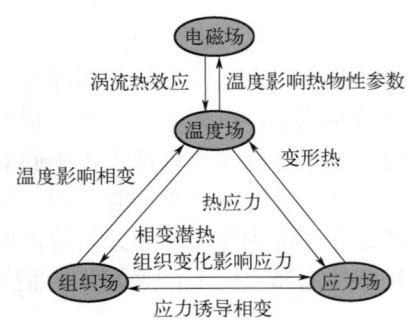

图 8-1　感应加热表面淬火过程中电磁、温度、组织转变与应力关系

感应加热是将电能以非接触方式传递给工件，直接加热工件的加热方法，也是一种内热源的加热方式。感应淬火包含高频感应淬火、渗碳后高频感应淬火、渗氮后高频感应淬火、超音频感应淬火、超高频脉冲淬火、双频感应淬火、大功率高频脉冲淬火、中频感应淬火、工频感应淬火等。该加热方式具有许多优异的特点，图 8-2 为国内某公司的感应热处理淬火设备及产品。

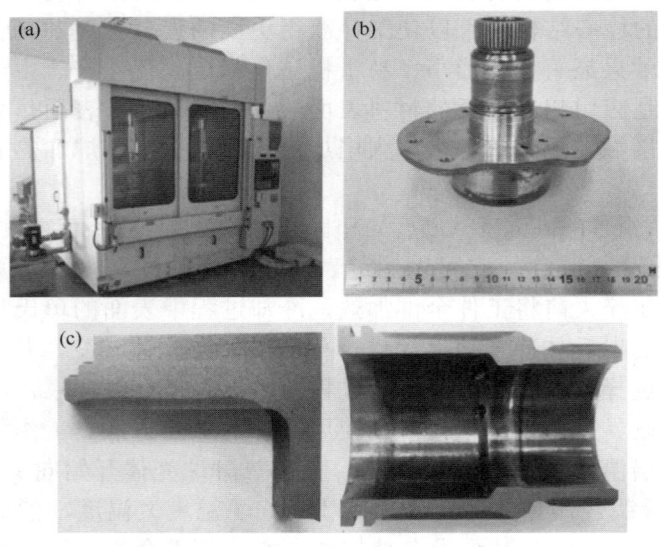

图 8-2　某公司的感应热处理淬火设备及产品
（a）感应加热淬火设备；（b）淬火产品；（c）淬火产品纵剖视图

感应加热表面淬火具有以下特点。

① 优良的热处理质量：经感应淬火处理后，将获得较硬的外壳和较韧的心部，工件综合性能得到大幅提升，抗疲劳性能尤为突出。此外，由于加热过程时间短，因此表面氧化程

度小，氧化皮少，脱碳现象更少发生。

②　热效率高：感应加热电效率高出常规热处理一倍以上，节能效果好。

③　局部热处理：感应加热具有针对性，能精准地控制要处理的热处理部位，可大量适用于局部热处理。

④　快速热处理：感应淬火的加热时间以秒为单位，生产节奏快，机械加工过程一致。生产线和自动线上有很多感应处理设备。

⑤　清洁的热处理：感应淬火通常不用保护气，淬火冷却介质的使用通常为水或水淬火冷却介质，淬火时无油烟，工作条件和生产环境良好。

8.2.1　高频感应淬火

高频感应淬火是一种先对工件表面进行加热而后进行急冷处理的热处理工艺，利用的是高频电磁感应原理。高频感应淬火不仅适用于普通中碳钢和合金中碳钢，而且也适用于碳素工具钢或合金工具钢，但以 $w(C)=0.35\%\sim0.5\%$ 的钢在淬火后的效果最好。高频发生器的淬火频率常见为 $60\sim70kHz$ 和 $200\sim300kHz$，功率为 $30\sim100kW$。频率越高的交流电，感应电流会有越显著的趋肤效应。大多数情况下，工件所要求的硬化层厚度随着工件直径的增大而增大，因此，应根据工件的尺寸及硬化层厚度选择合适的电流频率。确定频率后，需要根据硬化层的厚度和工件单位面积上传递的功率（特定功率）来选择设备的功率。硬化层深度、轴类工件直径和电流频率的关系分别如表 8-1 和表 8-2 所示，高频感应加热的温度应根据钢的种类、原始组织和相应区域的加热速度来确定，如表 8-3 所示。

表 8-1　硬化层深度与电流频率的关系

频率/kHz		250	70	35	8	2.5	1.0	0.5
硬化层深度/mm	最大	0.3	0.5	0.7	1.3	2.4	3.6	5.5
	最小	1.0	1.9	2.6	5.5	10	15	22
	最佳	0.5	1.0	2.3	2.7	5	8	11

表 8-2　轴类工件直径与电流频率的关系

工件直径/mm	10～20	20～40	40～100
选用频率/kHz	200～300	8	2.5

表 8-3　常用钢种高频感应淬火的加热温度

牌号	原始组织	预备热处理	A_{c1}以上的加热速度 /（℃/s） A_{c1}以上的加热时间 / s			
			炉中加热	$\dfrac{30\sim60}{2\sim4}$	$\dfrac{100\sim200}{1.0\sim1.5}$	$\dfrac{400\sim500}{0.5\sim0.8}$
			加热温度/℃			
40	细片状 P+细粒状 F	正火	820～850	860～910	890～940	950～1020
	片状 P+F	退火或未处理	820～850	890～940	910～960	960～1040
	S	调质	820～850	840～890	870～920	920～1000

牌号	原始组织	预备热处理	A_{c1}以上的加热速度/(℃/s) / A_{c1}以上的加热时间/s			
			炉中加热	30~60 / 2~4	100~200 / 1.0~1.5	400~500 / 0.5~0.8
			加热温度/℃			
45、50	细片状 P+细粒状 F	正火	810~830	850~890	880~920	930~1000
	片状 P+F	退火或未处理	810~830	880~920	900~940	950~1020
40Mn2、50Mn	细片状 P+细粒状 F	正火	790~810	830~870	860~900	920~980
	片状 P+F	退火或未处理	790~810	860~900	880~920	930~1000
	S	调质	790~810	810~850	840~880	900~960
65Mn	细片状 P+细粒状 F	正火	760~780	810~850	840~880	900~960
	片状 P+F	退火或未处理	770~790	840~880	860~900	920~980
	S	调质	770~790	790~830	820~860	860~920
35Cr	S	调质	850~870	880~920	900~940	950~1020
	P+F	退火	850~870	940~980	860~1000	1000~1060
40Cr 45Cr	S	调质	830~850	860~900	880~920	940~1000
40CrNiMo	P+F	退火	830~850	920~960	940~980	980~1050
40CrNi	S	调质	810~830	840~880	860~900	920~980
	P+F	退火	810~830	900~940	920~960	960~1020
T8A	粒状 P	退火	760~780	820~860	840~880	900~960
T10A	片状 P 或 S（+C）	正火或调质	760~780	780~820	800~860	820~900
CrWMn	粒状 P 或粗片状 P	退火	800~830	840~880	860~900	900~950
	片状 P 或 S	正火或调质	800~830	820~860	840~880	870~920

注：P 为珠光体；F 为铁素体；S 为共析点，在这一点上奥氏体会分解成铁素体和渗碳体的混合物，即珠光体。

　　淬火冷却介质需要根据工件的材质、形状、尺寸，以及采用的加热方法、硬化层的深度来决定。高频感应淬火的冷却介质包括水、油、聚乙烯醇水溶液和乳化液等。高频感应加热速度可使淬火后表面获得细小隐针状马氏体，如图 8-3 所示，硬度比一般淬火高 2～5HRC，淬火后表面有压应力，耐磨性及疲劳强度大大提高，缺口灵敏度小。因此，高频感应淬火广泛应用于齿轮、轴、套筒、机床导轨、螺杆、量具、工具等工件。

图 8-3　细小隐针状马氏体组织

　　注意：a. 调质或正火常被用作高频感应淬火之前的预备热处理，以确保表面均匀的马氏体结构和淬火过程中心部的足够韧性，调质零件的综合力学性能高，淬火零件的机械加工性能好；b. 高频感应淬火后，需进行回火或自回火。

8.2.2 渗碳后高频感应淬火

为了提高工件表面硬度，进一步优化其耐磨性与抗疲劳性，改善工件硬化层分布效果，减少其表面淬火变形与裂纹，对采用 20Cr、20CrMnTi、20CrMnMoVB 等制作的齿轮，在渗碳后采用低比输出、低速加热、高频淬火处理，这是一种复合的热处理工艺。

其工艺原理包括渗碳、高频感应加热和迅速冷却三个主要步骤。首先，通过渗碳使金属表面富碳化，然后使用高频感应加热设备对金属表面进行加热，最终通过迅速冷却形成均匀的马氏体组织，提高了材料的硬度和耐磨性。优点包括：a. 形成高硬度和高强度的马氏体组织，提高表面硬度和耐磨性；b. 工艺过程可控性好，温度分布均匀；c. 适用于各种形状和尺寸的工件。

高频淬火适用范围为具有高硬度的表面，所以渗碳零件的高频淬火也可避免局部浸碳时镀铜的保护。一般淬火后残留奥氏体较多的钢，如 18CrNiW、20Cr2Ni 等，由于加热速度快，碳化物在感应淬火中溶解得比较少，这也减少了奥氏体的残留。

8.2.3 渗氮后高频感应淬火

与渗碳后感应淬火类似，渗氮后感应淬火也是一种复合热处理工艺。其工艺过程包括渗氮、高频感应加热、淬火三个主要步骤。首先，将待处理的金属材料放入一个渗氮炉中，通入氮气。在高温高气压的环境下，氮气会在金属表面形成稳定的化合物，从而提高材料的硬度和耐磨性。渗氮完成后，将金属材料放入高频感应加热设备中。通过感应线圈产生高频电磁感应，快速加热金属材料到临界温度以上。一旦金属材料达到临界温度，立即将其迅速浸入冷却介质中（如油或水）。淬火的目的是迅速冷却金属材料，使其快速固化并形成高硬度的组织结构。与单纯渗氮或单纯感应淬火处理相比，渗氮后感应淬火是优先在工件表面采取渗氮处理然后进行感应淬火，因此它能够获得更高的表面硬度及更大的硬化层深度。几种钢经不同热处理后的硬化层深度和表面硬度见表 8-4。

表 8-4　不同牌号钢经不同热处理的硬化层深度和表面硬度

牌号	硬化层深度/mm		表面硬度（HRC）		
	渗氮	感应淬火	渗氮	感应淬火	渗氮及感应淬火
20	1.14	3.81	24	44	57
30	1.12	3.43	25	53	65
40	1.14	3.43	33	63	66
T8	1.09	3.56	35	64	69
40CrNiMo	0.89	2.79	49	65	68

8.2.4 超高频脉冲淬火

超高频脉冲淬火使用 20～30MHz 的高频脉冲电流在 1～500ms 内将工件表层快速加热至淬火温度，并进行自冷却淬火，其表面加热功率可达到 10～30kW/cm^2，加热速度为 10^4～10^6 ℃/s。脉冲淬火是在高能量密度下非常迅速地加热和冷却，因此得到的微结构非常微小，最大硬度为 900～1200HV，并且生产率高，变形极小，不需要再进行回火，基体与淬火表层之间没有过渡带。

如图 8-4（b）所示，初始试样 [图 8-4（a）] 经 420ms 电脉冲淬火后得到的是马氏体（黑色区域）和铁素体（块状白色区域）的混合组织，此时试样达到的最高温度约为 890℃，明显高于 40Cr 钢的 A_{c3} 温度。由此可见，不同于传统热处理过程中的准平衡相变条件，在电脉冲处理这种极端非平衡条件下，试样完全奥氏体化需要更大的过热。当电脉冲淬火时长增加至 440ms 时，试样达到的最高温度为约 931℃，此时奥氏体化完全，得到的组织为全马氏体［图 8-4（c）］。由此确定，440ms 是电脉冲奥氏体化的最小参数。随着脉冲时间的继续增加（460ms、480ms、500ms），试样的峰值温度越来越高（约 973℃、1014℃、1055℃），马氏体组织也逐渐粗化［图 8-4（d）～（f）］。

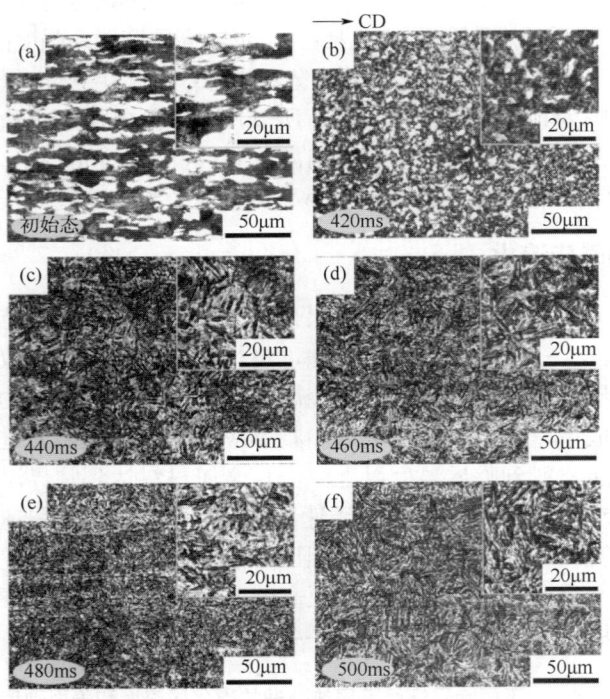

图 8-4　退火冷拔态 40Cr 钢经不同时长电脉冲淬火后的光学显微组织
（a）初始态；（b）420ms；（c）440ms；（d）460ms；（e）480ms；（f）500ms

超高频脉冲淬火、普通高频感应淬火和大功率高频脉冲淬火的技术特性比较见表 8-5。

表 8-5　超高频脉冲淬火、普通高频感应淬火和大功率高频脉冲淬火比较

技术参数	超高频脉冲淬火	普通高频感应淬火	大功率高频脉冲淬火
频率/kHz	27.12MHz	200～300	200～1000
功率密度/（kW/cm²）	10～30	0.2	1.0～10
最短加热时间/ms	1～500	100～5000	1～1000
硬化层深度/mm	0.05～0.5	0.5～2.5	0.1～1
淬火面积/mm²	10～100（最宽 3mm）	取决于连续步进距离	100～1000（最宽 10mm）
感应器电感	10～100nH	2～3μH	—
感应器冷却介质	加热无须冷却	通水	通水或埋水冷却
工件冷却	自激冷	喷水	埋水或自激冷
淬火层组织	极细 M	M	极细 M
畸变	极小	不可避免	极小

注：M 为马氏体。

8.2.5 大功率高频脉冲淬火

大功率高频脉冲淬火是一种工艺特点介于普通高频感应淬火与超高频脉冲淬火之间的工艺。其工艺过程是首先开启高频脉冲电源，产生高频电流，并将其通过感应线圈传导到工件表面。工件表面会因为电流感应加热而迅速升温，达到所需的淬火温度。在工件达到淬火温度后，立即进行冷却。可以采用多种冷却介质，如水、油或气体。冷却介质的选择取决于工件的材料和要求。大功率高频脉冲淬火常被用于表面形状复杂、精度要求高的工件的表面淬火，以及汽车行业、仪表耐磨件、中小型模具的局部硬化，其频率为 200～1000kHz，振荡功率为 100kW 以上。

8.2.6 超音频感应淬火

对低淬透性钢而言，采用高、中频淬火工艺很难使中小模数（$m=3\sim6mm$）齿轮、链轮、凸轮轴等凹凸工件得到均匀化的硬化层。若采用 20～65kHz 的超音频发生器进行处理，在中小模数齿轮表面就能得到均匀硬化层，同样在 45 钢制花键轴、凸轮、手扶拖拉机拨叉等工件上能获得良好的淬硬层分布。对机床导轨的淬火结果还显示，在超音频感应淬火工艺参数与高频感应淬火工艺参数近乎一致的情况下，前者淬硬层更深、生产率更高、淬火变形也更小。

超音频感应淬火是一种通过超音频感应加热来实现材料表面淬火的工艺过程。其工艺过程是首先将超音频感应设备的感应线圈放置在工件附近，当电流通过线圈时，会在工件表面产生感应电流。通过调节超音频感应设备的电流和频率，控制工件表面的加热温度和时间。当工件表面加热到足够温度后，立即将工件浸入预先准备好的淬火介质中。通过快速冷却，使工件的表面迅速形成马氏体组织，从而提高工件的硬度和耐磨性。

8.2.7 中频感应淬火

中频感应淬火的中频生成器和晶闸管频率变换器通常在 100～500kW 的功率下使用，一般频率为 1～100kHz。中频感应淬火有利于提高工件表面性能，如提高硬度、耐磨性及疲劳强度，不仅适用于大、中型工件，而且适用于小件的穿透淬火。而对于低淬透性钢制齿轮，经中频感应淬火，可以在表面形成沿齿形分布的硬化层，同时核心保持高强度和韧性。这类齿轮可以承受较重载荷，来替换汽车上的部分合金渗碳齿轮。同样，中频感应淬火前应进行调质或正火处理，淬火后则根据硬度要求进行相应的回火处理。

图 8-5 为 870℃中频感应淬火后 45Mn 钢的金相组织。由图 8-5（a）可以看出，45Mn 钢经过 870℃中频感应淬火后，从表面到心部组织出现明显分层，界限清晰，位置 1、位置 2、位置 3 分别对应淬硬区、过渡区和心部热影响区。淬硬区组织为针状马氏体，由于感应加热效率高、升温快，奥氏体晶粒来不及长大，淬火后形成的马氏体组织细密均匀，见图 8-5（b）；过渡区组织为淬火马氏体+屈氏体，见图 8-5（c）；心部热影响区组织为屈氏体+珠光体，见图 8-5（d）。

图 8-6 为 870℃中频感应淬火、550℃回火后 45Mn 钢的金相组织。由图 8-6（a）可以看出，45Mn 钢经过 870℃中频感应淬火和 550℃中频感应回火后，从表面到心部组织分层界限趋于模糊，位置 1、位置 2、位置 3 分别对应淬硬区、过渡区和心部热影响区。回火后淬硬区

组织为回火索氏体，碳化物呈细针状分布，组织均匀细密，见图 8-6（b）；过渡区由淬火马氏体+屈氏体混合组织转变为回火索氏体+珠光体混合组织，见图 8-6（c）；心部热影响区组织为索氏体、珠光体以及沿晶界分布的网状铁素体，见图 8-6（d）。

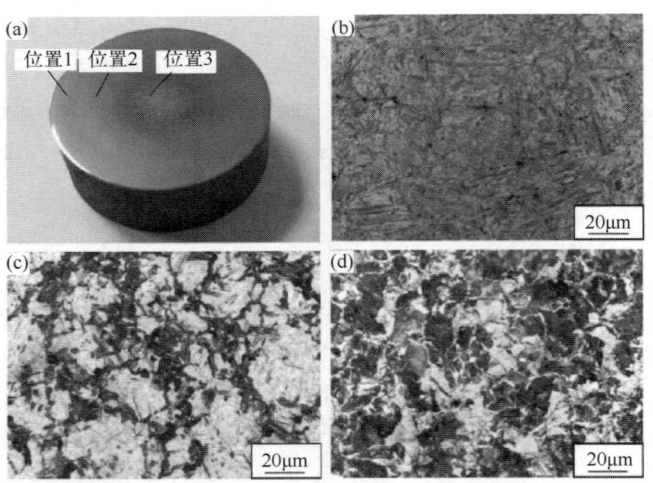

图 8-5　870℃中频感应淬火后 45Mn 钢的金相组织

图 8-6　870℃中频感应淬火、550℃回火后 45Mn 钢的金相组织

8.2.8　双频感应淬火

对于齿轮这类凹凸不平的工件，进行感应加热时，基于其表面特征，要想使其低凹处达到一定深度的硬化层，难免会出现凸出部过热现象，而低凹处得不到硬化层，使之均匀硬化是困难的。双频感应淬火是指交替使用中频和高频加热方法。即首先使用中频感应加热槽和靠近齿根的一侧，然后使用 250kHz 高频感应加热齿顶和靠近齿顶的一侧，凹面和凸面各点的加热温度趋向恒定，然后淬火，可以得到硬化层沿齿形的合理分布。双频感应淬火方法如图 8-7 所示。

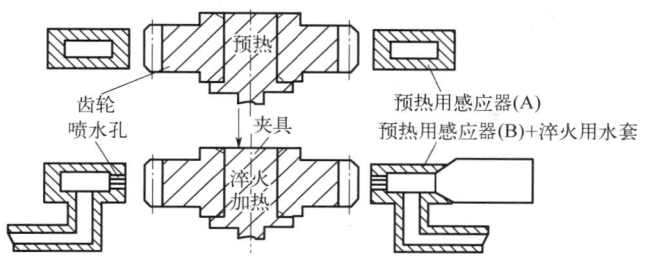

图 8-7　双频感应淬火方法

双频感应淬火具有下列特点。a．双频感应淬火技术能够在短时间内快速加热工件表面，从而实现快速淬火。相比传统的热处理方法，双频感应淬火的处理时间更短，生产效率更高。b．双频感应淬火能够实现工件表面的均匀加热，从而使得整个工件的硬化效果均匀。这有助于提高工件的强度和硬度，并减少变形和裂纹的产生。c．双频感应淬火技术可以对加热过程进行精确控制，包括加热时间、温度和冷却速度等参数，这使得淬火过程更加可控，能够实现对工件性能的精确调控。综上所述，双频感应淬火技术具有高效性、均匀性、精确性等特点，可以提高工件的硬度、强度和耐磨性，适用于各种金属材料的热处理。

8.2.9　工频感应淬火

工频感应加热取自三相动力变压器、三相电炉变压器或单相的 50Hz 工频电流，通过感应器来加热工件，其功率可在数百瓦至 2kW。工频感应淬火是一种常用的热处理工艺，用于提高金属材料的硬度和耐磨性。下面是工频感应淬火的工艺过程：根据材料的形状和尺寸，选择合适的感应器，感应器应能够产生适当的磁场，以使材料能够达到所需的温度；将材料放置在感应器中，通过调节感应电流的频率和强度，使材料加热到所需温度；当材料达到所需温度后，迅速将其浸入冷却介质中，如水或油中。快速冷却可以使材料迅速固化，提高硬度和耐磨性。

工频感应淬火具有下列特点：a．电流穿透层比较深，对于截面尺寸较大的工件进行表面感应淬火，淬硬层可达 15mm 以上；b．在工业电源中可直接使用，设备简单，电流转换效率高于变频器；c．加热速度慢（每秒几摄氏度），不易出现过热现象，加热过程十分可控。但缺点是负载回路是感性电路，功率因数低，仅为 0.2～0.4，在很多情况下，需要很大的电容器补偿。

工频感应淬火应用范围广泛，不仅适用于起重机车轮、冷轧辊、钢轨等的表面热处理，也适用于有色金属熔炼，棒材及管材的正火，钢件锻造加热、调质等处理。

8.3　火焰加热表面淬火

8.3.1　火焰加热表面淬火的原理与特点

火焰淬火是指在工件表面喷上氧乙炔火焰等气体火焰使其快速加热，然后在加热表面喷上特定的冷却介质或浸泡工件的工序，具有与感应淬火基本相同的目的。

火焰淬火的热源是燃烧的火焰，而燃烧的火焰从内至外，分为焰心、还原区和全燃区三层。火焰淬火时选择氧化焰（体积混合比为 1.5）是最有效的。火焰淬火的工作原理是通过调节热源与工件还原区的相对位置与相对运动，进而控制工件表面的加热速度、表面温度、加热层深度。火焰淬火的温度通常比炉内加热的温度高 20～30℃。一般认为火焰还原区顶端距工件表面 2～3mm 为好。喷嘴的移动速度选择范围为 50～150mm/min。

由于火焰冷却需要更快的加热速度（一般在 1000℃/min 以上），火焰冷却所用的燃料必须具有更高的发热量，价格低廉，安全可靠，供应方便，储存和使用时污染少。乙炔、城市煤气、天然气、丙烷或煤油都可作为火焰淬火燃料（表 8-6），但在中国，氧乙炔焰仍被广泛用于火焰加热。氧乙炔焰火焰温度高（最高为 3100℃），适合浅表面的淬火，在深部加热时容易使工作表面过热。

表 8-6 用于火焰淬火的燃料

气体	加热值/(MJ/m³)	火焰温度/℃		氧与燃料气常用比率	氧与燃料气混合气比热值/(MJ/m³)	正常燃烧速率/(mm/s)	燃烧强度/[mm·MJ/(s·m²)]	空气与燃料气常用比率
		氧助燃	空气助燃					
乙炔	53.45	3105	2325	1.0	26.7	535	14284	—
城市煤气	11.2～33.5	2540	1985	*	*	*	*	*
天然气（甲烷）	37.3	2705	1875	1.75	13.6	280	3808	9.0
丙烷	93.9	2635	1925	4.0	18.8	305	5735	25.0

注：*随加热值和成分而异。

火焰淬火装置的燃料供应系统组成部分包括高压燃料气发生器（或燃料气汇流排）、氧气汇流排、减压阀、安全防爆装置（防爆水封、回火防止器）及输气导管等。淬火系统则由喷枪、淬火喷嘴、淬火水嘴及供水管道、淬火机床或淬火行走机构等组成。对温度的测量可以采用辐射温度计或红外温度仪进行，但对温度控制精确度低，一般作业条件下由操作者目测控制淬火温度。图 8-8 所示为氧乙炔火焰淬火装置系统示意图。

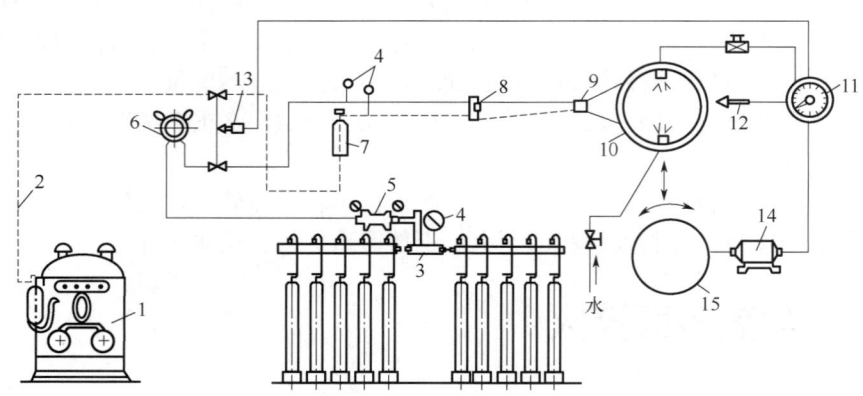

图 8-8 氧乙炔火焰淬火装置系统

1—高压乙炔发生器；2—乙炔导管；3—氧气汇流排；4—压力表；5—汇流排减压阀；6—氧气站减压器；7—防爆水封；8—气体手动开关；9—混合室；10—环形火焰喷嘴；11—电子调节记录仪；12—辐射温度计；13—气体自动开关；14—移动用电动机；15—淬火机床移动装置

为提高淬火质量，获得表面硬度均匀的淬火工件，需在工件淬火前进行正火或调质处理。火焰淬火方法可分为同时加热法和连续加热法两种。淬火冷却介质一般为水，有时也可采用聚乙烯醇水溶液、肥皂水、乳化液和油等。冷却方式有三种：直接喷射冷却；投入水中或油中冷却；对于合金钢，为避免淬火开裂，减少变形，可用喷雾或压缩空气冷却。火焰淬火后，通常在180～200℃的温度下回火。

周伟等人为改善火焰加热钛合金板的表面硬度和淬火引起的表面硬化，通过数值模拟法研究火焰加热的温度场和沿厚度方向的温度变化特性，分析了金属的微细结构和硬度。结果表明，硬化层的更细颗粒和更高硬度可以通过火焰加热和骤冷来获得。在一定的火焰线扫描速度条件下，火焰注入强度主要影响合金表面的硬度，但几乎不影响急冷层的厚度。图8-9为Ti-5322钛合金板材受热后不同部位的显微组织。锻造板材组织具有明显的加工流线[图8-9（a）]，晶粒破碎，显微组织由α相和β相基体组成。图8-9（b）和图8-9（c）显示了合金薄片的微观结构在被高强度火焰加热后随急冷层深度的变化趋势。沿着薄膜厚度的方向，火焰加热越接近表面，等轴β粒子的生长越明显。根据厚度方向测量不同强度火焰加热处理的板的硬度，测试结果如图8-10所示。通过火焰加热淬火的表面硬化工序，可以得到比母材硬度更高的硬化层。火焰强度越高，表面硬化效果越好，最大表面硬度可能达到456HV。

(a) 原始组织　　　　　　　(b) 过渡层组织　　　　　　　(c) 表面组织

图8-9　Ti-5322钛合金板材受热后不同部位的显微组织

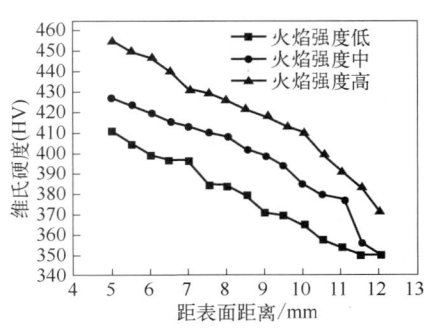

图8-10　合金表面硬化的硬度分布曲线

火焰淬火具有如下特点：

① 设备简单，投资少。

② 操作灵活，特别适合大而不规则的工件和现场处理，用其他方法很难做到。

③ 通过调节喷枪的移动速度和喷嘴与工件淬火面的距离，可以获得硬度比较温和的淬火层，淬火层的深度可以有一定的调整（2～10mm）。

④ 主要是手动操作，机械化和自动化程度低。噪声高，潮湿，易燃烧，易爆炸，工作

环境恶劣，工作中需要接线员集中注意力，容易疲劳。操作技能水平影响产品质量。

⑤ 只适用于火焰喷射方向的表面，火焰淬火不适合应用在薄壁零件中。

⑥ 用于火焰加热的混合物有爆炸危险，必须特别小心。

8.3.2 火焰加热表面淬火工艺

（1）火焰淬火的钢种及对钢原始组织的要求

火焰淬火加热速度比普通热处理快，奥氏体化时间极短，结晶颗粒不易生长，奥氏体化温度向高温方向发展。不同于感应加热，火焰加热的工件内表层温度主要由热传导所决定，因此其加热层由表及里的温度分布是比较平缓的。因为火焰淬火的奥氏体化时间极短，所以要求其原始组织均匀，碳化物细小。最好先对工件进行调质或正火，以获得微小的颗粒或细片状珠光体。火焰淬火适用于各种各样的材料。一般来说，火焰淬火不仅可用于中碳及工具钢、中碳合金结构用钢、马氏体不锈钢，还可用于灰色铸铁、球墨铸铁。

（2）火焰淬火加热温度的控制

火焰淬火的加热时间短，奥氏体化时间要小于普通热处理时间，晶粒成长时间非常短，所以其晶粒较小。为解决这个问题，我们可以适当地提升其奥氏体化温度，使得其中的碳化物溶解均匀。一般钢件材料的火焰淬火温度是 $A_{c3}+(80\sim100)℃$，铸铁件的火焰淬火温度控制为 $[730+28w(Si)-25w(Mn)]℃$。淬火温度与喷嘴的移动速度及喷嘴和工件的距离有直接关系，对于异形件的表面、孔洞、边缘等部位，火焰加热的移动速度和加热时间很难掌握，因此加工困难，要求操作者技术水平较高。

（3）火焰淬火常见缺陷与对策

① 淬火裂纹是火焰淬火的常见缺陷，特别是当齿轮用火焰淬火时，齿尖容易发生严重的淬火裂纹。对于普通合金结构用钢（40Cr、35CrMo、40CrMo）的火焰淬火，建议使用合成淬火冷却介质。否则，用磁性粉末和着色来检测水淬火会变得困难。乳化剂可以避免碳钢的淬火龟裂，但对合金结构用钢的影响不明显。另外，作业时要避免起点和终点重叠，留下 5～10mm 的软皮带。中途停止淬火后，重新开始时还需要留出 5～10mm 的软皮带。否则这些重叠的区域很容易破裂。火焰应远离边缘或尖锐的角 5～10mm。否则边缘或尖锐的角容易在高温下断裂，并产生淬火应力。

② 硬度不充分或不均匀。淬火硬度不达标的主要原因有材料碳含量低、加热温度不达标、冷却不达标（冷却水少、水不达标）等。硬度不均匀是由于火孔尺寸的不同、火孔阻塞、喷孔阻塞等原因造成的。对于硬度不足或不均匀，可根据具体原因采取相应对策。火焰淬火时，如果移动慢或停顿可能使淬火表面烧熔。另外，尖角、孔边也极易烧熔。

③ 熔化，有些熔化的部分可以用砂轮打磨修理。火焰淬火是一种容易变形的工艺，特别是使用单一淬火的工艺。可调整喷嘴大小，改善加热条件。

④ 畸变。为减少淬火变形，可将单面淬火部件固定为固定部件，并长时间使用回火淬火，消除应力，减少变形，恢复工作物尺寸准确度。

8.4 电解液淬火

电解液加热的实质，是处于电解槽中的工件通电后作为阴极，在一定条件下产生"阴极效应"，从而实现工件加热。

电解液加热常用的加热介质为 Na_2CO_3 水溶液，其原理如图 8-11 所示。将工件放入质量分数为 5%～18%Na_2CO_3 水溶液加热介质的电解槽中,工件与电解槽中接入电压为 160～200V 的直流电流。此时，工件作为阴极，电解槽壁作为阳极（若电解槽壁绝缘，可在槽中放置一块铅板、不锈钢板或铁板代替槽壁作为阳极）。电解发生时，阳极失电子放出氧气，阴极（工件）得电子放出氢气。由于工件浸入电解槽面积小，工件的表面覆盖着氢气，而电解质与工作物的表面部分分离，同时与工件相连的气层的电阻会增加，电解质会突然加热到沸点，产生大量的蒸汽。氢气和蒸汽产生的压力会将工件周围的液体排斥在外，形成一个稳定的气体膜。这种膜的电阻很大，当大电流通过时，将产生电阻热而使工件表面迅速升温。由于电解液本身具有很好的冷却能力，当阴极与阳极之间断电时，气膜立即被破坏，围绕着工件的电解液使工件迅速冷却，实现淬火。电解液淬火的整个过程都是在电解液液面之下进行的，淬火表面始终未与空气接触，不会出现任何氧化现象。

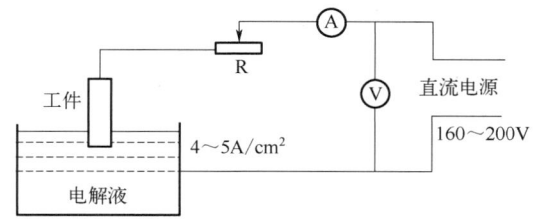

图 8-11　电解液加热原理

通电后短时间内能否出现稳定的加热状态是实现电解液淬火的关键，其实质是通电后能否在待淬火工件表面的周围很快形成一层均匀而稳定的"氢气罩"。对于成分和温度稳定的电解液，加热表面的电流密度成为建立稳定加热状态的主要条件。此时，输入的电流密度存在一临界值，低于该值时，工件表面将无法建立起稳定的加热状态。在临界电流密度的条件下，工件的加热温度与通电时间呈线性关系。

在电解液淬火过程中，控制电解液温度是关键。当工件（阴极）与阳极的耦合面积确定后，电源的电流输出一旦设定，工件表面的电流密度会随着电解液温度的升高而自动增大。另外，电解液温度过高，会致使其淬火的冷却性能降低。电解液温度最好控制在 60°C 以下，它可以通过调节流入电解槽电解液的流量而实现。

除了电解液温度之外，电解液淬火时，还要注意合理选择电解液成分、电流密度、加热时间等参数。常用电压为 160～200V，最高不超过 300V；电流密度为 4～5A/cm^2；加热时间为十几秒至数分钟不等。各种参数应根据实际工况及产品性能要求，通过试验确定。这种表面强化方法已比较广泛地应用在内燃机气阀阀杆顶端淬火等工艺中。电解液加热规范与淬硬层深度的关系见表 8-7。

表 8-7　电解热加热规范与淬硬层深度的关系

w（Na_2CO_3）/%	零件浸入深度/mm	电压/V	电流/A	加热时间/s	马氏体区深度/mm
5	2	220	6	8	2.3
10	2	220	8	4	2.3
10	2	180	6	8	2.6
5	5	220	12	5	6.4
10	5	220	14	4	5.8
10	5	180	12	7	5.2

Na_2CO_3 水溶液的淬冷烈度较大，已超过水的冷却能力，对电解液淬火工艺的适用材料和工件形状有所限制，所以对电解液成分的选择十分重要。$CaCl_2$ 作为冷却介质，具有优良的冷却特性。在高温环境下，盐溶化，冷却速度快，可以与水匹敌。在低温环境下，有很多不溶解的盐，溶液的流动性低，冷却速度降低，接近油。这样，在过冷奥氏体最不稳定的区域采用较快的冷却速度可以获得最大的硬化层深度，而在马氏体过渡区采用较小的冷却速度可以使组织应力最小化，从而降低材料的变形和开裂倾向。电解液淬火的缺点是工件棱角容易过热，工艺条件不易控制，形状复杂的工件不易受热均匀。

8.5 接触电阻加热淬火

接触电阻加热淬火的原理见图 8-12，即加工品（高度导电材料的滚子）接触电极，通过接触电阻加热加工品表面，然后快速冷却的淬火过程。它的优点是设备简单，工作灵活，工作变形少，淬火后无需回火。

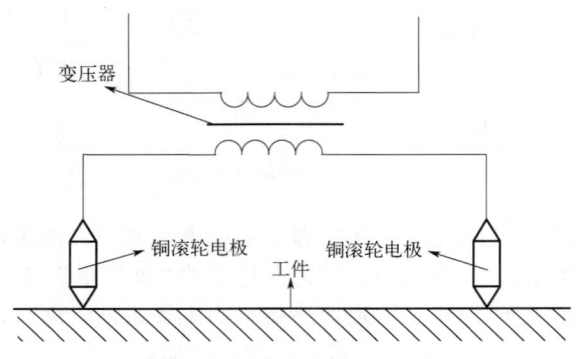

图 8-12　接触电阻加热淬火原理

接触电阻加热的原理是利用焦耳定律（$Q=I^2Rt$）实现的。通过变压器降压的低压交变电流，经由一个与工件接触的电极传递给工件，此电流密度很大。电极一般采用导电性很好的铜材（或碳棒）制作，通电时它本身的温升并不大，但工件则因具有较大的电阻而被迅速加热。考虑到电极与工件的接触部位的温度应是相等的，接触电阻加热工件时工件和电极中的温度分布如图 8-13 所示。电极与工件界面的温度差一般不超过 500℃，但工件次表层的温度

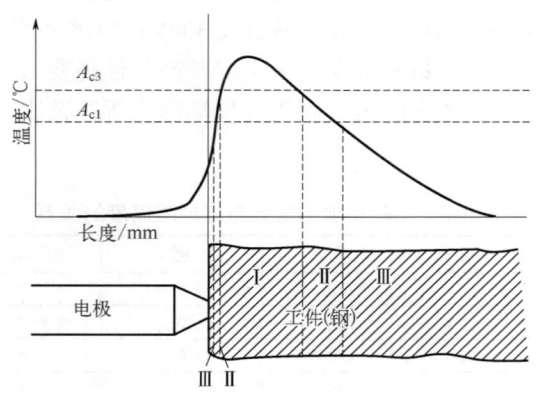

图 8-13　接触电阻加热工件时工件和电极中的温度分布
Ⅰ—完全淬火层；Ⅱ—不完全淬火层；Ⅲ—未淬火层

急剧升高，并在一定距离内超过临界点，温度经过极大点后开始连续下降，直至心部温度。当电极离开后，工件表层进行自激冷却淬火。因此，在温度高于 A_{c3} 的区域 I 为完全淬火层，处于 $A_{c1} \sim A_{c3}$ 之间的 II 区为不完全淬火层，温度低于 A_{c1} 的 III 区为未淬火层。由此也可以看出，在接触电阻加热淬火过程中，工件表面会出现一层非常薄的未淬火层和不完全淬火层，这也是该处理方法与其他表面淬火方法的最大区别。

接触电阻加热淬火对工件表面的耐磨性和耐腐蚀性有所提升，但在硬化层变薄之前（0.15～0.3mm）主要用于机床铸铁导轨的表面淬火与气缸衬垫、曲轴和工模具的热处理。接触电阻加热淬火一般适用于精加工后，通过调节铜滚轮直径与宽度、铜滚轮移动速度、电流、电压和接触压力，即可控制淬火质量。通常采用低电压（2～5V）大电流（80～800A）电源。接触电阻加热淬火机的电极用铜滚轮，滚轮直径一般为 $\phi50 \sim 80mm$，轮缘花纹有直线、S 形、鱼鳞形或锯齿形，其移动速度为 1.5～3.0m/min，加在滚轮上的压力为 40～60N。手工操作用碳棒或纯铜。手工操作时，淬硬层深度为 0.07～0.13mm，机动操作时则为 0.2～0.3mm，表面硬度为 50～62HRC。

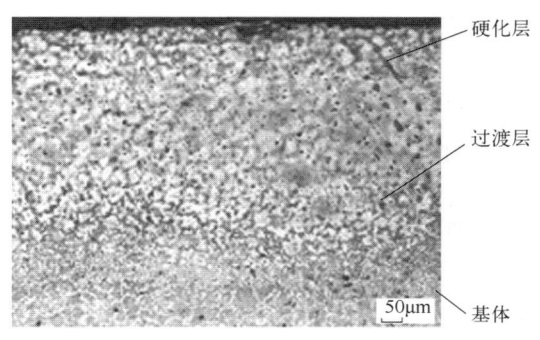

图 8-14　45 钢电接触表面淬火后沿淬火深度方向的组织

一直以来，冶金、建材等行业所使用的切锯片普遍存在使用寿命短等现状，为解决此问题，一般采用特殊的镀、渗、气相沉积及镶嵌硬质合金等方法，虽然取得不错效果，但工艺繁杂，难以推广。而接触电阻加热这一方法，工艺简单，可有效地提高锯片的使用寿命。如 65Mn 热轧钢制成的直径为 200m、厚度为 3mm 的圆锯片，首先采用常规的整体热处理工艺，使基体硬度达到 47～49HRC；接着在变压器工作端电压为 30V、电流为 250A 的条件下接触电阻加热 1～2s，然后自激冷却淬火，获得晶粒细小的混合型马氏体硬化层组织，图 8-14 为 45 钢电接触表面淬火后沿淬火深度方向的组织。经接触电阻加热淬火的齿尖具有很高的硬度（可达 64HRC），其硬度分布如图 8-15 所示。采用同样工艺处理的 65Mn 试样与 GCr15 淬火试样在 MM-200 磨损试验机上进行磨损试验，经接触电阻加热淬火的 65Mn 试样的耐磨性大幅度提高。通过实际使用考核，接触电阻加热淬火的锯片寿命比普通锯片提高了 30 倍。

近年来，接触电阻加热淬火技术逐渐被应用在一些简单的模具上，特别是服役一段时间后的模具性能出现劣化，而再进行整体热处理以改善其性能将会非常困难。此时，采用接触电阻加热后自冷却淬火，可恢复模具表面的性能。如采用滚轮接触带宽度为 5mm、相对运动速度为 0.55m/min，对 5CrNiMo 钢进行氮气保护下的接触电阻加热淬火，材料的表面硬度可达 517HV。

在接触电阻加热和淬火之前，必须确保硬化表面的表面粗糙度 Ra 小于 1.6μm。淬火后，工件表面出现的一层很薄的氧化物皮和熔融突起，也可用油石轻易打磨。

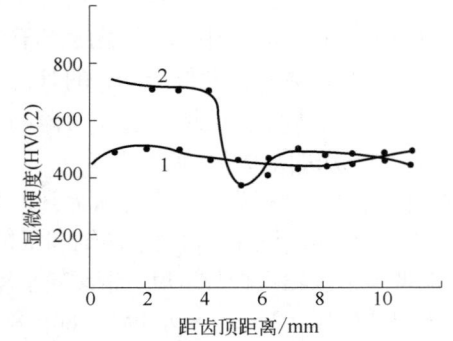

图 8-15　接触电阻加热淬火锯片齿顶硬度分布

1—接触电阻加热淬火；2—常规淬火

8.6　浴炉加热表面淬火

浴炉加热表面淬火是将工件浸入高温盐浴或金属浴中经短时间加热，当表层达到淬火温度，而心部仍处在临界点以下时取出急冷淬火的方法。浴炉加热表面淬火与感应淬火和火焰淬火相比，具有较慢的加热速度，而淬硬层深度则通过调整浴炉温度及加热时间来控制。浴炉加热表面淬火操作简单，工件厚度变化小，适用于小批量多种类的中小型生产。浴炉加热的加热介质主要有盐浴和铅浴两种。

8.6.1　盐浴加热表面淬火

浴炉加热表面淬火与感应淬火和火焰淬火相比，具有较为缓慢的加热速度，故其硬化层较厚，硬度梯度平缓，表面硬度较低。为获得较大的加热速度，盐浴加热温度应比采用一般方法加热的加热温度高 100～300℃。盐浴加热使用较多的是 $BaCl_2+KCl$ 熔盐。直径为 $\phi48mm$ 的 45 钢试棒在该盐浴中加热，控制硬化层深度为 3mm 的盐浴温度和加热时间见表 8-8。45 钢工件直径与盐浴加热时间的关系见表 8-9。

表 8-8　45 钢试棒（$\phi48mm$）盐浴加热淬火的盐浴温度和加热时间

盐浴温度/℃	950	1000	1050	1100	1150
加热时间/s	90	65	56	44	38

表 8-9　45 钢工件直径与盐浴加热时间的关系

工件直径/mm	20	40	60	80
加热时间/s	20	40	65	98

为了确保工件内部优良而全面的力学性能，在用盐浴加热表面之前，需要对工件进行调质处理。盐浴之前，需对工件进行烘干或预热处理，工件出炉后，还应根据硬化层硬度和梯度要求，立即或稍加缓冷后浸液淬火。但此方法不适用于各部分截面尺寸相差较大的工件。

8.6.2 铅浴加热表面淬火

在液体介质中，铅的熔点较低，导热性、流动性优于盐浴。因此，可用铅浴加热进行表面淬火。铅浴温度一般控制在 900～950℃。由于铅浴在 800℃ 以上开始蒸发，因而铅浴的温度不能过高，而且，铅浴温度太高，铅液易附在工件表面，容易造成淬火软点。铅浴淬火时，铅液表面一般要覆盖一层厚 20mm、粒度为 5～10mm 的木炭块，或是用 45%（质量分数）NaCl+55%（质量分数）Na$_2$CO$_3$ 作为覆盖剂，不仅可以防止铅液蒸发，而且对工件表面起到光洁作用。加热工件时，铅液往往会被加热的工件带出，对环境造成污染。为了防止此种现象的发生，要求工件的形状简单、表面光滑。较火焰加热和接触电阻加热的速度而言，铅浴加热的速度要更为缓慢，因此只能得到 4～5mm 以上的淬硬层。如果希望获得更薄的淬硬层，则必须缩短保温时间，但控制不好又可能会造成加热层深浅不匀，甚至出现得不到淬火组织的现象。由于铅蒸气与空气相遇将形成氧化铅，对人体健康有害，该工艺在一般情况下不常采用。

8.7 激光表面淬火

激光淬火在激光表面硬化领域中是最成熟的技术。当高能量激光照射工件表面时，表面温度会升高，超过相变点（熔点以下）。除去激光束后，由于金属的导热性良好，表面温度在相变点以上（熔点以下）迅速下降，并迅速通过工件材料的自冷却实现相变化硬化。激光淬火有如下特征：a. 材料加热和冷却速度非常快，加热速度可达 10^4～10^9℃/s，冷却速度超过 10^4℃/s；b. 硬度高，激光淬火部件通常比传统淬火硬度高 5%～10%，淬火结构小，硬化层深度一般为 0.2～0.5mm；c. 由于加热和冷却的速度快，受热影响的区域小，基板的性能和尺寸变小；d. 易于局部非接触处理，对处理复杂精密零件硬化很适用；e. 高生产力、易实现无人操作、无冷却介质、无环境污染。

影响材料激光表面淬火质量的因素较多，除直接关系到淬火件质量的激光淬火工艺参数外，还与下列因素有关：

① 材质 钢铁材料的碳含量及合金元素含量对激光淬火性能的影响与常规淬火相似，用于激光淬火的钢铁材料的碳含量一般大于 0.2%（质量分数）。

② 光斑形状 在激光淬火时，可以采用不同形状的光斑，光斑的形状决定了被加热区的散热条件和能量分布，直接影响淬火件质量。线状光斑能量分布较均匀，搭接区域小，有利于激光淬火。

③ 体积效应与表面效应 激光淬火是依靠自激冷却实现材料硬化的一种淬火方式。因此，作为需快速吸收淬火加热热量的基体，必须有足够的体积。特别是大面积淬火件，若基体温升过高，温度梯度下降，势必影响淬火效果。在这种情况下，就得考虑对工件进行冷却，或是进行间隔淬火。

表面状态对激光表面淬火影响很大。表面越光洁，激光的光谱反射因数越高，工件吸收的激光能量越低，淬火效果越差。另外，随着温度升高，材料的吸光能力会不同程度地提高。对波长较长的 CO$_2$ 激光、YAG 激光和光纤激光，光与金属材料的耦合性能较差，表面的激光光谱反射因数很高，一般不能直接进行激光表面淬火，必须先进行表面预处理，以提高材料对激光能量的吸收能力。

8.7.1 激光表面淬火工艺

（1）工件表面预处理

不同的材料对不同激光的吸收程度差异很大，波长越短，材料表面的光谱吸收因数越高。表 8-10 列出了几种金属材料对 CO_2 激光和 YAG 激光的光谱吸收因数。对工件进行预处理（又称黑化处理），就是在需要激光淬火的部位涂覆对激光有较高吸收能力的涂料或覆层。这些涂覆层对激光的光谱吸收因数一般应达到 0.85～0.90 以上，涂覆方便、热传导率高、无毒、不易分解且与金属的附着性好，便于处理后清洗或不需清洗即可直接装机使用。表面预处理方法有磷化处理法、氧化法、喷涂（刷）涂层法、涂层法，常用的有磷化处理法、喷涂（刷）涂层法。磷酸盐处理是一些机械部件处理的最后一道工序，也可以用作激光淬火前的表面预处理。它分为三种：高温、中温、室温，一般认为高温磷化和中温磷化的效果较好。磷化法适用于大批量零件的表面预处理。

表 8-10　几种金属材料对 CO_2 激光和 YAG 激光的光谱吸收因数

材料	Al	Cu	Au	Fe	Pb	Mo	Ni	Nb	Pt	Ag	Sn	W	Zn
CO_2 激光	0.19	0.015	0.017	0.035	0.045	0.027	0.03	0.036	0.036	0.014	0.034	0.026	0.027
YAG 激光	0.08	0.10	—	—	0.16	0.40	0.26	0.32	0.11	0.04	0.19	0.41	0.16

采用喷（刷）涂层法进行激光淬火前的表面预处理简单方便，既便于大规模生产，也可用于单件的局部处理。涂料由骨料、黏结剂、稀释剂等组成。常用的骨料有石墨、炭黑、活性炭、磷酸盐、金属与非金属氧化物、硫化铁等，甚至可用碳素墨水、墨汁、无光漆作为预处理剂；黏结剂以各种树脂及硅酸钢为主；稀释剂是一些易挥发的溶剂，如乙醇、香蕉水、乙酸乙酯等。下面是几种涂料的配方：a. 细石墨粉（粒度＜1μm），丙烯酸树脂，云母粉，丙酮；b. 碳素墨水，磷酸锰；c. 硅酸钠 20g，氯化铵 0.2g，活性炭（粒度＜0.071mm）30g，炭墨 10g，水适量；d. 氧化硅（粒度为 0.050～0.071mm），醇溶性酚醛树脂，稀土氧化物 5%～10%（质量分数），乙醇；e. Q04-2 磁漆 100mL，乙酸乙酯 100mL。

（2）激光淬火工艺参数

激光淬火主要的工艺参数有：激光输出功率（P）、激光功率密度（Q）、光斑尺寸（面积 S）、扫描速度（v）与作用时间（t）等。图 8-16 为激光功率密度对四种合金材料激光淬火效果的影响。

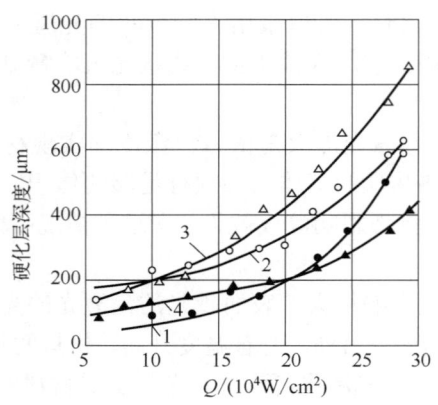

1—T8A；2—12CrNi3A；3—W6Mo5Cr4V2；4—GCr15

图 8-16　激光功率密度与硬化层深度的关系

激光扫描方式分为搭接、衔接和间隔三种（见图8-17），扫描方式对淬火后的表面特性有很大影响。

因工件需淬火的面积较宽，激光束光斑尺寸有限，激光淬火时常采用搭接方式进行，其搭接率一般为5%～20%。由于后续激光扫描时会使前面的硬化区产生回火软化带，故以宽光斑扫描淬火为佳。

原始组织的差异将对工件硬化层的硬度、宽度、深度及组织均匀性造成影响。在进行激光处理前，一般希望原始组织晶粒细小、均匀。根据材料的种类及性能要求，可选择退火、正火、调质或淬火+回火作为预备热处理。对残余奥氏体量较大的高合金钢，还应考虑进行后续回火处理。

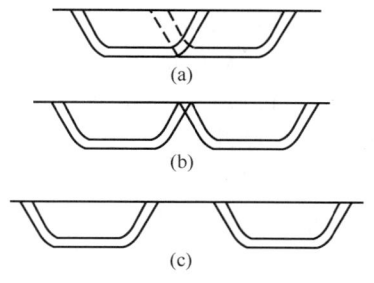

图8-17　激光扫描方式
（a）搭接；（b）衔接；（c）间隔

激光淬火的影响因素很多，在选择工艺参数时，须充分考虑材质、性能要求、工作尺寸原始状态、预处理方法及形状等因素，参照一些激光淬火的经验数据，通过试验验证，最终确定激光功率、光斑尺寸、扫描速度等工艺参数。

8.7.2　激光表面淬火层性能

图8-18是2.5kW+0.01m/s、2.5kW+0.015m/s和2kW+0.015m/s参数下的淬火硬化表层横截面微观组织形貌。图8-18（a）中可以看出，其微观组织主要由板条马氏体和针状马氏体构成，由于激光功率高且扫描速度低，温度接近熔点导致组织尺寸较大；而图8-18（b）、（c）中组织相对较为细小，马氏体组织以板条马氏体为主，并存在一定数量的残留渗碳体。测得图8-18中3个参数下淬火表层对应的硬度分别为851.5HV、763.1HV和610.9HV，比较加工参数可以发现激光功率升高和扫描速度降低均有助于增大淬火层硬度。在相同扫描速度下，虽然激光功率的减小使得组织更加细小，如图8-18（b）、（c）所示，但由于峰值温度更低，温度上升过程中奥氏体化程度低，导致硬度下降。

图8-18　不同激光功率和扫描速度下淬火硬化表层横截面微观组织
（a）2.5kW+0.01m/s；（b）2.5kW+0.015m/s；（c）2kW+0.015m/s

激光淬火加热速度和冷却速度快，对晶粒有明显的细化作用，同时激光表面淬火层具有力学性能优异的优点：

① 硬度　激光淬火比传统的淬火和高频感应淬火硬度更高。在随后的加热过程中，硬度会比传统淬火的硬度更高。

② 耐磨性　激光淬火后，材料表面会发生马氏体相变，晶粒微细和表面硬度增加，材料表面的耐磨性显著提升。

③ 残余应力和疲劳性能　材料表面的残余应力不仅由激光淬火处理过程中的组织应力决定，而且由热应力决定。激光淬火的工艺参数对残余应力影响很大。一般来说，当激光功率密度改变或扫描速度降低时，硬化层的厚度会增加，表面的残余压缩应力也会增加；反之，硬化层的深度减小，表面的残余压缩应力减小，甚至出现残余拉应力，两次重叠处理极易出现残余拉应力。

材料表面的应力状态会对材料的疲劳性能产生直接影响。选择适当的激光淬火工艺，有助于提高金属材料的微结构，改善表面硬度和残余应力、疲劳强度。例如，30CrMnSiNi2 钢经激光淬火后，其圆角试样的抗疲劳性可提高 98%。

8.8　其他表面淬火方法

8.8.1　电子束淬火

电子束淬火和激光淬火样品的工件表面被大功率能量束加热，工件表面温度升高发生相变，自冷却引起马氏体相变。电子束淬火有 $10^4 \sim 10^5 W/cm^2$ 的功率密度，加热速度为 $10^3 \sim 10^5 ℃/s$。一方面，电子束表面淬火的加热和冷却速度快，表面马氏体结构显著细化，硬度高（图 8-19）。另一方面，表面输入能量对硬化层的深度有很大影响。

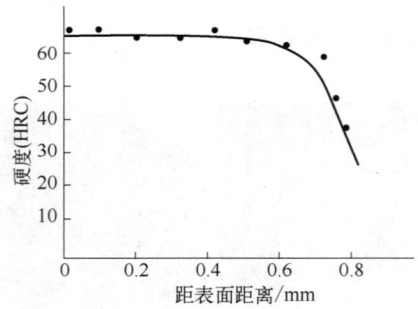

图 8-19　45 钢电子束表面淬火硬度分布

8.8.2　IR 淬火

IR 淬火是在高频感应加热的同时通以低电压、大电流进行直接加热，然后切断电源自冷淬火，是高频感应加热与电阻加热相结合的表面淬火工艺。

IR 淬火的原理如图 8-20 所示。紧挨被加热表面放置一水冷邻近感应器，它通过一对电触头将其外侧与工件相连，并且连接在频率为 300～400kHz 的电源上。在高频电流的作用下，除了直接带电加热工件表面之外，邻近感应器又使之产生感应加热，从而迅速升温，达到加热温度后切断电源自冷淬火。

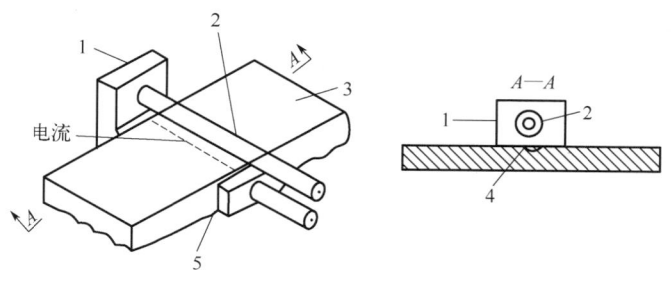

图 8-20　IR 淬火的原理

1，5—电触头；2—邻近感应器；3—工件；4—加热部分

与普通感应高频淬火相比，IR 淬火工艺的能量密度可高达 $8×10^3 \sim 2.3×10^5 \text{W/cm}^2$，加热时间小于 0.5s，淬硬层深度为 0.35~1.0mm，且具有淬火变形小、生产效率高、节能效果好的优点。

8.8.3　混合加热表面淬火

感应加热和炉加热的混合加热法有许多优势，如改善硬化层的硬度分布，减少工件的变形，增加硬化层的深度。例如，先将冷轧辊在 500~700℃ 台车炉中整体预热，再工频感应淬火，可使冷轧辊表面淬硬层分布趋于平缓，过渡层硬度梯度不至于太大；又如进行高频感应淬火前先将齿轮整体预热至 260~320℃，有利于减少齿部与心部的温差，降低热应力，从而使内孔变形倾向减小。

8.9　表面光亮热处理

表面热处理固溶处理的加热温度为 780~820℃，弹性件材料的加热温度主要为 760~780℃，以避免对粗颗粒强度的影响。溶质加热炉温度均匀性应严格控制在 ±5℃。一般每 25mm 厚度的工件需要 1h 的保持时间。在空气溶液或氧化气氛中加热铍青铜会在表面形成氧化膜。时效强化后对力学性能影响不大，但会影响冷加工基体的耐久性。为避免发生氧化、影响失效后热处理效果，要使用真空烘箱或氨分解气进行分解处理，以减少氧化膜的形成，减少惰性气体、大气加热，达到表面光亮的热处理效果。

高精度零件的光亮热处理有真空热处理和保护热处理两种方法。真空热处理是最先进的方法，虽其技术复杂、设备高昂、维护难，但在国内的应用还在不断扩大。保护热处理又分为大气保护和涂层保护两种，其中大气保护热处理的过程多种多样。由于大气保护热处理存在设备投资大、燃气消耗多等导致成本高的问题，因此经常使用保护储气柜来降低成本；涂层保护热处理在投资和操作上较为优异，投资少，操作简单。我国开发的涂层自剥离和保护效果差强人意，价格较高，但涂层种类繁多，在成熟工艺中广泛应用。表面光亮热处理适用于淬火、时效处理、中间退火、固溶、锻造加热或热成形。

所谓光亮热处理包括光亮退火处理、光亮正火、光亮淬火以及光亮回火四种。为了避免钢材表层被氧化以及脱碳，使其金属光泽有所保留，要在前述的保护气氛中或真空中进行热处理。光亮退火法不仅适用于金属薄片、银亮钢棒材（经过拉拔、切削和研磨过的）以及经过精加工等产品的退火，而且适用于冷锻中使用的杆和钢丝的球状化烧钝。光亮淬火、回火主要适用于已投产的零件，而不是普通的钢坯。

真空热处理的最大优点是可以得到良好的明亮表面。金属在真空中加热会发生脱酸、油的分解、氧化物的解离。通过真空热处理可以得到明亮的金属表面。但是，由于不锈钢真空热处理时合金元素蒸发的影响，会产生去除铬的现象，耐腐蚀性会大大降低。

金属内部加热不直接面对加热体，主要靠辐射加热，只能依靠热传导。另外，由于冷却是辐射冷却，所以比普通冷却要慢得多。这种特性适用于退火，但不适用于一般的热处理。

近年来，由于真空热处理炉的结构改善，真空热处理迅速普及。制冷方式分为气冷方式和水冷方式。气冷是在淬火之前引入气体，通过风扇的强制循环来冷却。水冷式热交换器一般设置在循环环路内。冷却气体的热导率与分子量的平方根成反比，H_2 分子量小，热导率大，冷却效果好，但 H_2 易燃易爆，存在很大危险。Ar 气体不仅价格昂贵，而且冷却能力也很低，现在人们使用的是 N_2。

无预热处理的不锈钢光亮热处理，由于工件直接放入高温炉，加热温度比传统热处理温度更高。2Cr13、3Cr13 等经常使用的光亮淬火温度为 1050℃，保温时间是硬度决定的，一般调整转速让硬度满足条件，调整后开始冷却。在 H_2 和 N_2 的保护下冷却，并最终从出口排出具有合格的硬度，明亮、美丽外观的工件。为了确保工件的亮度，必须严密控制氨气的量，用流量计读取到分离炉的氨气量。通常 $3.8 \sim 4.2 m^3/h$ 就足够，如果随便增加流量，不仅浪费氨气，且由于流量过大，氨分解速度降低。在冷却段，由于是 H_2、N_2 和 NH_3 的混合物，Cr13 不锈钢的耐腐蚀性降低，严重受损的工件会发生显著变化，颜色逐渐加深，呈现出深绿色，进而变成废品。但是流量也不能过小。如果降低到 $3.2 m^3/h$ 以下，工件的亮度会受到影响，炉内压力会降低，有产生爆炸的危险。适合光亮处理的钢种工件的种类也较广，各钢种光亮热处理方法见表 8-11。

表 8-11　各钢种光亮热处理方法

钢号	光亮处理方法	温度/℃	硬度	说明
2Cr13	淬火	1050±10	46～50HRC	各种餐刀淬火
3Cr13	淬火	1050±10	52～56HRC	理发用具、剪刀、片刀淬火
2Cr13,3Cr13	再结晶	780～820	≤55HRA	消除加工硬化、软化钢材
1Cr18Ni9, 1Cr18Ni9Ti	固溶	1060～1100	<60HRA	消除加工硬化、提高抗蚀性
Cr12	淬火	1020～1030	62～64HRC	直径或厚度 15mm 左右小工件淬火
Cr12MoV	淬火	1030～1050	62～64HRC	直径或厚度 15mm 左右小工件淬火

思考题

1. 具体描述表面淬火的过程是如何强化组件表面和维持心部韧性的。
2. 感应淬火包括哪些种类？
3. 高频感应淬火的预备热处理常采用什么工艺？如何使高频淬火后的表面组织为细小针状马氏体？
4. 对于下列类型工件应分别采用哪种感应淬火进行加工：凹凸不平类工件、低淬透性齿轮、低淬透性钢制凹凸不平齿轮。

5. 简述火焰加热表面淬火的特点。

6. 火焰加热表面淬火后，工件表面硬度分布不均以及硬度值偏低，导致这种现象的原因可能有哪些？

7. 在进行火焰加热表面淬火时，工件可能会产生裂纹、熔化、畸变等缺陷，可采用哪些方法避免这些缺陷的产生？

8. 简述电解液淬火的工作原理。

9. 在激光表面硬化领域激光表面淬火是最成熟的技术，激光表面淬火的特点以及影响淬火质量的因素有哪些？

10. 在采用激光表面淬火工艺时，各种材料对不同激光的吸收差别很大，所以需要对表面进行预处理，常见的预处理方法有哪些？

11. 激光表面淬火加热速度和冷却速度快，对晶粒有明显的细化作用，因此采用激光表面淬火可提高工件表面在哪些方面的性能？

12. 对钢材的表面光亮热处理主要有哪些方法？

第9章

化学热处理技术

化学热处理主要是指利用化学反应过程改变工件表层化学成分及组织结构，以得到比均质材料更优的力学性能或物理化学性能的金属热处理工艺。由于机械零件的失效和破坏大多数都萌发在表面层，特别是在可能引起磨损、疲劳、金属腐蚀、氧化等条件下服役的零件，其表层性能尤为重要。经过化学热处理后的零部件，实质上可以被认定为一种特殊的复合材料。零部件的心部为原始成分的原材料，表层则是引入了其他元素的改性材料。心部与表层之间是紧密的晶体型结合，比电镀等表面防护技术所获得的心、表部的结合要强得多。

9.1 化学热处理的基本原理

化学热处理是一种通过改变金属或合金工件表层的化学成分、组织结构等方式实现对零部件性能提升或改善的金属热处理工艺。它的工艺过程一般是：将工件置于含有特定活性介质的容器中，加热到适当温度后保温，使容器中的介质（渗剂）分解或电离，产生能够渗入元素的活性原子或离子，在保温过程中不断地被工件表面吸附，并向工件内部扩散渗入或产生化学反应，以改变工件表层的化学成分。通常，在工件表层获得高硬度、耐磨损和高强度的同时，心部仍保持良好的初始韧性，使被处理工件具有抗冲击载荷的能力。

化学热处理通常包括三个基本过程：a. 化学渗剂或介质在热场作用下，分解产生活性原子或离子的分解过程；b. 活性原子或离子被金属表面吸收和固溶的吸收过程；c. 被渗元素原子不断向内部扩散的扩散过程。

① 分解过程：渗剂通过一定温度下的化学反应或蒸发作用，形成含有拟渗入元素的活性介质，然后通过活性原子在渗剂中的扩散运动而到达工件的表面。

② 吸收过程：渗入元素的活性原子吸附于工件表面并发生一定的化学反应或作用，即活性物质与金属表面发生吸附和解吸过程。

③ 扩散过程：被吸附的活性原子从工件的表面逐步向内层扩散至一定的深度，并与金属基体元素或晶格点阵作用形成固溶体或化合物。

9.2 化学热处理的基本类型

（1）按渗剂的物理形态分类

① 固体法：颗粒法、粉末法、涂渗法（膏剂法、熔渗法）、电镀、电泳或喷涂后扩散处理法。

② 液体法：熔盐法（熔盐渗、熔盐浸渍、熔盐电解）、热浸法（加扩散处理）、电镀法（加扩散处理）、水溶液电解法。

③ 气体法：有机液体滴注法、气体直接通入法、真空处理法、流态床处理法。

④ 辉光离子法：离子渗碳或碳氮共渗、离子渗氮或氮碳共渗、离子渗硫、离子渗金属。

（2）按钢铁基体材料的组织状态分类

① 奥氏体状态：渗碳、碳氮共渗、渗硼及其共渗、渗铬及其共渗、渗铝及其共渗、渗钒、渗锌等。

② 铁素体状态：渗氮、氮碳共渗、氧氮共渗及氧氮碳共渗、渗硫、硫氮共渗及硫氮碳共渗、氮碳硼共渗、渗锌等。

（3）按渗入元素种类分类

① 渗非金属元素：渗碳、渗氮、渗硫、渗硼、渗硅等。

② 渗金属元素：渗铝、渗铬、渗锌、渗钒等。

9.3 钢的渗碳与碳氮共渗

钢的渗碳是将钢件置于具有足够碳势的介质中加热到奥氏体状态并保温，使其表层形成一个富碳层的热处理工艺。根据所使用介质的物理状态，可以将渗碳分为气体渗碳、液体渗碳和固体渗碳三类。其中气体渗碳的应用最为广泛，气体渗碳具有碳势可控、生产效率高、劳动条件好和便于后续工艺直接淬火等优点。典型的气体渗碳工艺曲线如图 9-1 所示。

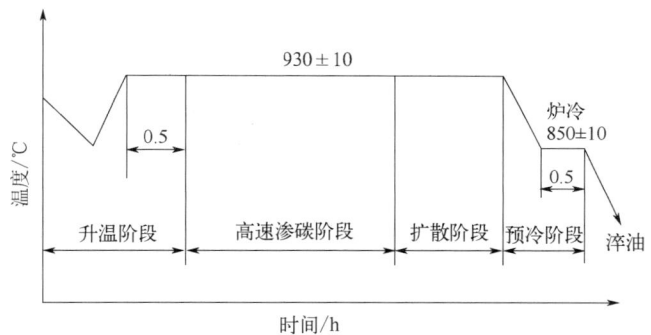

图 9-1 气体渗碳的典型工艺曲线

9.3.1 钢的渗碳

目前，渗碳方法包括：气体渗碳、液体渗碳、固体渗碳和特殊渗碳。以气体渗碳为例，气体渗碳是指将零件放入渗碳炉内，滴入煤油或其他气体渗碳剂，在高温下保温一定时间后活性碳原子渗入工件的表面，形成渗碳层的过程。典型的气体渗碳系统和渗碳原理过程分别如图 9-2 和图 9-3 所示。

气体渗碳过程可以分为以下三个阶段。

（1）渗碳介质的分解

当前在工业中使用的气体渗碳方法可以分为两类：一类是用吸热式或放热式可控气氛作为载体气，另外再加入某种碳氢化合物气体（如甲烷、丙烷、天然气等）作为富化气以提高和调节气氛的碳势；另一类是将含有碳的有机物液体直接滴入渗碳炉，使之在炉中产生所需要的气氛。不论是哪种方法，气氛中的主要组成物都是 CO、CO_2、CH_4、H_2、H_2O（水蒸气）

等 5 种（气氛中的 N_2，因其为惰性气体，可不考虑；另外，其中少量的高碳烷烃和烯烃，最后也会分解为 CH_4 等），其中 CO 和 CH_4 是起增碳作用的，其余的是起脱碳作用的。因此，整个气氛的渗碳能力取决于这些组分的综合作用，而不只是哪一个单组分的作用。在渗碳炉中可能同时发生的各种反应（炉气中各组分与零件间的及各组分相互间的反应）约有 180 种。但与渗碳有关的最主要的反应包括下列 4 组：

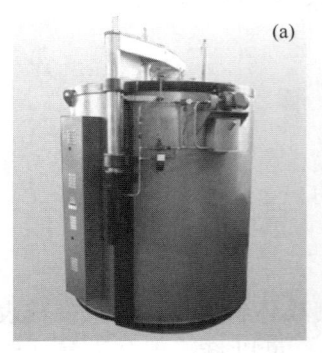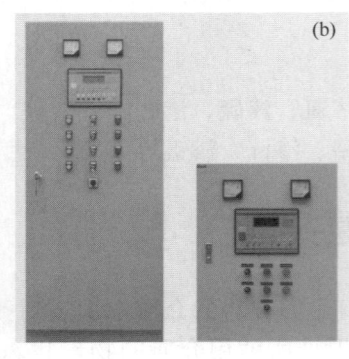

图 9-2　气体渗碳系统

（a）气体渗碳炉；（b）控制柜；（c）混气罐

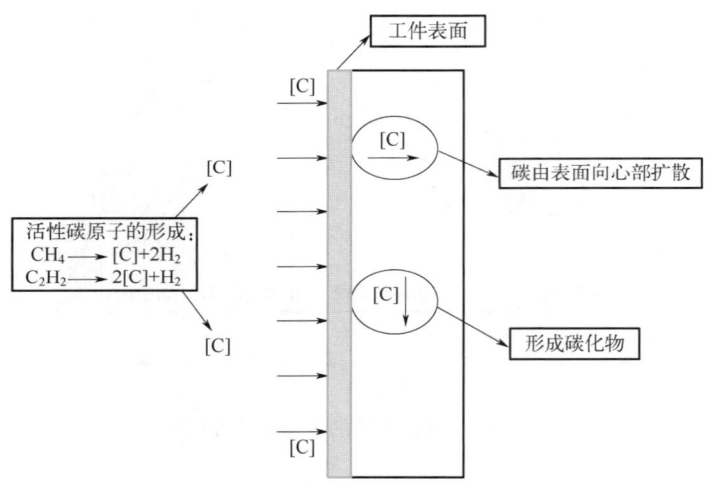

图 9-3　气体渗碳过程机理

$$2CO \rightleftharpoons [C] + CO_2 \tag{9-1a}$$

$$Fe + 2CO \rightleftharpoons Fe(C) + CO_2 \tag{9-1b}$$

$$CH_4 \rightleftharpoons [C] + 2H_2 \tag{9-2a}$$

$$Fe + CH_4 \rightleftharpoons Fe(C) + 2H_2 \tag{9-2b}$$

$$CO + H_2 \rightleftharpoons [C] + H_2O \tag{9-3a}$$

$$Fe + CO + H_2 \rightleftharpoons Fe(C) + H_2O \tag{9-3b}$$

$$\begin{cases} CO \rightleftharpoons [C] + \dfrac{1}{2}O_2 & (9\text{-}4a) \\ Fe + CO \rightleftharpoons Fe(C) + \dfrac{1}{2}O_2 & (9\text{-}4b) \end{cases}$$

式中，Fe(C)表示碳溶入铁（γ-Fe)中形成的固溶体（奥氏体）；[C]表示生成的活性碳原子。

从式（9-1a）～（9-4b）可知，当气氛中的 CO 和 CH_4 增加时，化学动态平衡将向右移动，分解出的活性碳原子增多，使气氛碳势增高；反之，当 CO_2、H_2O 和 O_2 增加时，分解出的活性碳原子减少，使气氛碳势下降。因此，为了控制气氛碳势，必须研究式（9-1a）～（9-4b）反应平衡的情况。

式（9-1a）～（9-4b）反应通常需要系统考虑。例如，在反应式（9-1）和（9-3）中都有CO，由于这两个反应同处于一个空间，当整个体系达到某一平衡状态时，只能有一个确定的CO 体积分数，换言之，这一 CO 体积分数必须同时能满足反应式（9-1）和（9-3）的平衡，为此，可以将二式联立，得到：

$$CO + H_2O \rightleftharpoons CO_2 + H_2 \qquad (9\text{-}5)$$

反应式（9-5）常被称为"水煤气反应"。

（2）碳原子的吸附

具有高能状态的活性原子［C］进入铁表面晶格原子引力场范围之内，被铁表面晶格捕获并溶解的过程称为化学热处理的吸附过程。刚分解出来的活性原子被钢件表面所吸附，然后向固溶体中溶解。一般金属元素多以置换方式存在，C、N、B 等原子半径小的非金属元素以间隙原子状态溶入奥氏体的晶格间隙中。

吸附能力与钢件表面活性有关。钢件表面活性表示吸附被渗活性原子的能力大小。钢件表面存在大量的位错露头和晶界露头，这就为活性原子的进入提供了方便的通道，故表面活性大。钢件表面粗糙度好，吸附被渗原子的表面积越大，表面活性越大。钢件表面越新鲜，即不存在污垢、氧化锈斑、炭黑或其他有害杂质，由于原子的自由键力场完全暴露，捕获被渗元素气体分子的能力强，因而表面活性越高。所以，在化学热处理过程中，对钢件表面用卤化物进行轻微侵蚀，暴露出新鲜表面，提高工件表面粗糙度，可以提高表面活性，促进化学热处理过程。

（3）碳原子的扩散

扩散是钢件表面吸收并溶解被渗元素活性原子后，由于造成了表面和心部的浓度差而发生被渗元素的原子由高浓度表面向内部定向迁移的现象。扩散的结果是得到一定深度的扩散层。扩散层的特点是渗入元素在表层的浓度最高，离表面越远，浓度越低。工件表面扩散层的厚度和浓度是由分解、吸附和扩散三个基本过程的速度以及它们之间的相互关系决定的。若渗入元素扩散速度很慢，则形成的渗层表面浓度会很高，而渗层较薄。如果分解和吸附过程不强烈，虽然可以得到一定厚度的渗层，但渗层浓度会降低，渗层厚度也不大。可见，分解、吸附和扩散三个基本过程是互相联系、互相制约的。但是在一般情况下，扩散是控制化学热处理过程的主要过程。因为扩散是上述三个基本过程中最慢的一个环节，加快扩散速度，可以加速化学热处理工艺的整体过程。例如气体渗碳时，增加渗剂中 CO 和 CH_4 的含量，可以加快它们的分解速度，产生更多的活性碳原子。若这些碳原子都能被钢件表面吸收并迅速向钢内部扩散，则可加快渗碳速度。但若活性碳原子增加过多，会使钢件表面很快饱和。那些来不及被工件表面吸收的原子就会相互结合而失去活性，沉积在工件表面，形成所谓炭黑。炭黑的形成反而会阻碍碳原子的渗入过程，最终降低渗碳速度。

渗层深度与温度、时间及表面浓度有关。温度越高，扩散速度越快，渗层就越深。但温度亦不能过高，否则会引起奥氏体晶粒粗化，使钢的性能变坏。所以，各种化学热处理都有适宜的温度范围，延长保温时间可增加渗层深度。如果渗入元素扩散速度很慢，则渗层表面浓度会很高，渗层也较浅。但是，表面浓度越高，扩散速度越快，在相同扩散时间里，渗层深度越深。图9-4为航空齿轮钢 C69 在高温渗碳后的组织图，其中图（a）和（b）分别为第一次和多次渗碳处理后的显微组织对照图，能够清晰地看出随着循环渗碳次数的增加，渗碳层向钢件内部蔓延了许多的网格状碳化物。这种现象正是由于多次循环渗碳使得被渗活性碳原子在晶界处积聚所构成的。

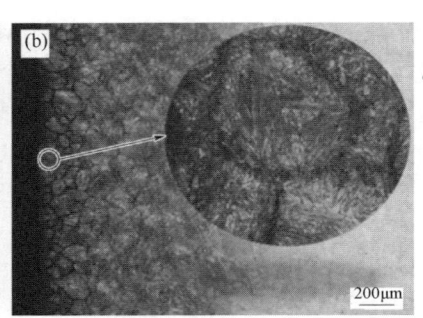

图 9-4　航空齿轮钢 C69 渗碳层的显微组织

此外，当表面扩散元素的浓度超过其在基体金属中的溶解度极限时，就会在表面形成化合物。这种因扩散而引起相结构变化的现象叫作反应扩散。钢在氮化、渗硼、渗铝、渗铬等化学热处理过程中都会发生反应扩散，甚至会形成多层结构的化合物层。

9.3.2　钢的碳氮共渗

将工件放在能产生碳、氮活性原子的介质中加热并保温，使得工件表层同时渗入碳和氮的化学热处理过程称为碳氮共渗，也称为氰化，一般情况下指中高温碳氮共渗。由于温度较高，碳原子扩散能力很强，所以是以渗碳为主同时渗入氮的化学热处理工艺。

中温气体碳氮共渗是将钢件放入密封炉内，加热到 820～860℃，并向炉内通入煤油或渗碳气体，同时通入氨气。在高温下共渗剂分解形成活性碳原子 [C] 和氮原子 [N]，被工件表面吸收并向内层扩散，形成一定深度的碳氮共渗层。在一定的共渗温度下，保温时间主要取决于要求的渗层深度。一般零件的渗层深度为 0.5～0.8mm，共渗保温时间约为 4～6h。由于氮的渗入，提高了过冷奥氏体的稳定性，所以钢件碳氮共渗后可直接油淬，渗层组织为细针状马氏体加碳、氮化合物和少量残余奥氏体，典型碳氮共渗层如图 9-5 所示。淬火后钢件应进行低温回火。钢件碳氮共渗后可同时兼有渗碳和渗氮的优点。碳氮共渗温度虽低于渗碳温度，但碳氮共渗速度却显著高于单独的渗碳或渗氮。在渗层碳浓度相同的情况下，碳氮共渗件比渗碳件具有更高

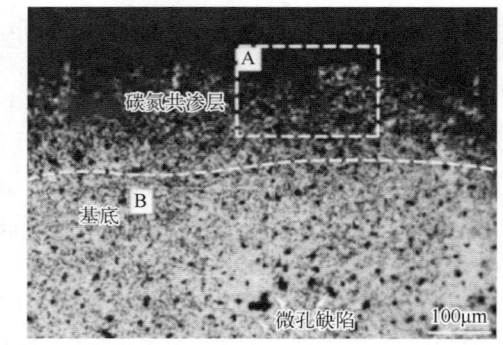

图 9-5　碳氮共渗得到的典型渗层

的表面硬度、耐磨性、耐蚀性、弯曲强度和接触疲劳强度。但一般碳氮共渗层比渗碳层浅，所以一般都是应用于承受载荷较轻，要求高耐磨性的零件上。

9.4　钢的渗氮与氮碳共渗

渗氮是一种化学热处理工艺，指向钢件表面渗入氮元素，形成富氮硬化层的化学热处理过程，通常也称为氮化。

在 20 世纪初，人们对渗氮工艺进行了大量的研究并且获得了一些渗氮理论和规律，60年代初期，渗氮开始被应用于工业生产。经渗氮处理后工件的表面化学成分和组织结构被改变，进而使工件渗层微观组织、疲劳强度、硬度梯度、抗磨、抗腐蚀性能具有显著改善和提高。因此渗氮工艺被大量应用在国防、机械、石油等行业，主要应用于空气压缩机、机床主轴、重型机械轴、蜗杆、齿轮、曲轴等具有较高综合性能要求的零部件。

和渗碳相比，钢件渗氮后具有更高的表面硬度和耐磨性。渗氮后钢件的表面硬度高达950～1200HV，相当于 65～72HRC。这种高硬度和高耐磨性可保持至 560～600℃的服役温度而不会降低，故渗氮钢件具有很好的热稳定性。由于渗氮层体积胀大，在表层形成较大的残余压应力，因此可以获得比渗碳更高的疲劳强度、抗咬合性能和低的缺口敏感性。渗氮后钢件表面形成致密的氮化物薄膜，因而具有良好的耐腐蚀性能。此外，渗氮温度较低（500～600℃），在渗氮后钢件不需热处理，因此渗氮件变形很小。基于上述性能特点，渗氮得到了广泛应用，特别适宜许多精密零件的最终热处理。例如，磨床主轴、镗床锁杆、精密机床丝杠、内燃机曲轴以及各种精密齿轮和量具等。图 9-6 为 3Cr13 钢渗氮后的显微组织结构和主要元素沿渗层深度分布示意图。可以清晰地看出该钢件的渗氮层和过渡层厚度分别达到了 108.3μm 和 21.1μm，沿着渗氮方向 N 元素含量呈现出逐渐递减的趋势。

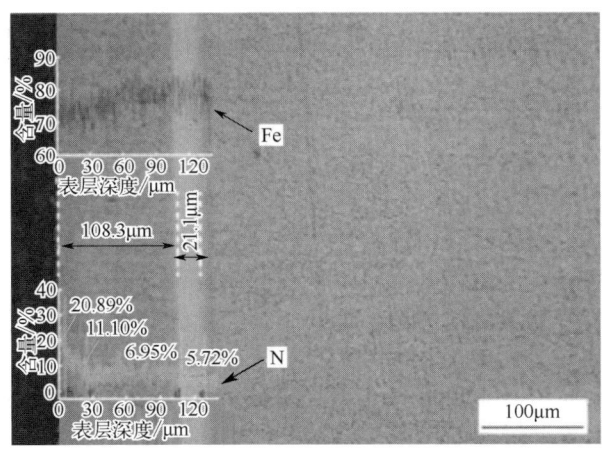

图 9-6　3Cr13 钢渗氮组织

9.4.1　钢的渗氮

一般渗氮工艺有气体渗氮、液体渗氮、固体渗氮、离子渗氮等多种，其中气体渗氮应用最广，工艺也相对较为成熟。

（1）气体渗氮

气体渗氮是将氨气通入加热到渗氮温度的密封渗氮罐中，使其分解出活性氮原子基团并被工件表面吸收、扩散形成一定深度的渗氮层。活性氮原子（[N]）的产生、渗透（吸收）、扩散是渗氮工艺中最基本的三个过程。

例如，NH_3 作为渗剂，其主要作用是分解出活性氮原子 [N]。在采用纯 NH_3 作为渗氮源的气体渗氮过程中，NH_3 在渗氮炉中主要发生分解反应（R）和有效碰撞反应（C）：

$$
\begin{cases}
NH_3^R \longrightarrow \dfrac{1}{2}N_2 + \dfrac{3}{2}H_2 & (9\text{-}6) \\
NH_3^C \xrightarrow{\;Fe\;} [N] + \dfrac{3}{2}H_2 & (9\text{-}7)
\end{cases}
$$

反应式（9-6）表示 NH_3 在具有一定温度的渗氮炉中主要发生分解反应，产生 N_2 和 H_2。而反应式（9-7）表示另一小部分 NH_3 会与 Fe 基体发生有效碰撞反应，Fe 作为触媒促进 NH_3 的分解并吸附活性氮原子 [N]。钢件渗氮后一般不进行后续热处理。为了提高和保证钢件心部的强韧性，渗氮前，一般会对工件进行调质处理。典型气体渗氮工艺曲线如图 9-7 所示。

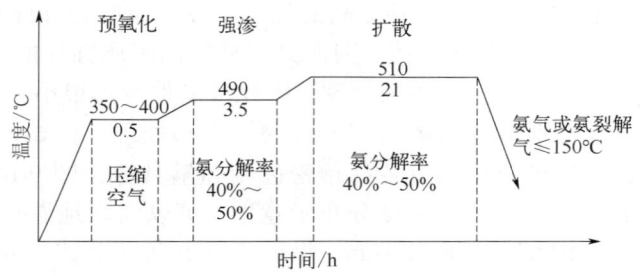

图 9-7　典型气体渗氮工艺曲线（38CrMoAlA 为例）

气体渗氮中，氨气最初分解为 [N] 和 [H]，紧接着 [N] 和 [H] 又结合成为氮气分子和氢气分子，因此如果加入活性 N 原子不能被工件及时吸收，很快便结合成性质稳定的氮气分子，造成渗氮介质的浪费。[N] 向工件内部扩散，工件内部的合金元素与 [N] 发生化学反应生成氮化物，使工件表层硬度得到提高，其余 [N] 继续向工件内部扩散，形成相应氮化物或含氮固溶相，促使晶粒发生偏移或膨胀，造成晶格畸变，增加晶粒之间的压应力分布，提高次表层氮化层硬度。经渗氮后工件具有较高的表层硬度值，磨损过程中不易发生变形和黏着，使工件的抗磨性能显著增强，渗氮工件表层白亮，次表层氮化物较高的残余压应力提升了试样耐蚀性，最终提高渗氮处理后工件的综合力学性能和化学稳定性。

（2）液体渗氮

液体渗氮也被称为盐浴渗氮，是利用以氰化物为主的溶液对工件进行渗氮处理。外热式盐浴渗氮炉是盐浴渗氮工艺过程的常用设备，其结构简单、易操作、成本低，由于渗氮过程中工件被浸泡在盐溶液中，渗氮层均匀、工件变形小、渗氮速度快，可以完成对形状复杂零部件的渗氮处理。但是盐浴渗氮介质氰化物通常具有毒性，对环境污染大，近年来出现了多种以氰酸盐作为渗入介质的无污染盐浴氮化技术。

（3）离子渗氮

为了缩短渗氮周期，目前广泛应用离子渗氮工艺。离子渗氮属于气体渗氮的一种改进方式，又称为辉光渗氮。低真空气体中总是存在微量带电粒子（电子和离子），当施加高压电场时，这些带电粒子即作定向运动，其中能量足够大的带电粒子与中性的气体原子或分子碰撞，使其处于激发态，成为活性原子或离子。

离子渗氮就是利用这一原理，把作为阴极的工件放在真空室，充以稀薄的 H_2 和 N_2 混合气体，在阴极和阳极之间加上直流高压后，产生大量的电子、离子和被激发的原子，它们在高压电场的作用下冲向工件表面，产生大量的热把工件表面加热，同时活性氮离子和氮原子被工件表面所吸附，并迅速向内扩散，形成一定厚度的渗氮层，典型的离子渗氮工艺示意图如图 9-8 所示。氢离子则可以清除工件表面形成的氧化膜。离子渗氮适用于大部分钢种和铸铁，渗氮速度快，渗氮层厚度及渗氮组织可控，变形极小，可显著提高钢的表面硬度和疲劳强度。

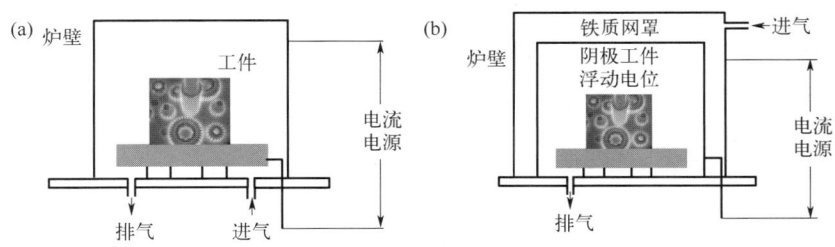

图 9-8　两种典型的离子渗氮工艺原理

（a）直流离子渗氮；（b）活性屏离子渗氮

9.4.2　钢的氮碳共渗

氮碳共渗，又称软氮化或低温碳氮共渗，即在铁-氮共析转变以下使工件表面在主要渗氮的同时也渗入碳。当氮和碳原子同时渗入钢中时，很快在表面形成很多细小的含氮渗碳体 $Fe_3(CN)$，它们以铁的氮化物为形成核心，加快了渗氮过程。

常用的氮碳共渗方法有液体法、气体法，加热温度 530～570℃，保温 1～4h。其中液体法早期用的液体盐浴是有毒的氰盐，后来又陆续开发出很多种相对安全的盐浴配方。常用的有两种：中性盐通氨气和尿素加碳酸盐。但是这些方法的产物仍然含有毒性，所以还有待进一步的研究与探索。气体法中采用的气体介质主要有：吸热或放热式气体加氨气，尿素热分解气，滴含碳、氮的有机溶剂。低温碳氮共渗所用的渗剂一般采用吸热式气氛和氨气混合气，在软氮化温度下发生分解形成活性 [C]、[N] 原子。软氮化温度一般为（560±10）℃，保温时间一般为 3～4h，达到保温时间后即可出炉空冷。

为了减少钢件表面氧化以及防止某些合金钢的回火脆性，通常也可以在油或水中冷却。低温碳氮共渗后，渗层外表面是由 Fe_2N、Fe_4N 和 Fe_3C 组成的化合物层，又称白亮层。往里为扩散层，主要由氮化物和含 N 的铁素体组成。白亮层硬度比纯气体渗氮低，但脆性小，故低温碳氮共渗层具有较好的韧性。共渗层的表面硬度比纯气体渗氮值低，但仍具有较高的硬度、耐磨性和疲劳强度，耐蚀性也有明显提高。低温碳氮共渗的加热温度低，处理时间短，钢件变形小，一般不受钢种限制，适用于多种碳钢、合金钢和铸铁材料，可用于处理各种工、模具以及一些轴类零件。

9.5　渗金属

利用化学热处理的原理，将金属原子渗入工件表面层称为渗金属，渗金属工艺能使钢的表面层合金化，以至于工件表面能够具有某些合金钢、特殊钢的特性，如耐热、耐磨、抗氧化、耐腐蚀等。通俗地讲就是使一种或多种金属原子渗入金属工件表层内的化学热处理工艺。

9.5.1　渗金属的原理

与渗碳过程相似，将金属工件首先放在含有渗入金属元素的渗剂中，加热到一定温度，保持适当时间后，渗剂热分解所产生的渗入金属元素的活性原子便被吸附到工件表面，并扩散进入工件表层，从而改变工件表层的化学成分、组织和性能。渗金属的特点是：渗层是靠加热和扩散形成的，所渗入元素与基体金属常发生反应而形成化合物相，渗层与基体结合牢固，其结合强度是电镀、化学镀等工艺难以达到的。并且渗层具有不同于基体金属的成分和组织，因而可以使零件表面获得特殊的性能，如抗高温氧化、耐腐蚀等，能分别适应不同的环境介质。与渗非金属相比，金属元素的原子半径较大，所以不易渗入并且渗层浅，一般须在较高温度下才能进行扩散。

渗金属的方法主要有固体法（如粉末包埋法、膏剂涂渗法等）、液体法（如熔盐浸渍法、熔盐电解法、热浸法等）和气体法。金属元素可以单独渗入，也可以几种金属元素共渗，还可以与其他工艺（如电镀、喷涂等）配合进行复合渗。生产上应用较多的渗金属工艺有：渗铝、渗铬、渗锌、铬铝共渗、铬铝硅共渗、镀铂（钴）渗铝、渗层夹嵌陶瓷等。

9.5.2　常见的渗金属工艺

（1）渗铝

冶金工业中渗铝主要采用热浸、静电喷涂或电泳沉积后再进行热扩散的方法，大量生产渗铝钢板、钢管、钢丝等。钢铁和镍基、钴基等合金渗铝后，能提高抗高温氧化能力，提高在硫化氢、含硫和氧化钒的高温燃气介质中的抗腐蚀能力，为了改善铜合金和钛合金的表面性能，有时也采用渗铝工艺。静电喷涂或电泳沉积后，必须经过压延或小变形量轧制，使附着的铝层密实后再进行扩散退火。热浸铝可用纯铝浴，但更普遍的是在铝浴中加入少量锌、钼、锰、硅，温度一般维持在 670℃ 左右，时间为 10～25min。机械工业中应用最广的是粉末包埋法，渗剂主要由铝铁合金（或纯铝、氧化铝）填料和氯化铵催化剂组成。渗铝工艺形成的最外层是不易腐蚀的铝铁金属间化合物，往里是由针状组织组成的一个薄层，是由铝铁化合物与 α 固溶体形成的两相混合组织。

渗铝主要用于化工、冶金、建筑部门使用的管道、容器，能节约大量不锈钢和耐热钢。在机械行业，渗铝的应用范围也不断增大，例如低碳钢工件渗铝后可在 780℃ 下长期工作。18-8 型不锈钢和铬不锈钢渗铝后，在 594℃ 硫化氢气氛中，抗腐蚀能力比未渗铝的大大增加。

（2）渗铬

渗铬工艺的目的主要有两个：一是为了提高钢和耐热合金的耐腐蚀性和抗氧化性，提高持久强度和疲劳强度；二是为了用普通钢材替代昂贵的不锈钢、耐热钢和高铬合金钢。

渗铬主要有固体粉末法、气体法和熔盐法，其中固体粉末法在工业上应用较多。粉末渗剂由铬粉、卤化铵和氧化铝组成。常用固体粉末渗铬剂及渗铬工艺参数如表 9-1 所示。

表 9-1 常用固体粉末渗铬剂及渗铬工艺

序号	渗铬剂主要成分	渗铬工艺		基体材料
		温度/℃	时间/h	
1	铬粉 40%+氧化铝 60%+NH₄I 0.4%	1050	12	不锈钢
2	铬粉 75%+氧化铝 25%+NH₄Cl 0.5%	1000～1100	10	镍基合金
3	铬铁合金 50%+氧化铝 48%+NH₄Cl 2%	1050～1100	4～10	碳钢
4	铬粉 51.5%+氧化铝 46%+AlF₃ 2.5%	950	6	铸铁

渗铬后的镍基合金，在 850℃时有相当高的抑制硫化物腐蚀的能力，可用于燃气轮机叶片等零件。渗铬后的热锻模和喷丝头等耐磨性提高，使用寿命成倍增加。许多与水、油或石油接触的部件都采用渗铬处理，以抵抗多种介质的腐蚀。渗铬后的钢件还可代替不锈钢用于各种医疗手术器械和奶制品加工器件。

（3）渗锌

工件渗锌后可提高抗大气腐蚀能力，这是因为锌比铁更显正电性，在腐蚀介质中锌首先被腐蚀，使基体受到保护。工业上多采用粉末渗锌，即以锌粉作为渗剂，也有加惰性或活性材料的，一般在 380～400℃下进行，通常保温 2～4h。热浸渗锌是将工件浸入 400～500℃的熔融纯锌中，扩散渗入。渗锌层与基体有良好的结合力，厚度均匀，用于形状复杂的工件，如作为带有螺纹、内孔等的工件的保护层。碳钢渗锌已用于紧固件、钢板、弹簧、电台和电视台天线等产品。

各种渗金属工艺的方法和特点如表 9-2 所示。常见渗入金属元素后能够获得的渗层性能特点如表 9-3 所示。

表 9-2 各种渗金属方法和特点

工艺方法	渗剂组分	工艺特点
粉末法	金属粉或金属化合物、还原剂（如铝粉）、卤化铵、氧化铝等	装箱后在高温箱式炉、井式炉进行保温；装箱和出炉时劳动强度大
膏剂法	金属粉或合金化合物、活化剂、黏结剂	多采用感应加热
硼砂盐浴法	以硼砂为基，加入金属粉或金属化合物和还原剂（如铝粉）	多采用坩埚盐浴炉，优点是熔盐稳定，渗层均匀，盐挥发少，不易老化，无公害。缺点是工件出炉时粘盐较多
中性盐浴法	以中性盐为基，加入金属粉或金属化合物和还原剂（如铝粉）	可在坩埚盐浴炉或电极盐浴炉中进行。盐浴流动性好，工件出炉粘盐少，但盐浴上下成分不均匀
电解熔盐法	以硼砂为基，金属（扩散元素）板作为阳极	可在电解坩埚盐浴炉中进行，熔盐稳定，无公害，工件装夹较复杂
气体法	金属的卤化物气体	气体有毒、易腐蚀，易爆炸，对设备要求高
离子法	以欲渗金属作中间极（源极）	渗速快，渗层均匀，劳动条件好，但成本高

表 9-3 常见渗金属所得渗层的性能特点

渗入元素	渗层性能
钒（V）	提高工件在 50%硝酸、98%硫酸、10%NaCl 中的耐蚀性
钛（Ti）	提高工件在海水、硝酸、醋酸中的耐蚀性及抗氧化性
铌（Nb）	高的耐磨性，在 98%硫酸、10%NaCl 中有较高的耐蚀性
钼（Mo）	高的耐蚀性及耐磨性，提高渗氮后的硬度（1300HV）

渗入元素	渗层性能
铍（Be）	高硬度（1000～1700HV），抗高温氧化能力
镉（Cd）	抗电化学腐蚀
钨（W）	钢渗钨后再渗碳，表面有高的硬度及红热性

9.6 真空化学热处理

真空化学热处理就是在真空条件下，改变工件表面层成分、组织及性能的一种热处理方法。真空化学热处理具有生产效率高、产品质量好、劳动条件好、减少环境污染等优点。

9.6.1 真空化学热处理原理

真空化学热处理的过程，就是在真空条件下加热工件，在不同的活性介质（介质一般称作渗剂）中，向钢的表面渗入金属元素或非金属元素，随即向钢内部深处进行扩散，以获得预期的成分、组织及性能。在真空条件下加热，工件表面和介质很少发生氧化，因此可以适当提高工件的加热温度，从而提高渗入原子的扩散速率和介质的活性。同时，在真空条件下加热，零件表面经脱气、净化、活化，提高了工件表面对参与化学反应气体及反应产生的活性原子的吸附、吸收率。所以，与普通化学热处理相比较，真空化学热处理最突出的优点是渗入速度快、生产效率高、渗层质量好、工艺成本低、经济性好。同时，还具有表面光洁、工件变形小、对环境污染小、易于实现自动化等优点。

真空化学热处理的机理，由下列三个基本物理化学过程组成：

① 活性介质在真空条件下，加热到一定的温度进行分解、电离、蒸发，以便形成活性原子或离子。化学热处理的理论研究和实践证明，只有活性原子或离子才能被钢或合金表面吸收，因此，真空化学热处理的第一步是在真空条件下促进活性原子或离子的产生，目前常用的有三种方法：a. 真空中的活性介质热分解；b. 真空中活性介质的电离；c. 真空中活性介质的蒸发。

② 活性原子或离子被钢或合金表面所吸收并发生反应或被溶解。吸收必须有两个基本条件：a. 必须具备渗入元素的活性原子或离子；b. 渗入元素在钢中是可以溶解的。

③ 活性原子的扩散。钢表面吸收活性原子后，使活性原子的浓度大大提高，这样就形成了表面和内部的浓度差，在一定的温度下，原子就能沿着浓度梯度下降的方向扩散，得到一定厚度的扩散层。扩散层的特点是渗入元素在表面层的浓度最高，随着远离表面层，浓度便逐渐下降。

9.6.2 真空化学热处理的种类

根据在真空条件下，外部介质与钢表面相互作用的形式，钢的真空化学热处理分为如下几种类型。

① 真空气相法：在真空条件下，用气体介质渗入方法，来改变钢表面层的成分、组织及性能。如真空渗碳、真空气相渗金属（如真空气相渗铬）、真空气相渗非金属（如真空气相渗硼）、真空气相碳-氮共渗等。

② 真空固相法：在真空条件下，用固体介质渗入方法，来改变钢表面层的成分、组织及性能。分为：a. 真空密封法渗金属和非金属；b. 真空料浆法渗金属；c. 真空镀膜法渗金属。

③ 离子轰击法：利用在真空条件下，辉光放电产生的离子轰击钢表面，来改变钢表面层的成分、组织及性能，如：真空离子渗碳、辉光离子氮化、辉光离子碳-氮共渗。

9.7　等离子体化学热处理

化学热处理经历了从古老的固体法发展到液体法，再发展到现在还有广泛应用的气体法的过程。近年来，作为物质第四态的等离子体在化学热处理领域中逐渐崭露头角。通过辉光放电而实现的等离子体化学热处理，作为一种新工艺将整个化学热处理提高到一个新的水平。等离子体化学热处理是在低于常压的扩渗气氛中，利用工件（阴极）和阳极之间辉光放电产生的离子轰击工件表面，使其温度升高，实现欲扩渗原子进入工件表层的化学热处理工艺。等离子体化学热处理工艺主要是用来对工件、模具等表面进行强化处理的。与常规化学热处理相比，等离子体化学热处理具有优质、高效、低耗、洁净、无公害等特点。但是，用于批量大的小模具及其他小零件（如螺栓、螺母、链条等）时，装炉麻烦，渗层质量不易控制，而且同炉混装不同形状、尺寸的工件时，不易均匀控制工件温度。

从等离子体在渗氮、渗碳和氮碳共渗中的应用来看，国内外的研究结果都证明等离子体法比气体法的渗速大得多，比真空渗碳的渗速也要大。这种效果并非对渗剂元素向工件内部的扩散过程产生影响所致，而是由于这种工艺保证了渗剂有一个最佳的分解和吸收过程（吸收过程包括工件表面的活化和渗剂元素的吸附）。等离子体可以向工件表面提供取之不竭的活性碳原子、氮原子和离子，这些粒子的能量比气体法的高得多。

同时，这些高能量的粒子（还包括高速电子和氢离子等）在工件表面上引起阴极溅射等过程，这些过程为渗剂原子和离子的吸附和渗入提供了高度活性的工作表面。这样就有可能在很短的时间内，在工件表层建立和维持渗剂元素相对较高的表面浓度和浓度梯度，为渗剂元素进一步向内扩散提供最大的动力。这就是等离子体处理的渗速比其他扩渗工艺都高的主要原因。

等离子体热处理的采用，首先可以带来提高工效、节省能源和渗剂、减少污染等直接的经济效益；其次，由于渗层不会出现黑色组织等疵病，可按要求调整渗层组织，并且工件变形小，从而有利于产品质量的提高与稳定；最后，较易实现工艺过程和渗层品质的计算机控制。所以，即使传统的化学热处理已经具有相当生产规模的工业化国家，仍然在努力开发这项新技术。

9.8　共渗与复合渗

共渗是指将工件放入含有两种或两种以上的金属或非金属元素的共渗剂中，在高温下共渗剂分解形成相应的被渗活性原子，被工件表面吸收并向内层扩散，形成一定深度的共渗层。共渗工艺中常用的是碳氮共渗。

复合渗则不同于上述只渗一种元素或多种元素共渗，而是将表面化学热处理与其他表面处理工艺（如电镀、喷涂等）相配合的一种复合工艺。除了可以采用渗-渗工艺，有时也可以采用喷-渗、镀-渗、镀-喷-渗、电泳-渗等。常用的复合渗工艺有硼硫复合渗，是先在工件表面进行渗硼以增强表面强度，之后再对工件表面进行渗硫处理，形成减摩层。

共渗或复合渗都可以使工件获得比单一扩散保护层更优越的性能，以满足航空、航天和其他动力工业对机械零件的特殊要求。例如，铬铝共渗件有良好的抗含硫燃气腐蚀和抗高温氧化性能；铬铝硅共渗件能得到较满意的抗氧化、抗高温腐蚀的综合性能。又如，耐热合金在高温下使用时，其表面扩散保护层与基体之间有相互扩散作用，能使表面层合金含量降低，丧失保护作用。为解决这一问题，可采用先渗钽，再渗铝或镀铂后渗铝来处理。

思考题

1. 请论述化学热处理的基本原理，并分析在化学热处理过程中的关键影响因素。
2. 在钢的渗碳处理过程中，常用的碳源有哪些？请分析不同碳源的特点和优势。
3. 为什么要对钢进行碳氮共渗？与渗碳工艺相比较，碳氮共渗的优点是什么？
4. 钢的渗氮处理工艺与渗碳工艺相比较有哪些异同点？
5. 试论述在渗金属的工艺过程中，技术难点有哪些。在实际的工业生产过程中，有哪些可能的解决途径？
6. 现代工业的发展经常要求特殊合金采用复合渗工艺处理，请以铍铜为例，说明铍铜复合渗层的组分、性能特点及其服役要求。
7. 请论述离子渗氮的基本原理，并简要说明其特点有哪些。
8. 与传统的化学热处理相比真空化学热处理的特点有哪些？请举例说明其在实际工业生产中的应用有哪些。
9. 目前工业生产中常用到的氮化工艺有哪些？请简要概括它们之间的异同和主要应用领域。
10. 请总结出常用的表面化学热处理技术有哪些，并列举出其典型的应用场景。

第 10 章

表面形变强化技术

　　表面形变强化技术是提高金属材料零件疲劳强度的重要工艺之一，它诞生于 20 世纪 20 年代，并最先在汽车工业中应用，随后又在航空工业中得到更为广泛的应用。例如，飞机发动机中的某些关键承力部件经过表面形变强化后，其表层硬度、耐磨性以及抗疲劳性都得到大幅度提升，成本却十分低廉。目前，表面形变强化技术已经大规模应用于提高碳钢、不锈钢、高强钢、铝合金、钛合金以及粉末冶金构件的抗疲劳性能，有效地延长了构件的服役寿命，并取得了巨大的经济效益。本章将系统介绍表面形变强化技术的方法、原理、应用及研究进展。

10.1　表面形变强化相关概念

　　金属表面形变强化指的是通过机械的方法，在金属表层一定深度范围内产生塑性变形，使得表层位错密度增加、晶格畸变增大以及晶粒得到细化，同时又在材料表层形成较高的残余压应力。表层位错密度增加、晶格畸变增大以及晶粒细化可使得金属材料的表层硬度、耐磨性得到大幅度提高，表层形成较高的残余压应力可部分抵消引起零件疲劳破坏的循环拉应力或者使零件表面始终处于压应力状态，使得疲劳裂纹源的形成得到一定抑制，裂纹扩展也被延缓，从而显著提高了零件的抗疲劳性能和耐应力腐蚀性能。表面形变强化技术强化效果显著，成本低廉，不仅用于强化金属表面，还广泛用于表面清理、光整加工以及其他表面处理前的预处理等，已成为应用最为广泛的表面改性手段之一。目前常用的金属材料表面形变强化方法主要有喷丸、滚压等工艺。

10.2　表面形变强化工艺及原理

10.2.1　滚压强化工艺

　　表面滚压工艺是通过滚动体在外界压力作用下挤压金属零件表面，使材料表面发生弹塑性变形，从而改变零件表层的粗糙度、几何形状、物理性质、组织结构以及机械性能，进而达到表面光整合强化的双重作用。滚压技术起源于德国，德国人 1929 年首次将滚压加工技术应用于机车轴的表面强化，随后在 20 世纪 30 年代传入美国。到了 60 年代，滚压技术开始在全世界获得广泛应用。1970 年，国内航空部门开始将冷挤压工艺应用到飞机制造及维修上。目前滚压基本上能够实现内表面、外表面、平面、锥面和球面等几乎所有形状零件的超精密加工。近年来，由于新技术的运用，出现了一些新型的滚压形式，例如深冷滚压、温滚压、激光辅助滚压和超声滚压等。同时，被滚压的材料也出现了很大的变化，从早期常见的普通钢铁材料、有色金属，逐渐过渡到淬硬钢、特种合金、金属基复合材料等。此外，为了提高表面改性效果，滚压工艺还与其他表面处理技术进行组合，例如喷丸、电化学抛光和电火花加工等。

图 10-1 为表面滚压强化工艺过程示意图。滚压工具在试件表面上施加一定的作用力 F 并发生滚动，使得工件表层产生弹塑性变形，滚压工具与工件的接触区域可以分为弹性变形区、塑性变形区以及弹性恢复区。同时，滚压过后原表面的波峰和波谷被磨平，表面粗糙度得到一定程度的降低。滚压强化的作用机理主要包括组织强化机理、表面质量提升机理以及残余压应力机理。组织强化机理的主要含义是零件表面经滚压加工后，表层发生了剧烈的塑性变形，位错密度大大增加，晶格畸变能大幅度增加，持续的塑性变形使得位错形成网络并分割晶粒，导致晶粒和亚晶粒得到细化，从而利用细晶强化和加工硬化的作用提升了表层硬度和耐磨性。表面质量提升机理主要是利用滚轮对工件表面的滚压作用，在塑性变形的驱使下，使工件表层金属产生塑性流动，致使波峰填入到原始残留的低凹波谷中，从而降低工件表面的粗糙度，消除残留机加工刀痕，减少波峰波谷所带来的应力集中，进而提高工件的疲劳寿命。残余应力机理指的是滚压后产生的残余压应力可以抵消零件在工作过程中由于外载荷而产生的拉应力，因此可以有效抑制表面微裂纹的萌生并延缓微裂纹的扩展。

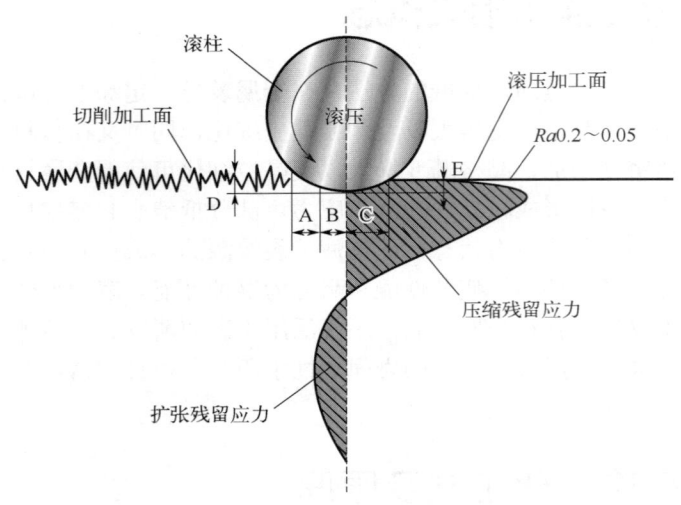

图 10-1　表面滚压强化
A—滚压区域；B—塑性变形区域；C—平滑区域；D—滚压量；E—弹性恢复量

表面滚压强化工艺参数主要包括滚压工具材料、作用力、滚压道次、滚压速度、进给量、润滑情况等。目前滚压强化用的滚轮主要由金刚石、淬火钢、刚玉、宝石等高耐磨、高硬度材料制成；作用力即为滚轮压到工件表面上的力，其大小对工件的疲劳强度有决定性作用，实际生产中是通过工艺试验来确定最佳滚压力；滚压次数即为滚轮压过工件同一位置的次数，它对工件的疲劳强度有很大影响，次数较少时，工件表面未能达到应有的塑性变形，次数较多时，工件会产生接触疲劳，严重时会使表面脱落；滚压速度即为滚压加工时工件的转动速度，其对工件的疲劳强度影响不大，但影响滚压加工的效率。这些参数对表面粗糙度、硬度、残余应力和耐磨性、耐腐蚀性能有着重要的影响，因此在具体运用时需做大量实验以便获得最优工艺，从而获得最佳滚压效果。

目前，表面滚压工艺已经获得了广泛的应用，特别适合于轴类、套筒类零件内外表面的强化处理，具有很强的实用性。天津大学内燃机研究所通过滚压强化技术对 370Q 和 376Q 型柴油机曲轴进行了强化处理，使其疲劳强度增加了 92.3%。柳州南方汽车缸套厂和河南英威东风机械制造有限公司分别对汽车缸套与轮毂轴管进行的滚压强化试验表明，该技术使产品合格率得到大幅提高，产品的疲劳性能得到明显改善。孙鑫等对 A100 钢进行表面滚压强化，研究了滚压工艺对材料残余应力、表面硬度、表面粗糙度和疲劳寿命等力学性能的影响，发现经处理后材料表面一定深度范围内产生了较大的残余压应力，同时硬度提高了 12%，表面粗糙度降低了一半，疲劳寿命也有大幅提高。杨巍等人对应用在航空领域的 2D12 铝合金进行了表面滚压强化，发现滚压后试件表层出现塑性变形以及晶粒细化现象，与未滚压的铝合金试件相比，经过滚压的试件疲劳寿命显著延长。对于一些难加工材料，表面滚压强化技术也表现出良好的加工效果，在有效降低试件表面粗糙度的同时还具有修复表面损伤的功能。

10.2.2 喷丸强化工艺

喷丸强化是当前国内外广泛应用的一种表面强化方法，其工作过程是利用大量高速运动的弹丸（20～150m/s）强烈冲击零件表面，使之产生形变硬化层并引进残余压应力。目前，喷丸强化工艺已广泛用于弹簧、齿轮、链条、轴、叶片、火车轮等工件，可以显著地提高零件的耐疲劳性能（包括弯曲疲劳、接触疲劳和应力腐蚀疲劳性能）。

喷丸强化工艺最早是在美国发明并运用到实际生产中的，Zimmerli 等美国工程师第一次采用喷丸强化工艺对弹簧零件进行处理，发现弹簧的抗疲劳性能得到大幅度提高。1940 年，Zimmerli 在其撰写的报告中提到"喷丸处理工艺在提高我们的弹簧使用疲劳寿命方面，比其他任何以往使用过的合金材料效果都要好"。随后，第二次世界大战的进行使得喷丸强化工艺的应用领域从汽车行业扩展到航空制造领域。进入 20 世纪 80 年代后，喷丸强化技术已广泛应用于大多数工业行业，如工程机械、矿山机械、汽车零部件生产、石油化工、核工业、飞机制造等。与其他表面强化技术相比，喷丸强化不改变材料表层化学成分、不受零件几何形状的限制、对表面粗糙度几乎没有要求，同时具有强化效果好、成本低廉以及生产效率高等优点，已成为国内外最具代表性的表面形变强化方法之一。

10.2.2.1 喷丸强化机理

和滚压强化相似，喷丸强化的机理是由材料表层组织结构的变化、引入残余压应力和表面形貌发生改变所致。下面从三个方面展开详细介绍。

（1）组织结构特征

喷丸过程中主要是大量弹丸在机械力的作用下重复、高速撞击材料表面，致使材料表面及表下一定深度范围内发生严重塑性变形。在塑性变形的作用下，喷丸材料表层中产生大量的位错，并进一步发生相互缠绕、缠结，进而形成位错网并分割粗大晶粒，从而使粗大晶粒的晶粒尺寸变小。同时，除了位错还有其他缺陷如层错的出现。也就是说，喷丸处理后表层中位错、层错、晶界等结构缺陷密度提高，表面晶粒显著细化。另外，由于弹丸的作用只发生在材料表面及一定深度范围内，且作用力随深度变化而逐渐变弱，因此喷丸变形组织具有明显的梯度分布特征。随着距喷丸表面深度的增加，晶粒尺寸逐渐增大、缺陷密度逐渐下降，因此喷丸后材料力学性能（如强度、硬度）和物理化学性能（腐蚀行为）在深度上有着梯度变化规律。

（2）宏观残余应力的产生

喷丸可使工件表面产生一定程度的残余压应力，它的产生主要是由表层材料受次表层材料的制约和弹丸撞击时产生的赫兹力引起。残余压应力可以抵消零件在服役过程中在外载荷作用下产生的拉应力，因此可以有效抑制表面微裂纹的萌生和扩展，从而提高工件的抗疲劳性能。喷丸后残余压应力除了与喷丸工艺参数有关外，还与材料的晶体类型（体心立方、面心立方或密排六方等）、本身强度（σ_b、σ_s）水平等因素有关。表 10-1 列出了各种金属材料喷丸后表面的残余应力数值。

表 10-1 金属材料经喷丸强化后的表面残余应力

材料种类	牌号	机械性能		表面残余应力 $\sigma_r/(N/mm^2)$	比值 σ_r/σ_s
		抗拉强度 $\sigma_b/(N/mm^2)$	屈服强度 $\sigma_s/(N/mm^2)$		
碳钢与高强度钢	45	900～1000	750～850	−500～−400	0.54～0.59
	18Ni	1400	1200	−930	0.84
钛合金	高温钛合金	1100～1200	900～1000	−860	0.86～0.95
	Ti-6Al-4V	950	800	−700～−560	0.70～0.87
铝合金	LY$_2$	440	280	−350～−250	0.90～1.25
	LD$_4$	480～500	410～440	−350～−300	0.73～0.80

（3）表面形貌变化

在喷丸过程中，高速运动的弹丸强烈冲击零件表层，形成半球状凹坑，使表面粗糙度值增大，但由于是多角度且重复循环的喷射，凹坑又变得较为平整，最终表面实际粗糙度值增加的幅度并不大。另外，由机加工在零件表面所形成的裂纹和加工痕迹在经喷丸后消失，提高了零件表面的完整性，阻止了疲劳裂纹的萌生和扩展。

10.2.2.2 喷丸强化设备及弹丸材料

（1）喷丸设备

喷丸强化设备根据弹丸驱动方式的不同，可分为以下几种类型：气动喷丸机、机械离心式喷丸机、旋片喷丸机、高压水喷丸机、超声喷丸机、激光喷丸机等。以下简单介绍几种常见设备和其特点。

气动式喷丸机的主要原理是弹丸由压缩空气的高压来驱动而获得高速度。目前市场上较为常见的是吸入式喷丸机，其具体工作原理是当高压空气通过喷嘴喉部时，会在喷嘴内的导管口处形成负压，此负压可以将弹丸由储弹箱通过导管而吸入喷嘴内，然后随同高压空气一道由喷嘴喷射出，随后撞击样品表面，其结构如图 10-2 所示。该类型的设备可通过调节压缩空气的压力来控制喷丸的强度，操作比较灵活，适用于喷丸强度要求较低、形状复杂的零件。缺点是功耗大、生产效率低。

机械离心式喷丸机的弹丸驱动靠高速旋转的离心轮抛出而获得高速运动，其结构示意图如图 10-3 所示，可通过调节离心叶轮的转速来控制弹丸的运动速度，实现达到控制喷丸强度的目的。与气动式喷丸机相比，机械离心式喷丸机生产效率高、喷丸稳定，适用于喷丸强度要求高、批量大、形状简单、尺寸较大的零件。缺点是设备的制造成本较高。

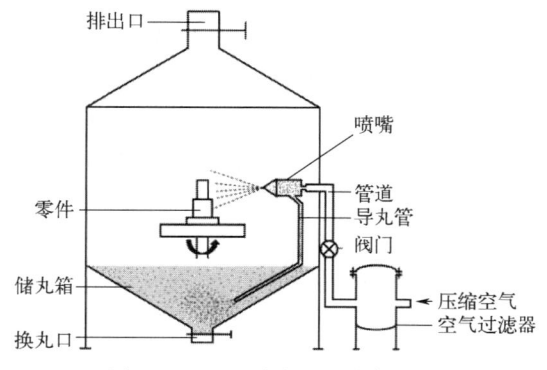

图 10-2　吸入式气动喷丸机结构

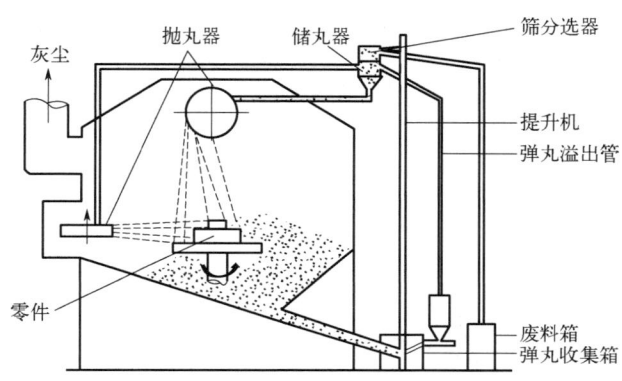

图 10-3　机械离心式喷丸机结构

激光冲击喷丸工艺中没有高速运动的弹丸，而是采用高功率密度（GW/cm²）、短脉冲（ns）激光束冲击照射材料表面。当激光脉冲被引导到被处理材料表面时，首先等离子体爆破所产生的高压将高振幅应力波深入传送到材料表面，在工件表面产生 1～10GPa 的压力，同时向内形成高强度冲击波，使工件表层产生塑性变形。相比于传统喷丸，激光喷丸产生的表面残余压应力值更高，压应力层深度更大。同时，激光喷丸犹如外科手术，能够将残余压应力植入零件的关键部位，即可实现选择性局部区域表面强化。

（2）喷丸材料

喷丸强化用的弹丸一般是光滑的圆球状，并且在具有一定冲击韧性的情况下，其硬度越高越好。目前常用的弹丸有四种：一是铸铁弹丸，含碳量在 2.75%～3.60%，硬度约为 58～65HRC，经退火处理后硬度降低到约为 30～57HRC，但韧性得到一定程度提高，在喷丸过程中，铸铁弹丸易于破碎，要及时将破碎弹丸分离出去，否则将会影响零件的喷丸强化质量；二是钢弹丸，当前使用的钢弹丸一般由含碳量为 0.7%的弹簧钢丝（或不锈钢丝）切制成段，经磨圆加工制成，硬度一般为 45～50HRC；三是玻璃弹丸，其硬度为 46～50HRC，直径在 0.05～0.40mm 之间，已在国防工业中获得应用；四是陶瓷丸，其主要化学成分为氧化锆、氧化硅以及氧化铝等，经熔化、雾化、烘干、选圆、筛分制成，硬度相当于 57～63HRC。

在对材料进行喷丸时，应根据被强化零件的种类、尺寸、形状、力学性能等要求选择合适的弹丸材料。

10.2.2.3　喷丸强化工艺及其质量控制

喷丸强化工艺参数包括弹丸材质、弹丸尺寸、弹丸硬度、弹丸密度、弹丸速度、弹丸流量、喷射角度、喷射时间、喷嘴至零件表面的距离等。这些参数中任何一个发生变化，都会影响零件的强化效果。参数的改变给材料带来的结果是喷丸强度和表面覆盖率的变化，而喷丸强度和表面覆盖率又最终影响着材料的整体性能。可以通过实验的方法测量喷丸强度和零件表面覆盖率，由此确定出喷丸工艺的各参数。

（1）喷丸强度

喷丸强度一般采用弧高度试片来测量。具体的实验过程如下：将一薄板试片（常用材料为具有较高弹性极限的 70 弹簧钢）紧固在夹具上进行单面喷丸，喷丸面在弹丸冲击下产生塑性伸长变形，因而喷丸后取下的试片发生凸向喷丸面的球面弯曲变形，如图 10-4 所示。从图中可以看出，变形后试片的弧高度（f）与喷丸强度有很大关系。一般的，弧高 f 越大，喷丸强度越大。在对试片进行单面喷丸时，初期的弧高度变化速度快，随后变化渐趋缓慢，当表面的弹丸坑面积占据整个表面（即全覆盖率）之后，弧高度无明显变化，这时的弧高度达到了饱和值。当弧高度 f 达到饱和值，试片表面达到全覆盖率时，以此弧高度 f 定义为喷丸强度。试片的尺寸常用的有三种，根据要求的喷丸强度，选用不同厚度的试片，如表 10-2 所示。当用试片 A（或 Ⅱ）测得的弧高度 $f < 0.15$mm 时，应改用试片 N（或 Ⅰ）来测量喷丸强度；当用试片 A 测得的 $f > 0.6$mm 时，则需改用试片 C（或 Ⅲ），来测量喷丸强度。喷丸强度的表示方法是：0.25C 或 $f_c = 0.25$mm。前面的数字（或等式右边的数字）为弧高度值，字母（或脚码）表示试片的种类。

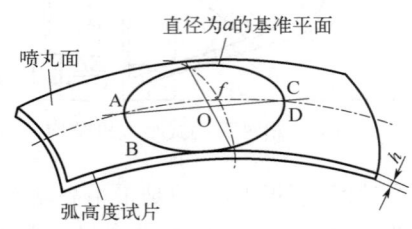

图 10-4　喷丸弧高度测量

表 10-2　三种高度试片的规格

规格	试片代号		
	N（或 Ⅰ）	A（或 Ⅱ）	C（或 Ⅲ）
厚度/mm	0.79 ± 0.025	1.3 ± 0.025	2.4 ± 0.025
平直度/mm	± 0.025	± 0.025	± 0.025
宽×长/mm²	$19^{-0.1} \times 76(\pm 0.2)$	$19^{-0.1} \times 76(\pm 0.2)$	$19^{-0.1} \times 76(\pm 0.2)$
表面粗糙度 Ra/μm	$0.63 \sim 1.25$	$0.63 \sim 1.25$	$0.63 \sim 1.25$
使用范围	低喷丸强度	高喷丸强度	高喷丸强度

（2）表面覆盖率

表面覆盖率指的是工件经喷丸后表面弹丸坑占据的面积与总面积的比值，一般认为，喷丸强化零件要求表面覆盖率达到表面积的 100%即全面覆盖时，才能有效地改善疲劳性能和抗应力腐蚀的性能。因很难保证覆盖率为 100%，故实际上把 98%的覆盖率定义为全覆盖率。在实际生产过程中，可采用 10 倍放大镜来检查零件的覆盖率，也可以采用事先做好的标准喷丸件进行对比检查。检验过程中如有争议，可用金相显微镜在放大 50 倍的条件下检查。

表面覆盖率对喷丸后的性能有重要影响，有文献表明，当覆盖率达到 30% 时，工件的疲劳强度就有明显提升，且随着覆盖率的增大而进一步提高。但是，当覆盖率超过 80% 之后，疲劳强度增加明显趋缓。在固定其他喷丸条件下，覆盖率取决于喷丸时间。喷丸时间越长，覆盖率越大，但在实际生产中应尽量缩短不必要的过长喷丸时间。

（3）喷丸强化工艺质量的控制和检验

弧高度试验不仅是确定喷丸强度的试验方法，同时又是控制和检验零件喷丸质量的方法。在生产过程中，将弧高度试片与零件一起进行喷丸，然后测量试片的弧高度 f，如 f 值符合生产工艺中规定的范围，则表明零件的喷丸强度合格。这是控制和检验喷丸强化质量的基本方法。

检验喷丸强化的工艺质量就是检验表面强化层深度和层内残余压应力的大小和分布。弧高度试片给出的喷丸强度，表明金属材料的表面强化层深度和残余应力分布的综合值。若要了解表面强化层的深度和组织结构，以及残余应力分布情况，还需要进行组织结构分析和应力测定等一系列检验。

10.3　表面形变强化新技术——金属材料的表面纳米化

10.3.1　表面纳米化基本原理

在传统表面形变强化的基础上，研究者们提出了金属材料表面纳米化的概念。表面纳米化即利用机械或其他的方法（如激光、超声、水射流等）在金属材料表面引入强烈塑性变形，诱发材料内部缺陷形成、积累和演变，从而将表层晶粒细化至纳米量级，制备出具有纳米晶结构的表层，并且随着距表面深度的增加，晶粒尺寸和缺陷组态呈梯度变化，基体仍然保持原有的粗晶状态。金属材料经表面纳米化处理后表层组织结构示意图如图 10-5 所示。表面纳米化利用表层纳米晶组织、缺陷组织以及残余压应力的引入来提高材料的表面性能，如疲劳强度、抗蚀性和耐磨性等。由于传统表面形变强化工艺所获得表层晶粒尺寸为亚微米，如要实现表面纳米化过程则需要表面发生强烈塑性变形，且在变形过程中保证表面不

图 10-5　金属材料表面纳米化后横截面组织结构特征

发生损伤（如裂纹等）。因此表面纳米化的工艺设计应满足 3 个基本条件：一是外加冲击力必须足够大，使材料表面产生强烈塑性变形；二是外加载荷能够反复作用于材料的表面，保证表面积累足够大的塑性变形量；三是外加载荷与金属材料表面的接触必须光滑，避免材料表面发生损伤。按照这三个基本条件，研究者们相继开发出多种表面纳米化制备方法，根据加载方式可划分为两类：一类利用弹丸（微粒）喷射，主要包括表面机械研磨处理、超声喷丸、气动喷丸和超音速微粒轰击等；另一类为外载荷重复压入或划擦表面，主要包括旋转辊压塑性变形和超声表面冲击等。

10.3.2　金属材料表面纳米化后的性能

金属材料经表面纳米化处理后，表面性能和整体性能均有所改善。在硬度方面，表面纳

米化处理后，由于晶粒细化作用，表层硬度得到大幅度提升。例如表面纳米化纯铁最表层硬度达到 3.8GPa，几乎是粗晶基体的 2 倍。表面纳米化有效地提高了表面硬度，因此也在一定程度上改善材料的摩擦磨损性能，如表面纳米化低碳钢板的磨损体积明显小于原始粗晶样品，不同载荷下的摩擦系数明显小于原始粗晶样品（约为后者的一半）。表面纳米化材料摩擦磨损性能的提高源于高硬度的纳米晶表层以及材料微观结构与性能沿深度方向的梯度变化。

表面纳米化在金属表层获得从纳米晶到粗晶的梯度组织，这不仅有效改变了材料表面的性能，而且对材料的整体力学性能也产生了一定的影响。如表面纳米化后纯钛的拉伸实验表明：其屈服强度提高 35%，而延伸率只下降 4%。这说明表面纳米化能够有效地提高材料的整体强度，同时又不大幅度地降低材料的塑性。表面纳米化技术不仅提高材料的整体强度，还可以提高材料的疲劳寿命，这是由于表层产生了残余压应力和纳米晶组织延缓了裂纹形核和扩展。如对表面纳米化材料进行短时间退火，疲劳性能还能得到进一步提升。

另外，表面纳米化还可赋予金属材料一些特殊的表面功能性，如纯钛等一些生物材料进行表面纳米化处理后展现出优异的生物相容性，分析其原因有以下几方面：一是材料表面的晶粒为纳米量级，与骨组织表面的无机颗粒尺寸接近，有利于成骨细胞伪足的吸附；二是材料表面纳米化增加了钛材料的表面粗糙度，使细胞的黏附点增加，从而提高了纯钛材料的生物相容性。

表面纳米化还可降低金属材料化学热处理的温度或缩短其工艺周期，一方面是因为表层纳米晶组织中拥有丰富的晶界，能为外来原子扩散提供方便快捷的通道；另一方面在纳米材料中还存在许多结构缺陷，这些缺陷能够为一些化合物的非均匀形核提供大量的低能位置。将表面纳米化作为金属材料化学热处理前的预处理将具有重要的实际应用价值。以纯铁为例，表面纳米化预处理的纯铁可在 300℃进行气体渗氮，并有连续的纳米级氮化物形成，纳米铁氮化合物的硬度甚至比普通氮化铁高。除了有助于渗氮，表面纳米化还可辅助渗铬、渗铝、渗硼等化学热处理，不仅可以将处理温度降低 200～400℃，还能缩短工艺周期，同时还可获得性能优异的渗层（尤其表现在脆性方面）。

思考题

1. 金属材料表面形变强化的机理是什么？
2. 金属材料表面形变强化的方法有哪些？
3. 20CrMnTi 齿轮经渗碳、淬火及回火后，经常需要进行喷丸处理来提高其疲劳寿命，请制定该材料的喷丸工艺，包括参数、设备以及性能质量检测方法。
4. 请列举喷丸的弹丸材料的种类。
5. 请列举滚压强化的方法有哪些，各自有什么特点，适用于什么条件。
6. 金属材料经表面纳米化处理后，表层组织结构具有什么样的特征？
7. 金属材料经表面纳米化处理后，表面性能有什么样的变化？

第 11 章

表面转化膜、浸浴技术

化学转化膜表面处理技术是一个液-固化学反应过程，使金属表面无机盐化，基体材料提供反应的阳离子，溶液提供反应的阴离子和部分沉积层的阳离子。这些致密的基体金属上的无机盐沉积层赋予表面防护性、着色装饰性、减摩或耐蚀性、绝缘性、高涂装性和润滑等性能。本章着重介绍化学转化膜、浸浴技术的种类、基本原理以及工艺。

11.1 表面反应原理

将金属部件置于选定的介质条件下，使表层金属和介质中的阴离子发生反应，生成牢固的稳定化合物，这样得到的保护性覆盖层叫作化学转化膜，其反应一般式可以写成：

$$mM + nA^{z-} \longrightarrow M_mA_n + nze^-$$

式中，M 为金属原子；A^{z-} 是介质中的阴离子；M_mA_n 是不溶性反应产物，形成表面覆盖层。可见，化学转化膜的形成必须有基体金属的参与，因此可以看作是金属的受控腐蚀过程。

化学转化膜的形成过程非常复杂，其组成也并不总像上式一样为简单的化合物。转化膜的形成主要有两种方法：一类是电化学法，称为阳极氧化或阳极化。另一类是化学方法，包括化学氧化、磷酸盐处理、铬酸盐处理和草酸盐处理等。

11.2 氧化处理

11.2.1 化学氧化膜的性质和用途

钢铁的化学氧化是将钢制件浸在含有氧化剂的碱性溶液中进行处理，使其表面形成一层保护性氧化膜的过程。该氧化膜主要为磁性氧化铁（Fe_3O_4）组成，厚度一般为 0.5～1.5μm。根据钢铁的成分、表面状态和氧化操作条件的不同，氧化膜的颜色呈灰黑、深黑或蓝黑色，称为发蓝处理。

化学氧化膜很薄，对零件的尺寸和精度几乎没有影响。化学氧化时不析氢，不会造成零件的氢脆现象。因此，化学氧化广泛应用于精密仪器、电子设备、光学仪器、仪表、弹簧和武器等的防护装饰。但是钢铁件上的化学氧化膜的耐蚀性较差，故应在润滑油或定期擦油的条件下使用。

11.2.2 化学氧化的工艺

（1）工艺规范

碱性化学氧化工艺分为单槽法和双槽法，两种方法的工艺规范分别列于表 11-1 和表 11-2

中。单槽法操作简单，使用比较规范，其中配方Ⅰ为通用配方，膜层美观漂亮，但膜较薄；配方Ⅱ氧化速度快，膜层致密，但光亮性稍差。

表 11-1　钢铁化学氧化单槽法工艺规范

溶液组成及工艺条件	配方Ⅰ	配方Ⅱ
氢氧化钠 NaOH/（g/L）	550～650	600～700
亚硝酸钠 NaNO₂/（g/L）	150～200	200～250
重铬酸钾 K₂Cr₂O₇/（g/L）	—	25～32
氧化温度/℃	135～145	130～135
氧化时间/min	15～60	15

表 11-2　钢铁化学氧化双槽法工艺规范

溶液组成及工艺条件	配方Ⅰ		配方Ⅱ	
	第一槽	第二槽	第一槽	第二槽
氢氧化钠 NaOH/（g/L）	500～600	700～800	550～650	700～800
亚硝酸钠 NaNO₂/（g/L）	100～150	150～200	—	—
硝酸钠 NaNO₃/（g/L）	—	—	100～150	150～200
氧化温度/℃	135～140	145～152	130～135	140～150
氧化时间/min	10～20	45～60	15～20	30～60

双槽法是将钢件在两个浓度和工艺条件不同的溶液中进行两次氧化处理，此法得到的氧化膜较厚，耐蚀性较高。

（2）影响因素

① 氢氧化钠。提高氢氧化钠的浓度，氧化膜的厚度稍有增加，但容易出现疏松或多孔的缺陷。浓度过高还易产生红色挂灰；氢氧化钠浓度过低时，生成的氧化膜较薄，产生花斑。

② 氧化剂。提高氧化剂浓度可以加快氧化速度，膜层致密、牢固。

③ 铁离子浓度。氧化溶液中必须含有一定量的铁离子才能使膜层致密，结合牢固。铁离子浓度过高，氧化速度降低，工件表面易出现红色挂灰。氧化溶液中铁的含量一般控制在 0.5～2g/L。

④ 温度。在碱性溶液中进行氧化处理，必须在沸腾温度下进行，溶液的沸点随氢氧化钠浓度的增加而升高。提高温度使氧化速度加快，膜层薄而致密。温度过高，氧化膜的溶解速度加快，成膜速度减慢，膜层疏松。

11.2.3　化学氧化的机理

钢铁表面化学氧化生成的氧化膜主要由 Fe_3O_4 组成，可以看作是 $HFeO_2$ 和 $Fe(OH)_2$ 的中和产物。在有氧化剂存在的碱性溶液中，这一转化膜的形成历程是一种电化学和化学的综合过程。

（1）电化学过程

钢铁表面是不均匀的，当浸入电解质溶液中时，表面上将形成无数的微电池。在微阳极区发生铁的溶解反应：

$$Fe \longrightarrow Fe^{2+} + 2e^- \qquad (11-1)$$

在有氧化剂的强碱性介质中，溶解的铁发生转化：

$$6Fe^{2+}+NO_2^-+11OH^- \longrightarrow 6HFeO_2+H_2O+NH_3 \tag{11-2}$$

与此同时，在微阴极区铁酸被还原：

$$HFeO_2+e^- \longrightarrow HFeO_2^- \tag{11-3}$$

随之 $HFeO_2$ 与 $HFeO_2^-$ 相互作用，并脱水生成磁性氧化铁：

$$2HFeO_2+HFeO_2^- \longrightarrow Fe_3O_4+OH^-+H_2O \tag{11-4}$$

（2）化学过程

钢表面在热碱溶液和氧化剂（硝酸钠或亚硝酸盐）的作用下生成亚铁酸钠：

$$4Fe+NaNO_3+7NaOH \longrightarrow 4Na_2FeO_2+2H_2O+NH_3\uparrow \tag{11-5}$$

$$3Fe+NaNO_2+5NaOH \longrightarrow 3Na_2FeO_2+H_2O+NH_3\uparrow \tag{11-6}$$

亚铁酸钠进一步与溶液中的氧化剂发生反应生成铁酸钠：

$$2Na_2FeO_2+NaNO_3+H_2O \longrightarrow Na_2Fe_2O_4+NaNO_2+2NaOH \tag{11-7}$$

$$6Na_2FeO_2+NaNO_2+5H_2O \longrightarrow 3Na_2Fe_2O_4+7NaOH+NH_3\uparrow \tag{11-8}$$

随即铁酸钠与亚铁酸钠相互作用生成磁性氧化铁：

$$Na_2Fe_2O_4+Na_2FeO_2+2H_2O \longrightarrow Fe_3O_4+4NaOH \tag{11-9}$$

从上述电化学过程和化学过程来看，氧化膜的生成过程开始是金属铁在碱溶液中的溶解，随后在钢铁表面附近生成 Fe_3O_4。由于 Fe_3O_4 在浓碱溶液中的溶解度极小，很快就从溶液中结晶析出，在钢铁表面形成晶核，而后晶核逐渐长大，形成一层连续致密的黑色氧化膜。

在形成 Fe_3O_4 的同时，部分铁酸钠发生水解变成氢氧化铁（含水氧化铁）：

$$Na_2Fe_2O_4+（m+1）H_2O \longrightarrow Fe_2O_3 \cdot mH_2O+2NaOH \tag{11-10}$$

含水氧化铁在较高温度下失去部分水而形成红色沉淀物附在氧化膜表面，成为红色挂灰而影响氧化膜的质量。

11.2.4　氧化膜的后处理

为了提高化学氧化膜的抗蚀能力，氧化后应进行填充处理。具体方法是：

① 30～50g/L 的肥皂水溶液，80～90℃，浸泡 1～2min；

② 50～80g/L 的重铬酸钾溶液，70～80℃，浸泡 5～10min。

除涂漆的零件外，经过填充处理后，必须在 105～110℃的机油、锭子油或变压器油中浸 5～10min。

11.3　磷化处理

磷化就是用含有磷酸、磷酸盐和其他金属盐溶液处理金属，使金属表面通过化学反应，产生完整的、具有中等防腐作用的磷酸盐层的过程。

磷化处理工艺历史悠久，在长达 80 多年的发展过程中其工艺有了许多重大的进展，如：

处理温度由原先的煮沸溶液降到现在的室温处理；磷化时间从最初的 2.5h 降到现在的几秒钟；应用范围也由原来的金属防腐发展到金属冷成形加工的各个领域；配方也由最早的铁盐磷化发展到用 Zn、Mn、Ca、Ni、Sn、Pb 等磷酸盐磷化处理的方法。

11.3.1　磷化反应

磷化是一个复杂化学反应过程，磷化膜的形成包括电离、水解、氧化、结晶等至少四步反应过程。磷化开始前，磷化工作液中存在游离磷酸的三级电离平衡以及可溶性重金属磷酸盐的水解平衡：

$$H_3PO_4 \rightleftharpoons H_2PO_4^- + H^+ \tag{11-11}$$

$$H_2PO_4^- \rightleftharpoons HPO_4^{2-} + H^+ \tag{11-12}$$

$$HPO_4^{2-} \rightleftharpoons PO_4^{3-} + H^+ \tag{11-13}$$

$$Me(H_2PO_4)_2 \rightleftharpoons MeHPO_4 \downarrow + H_3PO_4 \tag{11-14}$$

$$3MeHPO_4 \rightleftharpoons Me_3(PO_4)_2 + H_3PO_4 \tag{11-15}$$

其中 Me 包括 Zn^{2+}、Ca^{2+}、Mn^{2+}、Fe^{3+} 等重金属离子。磷化之前上述电离与水解处于一种动态平衡状态，当把磷化金属（例如钢铁）投入磷化液后，随即发生被处理金属表面的阳极氧化过程：

$$Fe + 2H_3PO_4 \longrightarrow Fe(H_2PO_4)_2 + H_2\uparrow \tag{11-16}$$

$$2Fe + 2H_2PO_4 \longrightarrow 2FeHPO_4 + H_2\uparrow \tag{11-17}$$

由于金属表面氧化过程的产生，破坏了磷化液的电离与水解平衡。磷化的不断进行，游离 H_3PO_4 的不断消耗，促进了原电离反应和水解反应的进行，基体表面 Fe^{2+}、HPO_4^- 及 PO_4^{3-} 浓度不断增大。当磷化反应进行到 $FeHPO_4$、$MeHPO_4$ 及 $Me_3(PO_4)_2$ 等物质浓度分别达到各自的浓度积时，这些难溶的磷酸盐便在处理金属表面活性点上形成晶核，并以晶核为中心不断在表面延伸增长而形成晶体；晶体不断经过结晶—溶解—再结晶的过程，直至在被处理表面形成连续均匀的磷化膜。

11.3.2　磷化膜的性质和用途

磷化处理工艺简单，操作容易，成本低廉，广泛应用于机械工业、汽车工业、航空工业、造船工业和日用品工业方面，具体在钢铁、铝、锌及其合金上应用广泛。对铝、锌及其合金进行磷化处理所得磷酸盐膜仅用于涂漆前的打底，在应用上远不及钢铁磷化处理的应用广泛。这些磷化层，不但在防止金属腐蚀方面起到重要作用，而且在金属塑性变形加工，减少金属零件的摩擦阻力，防止金属零件擦伤磨损，提高金属使用寿命方面也有重要贡献。

磷化膜在结晶的连接点上形成细小缝隙，造成多孔结构，具有良好的吸附能力，因而广泛用作涂漆的底层，可使漆膜的附着力提高 2～3 倍，整体耐蚀性提高 1～2 倍。

磷化膜具有良好的润滑性能，常用作冷变形加工（如拉管、拉丝、深冲、冷镦和挤压等）时的润滑层，减小摩擦，提高拉丝拉管速度，避免或减少表面拉伤和加工裂纹，并能延长模具的使用寿命。

磷化膜具有良好的耐腐蚀性能,在大气中较为稳定,相比较钢铁的氧化膜耐腐蚀性能约提高 2~10 倍。

磷化膜具有较高的电绝缘性(击穿电压为 240~380V,如果浸绝缘漆可以提高到 1000V),而且不影响基体材料的机械性能、强度和磁性能。

磷化膜对熔融金属的附着力极差,因此可以用来防止零件黏附低熔点的熔融金属及局部的防渗氮件和防止粘锡,还可以避免压铸件与模具的黏结。

磷化处理的优点还有:在管道、气瓶和形状复杂的钢制件的内表面,以及难以用电化学方法获得防护层的零件表面上,可以用磷化处理法得到防护层。磷化处理所需设备简单,操作方便,成本低,生产效率高,因此在工业生产中得到广泛应用。

11.3.3 转化型磷化

转化型磷化处理工艺规范如表 11-3 所示。钢铁的磷化处理可以分为两类:一类使用碱金属的磷酸二氢盐(如磷酸二氢钠)溶液,并加入适量的加速剂和其他添加剂。钢铁表面上形成由基体金属自身转化生成的磷酸盐和氧化物组成的表面膜,这种转化膜属于真正的化学转化膜,称为转化型磷酸盐膜。另一类使用含游离磷酸和加速剂的重金属磷酸二氢盐溶液,钢铁表面上得到的是由重金属的磷酸一氢盐或正磷酸盐组成的膜,可称为假转化膜。

表 11-3 转化型磷化处理工艺规范

溶液组成及工艺条件	配方 1	配方 2	配方 3	配方 4
草酸 $C_2H_2O_4$/(g/L)	5	5	20	20
磷酸 H_3PO_4/(g/L)	10 或 15	10	—	—
草酸钠 NaC_2O_4/(g/L)	4	4	4	4
磷酸二氢钠 NaH_2PO_4/(g/L)	10	10	10	10
氯酸钠 $NaClO_3$/(g/L)	5	—	12	—
硝酸钠 $NaNO_3$/(g/L)	—	5	—	12
亚硝酸钠 $NaNO_2$/(g/L)	—	0.6	—	0.6
温度/℃	20	20 或 50	20	20 或 50
时间/min	5	5	5	5

注:1. 工艺控制条件:总酸度 5~20 点;游离酸度 0.3~5.0 点;酸比 5~20。

2. 草酸是氧化剂;磷酸和磷酸二氢钠提供形成转化膜的阴离子;硝酸钠、氯酸钠、亚硝酸钠是促进剂。

磷酸盐膜的形成过程包括铁溶解和其与溶液中的磷酸根离子反应生成磷酸铁,磷酸二氢根离子转变为磷酸氢根离子,析出的氢与氧反应生成水,总反应式如下:

$$4Fe+4NaH_2PO_4+3O_2 \longrightarrow 2FePO_4+Fe_2O_3+2Na_2HPO_4+3H_2O \qquad (11-18)$$

磷化膜是由 $FePO_4$ 和 Fe_2O_3 组成,其中前者含量达到 60%,结构为无定型。转化型磷化膜很薄,只有 1μm 左右,重约 $1g/m^2$,属轻膜。膜的孔隙率很高,约为 2%,因此转化型磷化膜非常适合于做涂料的底层。

转化型磷化膜与涂漆配套的一个显著特点是使漆膜的抗弯曲、抗冲击性能特别好,优于其他类型,如锌系、锰系、锌钙系磷化。磷化槽液抗杂质、抗污染能力强,槽液出现故障的机会较少。磷化不需要表面调整,磷化沉渣特别少,槽液工艺范围宽,管理方便。但其不足之处在于磷化膜耐盐雾性能差,与粉末涂装、阳极电泳配套应用较多,不太适合普通底漆配套。

11.3.4 假转化型磷化

11.3.4.1 假转化型磷化转变机理

假转化型磷化处理是在加有锌、铁、锰的磷酸二氢盐溶液中进行的。根据溶液中参与成膜的金属离子的异同，可分为不同的体系，常用的有锌系、锌钙系、锌锰系、锰系和铁系等。

假转化型磷化过程可以用电化学机理解释。当钢铁制品浸入磷化液中时，由于钢铁表面存在各种不均匀性，表面上将形成无数微电池。在微阴极区（如杂质）发生氢离子的还原反应：

$$2H^+ + 2e^- \longrightarrow H_2\uparrow \qquad (11-19)$$

反应有氢气析出，随着反应的进行，pH 值逐渐升高。在微阳极区，发生铁的氧化反应，生成的铁离子进入溶液，并与磷酸二氢根离子 $H_2PO_4^-$ 反应，生成磷酸二氢铁。磷酸二氢铁转变为磷酸一氢铁，并最终生成难溶的正磷酸铁，形成晶核，逐渐长大。以上过程的反应式如下：

$$Fe \longrightarrow Fe^{2+} + 2e^- \qquad (11-20)$$

$$Fe^{2+} + 2H_2PO_4^- \longrightarrow Fe(H_2PO_4)_2 \qquad (11-21)$$

$$Fe(H_2PO_4)_2 \longrightarrow FeHPO_4 + H_3PO_4 \qquad (11-22)$$

$$3FeHPO_4 \longrightarrow Fe_3(PO_4)_2\downarrow + H_3PO_4 \qquad (11-23)$$

以上三个反应可以合并为下式：

$$3Fe^{2+} + 6H_2PO_4^- \longrightarrow Fe_3(PO_4)_2\downarrow + 4H_3PO_4 \qquad (11-24)$$

与此同时，阳极区溶液中的 $Mn(H_2PO_4)_2$ 和 $Zn(H_2PO_4)_2$ 也会发生反应，转变为磷酸一氢盐，并最终生成正磷酸盐 $Mn_3(PO_4)_2$ 和 $Zn_3(PO_4)_2$。三种产物一起沉积于钢铁表面，形成磷化膜。由上述反应可知，这种磷化膜主要由铁、锰和锌的不溶性磷酸盐构成。在整个过程中，由于微电池的作用，阳极区不断溶解，并生成磷酸盐沉淀，而阴极区不断有氢气析出。当阳极区完全被不溶性的正磷酸盐覆盖，铁的溶解停止，而阴极区也不再析氢，表示磷化处理结束。

这种磷化过程实质上是个电化学过程，金属的表面状态对结晶晶核的形成和生长影响很大。电化学过程的进行需要有局部电位差足够大的微阳极区和微阴极区，一般来说，铁素体和晶界是微阳极区，而珠光体、渗碳体、局部夹杂构成微阴极区。随着磷化过程的进行磷化膜覆盖微阳极区，面积逐渐缩小，磷化反应速度也逐渐降低。

11.3.4.2 假转化型磷化工艺

（1）三种温度的磷化工艺

目前用于生产的工艺主要有高温、中温和常温磷化。

高温磷化是在 90～98℃的温度下进行，处理时间为 10～20min。其优点是膜层的耐蚀性、耐热性、结合力和硬度较好，磷化速度快。缺点是溶液温度高、加热时间长、能耗大、溶液蒸发量大、磷化膜结晶粗细不均匀，易夹杂沉淀物。

中温磷化是在 50～70℃的温度下进行，处理时间为 10～15min。其优点是膜层的耐蚀性接近高温磷化膜，溶液稳定，磷化速度快，生产效率高。缺点是组成较为复杂，调整较为麻烦。

常温磷化是在室温下进行，处理时间为 20～60min。其优点是节约能源、成本低、溶液稳定。缺点是膜层的耐蚀性和耐热性较差，结合力低，处理时间长，生产效率低。常温磷化绝大部分以锌系磷化为主，也有加入 Mn^{2+}、Ca^{2+} 和 Ni^{2+} 等来改进性能。常温磷化用胶体钛表面调整是至关重要的工序。

（2）磷化添加剂

① 氧化剂　如硝酸盐、过氧化氢、过硼酸盐、氯酸盐、钼酸盐、氟硼酸盐、氟硅酸盐、稀土金属等，单独或组合使用，主要是加速 Fe 的氧化和氧化阴极区滞留的氢。

② 还原剂　如亚硝酸盐、硝基苯磺酸盐、N-环己氨基磺酸盐、硝酸胍等，其加速作用主要是去极化和封锁阳极区，抑制阳极反应，而不是还原作用。

③ 促进剂　磷化液中加入一定 Ni^{2+} 以提高耐蚀性，又可使磷化膜的微观结构为颗粒状晶粒，含镍的磷酸盐膜耐碱溶性特别好。比 Fe 电位正的金属如 Cu 盐、Ag 盐在酸性磷化液中很容易在 Fe 上发生置换反应形成 Fe-Cu、Fe-Ag 电偶，Cu、Ag 电位比 Fe 正，扩大了阴极区，从而加速磷化作用。Ni 盐和 Co 盐虽然不会发生置换，但它能迅速形成磷化镍晶核，增加了磷化活性位点，提高了成膜速度。

磷化液中有大量的氧化性促进剂，因此槽中 Fe^{2+} 不会积累，并被氧化成 Fe^{3+} 而形成磷酸铁沉渣。

（3）配方及工艺条件

三种磷化液的配方及工艺条件见表 11-4。工艺 1、2、3 用于钢铁的防锈，其中工艺 3 可获得厚磷化膜（约 20μm），磷化后膜层无需钝化；工艺 4 用作油漆底层和冷加工润滑膜；工艺 5、6 用于工序间防锈和油漆底层。

表 11-4　钢铁磷化处理工艺规范

溶液组成及工艺条件	高温		中温		低温	
	工艺 1	工艺 2	工艺 3	工艺 4	工艺 5	工艺 6
磷酸二氢锰铁盐 $xFe(H_2PO_4)_2 \cdot yMn(H_2PO_4)_2$/（g/L）	30～40	—	40	—	40～65	—
磷酸二氢锌 $Zn(H_2PO_4)_2 \cdot 2H_2O$/（g/L）	—	30～40	—	30～40	—	50～70
硝酸锌 $Zn(NO_3)_2 \cdot 6H_2O$/（g/L）	—	55～65	120	80～100	50～100	80～100
硝酸锰 $Mn(NO_3)_2 \cdot 6H_2O$/（g/L）	15～25	—	50	—	—	—
亚硝酸钠 $NaNO_2$/（g/L）	—	—	—	—	—	0.2～1
氧化锌 ZnO/（g/L）	—	—	—	—	4～8	—
氟化钠 NaF/（g/L）	—	—	—	—	3～4.5	—
乙二胺四乙酸 $C_{10}H_{16}O_8N_2$/（g/L）	—	—	1～2	—	—	—
游离酸度/点	3.5～5	6～9	3～7	5～7.5	3～4	4～6
总酸度/点	36～50	40～58	90～120	60～80	50～90	75～95
温度/℃	94～98	88～95	55～65	60～70	20～30	15～35
时间/min	15～20	8～15	20	10～15	30～45	20～40

11.4　铬酸盐钝化处理

钢铁件经热镀锌后，使用过程中会出现"白锈"，白锈的主要成分是碱式氧化锌 [$Zn(OH)_2$ 和 ZnO 的混合物]，极大地损害了镀锌的耐蚀性能。通过化学或电化学处理可以得到铬酸盐膜，不仅在锌镀层或锌基材、铝及铝合金成膜，也可用在其他一些金属上形成铬酸盐膜。铬酸盐膜耐蚀性高，锌镀层经过钝化处理后，耐蚀性可提高 6～8 倍。铝和铝合金表面的铬酸盐膜虽然很薄，但防护性却很高。

近年来，金属的铬酸盐钝化工艺有了显著的进步，应用范围显著扩大，"铬酸盐钝化"这一术语用来指在以铬酸、铬酸盐或重铬酸盐做主要成分的溶液中处理金属或金属镀层的化学或电化学处理的工艺，这种处理工艺的结果是在金属表面形成三价铬或六价铬化合物组成的防护性转化膜。

11.4.1 铬酸盐膜的形成机理

铬酸盐膜是通过金属-溶液界面上的化学反应形成的，其中关键反应是金属与六价铬之间的氧化反应。因为铬酸盐是强氧化剂，其还原产物 Cr_2O_3 通常是不溶性的，金属的铬酸盐也通常是不溶性的。铬酸盐膜的形成过程如下：

① 金属与六价铬之间的氧化还原反应，金属表面溶解，金属离子进入溶液，六价铬被还原成三价铬。

② 反应消耗了氢，金属表面 pH 值升高，使凝胶状的 $Cr(OH)_3$ 等在表面沉淀，形成钝化膜。

③ 凝胶状沉淀物吸附其他成分，如六价铬离子、水、金属离子等，构成成分复杂的铬酸盐钝化膜。

钝化膜主要成分为不溶性的三价铬化合物和可溶性的六价铬化合物，不溶性部分具有足够的强度和稳定性，成为膜的骨架，可溶性部分填充在骨架内部。当钝化膜受到轻度损伤时，露出的基体与膜中可溶性部分相互作用，使膜自动修复，这就是铬钝化膜耐蚀性特别好的原因之一。

11.4.2 锌的铬酸盐钝化工艺

（1）铬酸盐处理液配方

锌的铬酸盐钝化处理工艺如表 11-5 所示，其中配方 1 为传统的重铬酸盐型。使用时浸渍的时间短，约为 10s，而且对时间非常敏感，形成的膜很薄，并呈干涉型的彩虹状。随着时间的延长，膜的颜色由浅变深。长时间处理会使膜层粉化脱落。配方 2 膜层一般为黑色。

表 11-5　铬酸盐处理工艺

	工艺号	配方 1	配方 2	配方 3	配方 4
组分质量浓度/（g/L）	重铬酸钠（$Na_2Cr_3O_7$）	180～200	—	—	—
	铬酐（CrO_3）	—	15～30	150～250	50～75
	硫酸（H_2SO_4, 1.84g/cm²）	8～10	—	5～25	5～10
	硝酸（HNO_3）	—	—	0～10	—
	醋酸（HAc, 1.045g/cm³）	—	70～125	0～5	—
	磷酸（H_3PO_4）	—	—	—	10～30
	硫酸铜（$CuSO_4$ 5H_2O）	—	30～50	—	—
	甲酸钠（$HCOONa$ 2H_2O）	—	20～30	—	—
工艺条件	溶液温度/℃	20～30	20～30	20～30	20～30
	处理时间/s	5～15	2～3min	10～30	20～60
	膜层颜色	彩虹色	黑色	—	—

铬酸盐处理分为高浓度型和低浓度型两类，溶液中铬酸含量在 80g/L 以上的称为高浓度，80g/L 以下的称为低浓度。高浓度铬酸溶液具有抛光作用，而低浓度铬酸溶液则没有此功能。

需要得到有光泽的膜层，采用高浓度溶液处理，但溶液成本高，污水处理困难；低浓度铬酸盐处理成本相对较低，污染及公害程度相对较小。表中配方 1 和配方 3 属于高浓度铬酸处理液，配方 2 和配方 4 属于低浓度铬酸处理液。

（2）钝化膜质量的影响因素

① 铬酸盐钝化膜层的组成。镀锌层表面的铬酸盐钝化膜主要成分为三价铬、六价铬组成的水合氧化物。影响膜耐蚀性的成分主要是三价铬和六价铬的含量，其中六价铬对提高耐蚀性起着主要的作用，因此要获得耐蚀性良好的钝化膜就需要提高钝化膜中六价铬的含量。

三价铬不溶于水，具有较高的稳定性，构成了钝化膜层的骨架，使膜层不被溶解；六价铬化合物分布于膜的内部，起到填充空隙的作用。六价铬化合物易溶于水，在潮湿的介质中，它能逐渐从膜内渗出，溶于膜表面凝结的水中形成铬酸，具有再钝化性能，能修复破损部位。

钝化膜的色彩随着两种价态铬化合物含量的不同而改变，三价铬在膜中呈蓝绿色，六价铬化合物呈黄色或橙色，二者混合状态下膜呈彩虹色。钝化膜的色彩也是判断钝化膜质量好坏的标志。一般来说，质量好的钝化膜外观具有光亮的偏亮彩虹色。

② 空气中的放置时间。随着在空气中放置时间的延长，六价铬的含量增大，覆膜厚度增加，膜的耐蚀性也有所提高。膜层厚度的增加也会造成膜基结合力的降低，从而膜层在外力作用下容易脱落。在铬酸盐溶液中添加 30mL/L 的冰醋酸或者添加过锰酸钾可提高膜层的附着力。

③ 干燥温度。成膜后的干燥温度对膜的耐蚀性有很大的影响，60℃以下的温度干燥较为适宜，70℃以上干燥，钝化膜的耐蚀性下降，并出现明显裂纹，主要原因是膜层中的结晶水蒸发导致膜层裂缝。

④ 时效过程。铬酸盐钝化膜在成膜初期耐蚀性比较弱，但随着放置时间的增长，膜的耐蚀性逐渐提高，同时膜层的硬度和附着力也随之增大。所以膜层的耐蚀性实验应当在成膜干燥后放置 2h 再进行，否则实验结果误差较大。

（3）钝化工艺

锌、锌合金及镀锌层的钝化可以分为预处理、钝化和老化三步。常规的预处理主要目的为去除工件表面的油脂、污物和氧化皮等，刚经过电镀的零件，表面清洗干净即可；钝化过程是在铬酸酐、重铬酸钠、重铬酸钾、硝酸、硫酸及少量添加剂溶液中的成膜过程，钝化液成分及钝化时间对钝化处理都有着很大的影响；钝化膜形成后的烘干过程称为老化处理，通过加热可使钝化膜变硬，成为憎水性的耐腐蚀膜。

锌的铬酸盐钝化可分为彩虹色钝化、白色钝化、黑色钝化、军绿色钝化等多种。

① 彩虹色钝化。彩虹色钝化可以根据钝化液中铬的含量不同分为高铬彩虹色钝化、低铬彩虹色钝化和超低铬彩虹色钝化三种。

高铬彩虹色钝化膜层质量好，钝化膜色泽鲜艳，但成本高，污染相对严重，目前使用较少；低铬彩虹色钝化溶液中铬酐浓度在 3～5g/L，主要工艺流程为：工件→镀锌→清洗→出光（或低铬白钝化）→清洗→低铬彩虹色钝化→清洗→浸热水（60℃）→干燥。低铬彩虹色钝化工艺参数如表 11-6 所示。

表 11-6　低铬彩虹色钝化工艺

	工艺号	配方 1	配方 2	配方 3	配方 4
组分质量浓度	铬酐(CrO₃)/(g/L)	4～6	5	5	3～5
	硝酸(HNO₃)/(mL/L)	5～8	3	3	—

工艺号		配方 1	配方 2	配方 3	配方 4
组分质量浓度	硫酸(H_2SO_4)/(mL/L)	0.5~1	0.4	0.3	—
	硫酸锌($ZnSO_4$)/(g/L)	—	—	—	1~2
	高锰酸钾($KMnO_4$)/(g/L)	1.0	0.1	—	—
	醋酸(CH_3COOH)/(mol/L)	—	—	5	—
工艺条件	溶液 pH 值	1.0~1.6	0.8~1.3	0.8~1.3	1~2
	溶液温度/℃	15~30	20~30	20~30	20~30
	处理时间/s	10~45	5~8	5~8	10~12

由于低铬钝化液的酸值较低，钝化液自身的化学抛光性能差。钝化前要先用 2%~3%（体积分数）的硝酸溶液出光 2~5s，根据钝化液酸度的要求，出光后可以不清洗而直接进入钝化液处理。

② 白色钝化。镀锌产品及锌合金工件要求钝化膜呈白色外观时，可以采取以下两种方法：一种是在铬酸白色钝化液中一次性钝化处理而成；另一种是先用铬酸彩虹色钝化，再经漂白处理而成。

镀锌产品一次性铬酸白色钝化工艺参数见表 11-7，其主要工艺流程为：工件→光亮镀锌→清洗两次→出光（用质量分数为 2%~3% 的硝酸）→清洗→白色钝化→清洗两次→90℃ 以上的热水烫→甩干→干燥→产品。

表 11-7　一次性白色钝化工艺

工艺号			配方 1	配方 2	配方 3	配方 4
组分质量浓度	铬酐(CrO_3)/(g/L)		1~2	14~16	4~6	2~5
	硝酸(HNO_3)/(mL/L)		10~20		0.5~1	0.5
	硫酸(H_2SO_4)/(mL/L)		30~40	—	—	—
	氢氟酸(HF)/(mL/L)		2~4	—	—	—
	碳酸钡($BaCO_3$)/(g/L)			0.5	1.0	1~2
	氯化铬($CrCl_3$)/(g/L)		微量	—	—	—
	醋酸镍[$Ni(CH_3COO)_2$]/(g/L)		—	—	1~3	—
工艺条件	溶液温度/℃		20~30	20~30	20~30	20~30
	处理时间/s	溶液中	2~3	15~30	3~8	14~16
		空气中	15~20	—	5~10	—

③ 黑色钝化。镀锌产品的黑色钝化具有很好的光学效果，并且产品显得庄重高雅，在电子、轻工、汽车、摩托车工件及日用五金制品方面得到广泛应用。镀锌工件的黑色钝化工艺流程为：工件→碱性锌酸盐镀锌→流动冷水洗→出光（质量分数为 3% 的硝酸）→流动冷水洗→黑色钝化→流动冷水洗→封闭→吹干→干燥。

镀锌产品的黑色钝化溶液配方见表 11-8。

表 11-8　黑色钝化配方

工艺号		配方 1	配方 2	配方 3	配方 4
组分质量浓度	铬酐(CrO_3)/(g/L)	6~10	15~30	15~30	—
	醋酸(CH_3COOH)/(mL/L)	40~50	70~120	70~125	—

工艺号		配方 1	配方 2	配方 3	配方 4
	硫酸铜($CuSO_4$)/(g/L)	—	30～50	30～50	—
	甲酸钠(HCOONa)/(g/L)	—	65～75	20～30	—
	硫酸(H_2SO_4)/(mL/L)	0.5～1	—	—	—
	硝酸银($AgNO_3$)/(g/L)	0.3～0.5	—	—	—
	钼酸铵[$(NH_4)_2MoO_4$]/(g/L)	—	—	—	80～100
	氨水(NH_4OH)/(mL/L)	—	—	—	30～80
工艺条件	溶液温度/℃	20～30	20～30	20～30	50～50
	溶液 pH 值	1.0～1.8	2.0～3.0	—	—
	处理时间/s	120～180	溶液中 2～3 空气中 14～16	120～180	600

钝化液的配置过程中要注意：醋酸应在硝酸银之前加入，因为它可以抑制砖红色的 Ag_2CrO_4 沉淀产生；同时银盐必须缓慢加入，避免直接快速加银盐造成瞬间局部浓度过大而产生大量的 Ag_2CrO_4 沉淀物。钝化膜经清洗后应用热风吹干，然后在温度为 60～70℃下烘干 5～10min。

11.4.3 铝和铝合金的铬酸盐钝化工艺

铝及铝合金在大气环境中有很好的耐蚀性，这是因为铝在有氧的条件下易形成氧化膜。这种自然生成的膜很薄，膜厚大约为 5～200nm，容易破损并造成腐蚀。为了提高铝及铝合金的耐蚀性，必须进行表面钝化处理。铝合金的表面处理有化学氧化和阳极氧化，而钝化主要是在化学氧化和阳极氧化之后为了使所得到的膜层更加致密，耐蚀性、耐磨性更高而进行的。

（1）预处理

预处理是先脱脂再进行碱蚀，以除去制件表面氧化层，露出新鲜、均匀的基体表面。好的碱蚀剂对基体有一定的整平作用。碱蚀溶液为 30～50g/L 氢氧化钠加碱蚀添加剂，在 40～70℃的操作温度下处理 3～5min。碱蚀完毕后，酸洗出光，以除去碱蚀的腐蚀产物，洗亮制件。一般采用体积分数为 30%的硝酸，铝-硅合金一般采用体积比为 1:3 的氢氟酸、硝酸溶液酸洗出光。

（2）成膜处理

铝材铬酸盐膜成膜溶液的特殊之处是含有氟离子。所形成的膜层薄（<1μm），清晰而透明，处理时间一般为 1～5min。膜层由无色透明至彩虹色、黄色，乃至深棕色，膜层是无定形膜。表 11-9 是铝和铝合金铬酸盐成膜工艺。

表 11-9　铝及铝合金铬酸盐成膜工艺

编号	溶液组成/（g/L）					pH 值	温度/℃	时间/s
	铬酸酐	铁氰化钾	重铬酸钠	磷酸	氟化钠			
1	3.5～6	—	3～3.5	—	0.8	1.2～1.8	25～30	180
2	4～6	0.5	—	—	1	—	30～35	20～60
3	6.0～20	—	—	20～100	4.4～13.3	1.5～2.5	室温	60～300

其中 3 号工艺是一种铬酸-磷酸处理法，最早由美国化学油漆公司使用，称为 Alodine 法，德国 Henkel 公司生产的该系列产品，如 1200S 等，在我国也有很多的应用。英国化学有限公司也推广了 Alodine 法，称之为 Alocrom 法。该工艺中操作温度范围比较宽，较低的温度（10～15℃）下也能成膜，这种膜层厚度可达 10μm，其耐蚀性较差，不单独用作防护膜，而广泛用作涂层基底。

11.5 阳极氧化技术

铝是比较活泼的金属（标准电位-1.66V），又是易钝化金属，在空气中表面很容易生成天然氧化物膜，膜厚约 0.01～0.1μm，保护作用很差。经阳极氧化处理后可以获得几十甚至几百微米厚度的氧化膜，具有良好的耐蚀性、装饰性、耐磨性和电绝缘性，应用广泛。铝及铝合金的阳极氧化是将铝（或铝合金）制品浸在电解液（如硫酸、铬酸、草酸溶液，以硫酸溶液应用最广）中，作为阳极通电进行电解，使铝表面生成需要厚度的氧化物膜。

11.5.1 阳极氧化机理

图 11-1 所示为铝的电位-pH 图，在 pH=4.45～8.58 之间为"钝化区"，即铝的氧化物处于热力学稳定状态。由于这种稳定状态的氧化物膜极薄，在工业上的应用价值很有限。因此为了得到厚度满足要求的氧化物膜，阳极氧化过程的条件必须超越该钝化区。在酸性溶液中，铝的氧化物虽然处于热力学不稳定状态，但可以处于介稳状态（3 号线以上的区域）。氧化物膜在有限溶解的同时继续生成，厚度可以达到工业应用的要求。

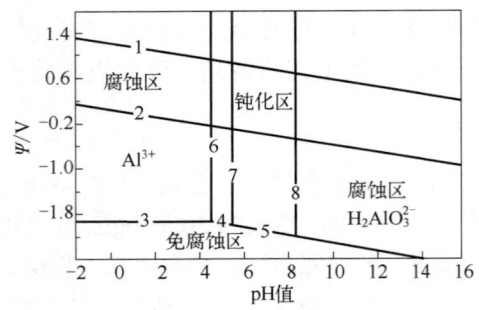

图 11-1　铝的电位-pH 图

在铝的阳极氧化过程中，表面在生成氧化物膜的同时，有氧气析出；铝附近溶液中的 Al^{3+} 含量增加，在阴极上有氢气析出。可知在铝表面发生氧化铝的生成反应：

$$H_2O \longrightarrow [O]+2H^++2e^- \tag{11-25}$$

$$2Al+3[O] \longrightarrow Al_2O_3 \tag{11-26}$$

同时还有铝的溶解和氧的析出反应：

$$Al \longrightarrow Al^{3+}+3e^- \tag{11-27}$$

$$2H_2O \longrightarrow O_2+4H^++4e^- \tag{11-28}$$

在阴极上发生析氢反应：

$$2H^+ + 2e^- \longrightarrow H_2\uparrow \qquad\qquad (11\text{-}29)$$

铝表面的氧化物则发生化学溶解：

$$Al_2O_3 + 6H^+ \longrightarrow 2Al^{3+} + 3H_2O \qquad\qquad (11\text{-}30)$$

膜的生成和溶解同时进行，选择合适的溶液和工艺条件，可以使膜的生成速度大于溶解速度，膜厚度不断增加。

氧化膜的生成规律可用氧化过程的电压-时间曲线来说明，如图 11-2 所示。测试条件为铝试样在 200g/L 硫酸溶液中，温度 25℃，阳极电流密度 1A/dm²。该曲线明显分成三段，反映了氧化膜生产的特点。

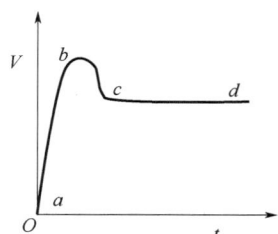

图 11-2 阳极氧化特性曲线

曲线的 ab 段是在开始通电后的很短时间内，电压急剧上升，这时铝表面生成一层致密的、具有很高电阻的氧化膜，厚度约 0.01～0.015μm，称为密膜层或阻挡层。密膜层阻碍了电流通过及氧化反应继续进行，其厚度在很大程度上取决于外加电压。外加电压越高，密膜层厚度越大，硬度越高。

曲线 bc 段，当电压达到一定数值后开始下降，一般可以比其最高值下降 10%～15%。这是由于电解液对氧化膜的溶解作用所致。由于氧化膜的厚度不均匀，氧化膜最薄的地方因溶解而形成孔穴，该处电阻下降，电压也随之下降。氧化膜上产生孔穴后，电解液得以与新的铝表面接触，电化学反应又继续进行，氧化膜就能继续生长。

曲线 cd 段，电压下降到一定数值后不再下降保持稳定。此时阻挡层的生成速度与溶解速度达到平衡，其厚度不再增加，因而电压保持平稳。阻挡层厚度不增加，但氧化反应并未停止，在每个空穴的底部氧化膜的生成与溶解仍在继续进行，使空穴底部逐渐向金属基体内部移动。随着氧化时间的延长，空穴加深，形成孔隙和孔壁。孔壁与电解液接触的部分也同时被溶解和水化，从而形成可以导电的孔膜层，其厚度由 1μm 至几百微米，其硬度也比密膜层大得多。

阳极氧化膜的具体成分，很大程度上取决于电解液的类型、浓度和工艺参数。电子衍射测定证明，在 20%硫酸电解液中得到的氧化膜，未经封闭处理前期外表层是晶态的，有 $Al_2O_3\cdot H_2O$ 和 $\gamma\text{-}Al_2O_3$ 混合而成，内部是具有 $\gamma\text{-}Al_2O_3$ 结构的无定形 Al_2O_3；用水封闭处理后，则形成 $Al_2O_3\cdot H_2O$ 和 $Al_2O_3\cdot 3H_2O$ 的混合物。

11.5.2 阳极氧化工艺

11.5.2.1 预处理

阳极氧化之前的预处理过程包括金属表面除油、碱蚀、出光和抛光等。

（1）除油

除油过程可以采用酸性、中性和碱性溶液，目前工业上仍以碱性化学除油为主，但与钢铁碱性除油相比，NaOH 含量较低或者不用。采用水基清洗剂常温除油可以节省能源，采用废硫酸氧化液或废硝酸出光液可以达到综合利用效果。

（2）碱蚀

碱蚀的目的是除去工件在碱性除油中残存的氧化膜、表面变质层、渗入基体表面层的污物等，使表面均匀一致。常用的碱蚀工艺规范列于表 11-10 中。

表 11-10　常用碱蚀工艺规范

溶液组成及工艺条件		工艺 1	工艺 2	工艺 3
氢氧化钠（NaOH）/（g/L）		50～100	50～60	50～70
葡萄糖酸钠 Na[CH_2OH（OHOH）$_4COO$]/（g/L）		1～5	—	—
柠檬酸钠（$Na_3C_6H_5O_7$）/（g/L）		—	1.5	—
HD-87 添加剂/（mL/L）		—	—	20～30
工艺条件	温度/℃	40～80	50～70	60～70
	时间/min	0.5～3	1～6	6～8

碱蚀以 NaOH 为主，NaOH 与铝发生以下反应：

$$Al_2O_3 + 2NaOH \longrightarrow 2NaAlO_2 + H_2O \qquad (11\text{-}31)$$

$$2Al + 2NaOH + 2H_2O \longrightarrow 2NaAlO_2 + 3H_2 \qquad (11\text{-}32)$$

$$2NaAlO_2 + 4H_2O \longrightarrow 2NaOH + 2Al（OH）_3\downarrow \qquad (11\text{-}33)$$

前两个反应分别是溶解氧化膜和基体铝的反应，反应产物为铝酸盐。当铝酸钠积累到一定量时发生水解，最终生成 Al_2O_3 硬铝石，沉积于槽底、槽壁和加热管上，缩小槽体有效容积，降低热效率，清除十分困难。为了防止生成硬铝石，可以加入碱蚀添加剂（由络合剂、增塑剂、增光剂、缓蚀剂和整平剂复合组成）。

（3）出光

碱蚀之后铝表面上仍残留不溶于碱的铜、锰、硅、铁等合金元素，俗称"硅灰"，必须除去。同时还要中和铝表面的碱性。对于一般工业纯铝及铝合金，采用 30%～50%的硝酸溶液；对于高硅铝合金和铸铝合金，采用 HNO$_3$：HF=1：3 的混合酸；对于建筑铝合金，因含硅、镁少，基本不含铜、锰、铁等，可采用废硫酸氧化液，既废物利用，又可防止杂质带入氧化槽。

（4）抛光

可采用化学抛光和电化学抛光技术使得制品获得平滑光亮的表面。

11.5.2.2　硫酸阳极氧化工艺

（1）电解液配方及工艺条件

硫酸阳极氧化的电解液配方和工艺条件列于表 11-11。硫酸阳极氧化处理可以通直流电流或交流电流，直流电流的 1 号工艺和交流法适用于一般铝及铝合金的防护-装饰性氧化，直流法 2 号工艺适用于纯铝和铝镁合金制品的装饰性氧化。

表 11-11　硫酸阳极氧化工艺规范

电解液组成及工艺条件	直流法 1	直流法 2	交流法 3
硫酸/(g/L)	150～200	160～170	100～150
温度/℃	15～25	0～3	15～25
阳极电流密度/(A/dm²)	0.8～1.5	0.4～6	2～4
电压/V	18～25	16～20	18～30
氧化时间/min	20～40	60	20～40

硫酸阳极氧化工艺可以得到厚度 5～20μm、无色透明的氧化膜，膜的硬度较高，吸附能力强，易于染色；经封闭处理后耐蚀性较好，主要用于防护和装饰。

硫酸阳极氧化工艺简单，操作方便；溶液稳定，电能消耗少，成本较低；允许存在的杂质含量范围较大，使用范围较广。但不宜用于孔隙大的铸造件、点焊和铆接的组合件。

（2）影响因素

① 硫酸浓度　硫酸浓度增大将使电解液对氧化膜的溶解速度增加，氧化膜的生长速度减慢，孔隙增多。膜的弹性好，吸附力强，易于染色，但膜的硬度较低。反之氧化膜生长速度增快，膜的孔隙率降低，硬度较高，耐磨性和反光性良好。

② 温度　当温度在 10～20℃之间时，生成的氧化膜多孔，吸附性能好，并富有弹性，适宜染色，但膜的硬度较低，耐磨性较差。如果温度高于 26℃，氧化膜疏松、脆性大、硬度低。温度低于 10℃时，氧化膜厚度大，硬度高，耐磨性好，但孔隙率较低。因此对硫酸浓度和温度必须严格控制。

③ 电流密度　提高电流密度使氧化膜的生长速度加快，膜的孔隙率高，易于染色，而且硬度和耐磨性也有所提高。减小电流密度，膜的生长速度减慢，但生成的氧化膜致密。不过，提高电流密度对增加氧化膜生长速度和膜厚的作用是有限度的，当氧化膜生长速度达到极限值就不会再增加。这是因为电流密度太高使电流效率下降，同时由于温度升高膜的溶解速度加快。

④ 搅拌　在氧化过程中，由于产生较多的热量，工件附近的溶液温度升高较快，使氧化膜质量下降。因此溶液应当进行搅拌，通常可以采用无油压缩空气搅拌或用泵使电解液循环。

⑤ 合金成分　合金元素的存在会使氧化膜质量下降，例如含铜较多的铝合金上的氧化膜缺陷较多，含硅的铝合金上的氧化膜发灰发暗。

⑥ 溶液中的杂质　电解液中常见的杂质有 Cl^-、F^-、Al^{3+}、Cu^{2+}、Fe^{2+} 等，其中对阳极氧化膜影响最显著的是 Cl^-、F^- 和 Al^{3+}。当活性离子 Cl^- 和 F^- 存在时，膜的孔隙率增加，膜表面疏松粗糙，甚至使氧化膜发生腐蚀。Al^{3+} 含量增加，氧化膜表面出现白色斑点，吸附能力下降；当 Al^{3+} 含量超过 20g/L，电解液的氧化能力显著下降。

⑦ 氧化时间　阳极氧化时间应根据电解液的浓度、温度、电流密度和需要的膜厚来确定。在相同条件下，随着时间的延长，氧化膜的厚度增加，孔隙增多，易于染色，耐蚀能力提高。但达到一定厚度后，膜的生长速度减慢，到最后不再增加。为了获得一定厚度和硬度的氧化膜，氧化时间需要 30～40min。要得到孔隙多、便于染色的装饰性膜，氧化时间需要增加到 60～100min。

⑧ 交流电流　在使用交流电流时，由于氧化过程中只有一半时间是氧化过程，硫酸浓度应控制低一些，电流密度可以高一些，得到的氧化膜具有很高的透明度和孔隙率，但硬度和耐磨性较低。使用交流电流时，两极上均可装挂制件，但它们的面积应相等。要得到直流电流氧化时同样厚度的氧化膜，氧化时间应当加倍。

11.5.2.3　铬酸阳极氧化工艺

（1）工艺规范

铬酸阳极氧化电解液组成及工艺条件列于表 11-12，其中工艺 1 适用于一般机加工和钣金件，工艺 2 适用于经过抛光并允许公差小的零件，工艺 3 适用于纯铝及包铝零件。

表 11-12　铬酸阳极氧化工艺规范

电解液组成及工艺条件	工艺 1	工艺 2	工艺 3
铬酐/（g/L）	50～60	30～40	95～100
温度/℃	35±2	40±2	37±2
阳极电流密度/(A/dm^2)	1.5～2.5	0.2～0.6	0.3～2.5
电压/V	0～40	0～40	0～40
氧化时间/min	60	60	35
阴极材料	铅板或石墨		

铬酸阳极氧化得到的氧化膜很薄，一般厚度只有 2～5μm。膜层质软，弹性好，耐磨性差。氧化膜呈灰色或者彩虹色，不透明，很难染色。膜的孔隙率很低，不经封闭处理即可使用，膜层与有机涂层结合力很好，是油漆涂料的良好底层。

（2）影响因素

① 电压　铬酸阳极氧化得到的氧化膜较致密，随着氧化膜增厚，电阻也逐渐升高。为了使氧化过程能够正常进行，膜厚达到要求，必须在阳极氧化过程中逐步升高电压，使电流密度保持在规定的范围内。一般是在氧化开始的 15min 内使电压逐步由 0V 升高到 25V，维持电流密度在 2A/dm^2 左右，然后再逐步将电压升至 40V，并维持到氧化处理结束。总计时间约为 1h。

② 杂质　在铬酸阳极氧化电解液中，SO_4^{2-}、Cl^-、Cr^{3+} 都是有害的杂质。SO_4^{2-} 含量超过 0.5g/L，Cl^- 含量超过 0.2g/L 时，氧化膜变粗糙。Cr^{3+} 使氧化膜变得暗而无光。

11.5.2.4　草酸阳极氧化工艺

（1）工艺规范

草酸阳极氧化电解液组成及工艺条件列于表 11-13，其中工艺 1 适用于纯铝材料制作电绝缘氧化膜，工艺 2、3 适用于纯铝和铝镁合金的表面装饰。

表 11-13　草酸阳极氧化工艺规范

电解液组成及工艺条件	工艺 1	工艺 2	工艺 3
草酸（$C_2H_2O_4 \cdot 2H_2O$）/（g/L）	27～33	50～100	50
温度/℃	15～21	35	35
阳极电流密度/(A/dm^2)	1～2	2～3	1～2
电压/V	110～120	40～60	30～35
氧化时间/min	120	30～60	30～60
电源	直流	交流	直流

（2）影响因素

① 电压　由于草酸阳极氧化工艺得到的氧化膜致密，电阻高，只有在高压下才能获得较厚的氧化膜。为了防止氧化膜不均匀和高电区发生电击穿现象，操作过程中必须逐步升

高电压。

② 杂质　草酸阳极氧化电解液对 Cl^- 非常敏感，一般允许含量为 0.04g/L，过高则膜层会出现腐蚀斑点。Al^{3+} 的含量不允许超过 3g/L，过多时需要更换溶液或者弃去部分溶液补加新液。

11.5.2.5　瓷质阳极氧化工艺

瓷质阳极氧化可以得到具有瓷釉或搪瓷般光泽的氧化膜，膜层致密、不透明、结合力好、硬度高、耐磨性和耐蚀性强，还具有良好的绝热性、电绝缘性和吸附性，能染色，色泽美观。

瓷质阳极氧化电解液组成及工艺条件列于表 11-14，从性能和成本上看，工艺 1 混酸法最佳，工艺 2 次之；从工艺操作上看，工艺 2 稳定，操作简便，容易掌握，工艺 1 次之，最不易掌握的是工艺 3。

表 11-14　瓷质阳极氧化工艺规范

电解液组成及工艺条件	工艺 1	工艺 2	工艺 3
铬酐 CrO_3/(g/L)	35～40	30～40	—
草酸($C_2H_2O_4 \cdot 2H_2O$)/(g/L)	5～12	—	25
硼酸 H_3BO_3/(g/L)	5～7	12	8～10
草酸钛钾 $TiO(KC_2O_4) \cdot 2H_2O$/(g/L)	—	—	35～45
柠檬酸 $C_6H_8O_7 \cdot H_2O$/(g/L)	—	—	1～1.5
温度/℃	45～55	40～50	24～28
阳极电流密度/(A/dm²)	—	初始 2～3 终止 0.1～0.6	初始 2～3 终止 0.6～1.2
电压/V	25～40	40～80	90～110
氧化时间/min	40～60	40～60	30～40
膜层厚度/μm	10～15	10～16	10～16
颜色	乳白色	灰色	灰白色

最适合瓷质阳极氧化的材料是纯铝和铝镁合金，配制溶液应当使用蒸馏水和去离子水。

11.5.2.6　硬质阳极氧化工艺

硬质阳极氧化又称为厚层阳极氧化，可以在铝及铝合金制品表面生成质硬、多孔的厚氧化膜，厚度最大可达到 250μm。

（1）硬质阳极氧化膜的特点

① 硬度高、耐磨：硬质阳极氧化膜的硬度很高，纯铝上的氧化膜的显微硬度（HV）可达 4000～6000MPa。

② 绝缘：硬质阳极氧化膜的电阻率很高，经过封闭处理后平均 1μm 厚的氧化膜可耐压 25V。

③ 耐热：硬质阳极氧化膜的熔点高达 2050℃，而且热导率低，约为 0.42～1.26W/(cm·℃)。

④ 耐腐蚀：硬质阳极氧化膜经封闭处理后在大气和海洋气候条件下具有很好的抗蚀能力，氧化膜与纯铝及铝合金的结合力很强。

（2）硫酸硬质阳极氧化工艺规范

能够获得硬质阳极氧化膜的电解液很多，最常用的是硫酸溶液，其工艺规范列于表 11-15 中，阴极材料使用铅板。

表 11-15　硫酸硬质阳极氧化工艺规范

电解液组成及工艺条件	工艺 1	工艺 2	工艺 3
硫酸/(g/L)	100～200	200～300	130～180
温度/℃	0±2	−8～10	10～15
阳极电流密度/(A/dm^2)	2～4	0.5～5	2
电压/V	20～120	40～90	开始 5 终止 100
氧化时间/min	60～240	120～150	60～220

工艺 1 和 2 适用于变形铝合金，工艺 3 适用于铸造铝合金。

在进行硬质阳极氧化时，由于电压高，工件与挂具的接触必须牢固，工件与工件之间、工件与阴极之间必须保持较大距离。

（3）硫酸硬质氧化工艺影响因素

① 硫酸浓度　在硫酸硬质阳极氧化工艺中，硫酸浓度一般为 100～300g/L。如果硫酸浓度低，生成的氧化膜硬度高，对纯铝更为明显。但对于硬铝和含铜量较高的铝合金，则应采用高硫酸浓度。

② 温度　一般来说，当温度低时，生成的氧化膜硬度高，耐磨性好。但对纯铝来说，在 6～11℃下得到的氧化膜的硬度和耐磨性比在 0℃氧化得到的膜要高。为了获得具有较高硬度和耐磨性的氧化膜，对包铝层的钣金件，建议在 6～11℃下进行硬质阳极氧化。

③ 阳极电流密度　开始氧化时的阳极电流密度应当控制在 0.5A/dm^2 左右，在 25min 内分 5～8 次逐步提高到 2.5A/dm^2 左右，这样可以得到与基体结合力很强的氧化膜。为此初始电压为 7～11V，对含铜量大于 2.5%又含锰的铝合金为 20～24V。此后，每隔 5min 调整一次电压，保持电流密度为 2.5A/dm^2，直到氧化结束。

④ 合金成分　在硬质阳极氧化过程中，铝合金的成分对氧化膜的质量有一定影响。当合金的含铜量大于 5%或者含硅量大于 7%，不宜使用直流电源，而宜采用交直流叠加电流或直流叠加脉冲电流。

（4）混酸硬质阳极氧化工艺

混酸硬质阳极氧化工艺的电解液是在硫酸或草酸溶液的基础上加入一定量的有机酸或少量无机盐，如丙二酸、乳酸、苹果酸、磺基水杨酸、酒石酸、甘油、硼酸、硫酸锰、硅酸钠等。这样可以在接近常温的条件下获得较厚的硬质阳极氧化膜，而且膜的质量有所提高。常用的几种混合酸硬质阳极氧化工艺规范列于表 11-16 中。

表 11-16　混酸硬质阳极氧化工艺规范

电解液组成及工艺条件	工艺 1	工艺 2	工艺 3	工艺 4
硫酸/(g/L)	120	200	—	150～240
草酸($C_2H_2O_4 \cdot 2H_2O$)/(g/L)	10	—	35～50	—
苹果酸 $C_4H_6O_5$/(g/L)	—	17	—	—
丙二酸 $C_3H_4O_4$/(g/L)	—	—	25～30	12～24
乳酸 $C_3H_6O_6$/(g/L)	—	—	—	—
甘油 $C_3H_8O_3$/(g/L)	—	12	—	8～16
硫酸锰($MnSO_4 \cdot 5H_2O$)/(g/L)	—	—	3～4	—
硫酸铝($Al_2(SO_4)_3 \cdot 18H_2O$)/(g/L)	—	—	—	8

电解液组成及工艺条件	工艺 1	工艺 2	工艺 3	工艺 4
温度/℃	9~10	16~18	10~30	10~20
阳极电流密度/（A/dm²）	10~20	3~4	3~4	2.5~4
电压/V	10~75	20~24	初始 40 终止 130	35~70

所以，总的来说，硬质阳极氧化的工艺特点是较低的温度（-5~10℃），较高的电压（60~120V），较大的阳极电流密度（2.5~4A/dm²）。

由于工艺条件的改变，氧化膜的生长过程也有所变化，反映在膜层结构上硬质阳极氧化膜与普通氧化膜也有差别。图 11-3 所示为硬质阳极氧化特性曲线，与普通阳极氧化特性曲线（图 11-2）存在不同之处。曲线点 abc 段与图 11-2 的 abc 段具有相似规律：ab 段对应于阻挡层的形成，bc 段对应于孔穴出现。cd 段开始有明显的不同，电压不是保持稳定，而是平稳地上升，表明硬质阳极氧化形成的多孔层孔隙率较小，随着膜厚的增加，电阻在不断地增大。

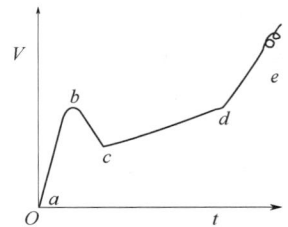

图 11-3　硬质阳极氧化特性曲线

cd 段越长，膜的生长速度与溶解速度达到平衡的时间也越长，氧化膜就越厚。de 段为电压急剧上升阶段，达到一定电压后出现火花，氧化膜被击穿。这是由于电压升高后，模孔中的析氧量增加，氧气不导电，氧的积累使电阻增大，电压升高。高压作用下膜层的热量增加，达到一定程度时会引起氧气放电，出现火花，使膜层被破坏。此时的电压叫作击穿电压。正常的氧化应在 d 点结束，时间大约为 90~100min，以保证氧化膜的质量。

11.6　微弧氧化技术

微弧氧化工艺是在阳极氧化基础上建立起来的一种新型表面处理技术。其基本原理是将有色金属钛、铝、镁及其合金置于电解液中做阳极，通过脉冲点参数和电解液的匹配调整，在强电场的作用下材料表面出现微区弧光放电现象，在热化学、等离子化学和电化学共同作用下金属表面原位生长出一层陶瓷层，起到改善材料表面耐磨性、耐蚀性、耐热冲击性及绝缘性的作用。

微弧氧化将传统阳极氧化电压由几十伏提高到几百伏，由小电流发展到大电流，由直流发展到交流，导致基体表面出现电晕、辉光、微弧放电等现象，从而能对氧化层进行微等离子体的高温高压处理，使非晶结构的氧化层发生相和结构上的变化。膜层厚、硬度高、与基材结合力强、综合力学性能强以及设备简单、常温环保等特点，使其迅速崛起，在许多应用领域特别是航空航天领域开始得到推广应用。

11.6.1　微弧氧化膜的生长过程及影响因素

微弧氧化过程一般分为四个阶段：首先是表面生成氧化膜，然后氧化膜的某些点被击穿，接着氧化进一步向深层发展渗透，最后是氧化、熔融、凝固达到平稳，最终生成了较厚的微弧氧化膜。

微弧氧化膜与普通氧化膜一样，有致密层和疏松层两层结构，但微弧氧化膜的孔隙小，孔隙率低，磨层与基体结合力强，且膜层坚硬，具有更好的耐磨性和更高的耐蚀性。

影响微弧氧化膜层质量的因素较多，概括起来包括以下几种。

（1）电解液

电解液是微弧氧化技术中的关键因素之一，主要在于其对维护氧化形成的陶瓷层成分、质量与性能都产生实质性影响。在电场作用下，电解液中的带电粒子优先附着在金属表面的缺陷处，形成钝化膜，该钝化膜并不致密，容易在直流高压下被击穿。电解质在阴极与阳极之间作为导电介质，使得膜层的击穿电压下降，击穿过程更加容易进行。在电场作用下，电解液中的电解质可以进入膜层内部并参与氧化反应，使得膜层的生成物中含有电解质元素，并通过添加不同的电解质，改善膜层的成分，获得不同性能的膜层。

（2）电参数

微弧氧化电压、电流、脉冲电流的重复频率及占空比、氧化时间等参数都对陶瓷层的质量与性能（硬度、致密度、与基材的结合力等参数）产生显著影响，因此必须严格控制各个工艺参数，确保陶瓷层的质量与性能。

（3）表面预处理

由于铝合金、镁合金和钛合金长时间放置在空气中，表面容易因为氧化而生成数微米厚的钝化膜。此外，这类表面还极易吸附周围环境中的杂质，形成吸附层。这些钝化膜与吸附层容易对微弧氧化工艺带来不利影响。因此，需要在微弧氧化之前对试样表面进行预处理，去除这些表面层，获得"新鲜"表面。

（4）氧化后处理

微弧氧化过程中，由于激烈的火花放电和大量的气泡析出，易在氧化层中形成微孔和微裂纹，从而导致氧化层的耐蚀性和耐磨性达不到理想的效果。可以通过氧化后处理工艺进行改善，包括溶胶凝胶、化学镀、电泳涂装、磁控溅射等工艺，使得微弧氧化层的致密性进一步提高。

11.6.2　微弧氧化膜主要工艺

微弧氧化工艺的一般流程为：工件→脱脂→去离子水漂洗→微弧氧化→清洁水漂洗→干燥→检验。对其工艺的探究主要在基体材料成分、电解液组成、电参数等方面。

基体材料对微弧氧化膜的厚度、孔隙度及性能的影响非常明显。铸造铝合金中硅元素和杂质的含量较高，采用目前的微弧氧化工艺进行处理，得到的陶瓷层孔隙率较高，厚度较低。

微弧氧化的电解液可分为酸性电解液和碱性电解液，应用较多的是碱性电解液，因为在碱性电解液中，阳极反应生成的金属离子很容易转成带负电的胶体粒子而被重新利用，其他金属离子也容易转变成带负电的胶体粒子而进入膜层，从而调整和改变膜层的微观结构。常用的碱性电解液有氢氧化钠（钾）体系、铝酸盐体系、硅酸盐体系、磷酸盐体系等。

微弧氧化的电参数主要包括电源波形、正负相比、电流密度、电压和频率等，根据电源模式（直流、交流或脉冲）和制备方式（恒压法和恒流法）的不同而有变化。常用的是利用双相脉冲电源采用恒流法制备微弧氧化膜，需控制的主要电参数有电流密度、脉冲频率、正负向脉冲比。在相同的氧化时间内，电流密度在一定范围内增加，氧化陶瓷层的厚度和硬度显著增加，其中致密层的比例随之降低；随着脉冲频率的增加，陶瓷层的厚度和硬度降低，陶瓷层中致密层的比例则有所提高。

11.6.3 微弧氧化工艺的主要应用

（1）镁合金的微弧氧化

镁合金的密度小、能量衰减系数大，在航空航天、电子与汽车制造领域应用前景广阔。镁的化学活性大，耐蚀性很差，采用化学氧化和阳极氧化技术对镁合金进行表面处理，存在膜层薄、耐蚀性差、工序复杂、环境污染严重等问题。而采用微弧氧化工艺获得的陶瓷层具有很大的优势，特别是针对镁合金的特点，开发出各种系列复合体系的电解液，可以使得复合体系电解液环境下微弧氧化陶瓷膜的质量与性能更好。镁合金微弧氧化工艺如表 11-17 所示。

表 11-17　镁合金微弧氧化工艺

	工艺号	工艺 1	工艺 2
组分浓度/（g/L）	氢氧化钠（NaOH）	5～20	—
	偏铝酸钠（KOH）	5～20	10
	双氧水	5～20	—
工艺条件	电流密度/(A/dm²)	0.1～0.3	—
	氧化时间/min	10～120	120
	氧化膜厚度/μm	8～16	100

（2）铝合金的微弧氧化

铝合金质软，易磨损，微弧氧化工艺的系列优点，使得铝合金表面原位生长金属氧化物陶瓷层持续成为研究热点。由于铝合金微弧氧化陶瓷膜的硬度甚至超过硬质合金，因此在铝合金滚珠、航空航天耐高温涂层中具有广阔的应用前景。特别是该陶瓷膜与基材结合牢固，在运载火箭与卫星冲压发动机制造中都得到应用。铝合金微弧氧化工艺如表 11-18 所示。

表 11-18　铝合金微弧氧化工艺

	工艺号	工艺 1	工艺 2	工艺 3
组分浓度/（g/L）	氢氧化钠（NaOH）	5	—	—
	氢氧化钾（KOH）	—	2～3	—
	四硼酸钠（$Na_2B_4O_7 \cdot 10H_2O$）	—	—	13
	磷酸钠（$Na_3PO_4 \cdot 12H_2O$）	—	—	25
	钨酸钠（$Na_2WO_4 \cdot 2H_2O$）	—	—	2
	硅酸钠（Na_2SiO_3）	—	2～30	—
工艺条件	电压/V	—	—	500～600
	电流密度/(A/dm²)	—	12～25	20～200 −10～60
	脉冲频率/Hz	—	—	425～1000
	氧化时间/min	60	25～120	10～40
	氧化膜厚度/μm	30	85～120	15～100

（3）钛合金的微弧氧化

钛合金在航空航天、生物医疗、船舶与石油化工领域中应用广泛，但在许多场合中钛合金容易发生腐蚀和磨损，特别是容易和其他金属（如铜合金、不锈钢等）发生电偶腐蚀，制约了其工业应用。采用微弧氧化工艺在钛合金表面制备陶瓷层，特别是微弧氧化与其他工艺的二次复合强化工艺可以获得高硬度、高耐蚀的复合层，在工业领域已经得到广泛认可。钛合金微弧氧化工艺如表 11-19 所示。

表 11-19　钛合金微弧氧化工艺

	工艺号	工艺 1	工艺 2	工艺 3
组分浓度 / (g/L)	硫酸钠（Na_2SO_4）	5	3	—
	偏铝酸钠（KOH）	3	3	—
	双氧水（H_2O_2）	1.5	—	—
	硼酸钠（$Na_2B_4O_7$）	—	2	—
	$2Al_2O_3 \cdot B_2O_3 \cdot 5H_2O$	—	0.25	—
	$Na_3PO_4 \cdot 12H_2O$	—	—	10～60
工艺条件	阳极电压/V	350～450	350～450	120～450
	电流密度/(A/dm^2)	45～80	50～80	—
	氧化时间/min	30～300	30～300	10～100
	氧化膜厚度/μm	30～150	30～150	约 50

11.7　着色技术与封闭处理

金属表面彩色化是近年来材料表面工程最为活跃的领域之一。所谓金属表面着色是金属通过化学浸渍、电化学法和热处理法在金属表面形成一层带有某种颜色，并且具有一定耐蚀能力的膜层。生成的化合物往往为具有良好化学稳定性的氧化物、硫化物、氢氧化物和金属盐类。这些化合物具有一定的颜色，对光线有反射、折射、干涉等效应而呈现不同的颜色。

常用的金属表面着色技术包括化学着色技术和电解着色技术两大类。

① 化学着色：利用氧化膜表面的吸附作用，将染料或有色粒子吸附在膜层的空隙内，或利用金属表面与溶液进行反应，生成的有色粒子沉积在金属表面，使金属呈现出所需要的色彩。这类技术对设备要求不高，操作简便，不耗电，成本低，适用于一般的室内装饰产品以及美化要求和耐磨性要求不高的仪器、仪表的生产。

② 电解着色：待着色金属制品置于电解液中作为一个电极，通入电流后，金属微粒、金属氧化物或二者混合体共同电解沉积在金属的表面，从而达到金属表面着色的目的。电解着色的优点是颜色的可控性好，受制品表面状况的影响较小，而且处理温度较低，部分工艺可在室温下进行，污染程度小。

11.7.1　铝及铝合金的着色

铝和铝合金容易生成阳极氧化膜，该氧化膜层一般具有多孔结构，是理想的着色载体，因此铝材是最容易着色的金属。其主要着色的方法有自然显色法、吸附着色法和电解着色法三类。

阳极氧化膜的不同着色方法中，其着色的机理也有所不同，如图 11-4 所示。自然显色的发色体或者发色体中的胶体粒子分布在多孔层的夹壁中，吸附着色时的发色体分布在膜孔隙的上部，而电解着色时的金属发色体沉积在多孔层的底部。

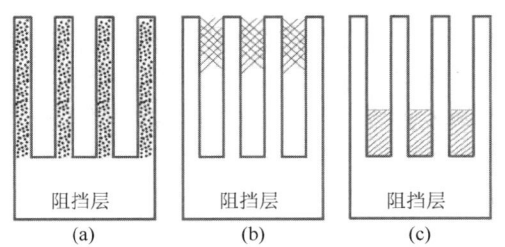

图 11-4　不同着色方法中发色体所在的部位

（a）自然显色法；（b）吸附着色法；（c）电解着色法

（1）自然显色法

自然显色法是指在一定的电解液和电解条件下，将金属进行阳极氧化处理，由于电解质溶液、合金材料的组分及合金组织结构状态不同而产生不同的颜色。这些颜色与合金元素、电解质溶液、电解条件以及热处理状态等都有关系。

自然显色是由于光线被膜层选择性地吸收了某些特定波长的光，剩余波长部分被反射并产生干涉所引起的。自然显色法生成的膜耐蚀性、耐候性、耐磨性都高于电解着色和吸附着色氧化膜。

（2）吸附着色法

吸附着色是将生成了转化膜的工件浸入无机盐或有机盐染料的溶液中，无机盐或有机盐染料首先被多孔膜吸附在表面上，然后向微孔内部扩散、渗透，最后堆积在微孔中，使膜层染上颜色。

无机盐着色：在第一液中浸渍，氧化膜微孔中吸附"显色剂"，转移到第二液中再进行化学反应，生成新的无机化合物，色素体集聚在模孔中而显色，具体着色工艺见表 11-20。总体来说无机盐着色色泽鲜艳程度较差，难以染成较深的色泽，但其耐晒，保色性能较好，在建材方面有一定的应用。

表 11-20　无机盐浸渍着色工艺

膜颜色	溶液Ⅰ		工艺条件		溶液Ⅱ		工艺条件		显色的生成物
	无机盐	质量浓度/(g/L)	温度/℃	时间/min	无机盐	质量浓度/(g/L)	温度/℃	时间/min	
红棕色	硫酸铜	10~100	60~70	10~20	铁氰化钾	10~15	60~70	10~20	铁氰化铜
金色	草酸铁铵	15	55	10~15	—	—	—	—	二氧化二铁
橙黄色	硝酸银	50~100	60~70	5~10	重铬酸钾	5~10	60~70	10~15	重铬酸铅
黄色	醋酸铅	100~200	60~70	10~15	重铬酸钾	50~100	60~70	10~15	重铬酸银
青铜色	亚铁氰化钾	50	50	2	高锰酸钾	25	50	2	氧化钴
蓝色	醋酸钴	10~50	60~70	5~10	氯化铁	10~100	60~70	10~20	普鲁士蓝
黑色	硝酸钡	50~100	60~70	10~15	硫化钠	50~100	60~70	20~30	硫化钴
白色	硝酸钡	10~50	60~70	10~15	硫酸钠	10~50	60~70	30~35	硫酸钡

有机盐染料着色：一般来说，用于纤维织物和生物染色的有机染料都可用于铝氧化膜的着色。有机染料着色牢固度好，上色速度快，颜色种类多，色彩较为鲜艳，操作简便，可得到均匀、再现性好、色调范围更广的各种颜色的膜，但膜的耐光保色性较差。

氧化膜与着色物之间以化学键或形成络合物等形式结合，属于更强的化学吸附，譬如氧化膜与染色分子结构上的磺基可形成共价键，与染料分子中的酚基形成氢键，金属络盐酸性染料分子与氧化膜形成金属络合物。这种化学吸附力强，所以着色牢固度好。但有机着色物质位于多孔层的上表层，耐磨性较差，并且一般的染料易受光分解而褪色，所以有机染料染色不宜用于直接受日光照射或受摩擦制品。膜层染色后应进行封孔，在封孔液中加入染料可以防止封孔过程中染料流失导致颜色变浅。

（3）电解着色法

电解着色是指经过阳极氧化处理的铝件，浸在含有重金属盐的溶液中进行电解处理，使金属离子被还原沉积在氧化膜孔隙的底部而着色的方法。其反应的本质是金属离子在由阻挡层和多孔层构成的阳极氧化膜微孔底部的还原析出。当阳极氧化过的工件通交流电时，阻挡层起电容器作用，是交流电在阻挡层中积累。另外阻挡层的半导体性质起整流作用，从而把交流电流变成了电容电流（非法拉第电流）和电化学反应电流（法拉第电流）两部分。金属离子在强还原、弱氧化交替作用下在微孔底部被还原析出。

电解着色可根据所用盐类的不同而得到不同的色调，譬如目前应用较多的是采用锡盐、镍盐或锡-镍混合盐电解着古铜色（茶色）或黑色。表 11-21 所示为部分交流电解着色主要成分、工艺条件与色调。

表 11-21　交流电解着色液成分、工艺条件与色调

溶液成分	含量/(g/L)	电压/V	时间/min	色调	溶液成分	含量/(g/L)	电压/V	时间/min	色调
H_2SO_4	5	8	3	金黄色	H_3BO_3	25	13 (pH=4～4.5)	5	青铜色系列
Ag_2SO_4	0.15				$NiSiO_4$	40			
H_2SO_4	1.5	20 (pH=1)	5	褐色	$SnSO_4$	15	12～18	2～10	古铜色系列
$AgNO_3$	1.5				H_2SO_4 添加剂	14			

11.7.2　其他金属的着色

其他金属着色多数是在金属基体或易着色的金属镀层上直接进行的。采用化学或电化学方法，在金属表面产生一层有色膜或干扰膜，这层膜很薄（25～55nm），有时几乎没有颜色。当金属表面与膜的表面发生光反射时，部分波长的光因为相互干涉而相互抵消，形成各种不同的色彩。当膜的厚度逐步增加时，色调随之变化，从黄、红、蓝到绿色，直至显露膜层自身的颜色。由于膜的厚度很难控制均匀，着色膜易显现彩虹色或花斑的染色。

常用的着色工艺方法有以下几种。

① 化学法：通过浸液或喷涂的方式，在金属件表面反应生成有颜色的氧化物或硫化物等，实现表面着色。

② 热处理法：把工件置于空气介质或者特定气氛中在一定温度下热处理，在金属表面形成具有适当结构和外表的有色氧化膜。

③ 置换法：将金属件浸入电位较正的金属盐溶液中，发生置换反应，在金属件表面形成具有特定颜色的膜层，实现着色。

④ 电解法：把工件置于一定的溶液中进行电解处理，使之着色。

这些着色方法比较成熟的有不锈钢的电解着色、化学着色、熔融盐着色，铜和铜合金的化学着色、仿金色。电镀锌层钝化着色工艺方法有很多，可以得到很多种颜色和性能很好的

着色外层，银层、锡层也可进行着色处理，分别得到古银色、蓝黑色、淡灰色和黑色。钢铁的发蓝处理、磷化、铝及其他金属钝化都能获得有色膜，有时也做着色处理。

11.7.3 封孔技术

对阳极氧化或电解着色生成的氧化膜进行处理，将其多孔质层加以封闭，从而提高氧化膜的耐蚀、防污、电绝缘等性能的过程叫封孔处理。封孔的方法很多，有水合封孔（沸水封孔、常压蒸汽封孔和高压蒸汽封孔）和有机涂层封孔（电泳涂装、浸渍涂装、静电涂装）等。目前常用的是沸水封孔法和电泳涂装封孔法。

（1）水合封孔

水合封孔即在高温下，氧化膜与水发生水合反应生产含水微米级氧化铝 $Al_2O_3 \cdot H_2O$ 晶体。由于 $Al_2O_3 \cdot H_2O$ 晶体的密度比 Al_2O_3 密度小，体积增大约 33%，堵塞了氧化膜针孔，使外界有害物质不能浸入，从而提高氧化膜的耐蚀性、防污染性及电绝缘性。

水合封孔包括沸水封孔和蒸汽封孔。沸水封孔又包括纯沸水封孔和无机盐溶液封孔，而蒸汽封孔包括常压蒸汽封孔和高压蒸汽封孔。根据日本的工业标准，将滴碱试验与 ASTM（美国材料与试验协会）标准污染法进行对比，认为蒸汽封孔比沸水封孔效果好。但蒸汽封孔需要密闭大型高压釜，给连续生产带来困难。

在进行水合封孔处理时，一般采用去离子水效果较好，主要是 Cl^-、SO_4^{2-}、PO_4^{3-} 和 Cu^{2+} 等离子对封孔有害，会降低氧化膜的耐蚀性。在沸水封孔过程中，加入某些化学药剂，如氨、无水碳酸钠和三乙醇胺等能强化封孔效果。如加压水蒸气封孔和添加氨、无水碳酸钠、三乙醇胺等添加剂进行封孔处理，效果比单纯的沸水封孔提高 1～3 倍。水合封孔处理的工艺条件如表 11-22 所示。

表 11-22　水合封孔处理的工艺条件

封孔方法	工艺条件	
	JIS 标准	最佳值
加压蒸汽	压力 0.294～0.588MPa，时间 10min 以上	压力 0.392～0.490MPa，时间 30～30min
沸纯水	温度 95℃以上，时间 10min 以上	温度 95℃以上，时间 20～30min

（2）有机涂层封孔

阳极氧化、着色后涂覆有机涂料，不仅对氧化膜多孔质起到封孔作用，而且还有装饰效果。为了使铝材保持原色并且涂装容易，一般采用水溶性丙烯酸透明涂料进行封孔。

目前最常用的涂装方法有电泳涂装、浸渍涂装和静电涂装等方法。

11.8 热浸镀技术

11.8.1 热浸镀技术概述

热浸镀是将被镀金属材料经过表面预处理后，放入远比工件熔点低的熔融金属或合金中获得金属镀层的方法。其基本特征是在基体金属与镀层金属之间由合金层形成。靠近工件的内层成分接近工件，镀层表面主要含镀层元素，中间层为合金层。合金层较脆，其厚度需严格控制。

用于热浸镀的低熔点金属有锌（熔点419.5℃）、铝（熔点658.7℃）、铅（熔点327.4℃）、锡（熔点231.9℃）及其合金等。热浸镀的优点在于得到的镀层较厚，能在较恶劣的环境中长期使用。但浸镀层厚度和均匀性不易控制，外观也不如电镀层美观。

根据热浸镀工件前处理方法的不同，热浸镀工艺分为熔剂法和氢还原法两大类。熔剂法多用于钢丝及钢结构件的镀层，钢件热浸镀之前，先在经过净化的钢件表面涂一层熔剂，热浸镀时，此熔剂受热分解或挥发，使新鲜的钢表面外露与熔融金属直接接触，发生反应和扩散而形成镀层。氢还原法的实质是表面氧化皮及铁锈不用酸洗，而是在还原气氛（H_2）中被还原成铁，然后进行热浸镀。

目前，工业上常用的热浸镀有热镀锌、热镀铝、热镀锡和热镀铅等。热镀锌是耐蚀性良好的镀层，对钢铁基体具有牺牲阳极保护作用，大量用于大气腐蚀环境；热镀铝具有优异的抗工业大气和海洋大气腐蚀性能，也具有良好的耐高温腐蚀能力；热镀锡主要用于食品包装，目前在电缆铜线表面也应用较多；热镀铅的耐硫酸稳定性好。

热浸镀层的性能特点有下述几点：

① 操作和设备简单，效果比电镀好；

② 覆盖层较厚，镀层成分呈梯度分布；

③ 镀层厚度不易精确控制，不规则工件不容易形成均匀的镀层；

④ 只适用于低熔点金属（锌、锡、铅、铝）覆盖。

热浸镀层的应用一般用于防腐蚀，如热镀锌、热镀铝在一般大气及水等弱腐蚀介质中均具有良好的耐腐蚀性能。其也可应用于特种防腐蚀环境以及一些特种性能要求，如镀锡和镀铅锡合金，有良好的耐汽油性、钎焊性和深冲性。

11.8.2　热浸镀锡

热浸镀锡钢板（即马口铁板）是指表面镀有一薄层金属锡的钢板。热镀锡相对电镀锡来说镀层更厚，防护性能更好。近些年由于锡资源的紧张，热镀锡在部分领域已经被电镀锡取代，但在一些需要厚度层及电器、无线电工程等方面，热镀锡仍在广泛应用。

（1）热浸镀锡基本原理

300℃温度下，铁与锡能反应生成$FeSn_2$。经前处理的钢板首先进入含有氯化铵及氯化锌的溶剂层形成$FeCl_2$，与锡反应生成$FeSn_2$合金附着在钢板上，然后再进入熔锡中进行热镀锡，具体反应式如下：

$$ZnCl_2 + 2H_2O \longrightarrow Zn（OH）_2 + 2HCl \tag{11-34}$$

$$FeO + 2HCl \longrightarrow FeCl_2 + H_2O \tag{11-35}$$

$$Fe + 2HCl \longrightarrow FeCl_2 + H_2 \tag{11-36}$$

$$3Sn + FeCl_2 \longrightarrow SnCl_2 + FeSn_2 \tag{11-37}$$

（2）工艺流程

热镀锡的基本工艺流程为：工件→酸洗→水洗→溶剂处理→热浸镀锡→浸油处理→空冷→脱油及抛光→分选→成品。

酸洗：酸洗的目的是去除氧化皮，主要酸洗液为盐酸或硫酸电解酸洗，电解酸洗时，工件接阴极。

溶剂处理：溶剂处理主要由氯化锌及 3%～5%氯化铵组成。溶剂配成浓度较高的水溶液，浮在熔锡上面，处于沸腾状态。其作用是促使铁锡合金 $FeSn_2$ 的形成。

热浸镀锡：经溶剂处理的钢板进入 310～315℃的熔锡中浸镀。

浸油处理：镀锡板进入 235～240℃的棕榈油槽处理，作用是防止锡氧化和使锡在钢板上保持熔融状态，还可以调节镀锡层的厚度和均匀性。

空冷：浸油处理后，工件喷空气冷却，再经脱油及抛光进入分选。

分选：手工或者称重，对镀层基板进行质量检查，合格板为成品。

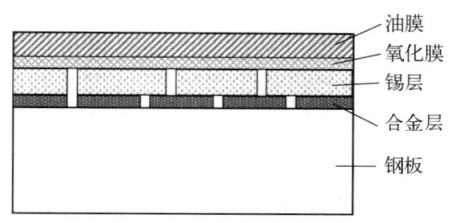

图 11-5　热镀锡钢板横截面

（3）热镀锡钢板的结构和性能

热镀锡钢板横截面结构如图 11-5 所示。其主要结构是由钢板基体、合金层、锡层、氧化膜和表面的油膜组成。

钢板：通常厚度为 0.2mm，很薄。

合金层：主要成分是 $FeSn_2$，非连续地附着于钢板基体上，存在有一定的孔隙。

锡层：非连续性地附着于合金层上，在露出合金层的空隙处，$FeSn_2$ 与 Sn 之间构成局部电池，若有电流通过，则发生溶解。在酸性环境中，合金层电位较正，易极化，腐蚀速率不大。在露出钢基体表面的空隙处，Sn 与 Fe 构成局部电池，极化作用小，锡的溶解速率加快。因此，为获得高质量镀锡板，合金层应尽量均匀。

氧化膜：氧化膜是锡被氧化后的产物，主要成分是 SnO 和 SnO_2。其中 SnO 是不稳定的氧化物，耐蚀性差；SnO_2 是稳定的氧化物，耐蚀性好。一般情况下，镀锡板在室温下长期储存时，表面易生成 SnO_2；在涂料烘烤过程中，容易生成 SnO。

油膜：涂油量为 2～10mg/m^2，防止板运输中的机械划伤及增加板的耐腐蚀性。

热镀锡涂层具有良好的抗腐蚀性能，有一定的强度和硬度，成形性好，焊接性能好，锡层无毒无味，耐有机酸腐蚀、无毒，能防止铁溶进被包装物，表层光亮且不易变色，印制图画可以美化商品。因此其主要用于食品罐头、化工油漆、油类、医药等包装材料工业。

11.8.3　热浸镀锌

热浸镀锌在钢结构的大气防腐蚀中应用极广，是公认的一种经济实惠的材料保护工艺。同时在热浸镀技术中，热镀锌也有着重要地位，对其研究也最为广泛。

热浸镀锌层的主要特性如下：

（1）结合强度高

在热浸镀锌过程中，熔融锌可以充分浸入基体表面，形成铁-锌合金层覆盖于整个工件表面，并且此合金层具有一定韧性、硬度，可耐较大摩擦和冲击，与基体有着很好的结合。

（2）耐蚀性

热浸镀锌层出锅后在空气中冷却时会生成氧化锌膜，这层致密氧化膜比锌层钝化后在大气、水、土壤中具有更好的耐蚀性。但是由于在氧化过程中的体积膨胀，当膜层厚度达到 300nm 时膜层就容易脱落，因此这种氧化膜层在防腐上的作用难以体现。工业上提高镀锌层耐腐蚀性的方法主要还是铬酸盐钝化处理法和磷化处理法，改善镀锌层的表面结构成分和光泽。

（3）阴极保护作用

由于锌的电极电位（−0.96V）比铁的电极电位（−0.44V）更小，在有电解质条件下，基体（铁）与涂层（锌）组成原电池，锌为阳极，铁为阴极，锌不断溶解，而基体（铁）得到保护。

11.8.3.1 热浸镀锌的基本原理

热浸镀锌时，镀层的形成过程基本如下：

铁溶解于熔锌中→铁与锌反应生成铁锌化合物→在铁锌合金层上形成纯锌层。

当经过溶剂处理的工件浸入熔融锌槽时，工件表面的溶剂离开基体，使铁基体与熔融锌反应。铁被溶解，形成锌在 α 铁中的固溶体。由于相互扩散，生成铁锌合金化合物。工件离开镀锌槽时，带出纯的熔融锌，覆盖在合金层上，形成纯锌层。

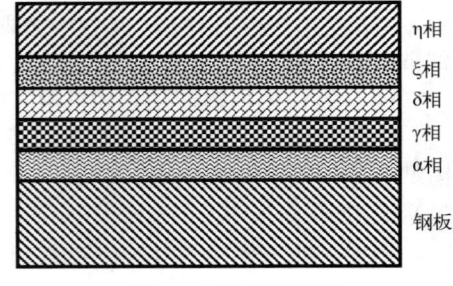

图 11-6　热浸镀锌层

普通低合金钢在标准热浸镀锌温度（450～470℃）时，可能仅生成 δ、ξ、γ 和 η 四个相层。图 11-6 所示为热镀锌工艺的温度范围内所形成的相层。

α 相，是锌溶入铁中形成的固溶体。当温度在 450～460℃时，其含锌量约为 10%；当温度下降时，锌在该相内的溶解度减小；冷却至室温时含锌量为 6%。多余的锌则形成了少量含锌高的 γ 相（Fe_3Zn_{10}），形成 α+γ 的共晶混合物直接附在钢基体上。α+γ 共晶体的含铁量为 22.96%～27.76%（质量分数），化学成分为 Fe_5Zn_6，脆且硬，具有体心立方结构。

γ 相，是由 Fe_3Zn_{10} 和 Fe_5Zn_{21} 为主形成的中间金属相，是具有最大的晶格常数的立方晶格，是镀层中硬度最高、脆性最大的相。

δ 相，是以 $FeZn_7$ 为主体的中间金属相，含锌量为 88.5%～93%（质量分数），为六方晶格。其硬度较高，塑性也较好。

ξ 相，是以 $FeZn_{13}$ 为基础的中间金属相，含锌量为 93.8%～94%（质量分数），具有单斜晶格，质地较脆。

η 相，以锌为主，含有微量的 Fe 所形成的铁-锌固溶体，为密排六方晶格。性质与纯锌较为接近，塑性好。

热浸镀锌过程中，熔剂所起的主要作用有如下几点：

① 保护钢板表面不被继续氧化，并将已生成的 FeO 溶解，生成能被熔化的锌所还原的铁盐；

② 降低锌液的表面张力，增强锌液对钢板表面的浸润能力。

目前得到广泛应用的是以氯化铵和氯化锌为主的水溶液，溶剂中的水使 NH_4Cl 发生水解反应：

$$NH_4Cl+H_2O \longrightarrow NH_4OH(NH_3+H_2O)+HCl(H_3O^++Cl^-) \tag{11-38}$$

但由于 NH_4OH 的水解常数远远小于 HCl 的水解常数，所以在水溶液中的 H^+ 多于中性溶液而呈现酸性。这样，一方面抑制 Fe 的氧化，另一方面，又由于式（11-39）反应而溶解了部分已产生的铁的氧化物或氢氧化物：

$$FeO+2HCl \longrightarrow FeCl_2+H_2O \tag{11-39}$$

当溶剂加热时，氯化锌与水形成 $ZnCl_2 \cdot H_2O$。在钢板进入锌液后，钢板温度迅速升高，钢板表面的溶剂也接触到了锌液，温度迅速升到锌的熔点（419℃）以上，发生下面的一系列反应：

$$ZnCl_2 \cdot H_2O + FeO \longrightarrow ZnCl_2 \cdot FeO + H_2O \tag{11-40}$$

$$NH_4Cl + FeO \longrightarrow FeOHCl + NH_3 \tag{11-41}$$

$$Zn + 2NH_4Cl \longrightarrow Zn(NH_3)_2Cl_2 + H_2 \tag{11-42}$$

$$FeOHCl + Zn(NH_3)_2Cl_2 \longrightarrow FeCl_2 + ZnOHCl + 2NH_3 \tag{11-43}$$

$$ZnO + 2NH_4Cl \longrightarrow ZnCl_2 + 2NH_3 + H_2O \tag{11-44}$$

$$FeCl_2 + Zn \longrightarrow ZnCl_2 + Fe \tag{11-45}$$

$$3ZnCl_2 + 2Al \longrightarrow 3Zn + 2AlCl_3 \tag{11-46}$$

由式（11-40）～式（11-46）反应可见，钢板表面的氧化亚铁或氯化铁被清除，最终与 Zn 反应，生成的铁进入锌液，再生成 Zn-Fe 化合物，以锌渣的形式沉入锌液底部。氯化铵则分解成 NH_3、H_2 和 HCl 而挥发掉。锌液表面的 ZnO 反应变成 $ZnCl_2$，与溶剂中的 $ZnCl_2$ 及反应生成的 ZnOHCl 共同浮在锌液表面；另一部分的 $ZnCl_2$ 消耗了锌液中的铝变成锌溶入锌液，产物 $AlCl_3$ 挥发掉了。

11.8.3.2　热浸镀锌工艺

（1）微氧化还原法热镀锌

微氧化还原法是连续式热镀锌，适合于大批量生产，具体工艺流程如下：

冷轧板→氧化→还原退火→调节温度到镀锌温度→热浸锌→冷却→校直。这种方法也称为森吉米尔法，将氧化炉、还原炉及冷却段连接起来，构成一个整体。工件在氧化炉中快速加热以高温烧掉表面油污，最高温度 1300℃，其作用一方面是令工件表面油污等挥发，另一方面在尽量减小工件表面氧化的情况下，将工件预热到 550～650℃。这样工件表面氧化物少，形成氧化层均匀，后续还原容易。

经氧化后的工件进入还原炉，还原气体为 75%N_2 和 25%H_2 的混合气体，炉内的 H_2 将工件表面氧化铁还原成海绵状纯铁，反应式为：

$$FeO + H_2 \longrightarrow Fe + H_2O \tag{11-47}$$

$$Fe_3O_4 + 4H_2 \longrightarrow 3Fe + 4H_2O \tag{11-48}$$

$$Fe_2O_3 + 3H_2 \longrightarrow 2Fe + 3H_2O \tag{11-49}$$

还原后的钢板经冷却再进入热镀锌槽，锌液温度为 450～460℃，锌液中含 0.1%～0.15% 的铝，目的是限制 Zn-Fe 合金层的增长。锌层厚度可用气体喷射法控制。镀锌完成后工件自然冷却至室温。

（2）热镀锌钢丝

热浸镀锌钢丝主要用于种植大棚、养殖场、棉花打包用弹簧及钢丝绳的制造，因此要求钢丝韧性和弹性好，抗拉强度高，耐扭转和反复弯曲，耐腐蚀力持久。这样对镀锌层的要求就是均匀、附着力强、合金层薄。

低碳钢丝和高碳钢丝的热浸镀工艺略有不同：

① 低碳钢丝　低碳钢丝→退火→水洗→酸洗→水洗→溶剂处理→烘干→热镀锌→后处理→收线成品。

② 中高碳钢丝　中高碳钢丝→除油→水洗→酸洗→水洗→溶剂处理→烘干→热镀锌→后处理→收线成品。

热浸镀锌钢丝的前处理包含退火、清洗除油、酸洗除锈、水洗和溶剂处理工艺。溶剂处理的目的是防止钢丝进入镀锌槽前再被氧化，同时在烘干进入锌液时助镀。溶剂配方为：氯化铵水溶液相对密度 1.01～1.02，溶液内含铁量不超过 90g/L；氯化锌与氯化铵复盐混合液，混合物配比为 $ZnCl_2$：NH_4Cl = 3：2，溶液总浓度控制在相对密度为 1.05～1.07 范围内，含铁量低于 35g/L。

热浸镀锌钢丝根据镀锌层的厚薄要求采用以下两种方式进行：

① 垂直引出法，即钢丝与锌液垂直，适于镀厚锌层，一般可达 $300g/m^2$ 左右，锌液温度控制在 440～470℃。为避免镀锡层粗糙，在锌槽液面用牛油凡士林浸过的木炭粒覆盖，有助于锌液保温并防止氧化，还可以起到揩擦的作用，令锌层光滑。

② 斜向引出法，钢丝与锌液面呈 35℃，适于镀薄锌层，锌层厚度在 $200g/m^2$ 以内。为令锌层光滑，在距离液面 150～300mm 处，采用石棉绕制的钢丝夹或带孔钢板作为揩擦工具。

（3）热镀锌钢管

热镀锌钢管常采用如下工艺流程：

工件→碱洗除油→酸洗除锈→盐酸处理→溶剂处理→热镀锌→吹锌→冷却→钝化处理。

碱洗除油：一般钢管不用除油，但当钢管有油污时才需要化学法除油。

酸洗除锈：采用化学酸洗，用硫酸（180～200g/L）或盐酸（180～200g/L），同时加 0.5～1.0g/L 的缓蚀剂。

盐酸处理：目的是清除管表面的盐基性铁盐，应用浓度为 15g/L 的稀盐酸，时间为 3～5min，主要化学反应如下：

$$FeSO_4 + 2HCl \longrightarrow FeCl_2 + H_2SO_4 \qquad (11\text{-}50)$$

溶剂处理：目前多采用干法溶剂处理，将工件浸入浓的溶剂中处理，溶剂组成为：600～650g/L，80～100g/L 氯化铵和 1～2g/L 的 OP-7 或 OP-10 表面活性剂。处理后再在 150～200℃ 的炉中烘干。

热浸镀锌：将经溶剂处理烘干的管倾斜浸入锌液，使锌液从一端流进钢管，镀锌后的管用机械抽出后，再进行下一步处理。锌液温度为 450～460℃，镀锌时间根据不同管径在 20～50s 之间。锌液中含 Al 量为 0.1%～0.2%。加 Al 一方面在锌液表面可生成一薄层的 Al_2O_3 保护膜，防锌液氧化，另一方面令锌镀层的塑性增加。

吹锌：管内吹锌的目的是使管内壁镀锌层均匀、光滑，即顺着锌液流动方向吹锌，气体为过热蒸汽，温度为 200～250℃，蒸汽压力根据管径在 0.1～0.7MPa 范围选取。吹锌时间一般为 6～7s。管外表面吹锌一般用压缩空气，根据管径不同，气体压力为 0.3～0.6MPa。

冷却：吹锌后，先空冷，再水冷。生产中用流动水，水温 25～50℃。

钝化处理：采用铬酸盐钝化，目的是防止镀锌层产生白锈，提高其耐蚀性能。

11.8.3.3　影响热浸镀锌层的因素

（1）浸镀时间

在标准热浸镀温度（450℃）下，浸镀时间越长，镀层越厚。但不同基体材料情况有所不同。碳钢当浸镀时间超过某个限度时，镀层不再变厚；含硅量较高的高强度钢，其厚度随时间的变化呈直线关系。

（2）锌液温度

在 480℃以下，锌液对基体铁溶解缓慢，当锌液温度在 430～480℃时，铁损按抛物线规律随时间变化。在此温度范围内，生成的合金层致密且连续。因此一般热镀锌温度控制在 450℃左右。495℃左右是锌液对铁的恶性溶解温度，此时镀层疏松，是热镀锌的禁区。当锌液温度在 490～530℃时，铁损与时间呈直线关系。当锌液温度在 530℃以上，反应又恢复到抛物线规律。在 540℃左右，锌液对铁溶解力很强，可用于灰铸铁件的热镀锌；但温度越高，锌与铁的结合能力越大、合金反应越快，锌液流动性加大，故此时的涂层由厚合金层加薄纯锌层组成，涂层外表粗糙。620℃左右，铁锌结合层很快会形成。660℃以上铁急剧溶解，工件表面挂不上锌，这是需要避免的温度。

（3）基体表面和成分

基体具有粗糙的表面，镀层的黏附性较好，表面粗糙化使钢基体表面生成凹凸点，而各凹凸点生成相应的结晶组织。

基体中的化学成分对热镀锌质量影响很大，尤其是硅的影响更大。硅对铁和锌液反应的影响比较复杂，多数情况下钢中过多的硅对热浸镀锌是不利的。主要原因在于铁和硅的亲和力要大于浸涂金属（锌），易形成 FeSi 相，并以极小惰性粒子通过合金层到达镀层，使合金层不连续。

（4）工件提出速度

工件从锌液中提出速度，不影响合金层厚度，但会影响外层纯锌层厚度。一般来说，提出速度越快，纯锌层越厚，反之则越薄。

（5）锌液中合金元素的影响

① 铁的影响　锌液中存在过量铁是有害的，会使镀层变脆，表面变灰暗，增加锌渣的生成，增加锌和铝的消耗量。标准热浸镀温度（450℃）下，铁在锌中的溶解度为 0.03%，铁作为锌锭的杂质而被带入锌液的量很小；当铁的含量超过 0.03%时，铁将与锌生成 $FeZn_7$，其密度大于锌液而沉入锅底，成为底渣。

② 铅的影响　铅一般是作为锌锭的杂质而带入锌液，通常含量为 0.003%～1.75%。由于自然界中锌铅总是作为伴生矿存在，因此锌液中含铅是不可避免的。适量的铅能增加锌液的流动性，便于操作，提高涂层外观质量。铅可使锌液的黏度和表面张力降低，使涂层外表光滑，增强了锌液对钢板的浸润能力，从而减少了带钢的浸锌时间。同时，铅的存在还降低锌液的熔点，延长锌液的凝固时间。铅在锌液中的溶解度很小，能促进树枝状组织凝固，使锌镀层上易生闪亮组织，促进锌花的生长，获得较大的锌花。但过量铅的加入会使镀层颜色发暗，当铅在锌液中的含量超过 1%时，会引起镀层的晶间腐蚀，降低镀层的耐腐蚀性能。另外铅的蒸发还会污染环境，危害操作人员的健康。

③ 锑的影响　锑的加入主要是代替铅以利于形成较大的锌花。锑不会引起镀层的晶间腐蚀，但会引起纯锌层的催化，降低其挠性；另外还会使合金层增厚，增加铁在锌中的溶解度，从而增加铁损，使锌的损坏加大，镀层变得灰暗。锌液中含 0.01%～0.02%的锑时，锑的不良影响并不明显，但当含量达到 0.05%时会产生明显的不利影响。

④ 铝的影响　热浸镀锌时，在锌液中加入 0.005%～0.02%的 Al，可显著提高热镀锌层的光亮性，其原因是钢离开锌液，并开始冷却至锌液的熔点，锌凝固过程中，铝和氧的亲和

力大，易生成 Al_2O_3 薄膜并连续包覆在锌镀层外面，钝化性较好，可大大提高锌镀层的耐蚀性。当铝含量达 3% 时，镀层耐蚀性明显提高；铝含量达 5% 时，耐蚀性更好，并且当 5% 的 Al 与微量稀土元素（镧和铈）一起加入时，镀层耐蚀性更佳。

当锌液中 Al 含量超过 0.15% 时，可抑制 Fe-Zn 合金相的形成并获得厚度适宜、黏附性能良好的镀层。从热力学角度看，由于 Fe-Al 化合物的生成热高于 Fe-Zn 化合物的生成热，Fe-Al 化合物优先形成，并附着在钢的表面，Fe_2Al_5 在钢表面达到一定的厚度，对 Zn-Fe 的扩散和反应起到阻碍作用，镀锌过程较为缓慢，但大大增加了镀锌层的附着力。

11.8.4　热浸镀铝

当液态铝与固态铁接触时，发生铁原子溶解和铝原子的化学吸附，形成铁铝化合物以及铁、铝原子的扩散和合金层的生长。所形成的镀铝层由两部分构成：靠近基体的铁-铝合金层及外部的纯铝层。当工件浸入铝液时，铝中铁浓度增大，形成金属间化合物 $FeAl_3$（θ 相），同时在工件表面形成铝的固溶体。两种金属原子（Al、Fe）相互扩散达到一定程度时，产生 Fe_2Al_5（η 相），η 相快速生长形成柱状晶，同时 Fe 穿过 $FeAl_3$ 向铝中渗透。当 Al 进一步扩散时，Fe_2Al_5 变成 $FeAl_3$。由于 Fe_2Al_5 的生长及铁向铝中的快速扩散，令铝在铁中固溶区消失，η 相成为扩散层的主要成分。

11.8.4.1　热镀铝层特性

（1）抗高温氧化性

钢材热镀铝后，耐热氧化性大大提高。镀合金铝（如铝硅合金）比镀纯铝耐热性更佳。例如碳钢件，不镀铝最高使用温度为 550℃，镀铝后可耐 1000℃ 不氧化。

（2）耐蚀性

热镀铝层有优良的耐大气腐蚀能力，特别耐含有 SO_2、H_2S、NO_2、CO_2 等工业大气腐蚀，热镀铝层比热镀锌层具有更好的耐蚀性。

（3）对光、热的反射性

热镀铝层对光、热有良好的反射性，这主要是因为镀铝层表面有致密有光泽的 Al_2O_3 膜，即使是在暴晒后也能保持很高的反射率。

（4）加工性能及力学性能

热镀铝带钢分为耐热用 I 型板和耐蚀用 II 型板两个种类。I 型板主要用来加工成形，所以要求镀层具有良好的附着性，即在加工弯曲成形时保证镀层不开裂不脱落。因此除了要求选用 40～100g/m^2（双面）的薄镀层之外，还要向铝液中添加 4%～10% 的硅。II 型板主要以追求高的耐腐蚀性为主，镀液为纯铝。镀层厚度要求最小为 200g/m^2（双面），此类热镀铝板的镀层黏附性较差，不能用于弯曲加工成形。

镀铝过程中，钢基的化学成分直接影响镀层的黏附强度、拉伸和弯曲性能。热镀铝带钢的基体成分中含碳量增加，有助于合金层结构均匀化（钢组织由铁素体变化为珠光体）。随着镍、铬含量增加，合金层厚度也增加。含锰量增加，合金层厚度及硬度均减小。

热浸镀铝也存在固有缺点，譬如，镀层中含有金属间化合物脆性相，使其加工性能变差；钢材表面被铝液侵蚀并溶解于铝液中，而使铝层中含有铁，从而影响其耐蚀性；镀铝的温度高，影响镀铝设备的使用寿命；镀层表面易黏附铝渣，影响外观。

热浸镀铝钢板主要用于耐蚀方面，如大型建筑物顶板及侧板、通风管道、高速公路护栏、汽车底板及驾驶室、水槽、冷藏设备等；铝硅热镀铝钢板主要应用于耐热方面，如烘干设备、烟囱、烘烤炉及食品烤箱、汽车排气系统等；热浸镀铝钢管主要用于化工设备（如热交换器管道、热交换器、化工介质输送管道、塔器等）、食品工业中各种管道、蒸汽锅炉管道等。

11.8.4.2　热镀铝工艺参数

热镀铝的生产基本采用干法镀铝，干法镀铝采用水溶剂作为助镀液，将水洗后的工件放入助镀槽中 3～4min 取出干燥，在工件表面形成一层助镀膜。干法镀铝工艺简单，助镀成分稳定可以多次使用。

（1）铝液成分

浸镀材料选用工业纯铝和铝合金。铝液中铝含量不小于 99%。铝液中要严格控制硼、铜的含量，因为随着硼、铜含量的增加，镀层防腐性能急剧下降，铝液中铁含量增多，导致铝液黏度变大，工作条件恶化。当铝液中铁的含量增至 2.5% 时，必须进行捞渣。

硅可提高铝镀层的耐热性，能提高铝液的流动性从而降低铝液温度，可阻止合金层的生长，当铝液中添加 1%～1.4%Si 时，刻蚀扩散层从纯铝的 32～65μm 降低到 5～27μm。锌的添加可降低镀铝温度和缩短镀铝时间，并且镀层附着力好、光泽高。铝液中含镍对扩散层厚度影响较为明显，在 720～730℃进行镀铝时，加入 <0.5% 的 Ni，可使扩散层厚度从 20～30μm 提高到 35～50μm。

（2）铝液温度

通常合金层厚度随镀铝温度的提高而增大。镀铝温度对钢和铸铁镀铝合金影响更为明显。当温度从 665℃增加至 800℃时，扩散速度加快，合金层厚度猛增。当温度小于 700℃时，铝液流动性较差，镀件挂铝较多，表面不光滑，外观质量不佳。重要的是由于铝液温度低影响了铁原子和铝原子之间的相互扩散，所形成的铁铝化合物层太薄，镀层脆性大。当温度从 800℃增加到 950℃时，合金层厚度又有所下降，950℃时合金层的厚度很小。

（3）镀铝时间

工件与铝液接触要完成界面反应与扩散反应，必须有一定的反应时间，时间长，反应就充分、完全。另外，表面镀层与浸镀时间有一定的线性关系，但浸镀时间超过极限值则这种线性关系就不存在。随着浸镀时间的延长，工作的侵蚀速度也在加快，为避免工件的侵蚀，减少铁损，又要保证反应的必要时间，浸镀时间在 20～50s 之间变化比较适宜。温度高取上限，温度低取下限。

（4）助镀剂

热浸镀铝的助镀剂则是溶剂和铝液表面的覆盖溶剂。热镀铝的溶剂不能单独采用氯化锌、氯化铵的复合盐水溶液，这是因为在 338℃温度下，氯化铵分解成 NH_3 和 HCl，分解的 HCl 与铝作用生成易挥发的 $AlCl_3$。氯化锌在高温下，易被铝还原生成金属锌和易挥发的 $AlCl_3$，这样将导致溶剂失效。

热浸镀铝采用的溶剂，多为碱或碱土金属的盐或锆系盐组成的复合盐。常用溶剂有 NaCl、KCl、$BaCl_2$、KF、$AlCl_3 \cdot 6H_2O$、Cr_2O_3、K_2ZrF_6、$ZnCl_2$、NH_4HF、KHF 及冰晶石等组成的复盐溶液。热浸镀铝常采用的助镀剂配方如下：

① 5%硼砂，1%氯化铵，其余为水，使用温度为 90～95℃，处理时间为 2～4min；

② 浓盐酸 1L 加锌粒 5～6g，使用温度为室温，处理时间 4～5min；

③ NaCl（40%）、KCl（40%）、$AlFe_3$（10%）、Na_3AlF_6（10%），使用温度为 700～710℃，

处理时间 8～15min。

（5）铝液保护

铝液表面与空气接触，形成白色的氧化铝面渣。对此面渣可任其形成，当达到一定厚度时，对铝液有保护作用，可阻碍铝液进一步氧化，并有隔热作用，使铝液面的散热减少。但这样铝的损失较大，因此需要在热镀铝的过程中对铝液进行有效的保护，防止铝液氧化，保持良好的流动性。常用的保护方法有气体保护和表面溶剂保护两种。气体保护需要专门的制氮设备，成本较高。表面溶剂保护简单易行，费用低廉。溶剂成分主要为 KCl、NaCl 和 Na_3AlF_6，比例为 3：3：4。溶剂中的 KCl 和 NaCl 可显著改善铝液的流动性。

11.8.4.3　热镀铝应用及工艺流程

（1）热镀铝钢带

热镀铝钢带的典型工艺流程为：

开卷→氧化→冷却→酸洗→水洗→还原→冷却→热浸镀铝→冷却→卷取。

氧化温度为 450～650℃，烧去表面的油污及杂物，被氧化成蓝灰色，经空气及水冷却，然后在 8%～10%的盐酸中酸洗 10s 除去氧化膜，采用挤压胶辊从钢带表面挤去残余酸液，并用高压水冲洗，经热风吹干后进入还原炉。在分解氨气氛中进行 900℃的常规退火或者 730℃进行再结晶退火，同时表面氧化膜被还原。然后冷却到稍高于铝液温度通过密封槽导入铝液，进行热浸镀铝。镀完后，吹冷空气冷却到 400℃以下。

上述产线为连续式生产，速度为 60m/min，铝液中含 6%的 Si 和 0.4%的 Fe，铝液温度为 680～720℃，镀铝层厚度为 3～10μm（150g/m²），合金层厚度约为 10～15μm。

（2）热镀铝钢丝

热镀铝钢丝主要有溶剂法和氢还原法两类：

① 溶剂法钢丝热镀铝。典型工艺流程为：卷取→铅槽处理→水洗→酸洗→水洗→电解酸洗→水洗→溶剂处理→干燥→热镀铝→水洗→卷取。

铅槽处理的目的是用熔融铅对钢丝退火并烧掉轧制油和拉拔润滑剂；酸洗用浓度为 12%～18%的盐酸。溶剂用水溶性溶剂，即 4%的锆氟化钾水溶液，温度为 98～99℃。溶剂的作用是令净化的钢丝表面得到保护并增加铝对钢的浸润。干燥后钢丝进入铝液，进入铝液的长度为 1.5～1.8m。

② 氢还原法钢丝热镀铝。典型工艺流程为：放线→除油氧化→还原→冷却→热镀铝→冷却→卷绕。

单根钢丝从放线架引出进入氧化炉管，温度为 450℃，在此烧去轧制油和拉拔润滑剂，同时表面被氧化成蓝色，进入还原炉，采用辐射加热至 730～830℃，还原气氛下表面氧化铁膜被还原为纯铁，再经冷却管冷却到 700℃进入铝液中热镀铝，并垂直向上拉出卷绕。

（3）热镀铝钢管

钢管的热镀铝不能像钢带和钢丝那样连续进行，只能是断续的。典型的工艺流程为：钢管→酸洗→除油→活化→钝化→热镀铝→取出。

酸洗活化：将钢管浸入 3%～5%HCl 中，室温下 5～10min，表面活化，然后水洗。

钝化处理：活化管进入钝化液中钝化，钝化液为＞60%的 HNO_3 或 0.5%～1%铬酐的水溶液，时间为 0.5～1min，然后冷水冲洗干燥。

热镀铝铝液温度为（700±20）℃，时间为 5～18min，表面覆盖 KCl+NaOH 熔盐。

11.9 溶胶-凝胶（sol-gel）技术

11.9.1 溶胶-凝胶工艺概述

溶胶-凝胶（sol-gel）工艺是 20 世纪 60 年代发展起来的材料制备方法。其工艺过程为：将某些易水解的金属化合物（无机盐或者金属醇盐）在特定溶剂中与水发生反应，经过水解与缩聚而逐渐凝胶化，再经过干燥、烧结等后处理工序，就可制备出所需要的材料。

水解反应的基本方程是：

$$M（OR）_n + xH_2O \longrightarrow M（OH）_x（OR）_{n-x} + xROH \tag{11-51}$$

缩聚反应的基本方程是：

$$-M-OH + HO-M \longrightarrow -M-O-M- + H_2O \tag{11-52}$$

溶胶-凝胶工艺经过 50 余年的发展，在许多技术领域已经成为主流工艺之一。采用溶胶-凝胶工艺，既可以制备玻璃、陶瓷材料，也可制备无机-有机复合材料以及各种功能材料。获得的材料形式包括块体状、纤维状、薄膜和粉体状。本节将重点介绍溶胶-凝胶法制备薄膜的工艺。

与传统的无机材料制备工艺相比，溶胶-凝胶工艺具有如下主要优点：

① 工艺过程温度低　溶胶-凝胶过程温度较低，使得材料的制备过程容易控制，并可制备一些传统工艺方法很难得到的材料。

② 所制备的材料非常均匀　这是因为溶胶-凝胶过程依靠的是溶液中的化学反应。所以，只要搅拌均匀，外界条件稳定，就可以获得非常均匀的材料，并因此保证这些材料的物理化学性质非常均匀。

③ 可以严格控制反应产物的成分　由于溶胶-凝胶过程依靠化学反应，所以通过计算与控制参加反应的物质配比，就可以控制反应产物的成分，并获得高纯度的反应产物。

④ 用料少，工艺简单、廉价，便于产业化　与一般的 CVD、PVD 工艺相比，溶胶-凝胶法制备薄膜无需真空，也不要很高的温度，并可以在任意形状的基体表面制备大面积均匀的薄膜，适合的基材范围也很广，包括金属、陶瓷、玻璃、高分子材料等。甚至可以在粉体材料表面包覆一层薄膜。

因此，近年来，溶胶-凝胶工艺越来越受到广大工程技术人员的重视。

11.9.2 溶胶-凝胶法制备薄膜的基本方法

溶胶-凝胶制备薄膜工艺的基础是获得稳定的溶胶，其途径有两条：一条是有机途径，即通过有机醇盐的水解与缩聚形成凝胶，这种方法获得多种氧化物的稳定凝胶和这些氧化物的混合凝胶。但制备的薄膜在干燥过程中，由于大量溶剂的蒸发，容易严重收缩，产生龟裂。因此，溶胶-凝胶工艺不能制备较厚的薄膜。另一条是无机途径，即采取措施使氧化物小颗粒稳定地悬浮在特定溶剂中，形成凝胶。通过无机途径可以获得 10 层以上的多层氧化物膜，而且不存在应力诱发的微裂纹。但是，无机途径获得的薄膜附着力差，并且很难找到合适的溶剂来溶解所要求的氧化物，尤其是当希望得到多元氧化物薄膜时更加困难。

采用溶胶-凝胶工艺制备氧化物薄膜的方法很多,最简单的有刷涂法和喷涂法,但最常用的方法是浸渍提拉法和旋涂法。

浸渍提拉法由浸渍、提拉、热处理三步组成,即:先将衬底材料浸入已先期制备好的溶胶中,然后以一定的速度将衬底向上提拉出溶胶液面,此时衬底表面会形成一层均匀的液膜,随着溶剂的不断蒸发,附着在衬底表面的溶胶迅速凝胶化并逐渐干燥,形成凝胶膜。当该膜在室温下完全干燥后,将其置于一定温度的炉中进行热处理,便获得了所需要的氧化物膜。为增大薄膜厚度,可进行多次浸渍循环,但每次循环之后都必须充分干燥并进行适当的热处理。

旋涂法是将衬底安置在由电动机带动、以一定速度转动的支架上,当凝胶液滴从上方落在衬底表面时,在离心力作用下迅速分散并覆盖于整个衬底表面。随后,溶剂不断蒸发,使溶胶凝胶化。然后进行热处理,就制成了所要求的凝胶膜。

显然,旋涂法的均匀性比浸渍提拉法要好得多,但它不适合制备大面积的薄膜,特别是衬底的形状比较复杂时更是无能为力。浸渍提拉法简单易行,但由于提拉过程中的流挂现象,容易在膜的底部造成厚度梯度,因此不太适合制备小面积的薄膜。

溶胶-凝胶法制备薄膜工艺中,影响薄膜厚度及平整度的因素较多,如溶液的黏度、浓度、密度、提拉速度(或者旋转速度)及提拉角度、溶剂的密度、黏度、蒸发速率以及环境温度与干燥条件等。薄膜的厚度随着溶液的黏度、浓度及提拉速度的增大而增大,但这些参数过大时,薄膜与基材粘接不牢固,容易剥落。

作为例子,图11-7给出了以金属醇盐为原料制备SiO₂薄膜的工艺流程图。

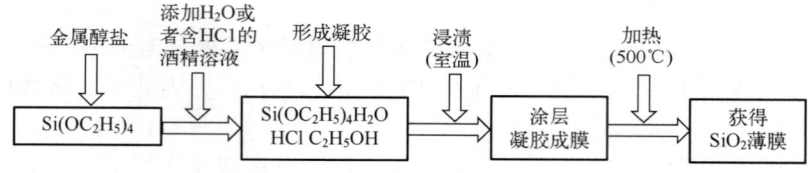

图11-7 金属醇盐法制备SiO₂薄膜的工艺流程图

溶胶-凝胶法存在的主要问题有如下几点。

① 薄膜对衬底的附着力差。附着力差的原因是衬底与覆膜之间没有形成牢固结合的键合方式。改善附着力的措施之一是制备薄膜前仔细清洁衬底表面。实验发现,在衬底表面引入氢氧根离子或者生成一层很薄的氧化层可以较为有效地增强薄膜对衬底的附着力。

② 很难获得无微观缺陷的薄膜。由于干燥过程中局部区域的高度应力集中,薄膜中一定程度上存在着龟裂等缺陷,这是目前影响溶胶-凝胶薄膜工艺进一步应用的最大难题。现在,人们正在从加入活性剂等物质着手对溶胶进行改性,或者采取特殊的干燥方法来防止龟裂产生,以解决这一"瓶颈"问题。

③ 薄膜易被衬底污染。薄膜与衬底的交互作用容易使膜层的成分发生改变。研究表明,如果先用溶胶-凝胶制备一层 SiO₂ 薄膜作为底层,然后再在其上制备所设计的工作薄膜,可以有效地抑制其与衬底的反应。

④ 单次循环所获得的薄膜厚度较薄。单次循环获得的薄膜厚度一般只有200~300nm,甚至更低。即使采用多次循环,一般溶胶-凝胶工艺获得的厚度也只在1~2μm左右,并且多次循环使得薄膜制备周期大大延长。为解决此问题,人们同样从凝胶成分调节入手,通过抑

制薄膜干燥过程中的龟裂来提高单次循环的膜层最大厚度。现在，有的溶胶-凝胶膜的厚度达到了 5μm 以上。

⑤ 溶胶-凝胶薄膜具有多孔状结构。多孔膜有双重性：一方面它使其导电性质比连续、致密的薄膜要差很多；另一方面，在气敏、湿敏和催化功能等方面，这些多孔膜因比表面积大而使其灵敏度或者催化功能大大增强。

11.9.3　溶胶-凝胶工艺的应用

溶胶-凝胶成膜工艺有广阔的应用前景，并且随着人们对该技术认识的不断加深，许多新用途被不断开发出来。以下仅举几个典型实例来对其应用进行说明。

（1）超细过滤膜

溶胶-凝胶成膜法制备的薄膜通常含有大量微孔，通过控制适当的热处理参数，可以得到某一特定尺寸的微孔分布。利用这一结构特征可以制备第三代超细过滤膜。早期的第一代过滤器由醋酸纤维素制成，只能在室温下工作，且容易氧化，不耐腐蚀。第二代超细过滤膜由一些合成高分子和多磺基衍生物制成，最高耐温只有 200℃，耐蚀性仍然较差。而且，这两代超细过滤膜的力学性能较差，容易受热变形。而利用溶胶-凝胶成膜工艺制备的第三代超细过滤膜，孔隙度及其分布都很均匀，可以耐 500℃的高温，工作时不易变形，化学稳定性好，使用寿命长。现在，这类超细过滤膜已成功地应用于溶液的过滤，并且有大批的专利产品问世。用传统的烧结方法只能勉强制造微滤膜（孔径为微米级），而无机超细过滤膜（孔径为纳米级）只能用溶胶-凝胶法获得。例如，用溶胶-凝胶法制备的 RuO_2-TiO_2 系列超细过滤膜，孔径只有 5～20nm，具有金属导电性，可以应用于电化学超细过滤。

（2）铁电薄膜和导电薄膜

铁电薄膜是记忆电池、光导显示器和热红外探测器等装置上的重要元件。采用溶胶-凝胶法可以在各种衬底表面制备一系列铁电膜，如 PZT、$BaTiO_3$、SBN、$KnbO_3$ 及 $LiNbO_3$ 等。这些薄膜的透光性良好，如 $LiNbO_3$ 薄膜（97nm，石英玻璃衬底）和 SBN（60/40）薄膜（0.8μm，石英玻璃衬底）可以使波长为 300nm 以上的光线透过率达到 80%左右，而且热处理温度较低（$LiNbO_3$ 薄膜的热处理温度约为 400℃）。

采用溶胶-凝胶法制备的导电薄膜 In_2O_3-SnO_2（ITO）的导电性能优良，并具有热镜性能。它对可见光及太阳辐射的透过率很高，对红外辐射则有很高的反射率。因此，可以用作透明的保温膜，或者太阳能收集器的表面膜。用它作导电层制作的全固态电致变色窗（又称 Smart Window）可有效控制光线强度。

（3）传感器薄膜

许多金属氧化物都具有一定的气敏或湿敏特性。溶胶-凝胶薄膜含有大量微纳小孔，因此比表面积大大增加，透气性极好，而且通过此工艺很容易进行定量掺杂。近年来，人们采用溶胶-凝胶工艺制备出均匀分散着金属银超细颗粒的 SiO_2 多孔薄膜，其透光率对氧气的敏感性很好。

（4）表面防护薄膜

SiO_2、ZrO_2、TiO_2 等氧化物薄膜的化学稳定性很好。采用溶胶-凝胶法可以在金属、玻璃、塑料等材料表面制备上述氧化物薄膜，用作耐蚀或者耐磨损涂层。例如，采用该工艺在激光玻璃表面制备一层含有甲基原子团的 SiO_2 薄膜，可使其免受潮气的侵蚀，从而可使激光器的输出功率提高 0.83 倍。在一些玻璃表面制备一层 SiO_2 薄膜，对金属表面有良好的保护作用，使其不发生氧化，不怕酸腐蚀，抗擦伤能力也明显提高。在玻璃纤维表面用溶胶-凝胶法制备一层 SiO_2-20%（质量分数）ZrO_2 薄膜，可使其抗碱蚀能力得到大幅度提高。近年来，尽管人们对如何制备溶胶-凝胶涂层、如何提高材料的表面耐磨性进行了大量的研究，但是涂层致密度及其与基材的结合力仍然是阻碍该技术广泛应用的瓶颈之一。

（5）微弧氧化膜层的封孔

微弧氧化涂层可在钛合金、铝合金、镁合金表面生成高硬度的陶瓷层，因此耐磨性良好。但是，这一陶瓷层往往有气孔，导致其耐蚀性不高。采用溶胶-凝胶工艺对维护氧化膜进行封孔处理，可以大幅度提高其耐蚀性，而又保持了其高耐磨性，因此具有重要的实用意义与价值。

进入 21 世纪，溶胶-凝胶技术在薄膜制备方面引起了更加广泛的注意。国内外学者都对这一工艺简单、低成本、高效的制备工艺发生了浓厚的兴趣，所制备的材料也扩展到很宽的范围，并力图将其工业化。我国在溶胶-凝胶法制备薄膜材料的研究方面非常活跃，有许多团队做出了杰出的研究工作。相信在不久的将来，将会有很多技术在工艺领域得到应用。

思考题

1. 名词解释：化学转化膜、磷化、钝化、阳极氧化、微弧氧化、着色、热浸镀、溶胶凝胶法。
2. 金属表面进行磷化处理形成磷化膜具有什么特点？
3. 什么是转化型磷化和假转化型磷化，各有什么特点？
4. 铬酸盐钝化膜的形成机理及其基本结构。
5. 说明 Al 的阳极氧化机理及其应用。
6. 解释微弧氧化膜的生长过程及其影响因素。
7. 阳极氧化处理后多数会形成多孔的氧化膜，需进行封闭处理以提高其耐蚀性，试阐述常用的封孔方法。
8. 热浸镀锌在防大气腐蚀的钢结构中应用极广，其基本原理和主要特征分别是什么？
9. 阐述溶胶-凝胶法制备薄膜的基本原理和主要优势。
10. 说明溶胶-凝胶法制备氧化物薄膜的两种基本方法。

第 12 章

材料表面精整与加工技术

材料表面特征是评价产品质量的重要依据与指标，是保证机械产品质量的基础。所有表面工程技术在工艺实施之前对材料表面的结构特征和质量都有严格的要求，表面清洁度与表面粗糙度是表面工程技术预处理工艺的两个最重要指标，是表面工程技术能否成功实施的关键因素。一方面，如果工件表面清洁度过低，不但会影响覆层的完整性、附着力、耐蚀性、装饰性和功能薄膜性能的连续性，严重时甚至不能够实施表面工程技术。另一方面，机械零件从原材料到最后成品会经过一系列加工过程。经机械加工后的工件表面，由于铸造、锻造、冲压、冷加工、热处理等工艺过程的影响，存在着不同程度的表面粗糙度、刀痕波纹、飞边、毛刺、微观裂纹、残余应力等各种表面特征与表面缺陷，虽然这层表面层很薄（几微米到几十微米），但由于其影响因素复杂，会对机械零件的精度、耐磨性、耐疲劳性、抗腐蚀性和配合精度等外观质量和使用性能造成不利影响，从而影响产品的使用性能和寿命。因此对材料的表面进行清洁、精整和微加工可以提高产品的性能和质量，提升其稳定性和可靠性，对保证零件的工作精度、性能与使用寿命具有重要意义，并能促进产品的标准化、小型化和超精密化发展，是先进制造技术的一个重要组成部分。本章介绍了评估材料与工件表面结构和质量的依据、概念及主要标准，描述了材料的表面性质和质量对工件性能的影响并进行了实例分析，分类阐述了降低工件表面粗糙度、提高工件表面质量的通用及先进的表面精整与加工的方法，并介绍了材料表面精整与加工的发展和趋势。

12.1 表面清洁及预处理

工件表面的清洁度直接影响表面分析、表面检测、表面加工、表面处理及整机或部件的装配质量，进而影响整机的可靠性和寿命。但是工件在加工或者放置过程中表面通常会有尘埃、油污、氧化皮、锈蚀层、污染物、盐分以及产生一些表面缺陷，这些会严重影响工件的表面质量，特别对于精密加工来说直接关系到表面工程技术能否顺利进行，并且表面清洁也是对工件进行表面修饰和强化的必不可少的预处理环节。因此，工件表面清洗质量、效率已成为提高产品质量、提高劳动生产率和降低生产成本的关键之一。

工件的表面清洁主要包括表面除油去脂、除锈和去除氧化皮等。

12.1.1 表面除油

去除工件材料表面油脂的主要方法包括有机溶剂除油、水剂清洗、化学方法除油和电化学去脂除油等。

（1）有机溶剂除油

依据有机溶剂能溶解工件材料表面皂性油或非皂性油的特性，有机溶剂除油较常用于金属材料的除油脱脂处理。常用的有机类脱脂剂有汽油、煤油、酒精、丙酮、二甲苯、三氯乙烯和四氯化碳等。其中汽油和煤油价格低廉、溶解油污能力较强且毒性小，是两种广为应用的有机溶剂。有机溶剂除油具有可在常温下对金属表面无腐蚀、快速脱脂的特点，特别适用于碱性水剂难以清洗除净的高黏度、高熔点的矿物油。理论上有机溶剂除油几乎适用于所有工件表面的预处理，特别是油脂污染严重的零件，或者是容易被碱性除油液腐蚀的金属零件的初步除油脱脂处理。但有机溶剂除油存在脱脂不彻底的问题，还需要用化学法和电化学法再补充脱脂。而且大部分常用的有机溶剂易燃，相对成本较高，操作时需要加强防护，注意安全，应在良好通风换气的环境中进行。有机溶剂除油可采用擦拭、浸泡、喷射、喷淋、蒸气或超声清洗等工艺方法。

（2）水剂清洗

水剂清洗是以含有乳化液、表面活性剂、清洗剂（或金属清洗剂）的水性溶液作为媒介去除待处理工件表面油污的方法。与有机溶剂除油相比，水剂清洗液具有不易燃、不易爆、不挥发、生产环境安全、对人体无害的优势，而且水剂清洗液除油脱脂效果好、相对用量少、使用价格低，有逐步取代有机溶剂的趋势，在工业中的应用日益广泛。实际应用中，有些情况下为了获得更彻底的清洗效果，往往在水剂清洗除油脱脂后，还要再进行化学脱脂或电化学脱脂。

（3）化学除油

目前在工业生产上大量使用的除油方法是在碱性溶液中利用化学反应除去工件表面油脂的工艺。虽然这种方法的除油时间比有机溶液除油相对较长，但是具有介质无毒害、不易燃易爆、所需设备简单、容易操作、价格便宜的优点。

碱液除油的实质主要是依靠碱与油污的皂化或乳化作用来达到清除油污的目的。碱液可以使动、植物油起皂化反应从而起到去除动、植物油的作用；对于不可皂化的矿物油，由于其在碱液中不易溶解，需要借助硅酸钠或多聚磷酸盐等表面活性剂使矿物油形成乳化液而除去。常规情况下，碱液除油一般适用于不容易被碱液腐蚀的金属类工件，如钢铁、铸铜、铜等。如需在铝金属表面除油，一般采用碳酸钠或硅酸钠水解型碱性溶液以防止强碱如氢氧化钠对铝的腐蚀作用。碱液除油后需对工件依次进行热水、冷水清洗以去除多余的碱性溶液。

工业中常用碱性清洗液主要包含如下几种成分。a. 乳化剂：可降低油和水的表面张力，从而达到乳化的作用。b. 碱性物质：常用的有氢氧化钠、碳酸钠或硅酸钠等。实际应用中，氢氧化钠有皂化的作用，碳酸钠可起到缓冲、调节溶液 pH 值的作用，硅酸钠具有润湿和乳化的功能。c. 磷酸三钠：添加磷酸三钠目的主要是利用硬水中的钙或镁可与其反应而生成不溶性的磷酸钙盐或镁盐沉淀，从而起到软化水的作用。磷酸钙盐或镁盐沉淀静置沉积在容器底部后收集去除。d. 少量重铬酸钾或亚硝酸钠，主要目的是防止金属工件除油后生锈。

实践表明，碱性越强，碱性溶液的除油能力越强。实际工作中，可根据工件表面的油污程度来选用不同 pH 值的碱液：轻度油污可以选用 pH 值在 9～10 的碱液，而重度油污则需要使用 pH 值在 12～14 的强碱液。所选用的碱液浓度与除油工艺也密切相关。例如，采用浸渍法除油，碱液浓度一般控制在 3%～6%；采用喷淋法除油，碱液浓度可降低到 0.5%～3%。除油所用碱液浓度不宜过高，如果碱液浓度过高会造成皂类的溶解度和乳化液的稳定性下降，并且有可能对金属产生腐蚀作用。另外，如果脱脂液碱性太强会不易清洗干净。

除油效果和速度也与工作温度密切相关。从除油速度来讲，升高温度会加快除油速度，但如果温度太高会使表面活性剂分解，反而降低除油效果。因此，碱性溶液除油温度一般控制在 50～100℃ 之间。对于大批量的零件为了增加除油效率可采用压力喷射的方法。

对于不同的金属工件可采用不同的碱液配方和不同的处理工艺，实际处理时很少单独使用单一碱液清洗溶液或单一工艺进行除油。往往是多种组分混合使用，包含碱、表面活性剂和螯合剂等多种助剂按一定比例混合、配制，从而获得复合碱性清洗剂。复合碱性清洗剂具有多种优势，特别是添加了表面活性剂后，可以显著地降低表面张力，改善碱性清洗剂的渗透性，从而增加除油去脂效率。可根据所需清洗油污的种类、被清洗工件的材质以及清洗方式等因素设计实验方案来确定碱性清洗剂配方。碱性清洗剂的除油效果可以用工件表面的亲水情况进行简单的判定：如果工件表面完全无油时，表面会形成连续平整的水膜；反之水膜铺展也不连续，会团聚水滴，产生挂珠现象。

使用碱性清洗剂选择合适的工艺，基本上可以快捷有效地去除动、植物油或矿物类油脂。但如果对工件表面的质量要求较高，仅依靠碱性清洗剂化学除油是达不到要求的。特别是当油污主要为矿物油时，由于碱性清洗剂的乳化作用有限，碱性清洗不仅耗时长，而且无法彻底清除油污。此时有必要采用乳化作用更强的电化学除油工艺才能获得更满意的结果。

（4）电化学除油

电化学除油也被称作电解除油，该方法以工件作为电极，在直流电的作用下去除金属工件表面的油污。其工作原理是将金属工件置于除油介质中，通入直流电后，除油介质与工件表面油污发生作用，随后降低油污的表面张力，使油膜破裂产生裂纹。通电后，由于水电解而不断析出的氧气或氢气气泡会对工件表面油膜起着强烈的撕裂和破坏作用，使油膜变成细小的油珠，推动电解介质的流动，从而使金属表面的除油介质不断地更换。而电解水产生的氢气或氧气气泡在电解介质中的上升过程产生的机械搅拌作用也可以促进和加强对油污的皂化作用和乳化作用，达到彻底清除金属上油污的作用。常用的电化学除油介质组成和化学除油溶液的组成大致相同。工作时，一般选用镍板或镀镍铁板作为辅助电极，起到传输电流的作用。实践表明，与化学除油相比，电化学除油速度更快，而且油污清除效果更好。由于电化学除油的过程实际属于水电解的过程，无论金属工件是做阳极还是阴极，在除油过程中其表面都会析出大量的气体从而促进油污的清洗。阴极和阳极除油的机理如下。当阴极除油时，阴极表面上进行还原反应，析出氢气：

$$4H_2O + 4e^- === 2H_2\uparrow + 4OH^-$$

阴极除油的优点是产生的氢气气泡小，数量多，乳化作用大，除油速度快，并且不易腐蚀零件。但缺点是容易对工件产生渗氢作用，造成氢脆。故阴极除油适宜于对工作强度没有太高要求的钢铁工件，或者是不易产生渗氢的铜、铝等工件。

阳极除油时，在阳极表面上进行氧化反应，析出氧气：

$$4OH^- - 4e^- === 2H_2O + O_2\uparrow$$

阳极除油产生的氧气泡大而稀，其乳化能力差，除油速度低，掌握不好还容易造成零件腐蚀。但阳极除油能除去一些金属杂质且不产生氢脆现象。阳极除油适用于对材料表面粗糙度要求不高但工作强度要求高的金属工件。

（5）超声清洗

超声清洗利用超声波可在气体、液体、固体、固溶体等介质中有效传播且能传递很强的能量，通过将超声波发生器产生的高频振荡信号用换能器转变成高频的机械振荡并传输到介质中。超声波在清洗槽中的清洗液内传播并使其产生大量的微气泡且在声波的作用下振动，形成反射、干涉、叠加或共振，在微气泡界面上产生强烈的冲击和空化现象。超声波清洗的效果取决于清洗液的种类、清洗方式、温度与时间、超声波频率、功率密度、清洗件的数量与工件复杂程度等。超声波清洗可选用的液体包括有机溶剂、碱液、水剂清洗液等。常用的超声清洗除油装置包含超声波发生器、清洗槽、换能器等主要构件及清洗液循环、过滤、加热和运输等辅助装置。超声波除油是一种新的工件清洗方法，操作简单，清洗速度快，效果好，已被广泛应用。

除了以上所述在生产实践中常用的表面清洁方法以外，近些年还发展了一些表面清洗的新技术。包含紫外线-臭氧清洗技术，该技术使用低压石英汞灯在常温下产生波长为 254nm 和 185nm 的双波段短紫外光。185nm 波长紫外光会激发空气产生臭氧和等离子氧，而有机污染物分子在吸收 254nm 波长紫外线后会发生光敏作用被激发或分解。激发后的有机污染物或游离的离子、原子可与臭氧和等离子氧反应形成 CO_2、H_2O 气体而逸出物体表面。紫外线清洗整个过程在室温发生，并且很短的时间就能完成，对于清理有机硅油、油脂、助焊剂等有良好的效果。另外还有真空脱脂清洗技术，这是一种新型清洗技术，采用的清洗剂是碳化氢系清洗剂，它对人体影响小，刺激性低，无臭；清洗效果达到三乙醇胺同等的清洗度，比碱液好，清洗剂能回收与再生；真空脱脂清洗装置无公害，是封闭系统，而且安全系数高，生产率高，材料能自动装卸，操作方便。

12.1.2 表面清洁除锈及浸蚀

常用的表面清洁方法主要有机械法、化学法、电化学法等。

12.1.2.1 机械清洁法

利用机械力达到表面清洁的方法可大致分为机械磨光、滚光、刷光、喷丸（喷砂）等几大类。

（1）磨光

机械磨光是利用磨光机上弹性磨轮的机械切削作用来实现对工件的表面处理，去除金属工件表面毛边、锈斑、氧化皮、砂眼、毛刺、焊瘤、焊渣以及沟纹、气泡等各种宏观缺陷，使粗糙不平的金属工件表面变得比较平坦、光滑。机械磨光可分为粗磨和细磨两种，磨轮的转速和工作压力也影响磨光的效果。工作时，在磨轮的工作面用黏胶覆盖具有一定颗粒度的磨料，颗粒度的大小选择应遵循先大后小的原则。当磨轮高速旋转时，其表面密集的磨料颗粒起到细小刀刃的作用，与需要加工的零件表面接触后，对金属零件表面凸起处的宏观缺陷进行切削，使其变得较平坦、光滑。零件磨光的基本程序依次为粗磨及外形修整、细磨和表面平整，精细打磨处理后工件表面粗糙度 Ra 值能达到 0.4μm。

图 12-1 展示了砂带式磨光机结构图和实物图。机械磨光适用于一切金属材料，其效果主要取决于磨料的特性、磨粒尺寸、磨具（料）硬度、磨轮刚性和磨轮旋转速度等因素。常用的磨光机按工作方式可分为旋转式打磨机和摆动式打磨机两大类，包含磁力磨光机、砂带式磨光机、金相磨光机、叶片磨光机、角向磨光机、双工位磨光机和薄壁件磨光机等。磨光所用的磨料通常为人造刚玉（含氧化铝 90%～95%）和金刚砂。人造刚玉具有一定的韧性，脆性较小，粒子的棱角较多，所以应用较广。

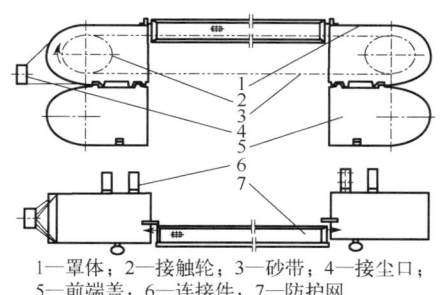

1—罩体；2—接触轮；3—砂带；4—接尘口；
5—前端盖；6—连接件；7—防护网

图 12-1　砂带式磨光机结构图和实物图

（2）滚光

滚光的作用原理是将零件、磨料或滚光液一起放在滚筒机或钟形机中进行低速滚磨，以除去零件表面的油污、锈蚀、毛刺等粗糙产物，达到使零件表面光洁的目的。因此，滚光的实质是零件与磨料在滚筒内一起翻滚，相互碰撞，相互摩擦。滚光包括湿法加工和干法加工两种模式。滚光加工所用磨料包含沙子、人造或天然金刚砂（SiC）、人造刚玉（Al_2O_3）、钢球、硅砂（SiO_2）及皮革等。在湿法加工时除了加入磨料外，还经常加入一些酸性或碱性的滚光液，在化学试剂的作用下促进零件表面的平整。图 12-2 为滚光机示意图和实物图。滚光机主要由辊子、驱动装置、加热装置和控制系统组成。滚光的优势是成本低，可以有效地去除锈斑和氧化层，使零件表面光泽有亮度。但滚光耗时长，比较适用于小型且对表面粗糙度要求不高的零件的批量处理。工作时，滚动的转速依据零件的构造特性选定，一般调控在 15～50r/min。转速太高时由于离心力太大，零件与磨料之间相互摩擦作用低，起不到滚光作用；而转速太低则降低效率，不适用于工业生产。零件表面油污或锈蚀现象严重的应该在滚光前先进行去油或浸泡处理。滚光时加入纯碱（Na_2CO_3）、肥皂、皂角粉、碱性洗涤剂或乳化剂，有利于去除油污；如果金属零件表面有大量锈斑，滚光处理时可加入少量稀硫酸或稀盐酸促进表面清洁。当在酸性介质内的处理结束后，应立即将滚筒内残留的酸性液冲洗干净。

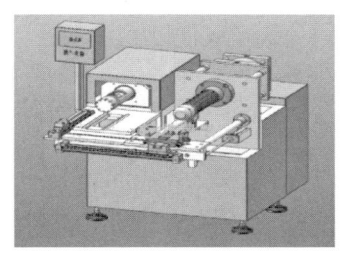

图 12-2　滚光机示意图和实物图

（3）刷光

刷光是借助高速转动的刷光轮去除工件表面轻微的氧化层、表面发花、雾状锈斑、焊渣及其他污物的加工方法。刷光轮主要由钢丝、黄铜丝等金属丝，猪鬃毛等动物毛，或天然、人造纤维等编织而成。常用的刷轮有辐射刷轮、杯型刷轮和宽面刷轮等几种形制。钢丝或黄铜丝等金属丝制成的刷轮刚性大、切削力强、使用寿命也长，多应用于材质较硬的零件，可去除零件表面的毛刺、树脂残留或腐蚀产物。动物鬃毛主要用于表面清理，使用时需添加去污粉，否则起不到刷光作用。刷光依据工作条件可分湿法刷光和干法刷光，以水基刷光液的湿法刷光较常用。对金属材料可采用3%～5%（质量分数）的弱碱性碳酸钠或磷酸钠溶液进行刷光。刷光可使用机械刷光，也可以人工手动刷光。但手工刷光耗时耗力，劳动强度大，一般用于小批量零件的表面预处理。

（4）喷丸（喷砂）除锈

喷丸（喷砂）除锈是以压缩空气或机械离心力为动力，将金刚砂、石英砂、石榴石砂、金属弹丸（钢砂或钢丸）等磨料高速、直接喷射到需要处理的工件表面，利用磨料对工件表面的机械冲击、摩擦和磨削作用，将工件表面的毛刺、氧化皮、锈蚀产物、油污、积炭、焊渣、型砂、残盐、旧漆膜、污垢等表面缺陷处理掉。喷丸（喷砂）除锈所用磨料中的某种金属弹丸实物图如图12-3所示，其工作原理示意图如图12-4所示。金属弹丸早期使用铸铁弹丸，但因其易于破碎而用钢弹丸代替。

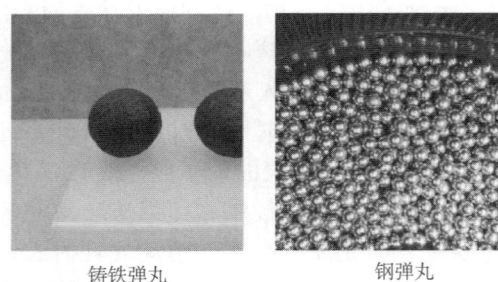

铸铁弹丸　　　　　　　钢弹丸

图12-3　金属弹丸实物图

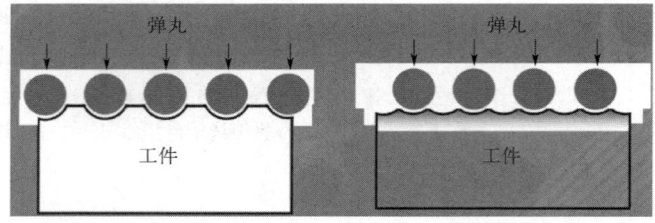

图12-4　喷丸与工件的作用

喷丸（喷砂）除锈主要用于对尺寸及轮廓形状要求低的中型、大型金属制品工件表面清理。如图12-4所示，以高速旋转的喷丸为媒介，对工件表面进行冲击和摩擦，将工件的残砂、高含碳层、焊缝、氧化皮和锈蚀刷去。喷丸（喷砂）除锈不仅可以增加工件表面的清洁度，还可以赋予表面一定的粗糙度。与化学除锈相比，喷丸除锈属于物理除锈，不容易产生氢脆。喷丸加工处理后，不仅可以改善零件的机械性能、提高工件与镀层或涂料的结合力，还可以起到光饰的作用。喷丸（喷砂）除锈效率高、成本低，是目前除锈工艺中应用最广的清洁工件表面的方法。喷丸（喷砂）除锈去除氧化皮、锈蚀的效果极佳，是各种表面预处理方法中质量最好的一种。喷丸（喷砂）除锈可以清洁金属表面，提高金属表面的光洁度，使其显露出均匀的金属本色，还能使金属表面获得一定的粗糙度，在工件表面形成均匀的凹凸面，起到存储润滑油的功效。喷丸处理可以将机械加工应力变成压应力，增加涂层与金属工件之间的结合力，提升金属工件的耐腐蚀性和耐疲劳性能。但喷丸（喷砂）除锈的缺点也比较明显：不能用于薄板工件，形状和结构复杂的零部件也难以处理，除油污能力较差，特别是噪声和粉尘污染严重。操作人员工作时应穿戴安全防护用具，以避免粉尘、磨料等对人体的危害，造成尘肺病。

12.1.2.2　化学浸蚀

化学浸蚀法是强侵蚀性的无机酸或有机酸跟工件表面的氧化皮、锈斑（例如铁的氧化物 Fe_3O_4，Fe_2O_3 或 FeO）或其他腐蚀产物发生化学反应形成可溶性盐从而从基体金属表面溶解掉并剥离的一种除锈方法，该过程又被称为酸洗。常用的除锈酸液包含无机酸和有机酸两大类。无机酸洗液有硫酸（其质量浓度一般控制在 8%～30%）、铬酐（有较强的氧化能力和钝化能力）、盐酸（浓盐酸挥发性强，需稀释后使用）、硝酸（氧化能力强，一般选用质量浓度在 30%左右）、磷酸（中等强度酸，一般加热使用）、氢氟酸（可溶解含硅的产物）等；有机酸有草酸（氧化性强）、氨基硫酸（除锈腐蚀反应速率低，但安全性强）、柠檬酸（安全无毒，除铁锈效果好）等。实际应用中，酸洗液多选用几种酸的混合液，起到优势互补的作用。与无机酸相比，有机酸除锈作用缓和，不产生氢气，残留的酸液腐蚀性小，环境危害小，且对工件基体不容易生成二次锈蚀，工件表面洁净。但有机酸除锈成本高、除锈工艺温度高、除锈效率低、耗时长。因此，有机酸除锈多用于有特殊要求的设备清洗或容器内部锈垢。无机酸除锈优点是成本低、高效快速，但对浓度和工艺要求较高，如果控制不当容易产生金属"过腐蚀"现象。另外，无机酸除锈后需要中和残留酸液并继以水洗，因为多数无机酸的腐蚀性很强。如果残留酸液清洗不彻底，不仅会腐蚀金属工件，还会影响涂层的保护性能。为了减缓酸液对金属的腐蚀和氢脆现象，除锈液中必须加入适量的缓冲剂，如若丁、乌洛托品、硫脲等。缓蚀剂可延缓工件与酸液的反应速度，在工件表面形成吸附膜或难溶的保护膜以免腐蚀工件基体。酸洗工艺主要有浸渍酸洗法、喷射酸洗法和酸膏除锈法。一般多用浸渍酸洗法，大批量生产中可采用喷射法。

（1）酸的作用

酸洗中酸的作用包括对工件表面氧化物的化学溶解和机械剥离两个方面。以硫酸为例，硫酸与铁的氧化物（FeO、Fe_3O_4）反应生成硫酸亚铁和硫酸铁。硫酸通过氧化皮的间隙与基体铁反应造成铁的溶解和氢气析出。硫酸与基体铁反应的有利方面是新生原子态氢能将溶解度小的硫酸铁还原为溶解度大的硫酸亚铁，加快化学溶解速度；在氧化皮下面生成的氢气又能对氧化皮产生机械顶裂和剥离作用，这些都可以提高酸洗效率。不利方面是硫酸与基体铁的反应可能造成基体的过腐蚀，使工件尺寸改变；析氢也可能造成工件渗氢，从而引起氢脆问题。

盐酸的作用主要是对氧化物的化学溶解。盐酸与铁的氧化物反应生成氯化亚铁和氯化铁，它们的溶解度都很大，所以盐酸浸蚀时机械剥离作用比硫酸小。对疏松氧化皮，盐酸浸蚀速度快，基体腐蚀和渗氢少；但对比较紧密的氧化皮，单独使用盐酸酸洗时酸的消耗量大，最好使用盐酸与硫酸的混合酸洗液，发挥析出氢气的机械剥离作用。

硝酸主要用于高合金钢的处理，常与盐酸混合用于有色金属处理。硝酸溶解铁氧化物的能力极强，生成的硝酸亚铁和硝酸铁溶解度也很大，析氢反应较小。硝酸用于不锈钢，是因为其钝化作用不会造成基体腐蚀，但用于碳素钢，必须解决对基体的腐蚀问题。

氢氟酸主要用于清除含 Si 的化合物，如某些不锈钢、合金钢中的合金元素，焊缝中的夹杂焊渣，以及铸件表面残留型砂。

氢氟酸和硝酸的混合液多用于处理不锈钢，但氢氟酸腐蚀性很强，硝酸会放出有毒的氮化物，也难以处理，所以在应用时要特别注意，防止对人体的侵害。

磷酸对铁氧化物有良好的溶解性能，而且对金属的腐蚀较小，产生氢脆的可能性小。因为残留的磷酸能够生成水溶性低的磷酸盐沉淀，从而在金属工件表面形成一种钝化膜。磷化膜是一种具有非常好防锈效果的保护膜，可作为涂层处理时良好的底层。因此，磷酸一般用于精密零件除锈，但其价格较高。采用磷酸除锈时，主要作用是把氧化皮和铁锈变成易溶于水的 $Fe(H_2PO_4)_3$ 和难溶于水及不溶于水的 $FeHPO_4$、$Fe_3(PO_4)_2$,氢的扩散现象微弱。磷酸酸洗时产生的氢为盐酸或硫酸酸洗时的 1/10～1/5，氢扩散渗透速度为后者的 1/2。

（2）酸洗添加剂

为了保证化学浸蚀在去除金属表面锈蚀物的同时不对工件基体也产生浸蚀作用并防止金属表面的过腐蚀，在酸洗过程中一般加入少量的金属缓蚀剂。缓蚀剂保护膜的形成是因为酸洗的实质是化学反应过程。当金属和酸接触时发生化学反应或形成腐蚀电池从而使金属表面带电。缓蚀剂作为极性分子，会因为静电引力遵循软酸连软碱、硬酸连硬碱的原则而被吸引到金属表面，从而形成保护膜，阻止酸对铁的进一步腐蚀。从电化学的观点来看，所形成的保护膜能大大阻滞阳极极化过程，同时也促进阴极极化，抑制氢气的产生，使腐蚀过程显著减慢。氧化皮和铁锈不会吸附缓蚀剂极性分子而成膜，因为它们与酸作用是通过普通的化学作用使铁锈溶解，其表面是不带电荷的。因此，在除锈液中加入一定量的缓蚀剂并不影响除锈效率。

为缩短除锈时间，优化除锈过程，酸洗液中常添加一些润湿剂以改变酸洗液的表面张力和渗透性。润湿剂以非离子型表面活性剂为主，因为其在强酸介质中很稳定，包含聚氧乙烯烷基酚醚、聚氧乙烯脂肪醇醚等。阴离子型表面活性剂可选用烷基硫酸盐、磺酸盐、脂肪酸等。通常不使用阳离子型表面活性剂。有润湿剂时，金属工件表面的氧化皮更容易被酸洗溶液浸润，特别是局部氧化铁皮已经被溶解或者有裂纹的部位。表面活性剂耐酸碱性好，可降低表面张力、改变接触角。利用润湿剂浸润、渗透、加速氧化皮溶解、促使酸洗液乳化和分散、增加缓蚀剂的溶解度及保护金属表层等作用，能有力地提高酸洗效率，缩短时间。

为了减小基体的腐蚀损失和渗氢的影响，减少酸雾改善操作环境，酸洗液中还应加入高效的缓蚀抑雾剂。但需注意，缓蚀抑雾剂可能在工件表面形成薄膜，需要认真清洗干净，而且缓蚀剂可降低析氢反应的机械剥离作用。

（3）酸洗用酸的种类、浓度及温度的选择

酸洗用酸的种类、浓度及温度的选择要根据工件材质、表面锈层和氧化皮的情况，以及对表面清理的质量要求确定。对钢铁工件，常用硫酸、盐酸以及二者的混酸。为了溶解铸件表面的含硅化合物，需要在硫酸或盐酸中加入氢氟酸。硫酸浓度一般为20%左右，此浓度下对氧化皮的浸蚀速度快而基体损失小。盐酸浓度一般在15%以下，大于20%时因为浓盐酸的挥发性会发烟。随着盐酸浓度的增大，酸洗速度加快，时间缩短。随温度增大，酸洗速度也加快，时间缩短。

（4）酸洗工艺

酸洗除锈工艺主要采用浸渍酸洗、喷射酸洗以及酸膏除锈等方法。浸渍酸洗的金属经脱脂处理后，放在酸槽内，待氧化皮及铁锈浸蚀掉，用水洗净后，再用碱进行中和处理，得到适合的精整表面。与机械清理相比，化学酸洗除锈中工件表面与酸洗液充分接触，加入缓蚀剂和润湿剂后浸蚀速度增快、除锈效率高，适用于各种形状的工件，同时还有除锈彻底、工件表面清洁，工作劳动强度低、易于操作、易于实现机械化、自动化生产等优点。

需要注意的是酸洗残留液的腐蚀性较强，当表面污染物和锈蚀物清除干净后应立即取出工件，用清水冲洗掉表面残留酸液，随后依次在碱液和清水中清洗，彻底除去工件表面残留的酸液和碱液，使工件表面彻底清洁干净。对于铝或锌等两性金属材料，浸蚀除锈多采用碱性溶液。

12.1.2.3 电解浸蚀

电解浸蚀采用酸性或碱性电解液，依据电化学原理以金属工件作电极进行电解而去除表面氧化皮或锈层。根据工件极性的不同，电解浸蚀分为阳极除锈和阴极除锈两种方法。由于电极析氢或析氧而产生微气泡，搅动溶液使工件表面浸蚀液不断更新会极大程度地加速表面锈层的去除。电解浸蚀可以有效地缩短除锈时间且效率高，可减少除锈过程中酸、碱的使用量，对金属表面厚而致密的氧化皮或锈膜去除效果好，特别适用于电镀作业。

阳极浸蚀通过对工件金属锈层的化学溶解和电化学溶解，以及析出氧气气泡产生的机械剥离作用来除去氧化皮。阴极浸蚀时，借助于大量析氢微气泡对氧化皮的机械剥离作用及初生原子态氢对氧化物的还原作用除去氧化皮。阳极浸蚀时析出的氧气泡大但数量少，机械剥离作用较小，耗时较长，容易造成基体金属过腐蚀。相比较而言，阴极浸蚀时金属基体几乎不会腐蚀，工件尺寸不会改变，但可能带来氢脆和挂灰问题。

电解浸蚀清除工件表层氧化物、杂质等污染物的效果与锈蚀物的种类、组织结构和除锈工艺密切相关。相比阴极除锈，阳极除锈速度慢，容易出现过腐蚀现象。但阳极除锈不会产生氢脆，能够实现薄氧化皮工件的微细加工或复杂形状工件的除锈。阴极除锈的优点是除锈速度快、除锈后工件表面基本形状不会改变、不容易过腐蚀，适用于较厚锈层的工件，但缺点是容易产生氢脆现象。可先采用阴极除锈，再转为阳极除锈，两种方法优势互补、扬长避短，可达到较好的除锈效果。

与化学除锈方法相比，电解除锈速度快，对工件基体腐蚀损害小，可以实现高精度、高效率的除锈工作。在通电的情况下，电解除锈比化学除锈对牢固附着在金属表面的氧化皮的清洗效果更好。选择适当的电解工艺参数，包含电流参数、浸蚀时间和温度，来维持工件表面的电流分布均匀性，即使由于析氢或析氧使表层电解液浓度发生微小变化但仍能取得较好的除锈效果。电解除锈的操作、管理工艺成熟，广泛应用于电镀工业。但电解除锈成本较高，需要专门的设备且消耗电能，对特别厚并致密的锈层直接用电解浸蚀去除效果并不理想，一般需要与化学侵蚀连用，防止氧化皮溶解和去除不彻底。

此外机械清洗法、化学清洗法等传统的清洗技术都存在着一些缺点：无法满足高清洁度清洗要求、容易产生环境污染、对亚微米级的污粒清洗无能为力，基于此可以使用较为先进的激光清洗技术。激光束作用：a. 利用激光产生的高频率振动在固体表面产生力学共振现象，使表面污垢层、锈蚀层或附着物碎裂从而脱落；b. 激光产生瞬间高温使表层气体瞬时膨胀，对表面污垢层、锈蚀层或附着物产生反作用力，由于液体飞溅作用使污染物克服与基体材料之间的结合力而脱离基体表面；c. 激光能使附着的表层污染物气化、消蚀、散失或分解。激光辐射除锈的过程中，可同时使用惰性气体吹拂工件表面。当表面污垢或锈蚀被激光剥离后，借助惰性气体的喷吹力，污染物就随着气体脱离表面，从而达到避免清洁表面再次污染和氧化的目的。激光清洗技术在飞机、船舶金属表面的除锈、除漆以及文物污垢清除等方面有极佳优越性，将来其应用会更加广泛。

12.2　表面结构及评定

GB/T 131—2006 明确规定了表面结构中各项要求在图样的表示法，包含表面粗糙度、表面波纹度、表面纹理、表面缺陷和表面几何形状等各项特征。表面结构是零件在加工过程中产生的误差。在机械加工时工件表面会形成许多高低不平、交替出现的凸峰和凹谷，多因切削引起的塑性变形、刀痕、刀具对表面的摩擦，工艺系统的某些振动等造成。偏离理想表面的误差有宏观和微观之分。根据波峰和波谷的高度差（波高）以及峰与峰、谷与谷之间的距离（波距）的大小又可区分为表面粗糙度与表面纹理度和宏观几何形状误差，如图 12-5 所示。

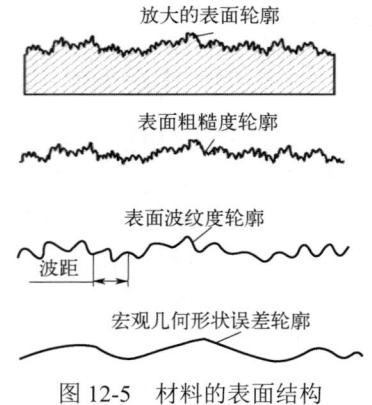

图 12-5　材料的表面结构

① 波距小于 1mm，属于微观几何形状误差，属于表面粗糙度。

② 波距介于 1～10mm 且具有周期性变化，属于表面波纹度。

③ 波距 10mm 以上，没有明显周期性变化，属于宏观几何形状误差。

表面粗糙度和表面波纹度均属于微观几何形状误差。由微小峰谷和微小间距构成的表面误差称为表面粗糙度。表面波纹度的波距和峰谷大于粗糙度但小于宏观几何形状误差。表面粗糙度是影响零件寿命、配合性、耐磨性、抗腐蚀性和密封性的主要因素，属于评定零件表面质量的一项重要技术指标，是零件图中必不可少的一项技术要求。

12.2.1　评定参数及定义

（1）实际轮廓
平面与实际表面相交所得的轮廓线，分为横向实际轮廓和纵向实际轮廓

（2）取样长度 l_r
规定取样长度是为了减弱或防止表面波纹度对评定表面粗糙度的影响。依据表面粗糙度的特征规定一段基准线长度，它在轮廓总的走向上量取。一般表面越粗糙，取样长度就越大，取样长度不可太短或太长，一般应包括 5 个或 5 个以上的峰（谷）点，如图 12-6 所示。

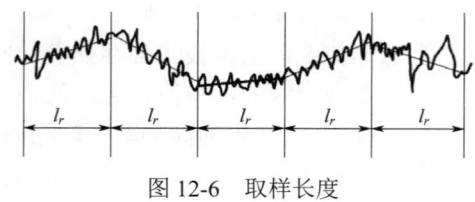

图 12-6　取样长度

（3）评定长度 l_n
由于工件表面不同区域的表面粗糙度存在不均匀性，因此规定在评定或测量表面轮廓时必须取一定的长度来反映加工表面的不均匀性。最小的评定长度至少包含一个取样长度，国家标准中推荐 $l_n=5l_r$，评定长度一般由 5 个连续的取样长度构成。如果加工表面比较均匀，可以选择 $l_n<5l_r$，如果加工表面比较粗糙可以选择 $l_n>5l_r$。

（4）中线基准线

中线基准线是具有几何轮廓形状并划分轮廓的基准线，是测量表面粗糙度的基准线，它具有与被测表面一致的几何轮廓形状（如直线、圆弧线等），如图 12-7 所示。它是评定表面粗糙度参数值大小的一条参考线。

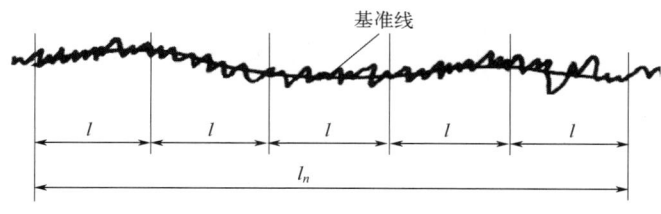

图 12-7　中线基准线

（5）加工纹理方向

加工纹理方向是加工完后在零件表面上留下的痕迹方向。

12.2.2　表面粗糙度的参数

工件的表面粗糙度可以从三个方面来衡量，包括高度方向、间距参数和形状特性参数，其中高度特性参数为主要参数。

（1）高度特性参数

表面粗糙度评定标准中有三个和轮廓幅度相关的参数，分别为轮廓算术平均偏差 Ra、微观不平度十点高度 Rz 和轮廓最大高度 Ry。

① 轮廓算术平均偏差 Ra　轮廓算术平均偏差 Ra 是指在一个取样长度内的轮廓偏距，为沿 y 轴方向上轮廓线上的点与基准线之间距离绝对值的算术平均值，如图 12-8 所示。

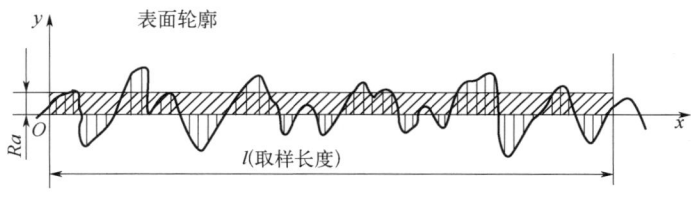

图 12-8　轮廓算术平均偏差

Ra 代表在取样长度内，所测表面轮廓上的各点至轮廓中线偏差绝对值的算术平均值：

$$Ra = \frac{1}{l}\int_0^l |y(x)|\mathrm{d}x \tag{12-1}$$

或近似表示为：

$$Ra = \frac{1}{n}\sum_{i=1}^{n}|y_i| \tag{12-2}$$

Ra 值越小，表面质量要求愈高，零件表面愈光滑，反之亦然。

② 微观不平衡点高度 Rz　微观不平衡点高度 Rz 是指在取样长度内 5 个最大轮廓峰高 y_{pi}

的平均值与 5 个最大轮廓谷深 y_{vi} 平均值的和，如图 12-9 所示。

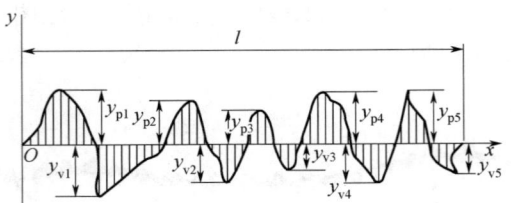

图 12-9　微观不平衡点高度

$$Rz = \frac{\sum\limits_{i=1}^{5} y_{pi} + \sum\limits_{i=1}^{5} y_{vi}}{5} \qquad (12-3)$$

这个方法的优点是简单、直观，缺点是不反映形状特征。

③ 轮廓最大高度 Ry　轮廓最大高度 Ry 是指在取样长度内，轮廓峰顶线和谷底线之间的垂直距离。$Ry = |y_{pmax}| + |y_{vmax}|$，如图 12-10 所示。

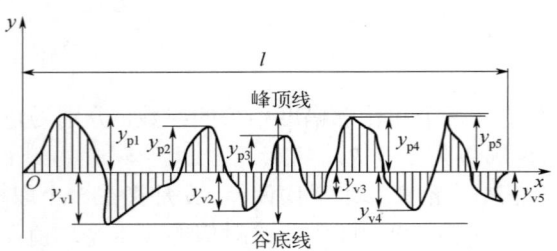

图 12-10　轮廓最大高度

这三个高度特性参数各自有优缺点，其中 Ra 是最主要的评定参数，能比较全面地反映被测表面微观的峰谷几何形状的特征；Rz 适用于短小平面粗糙度的标识，其反映的表面微观形貌高度方面的特征不如 Ra 全面，但容易测量；Ry 测量更便捷，填补了 Ra、Rz 不能适用极小表面的不足。因 Ry 反映的微观几何特征很不全面，起到提供极限偏差值的作用，一般不单独使用。

（2）间距参数

① 轮廓微观不平度的平均间距 S_m　轮廓微观不平度的平均间距 S_m 是指在取样长度内，轮廓微观不平度间距 S_{mi} 的平均值，如图 12-11 所示。

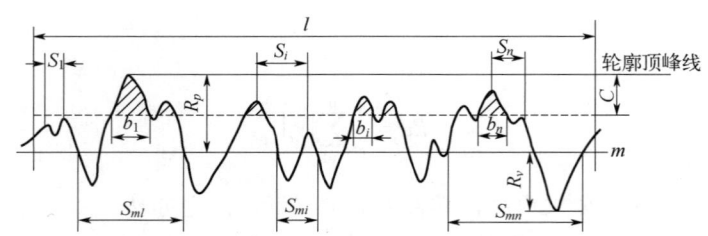

图 12-11　间距特征和形状特征参数

其中 S_{mi} 是轮廓峰与相邻的轮廓谷在中线上的一段长度：

$$S_m = \frac{1}{n}\sum_{i=1}^{n} S_{mi} \qquad (12\text{-}4)$$

② 轮廓的单峰平均间距 S　如图 12-11 所示，轮廓的单峰平均间距 S 是指在取样长度内轮廓的单峰间距 S_i 的算术平均值：

$$S = \frac{1}{n}\sum_{i=1}^{n} S_i \qquad (12\text{-}5)$$

式中，S_i 是指两个相邻单峰的最高点投影在中线上的长度距离。

（3）与形状特性有关的参数（曲线参数）

轮廓支承长度率 t_p，如图 12-11 所示，是指轮廓支承长度 η_p 与取样长度的比值。其表现了在取样长度内，一条平行于中线的直线从峰顶线水平下移一定距离后（距离为 C），该直线与轮廓峰相交所得各截线长度之和与取样长度的比值：

$$t_p = \sum_{i=1}^{n} b_i / l = \eta_p / l \qquad (12\text{-}6)$$

式中，η_p 为轮廓支承长度。

总体来说，零件的表面粗糙度数值越低，表面越平整光滑，零件的配合性、密封性越好，使用寿命越长，但零件的加工费用会增加。GB/T 1031—2009 规定了三个评定高度特征的参数，两个间距特征参数和一个形状特征参数。评定零件表面粗糙度参数和参数值的选用首先要满足零件使用功能要求，其次考虑加工成本的经济性，还需要考虑仪器设备条件等因素。高度特征参数中，Ra 反映表面形貌的信息较全，为最主要的评定参数。通常采用比较法或触针法进行测量：以电动轮廓仪记录被测表面的轮廓，或用表面粗糙度测量仪显示 Ra 数值。Rz 数值容易测量，也是一个较常用的评定参数，使用双管显微镜（光切法）、干涉显微镜（干涉法）即可测量。对于光洁度、抗疲劳度、密封性、运动速度和承压要求较高的零件表面，在提供 Ra 或 Rz 的同时，需增加 Ry 数据。对于仪表、轴承行业、刀具的刃部中具有极小测量平面的零件，规定符合的取样长度较困难，推荐选用 Ry。根据间距特征参数 S_m、S 来控制微观不平度横向间距的细密度。对表面刚性、耐磨性有较高要求零件时，还需 t_p 来控制和保证加工表面的形状特征。

12.3　表面性质及要求

材料均具有表面，材料的制备及使用过程发生的各种物理化学变化都是从材料的表面向材料内部逐渐进行的，这些过程的进行都依赖于材料的表面结构与性质。材料表面性质的不同对零件的性能影响也不一样。

（1）表面性质对零件耐磨性的影响

① 表面粗糙度对零件耐磨性的影响。零件仅在表面轮廓的峰顶处与其他材料相接触，表面平整、粗糙度低、接触面大则耐磨性越好。但表面粗糙度太低和太高零件的耐磨性都不好。粗糙度太高，有效接触表面低，造成接触点的实际压强增大，凸峰之间相互咬合挤压，造成磨损加剧，耐磨性降低；如果粗糙度太低会造成接触面黏结且不易存储润滑油，反而造成磨损加剧。因此，就耐磨性而言，需要根据零件的工作情况选定最佳的表面粗糙度。

② 表面层的冷作加工硬化对零件耐磨性的影响。工件表面的冷作加工硬化，一般能提高零件 0.5～1 倍的耐磨性。这是由于冷作硬化加工能提高零件表面的接触刚度，提高金属摩擦层的显微硬度，减少弹性、塑性变形使其耐磨性增强。但需要注意的是，并非冷作加工硬化程度越高其耐磨性就越高。过分冷作加工硬化会出现疲劳裂纹，造成金属组织疏松，导致表面少量金属剥落并形成微小颗粒，反而加速凸峰磨损，降低耐磨性。

（2）表面性质对零件疲劳强度的影响

① 表面粗糙度对零件疲劳强度的影响。零件的抗疲劳性决定其使用寿命。一般来说，表面粗糙值越大代表表面缺陷越多，造成零件的抗疲劳性越差。粗糙表面的凹谷部位在压力的作用下局部区域所承受的应力增大，特别是承受交变载荷时，容易在凹谷处产生应力集中的现象。应力集中对脆性材料的影响远大于塑性材料，会使脆性材料产生断裂和疲劳裂纹；塑性材料由于塑性变形作用会使应力重新分布。

② 表面层冷作加工硬化与残余应力对零件疲劳强度的影响。适度的表面冷作加工硬化会在表面形成一层硬化的保护层，能有效地防止表面疲劳裂纹的出现，从而提高零件的抗疲劳性。但如果表面硬化过度，反而容易出现疲劳裂纹，降低抗疲劳性。残余应力对零件抗疲劳性的影响取决于其方向和大小：残余拉应力使加工表面产生的裂缝扩大而降低疲劳强度；残余压应力使表面裂缝缩小，起到阻止疲劳裂纹扩展的作用，从而增加零件的抗疲劳性。

（3）表面性质对零件耐腐蚀性能的影响

① 表面粗糙度对零件耐腐蚀性能的影响。零件表面越粗糙，越容易聚集腐蚀性的气体或杂质。这些腐蚀性物质还会通过表面微小的凹谷向内渗透。凹谷越深，越容易加剧腐蚀。

② 表面残余应力对零件耐腐蚀性能的影响。零件表面的残余压应力能有效地缩小表面裂纹的扩展，使得零件表面紧密，阻止腐蚀性物质的渗入，增加了零件的耐腐蚀性。残余拉应力因扩展表面裂缝而降低零件耐腐蚀性。

（4）常见的工件表面性质实例

① 表面粗糙度　可通过分步骤研磨抛光的方法来降低工件表面粗糙度，改善表面质量。18CrNiMo7-6 钢是一种含碳量低、表面硬化的合金结构钢，成形后进行渗碳工艺处理可增加耐磨性和抗疲劳性。研磨前表面粗糙度 Ra 为 0.3～0.4μm，采用磁性树脂金刚石研磨垫对其表面进行研磨时，已加工表面粗糙度随着研磨垫粒度的增大而减小。当采用精细研磨 3000 目研磨垫研磨后，渗碳面和基体面表面粗糙度 Ra 值可分别降低到 15nm 和 17nm。

② 表面波纹　车齿是依据啮合原理对齿轮进行双自由度的车削加工。在单位时间内可以进行多次车削，车齿刀和工件各自绕自身轴线转动，形成展成运动。车齿加工精度高、生产率高、成本低，常用来加工外齿轮、内齿轮和蜗杆等，特别在内齿轮的加工方面有得天独厚的优势。切削模型的准确性、切削厚度、刀具运动参数、切削次数等都影响车削工艺的精确度。车齿后形成的波纹是影响工件表面精度的主要原因。图 12-12 展示了 YKE2250 锥齿轮铣齿机床上车齿过程中因刀具运动偏心误差对工件加工精度的影响。图 12-12（a）中，刀具偏心 e=20μm，工件齿面呈现大约 7 个明显的波纹，但整体齿面较为光滑。调整机床参数，加大刀具的安装精度，使刀具偏心 e 减小为 10μm，所加工的工件齿面照片如图 12-12（b）所示，虽然工件齿面仍展现 7 个左右的波纹，但波动幅度明显降低。

③ 表面毛刺　在钛合金钻削加工过程中，由于钛合金材料硬度高、导热性差，一部分材料在刀具切削刃与工件挤压和剪切作用下残留在工件出口表面形成出口毛刺。由于钻头材料、转速、进给量、切削液等因素的影响，毛刺类型可表现为均匀毛刺、带钻帽的均匀毛刺

和冠状毛刺，如图 12-13 所示。

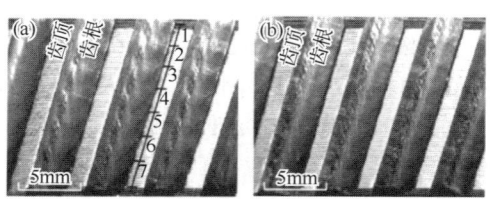

图 12-12　车齿工件齿面波纹
（a）刀具偏心 e=20μm；（b）刀具偏心 e=10μm

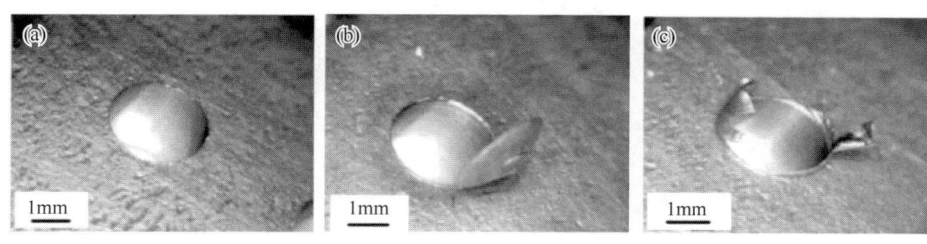

图 12-13　钛合金钻削出口毛刺
（a）均匀毛刺；（b）带钻帽的均匀毛刺；（c）冠状毛刺

④飞边与裂纹　制造铝合金轮毂时，对铸造工艺要求很高，当金属为全液态或者模具合模不严时则容易导致飞边。如图 12-14 所示，以 2024 铝合金轮毂为例，采用流变挤压铸造的铸件，外形完整轮廓清晰，缺陷较少，没有出现飞边和裂纹，如图 12-14 图左工件所示。但是当用 720℃ 直接浇入金属型进行挤压的铸件，如图 12-14 图右工件所示，出现了较严重的裂纹缺陷，其飞边也比较严重。

图 12-14　2024 铝合金轮毂半固态成形（左）与全液态成形（右）铸件飞边对比图

⑤ 残余应力　工件在制造过程中，将受到来自各种加工工艺、因素的作用。当加工制造完成后，仍有一些残余的影响和作用残留在工件内，称之为残余应力。根据加工时工件的温度，分为冷加工（常温加工）和热加工两种。冷加工多为切削、冷拉、弯曲、装配、冷轧、滚压、压力加工等。热加工会引起工件化学或物相变化，通常包含铸造、焊接、锻造和热处理等。残余应力通常因工件冷塑性变形、热塑性变形和金相结构变化产生，可通过适当的热处理消除大部分残余应力。残余应力会使工件缓慢变形，直接影响工件的抗疲劳强度、耐腐蚀性、耐磨性、稳定性和使用寿命。工作时，工件承受工作应力和残余应力，当总应力超过

极限时会生成微裂纹、断裂，缩短工件服役寿命，使其报废，甚至产生灾难性的后果。

比如车轴服役过程中，在冲击或弯曲交变载荷的作用下，容易在应力集中（或缺陷）部位萌生疲劳裂纹，进而扩展形成宏观裂纹。如图 12-15 所示，2008 年德国 ICE 动车车轴端部裂纹断裂失效而产生了重大的脱轨事故。而中国用了近十年时间引进、消化、吸收了德国、日本、加拿大等发达国家的先进动车制造技术,进而自主研发,如今中国的动车技术已经领先世界，成为了国家自主创新的典范。

图 12-15　德国 ICE 动车车轴端部裂纹断裂失效

12.4　表面精整与加工技术

工件在经过精加工后会在表面形成一层很薄的表面层，其特性与内部基体特性有很大区别。为了获得高质量的表面，需要对材料进行表面精整与加工，也就是对工件表面进行极薄层的切除或者修饰，从而提高工件的表面光亮度或精度，降低表面粗糙度。材料表面精整是一种选择压力作用点的表面修饰加工方法，通过工具在工件表面的一定区域施加压力，会自动对工件局部的凸起进行切除，从而逐步提高工件的表面精度。随着磁记录、光学记录、超大规模集成电路等领域的发展，对工件提出了极精确面型和超光滑表面的加工要求，其表面粗糙度在纳米级。精整加工可以有效降低工件表面粗糙度、改善表面性能和提高加工精度（包括尺寸、形状、位置精度）。根据产品的需求不同，加工精度可以达到 100nm 乃至 1nm，从而提高产品的性能和质量，提高其稳定性和可靠性，促进产品的小型化，增强零件的互换性，提高装配生产率，并促进自动化装配。因此表面精整与加工技术在机械、电子、光学等国防和民用等领域具有举足轻重的作用。

比较常用的表面精整加工技术包括研磨、抛光、珩磨和超精密加工等。

12.4.1　研磨

研磨所用的研具表面压嵌、敷涂或连续注入具有一定硬度的微细研磨剂，对工件施加一定压力使研磨剂运动起来，在研具和工件之间不停地、随机地滚动和滑动。通过磨料的相对运动对工件表面产生切削作用，从工件表面磨去一层极薄的切屑，使得工件与研具相接触的高点获得修整。研磨可提高工件精度，使工件具有精确的尺寸和几何形状，尺寸公差等级可达 IT5～IT3。研磨还可有效减低表面粗糙度，Ra 值可达 0.008～0.1μm。研磨是一种常用的精密加工方法，工作原理示意图如图12-16所示。

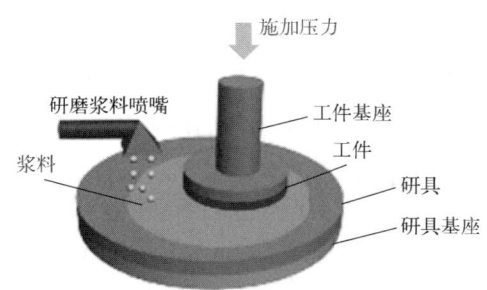

图 12-16　研磨精整工作原理图

研磨适用于各种金属、非金属材料，加工表面的形状可分为平面、圆柱面、内孔、圆锥面、凹/凸球面、螺纹、齿面等啮合表面或其他成形表面。研磨常用湿研、干研和半干研三种研磨方式：湿研可将研磨剂和添加剂共同混合在溶剂中以达到更高的抛光性能；在干研时，一般需要添加少量的润滑剂；半干研使用糊状的研磨膏。研磨的过程是研磨剂对工件表面的切削、添加剂等活性物质的化学作用及工件表面在低压低速条件下冷塑变形等的综合结果。研磨时，工件在车床卡盘上必须被定位并夹紧，或用夹头支撑。在研具与工件之间添加研磨剂。工件由车床主轴带动，使其做直线往复运动或"8"字形运动。

研磨的优点有以下几点。a. 可控性强，有效控制研磨的位置和研磨时间对工件进行精细加工。研磨是一种表面微切削加工模式，且研磨运动轨迹可控，运动曲率变化小，系统振动的影响小，加工后工件表面粗糙度大大减小。b. 研磨通过高硬度的磨料对工件表层进行微切削，因磨料相对运动形成较大的负前角，在工件表层产生压应力和塑性变形。研磨后表层残余的压应力能改善工件表面的抗疲劳强度和耐腐蚀性等性能。c. 设备简单，且多为不昂贵的设备。可采用手工件小批研磨，也可采用大批量机械化研磨加工。机械加工所用磨床有平面磨床、内圆磨床、外圆磨床和无心磨床等。简化的研磨工具包含研磨棒、研磨套、研磨平板等。d. 通用性强。研磨可加工平面、内/外圆、三角形、球面、锥面、顶端、齿、螺纹等各种型面、部位，且不需要复杂和高精度设备，方法简便可靠，容易保证质量。e. 研磨不仅适用于各种钢、淬硬钢、铸铁、铜、铝、合金等金属材料，还可加工玻璃、陶瓷、塑料制品、半导体、钻石等非金属材料。

磁力研磨使用可磁化的研磨材料，在磁场作用下形成磁力刷，对工件表面进行加工，是一种新型的高效精密加工方法。与传统的机械研磨或手工研磨相比，磁力研磨成本低、装置简单，对工件内孔、死角、细小夹缝内的毛刺、锈蚀、氧化膜和污垢能达到更好的平整和抛光效果。磁力研磨加工对象多样化，既可以对磁性材料也可以对非磁性材料进行磁力研磨，可以加工任何形状的表面，尤其对因腔内空间的限制难以用传统的研磨方法加工复杂、不规则、多样性的表面具有得天独厚的优势。磁力研磨已广泛应用于机械、金属制造、汽车、轴承、航空航天等行业的复杂曲面数字化磁力光整加工。通过改变磁场强度可以控制研磨压力，使其具有很强的自适应性、可控性和高精度，可以实现细长薄壁管工件表面粗糙度和形状的加工，已广泛应用于半导体、医疗器械、原子能等领域中轻薄、细小、精密的零件。磁力研磨还具有很好的自锐性，不容易出现机械研磨中磨料堵塞或钝化的现象，设备使用寿命长。目前，国内外学者已经对新型、高效磁力研磨设备和配套的机床零件、研磨机理等进行了大量深入的研究，包含 Matlab 数值拟合、考察影响表面粗糙度和表面微切削量的因素（例如：磁粒组成及粒度、磁极转速、加工时间、粘合剂）、批量加工和全自动化加工等方面。

12.4.2　抛光

抛光是一种表面精加工技术，不会改变工件的尺寸精度和几何形貌。利用抛光工具、磨料或抛光剂通过机械、化学或者电化学作用对工件表面进行微细加工，降低工件表面粗糙度，消除表面污点、裂纹或其他缺陷，增加其耐腐蚀性和黏附性，以获得光亮、平整的表面（也可用于表面消光，指消除表面光泽）。抛光主要分为机械抛光、化学抛光、电解抛光、超声抛光和磁研磨抛光等，作用机理分为物理抛光和化学抛光两大类。物理抛光过程与研磨过程有较大的差异：研磨对工件表面有明显的切削作用，有微量的金属废屑被磨（切）下来，但抛光不会造成显著的表层金属损耗。物理抛光使用磨料磨去表层的原子，与抛光工具相接触的工件表面细微不平处被撕去或磨掉。同时抛光轮高速旋转运动产生的摩擦热使金属表面产生塑性变形，造成表面软化或熔融。原子产生流动性，在表面张力和抛光剂摩擦力的共同作用下填平工件金属表面的细微不平。化学（电化学）抛光利用工件微观表面凹凸部位溶解属性的不一致性，凸起部分优先溶解，且溶解速率大于凹陷部位。在化学试剂的作用下，金属表面不断钝化产生氧化膜且此层极薄氧化膜又不断地被溶解，氧化膜形成的速率要大于溶解的速率。形成的氧化膜能控制化学溶解过程在工件表层内部的扩散速度，通过材料表面微观不平部位逐步溶解和表面氧化膜不断形成,最终获得平整有光泽的表面。

抛光技术可用于平面、圆面、曲面、模具型腔、内孔、交叉孔、3D 打印抛光、微孔、叶片叶轮、齿轮等各种形状的表面平整、去除毛刺、棱角倒圆和清砂等处理。抛光是进行表面改性技术，例如物理气相沉积、化学气相沉积、等离子体化学气相沉积、离子注入技术、离子束沉积、电镀或化学镀等工艺处理之前必须进行的表面预处理。抛光后根据工件表面的光洁度可划分不同等级，等级越高所达到的抛光质量也越高，高等级时能获得镜面光亮的效果。

（1）机械抛光

机械抛光是在研磨加工后对表面的进一步处理，属于用微细磨粒进行切削加工的过程，以增加工件表面或镀层的光泽度，降低表面粗糙度。和研磨相似，抛光是利用抛光轮，通过抛光剂的滚压、切削、摩擦作用对表面进行处理，因此也会产生极其微小的划痕和切屑。通常抛光剂分为抛光膏、抛光液和喷雾剂几类。抛光膏一般由金刚石微粉磨料与乳剂（例如硬脂酸、三乙醇胺或肥皂乳剂）配制而成；抛光液多为不锈钢抛光粉、镁合金抛光粉、铜抛光粉、铝合金抛光粉、玻璃抛光粉等添加胶黏剂（硬脂酸、石蜡等）在蒸馏水中混合而成；喷雾剂是将抛光微粉及辅材装在压力罐中制成。根据抛光的目的可选用不同大小的微粉，粗抛光磨料微粉粒度可选 6μm 左右；精抛光可选用 1μm 以下粒度的磨料。抛光轮的硬度可以通过缝合线的距离来调整。缝合线之间距离越小，所制作的抛光轮硬度越高。制作抛光轮选用的材料可以是适用于高速旋转的低弹性材料，也可以是适用于低速旋转的软质弹性或黏弹性材料，包含各种棉布、无纺布、砂纸、细毛毡、丝绸、皮（人造）革、麻、抛光蜡、千叶轮、塑料、沥青等。大体上讲，研磨通常是采用硬质研磨盘，而且选用微米级以上磨粒对工件表面进行切削加工。与研磨所用研具（磨光轮和磨料）相比，抛光选用材料弹性更好，多为软质金属（镁、铝）或非金属材料（棉、尼龙、麻）等。这些弹性材料可根据与工件的接触状态自动调整磨削力，与复杂曲面或不规则形状的工件表面结合性好，切削深度小，可减缓磨粒对加工表面深加工引起的划痕损伤。

机械抛光是力学、化学和工件表面塑性变形共同作用的结果：高速旋转的磨粒对工件表面的凸起部位、毛刺等进行切削或滚压；而摩擦产生的热能使工件表面温度升高，促使抛光剂中的脂肪酸与工件表面金属发生化学反应析出金属皂，有着润滑剂的作用，有助于抛光加工；工件表面温度上升还使得接触点部位优先软化或熔融，产生塑性流动，在工件表面重新排布。这些作用的叠加最终使得凹凸不平的工件表面光滑平整。选用不同的抛光轮、磨粒、抛光液、压力、转速、时间等可达到不同的抛光效果。图 12-17 展示了机械抛光处理后零件表面质量的变化：机械抛光后，零件表面粗糙度降低，光亮度显著增加，产生镜面效果。

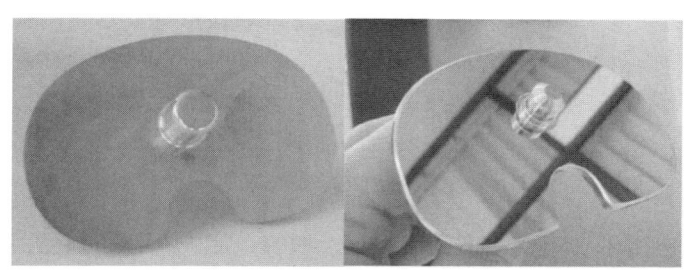

图 12-17　零件镜面抛光前后的表面质量

（2）化学抛光

化学抛光通常在酸性介质中进行，把金属或非金属的工件置入含有腐蚀剂、氧化剂或其他添加剂的抛光液中。在一定的条件下，利用金属表面固有氧化膜不均匀及抛光液对金属表面凹凸不平部位溶解速度的差异，实现材料表面平整及光亮化。化学抛光是一种选择性自溶解过程，本质上是在可控条件中对工件表面的化学腐蚀作用。与其他抛光技术相比，化学抛光不需电源，所需设备简单，不受工件外形和结构限制，可抛光形状复杂的工件，具有成本低、操作简单、材料消耗少、可批量抛光、效率高等优点。

化学抛光主要由工件表面平滑化和光亮化两个过程构成，反应原理与电解抛光相似，属于微电池腐蚀的电化学过程。平滑化是指消除表面微观几何相貌的不平整性。在表面平滑化过程中，由于工件表面粗糙度存在微观高度的不一致性，表面尖峰区域在抛光液中更容易溶解且溶解速率大于凹陷部位。抛光液的化学溶解作用使得金属表面形成厚度不均匀的黏稠性液膜，这层膜控制着溶解过程的继续扩散。由于工件表面尖峰区域的黏膜薄，膜溶解速度比凹陷区域快，凸起部位得到平整。在光亮化过程中，由于特定结晶面的选择性溶解，通过消除工件表面晶体结构的不平整性来实现光亮化的目的。光亮化取决于工件表面钝化氧化膜的形成和溶解速率，氧化膜能控制溶解、腐蚀进一步扩散。由于凹凸不平部位氧化膜的不均匀性，凸起部分氧化层多且溶解速率大于凹陷区，最终获得平滑光亮的表面。化学抛光的腐蚀溶解作用可有效去除机械磨光时产生的表面损伤，适用于形状复杂和各种尺寸的工件，可批量抛光，生产效率高。但存在抛光表面平整度和一致性差、介质使用寿命较短的弱点。

（3）电解抛光

电解抛光本质上是在特定的电解液中利用阳极侵蚀的原理对工件表面进行平整加工，有选择地去除表面缺陷，增加光亮度。图 12-18 展示了电解抛光的原理：工作时，工件为阳极，惰性金属为阴极，两者同时置于特定的电解液中进行电解；加上电压后，工件发生阳极溶解反应，在工件表面形成导电性较差的黏稠性薄膜，薄膜的分布因工件存在表面粗糙度的差异而不同。在工件表面尖峰、毛刺部位黏稠性膜厚度小，造成区域电流密度较大，金属溶解速度较快的现象。而凹陷部位黏稠性膜厚，形成区域电流密度较小，金属溶解较慢。在工件表面电场分布的不均匀造成了工件表面凹凸的不同部位溶解速度不一致，有效控制电解抛光参数可使尖峰、毛刺等部位被选择性地溶解，从而降低表面粗糙度，提高光洁度。

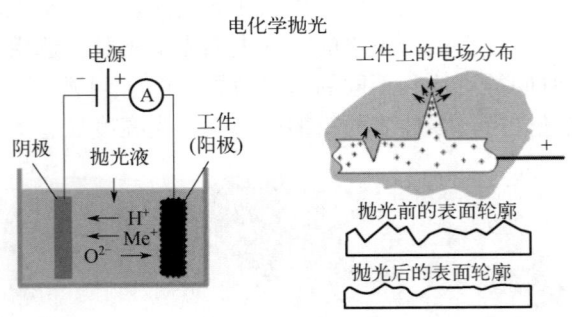

图 12-18　电解抛光原理

电解抛光广泛应用于碳素钢、不锈钢、铝、铜等金属或其合金制品、铜、镍等金属镀层的表面精加工工件，也可应用于制造金相磨片、高反光的表面等。电解抛光可起到增加工件的耐腐蚀性、减少接触点电阻的作用。理论上绝大多数金属都能进行电解抛光处理。不同金属工件的电解抛光所选用的电解液组分和电解工艺参数有较大的差别。钢铁材料的电解液多选用电阻低的硫酸、磷酸或两者的混合溶液，例如磷酸-铬酸酐型抛光溶液，主要由磷酸、硫酸和铬酸酐等组成，铬酸酐的加入主要是防止对工件表面腐蚀。此外，电解液中还可加入甘油、甲基纤维素等缓蚀剂、光亮剂、增稠剂等添加剂以更快、更好地提高表面光洁度。电解工艺参数主要包含电流密度、温度、抛光时间及工件的运动速率（搅拌电解液）等。电解时所用阴极多为铅、铜等惰性金属，多选用直流电压。

与机械抛光相比，电解抛光生产效率高，可一次性处理大批量的零部件；抛光厚度可控性强，操作方便；对于形貌结构复杂或尺寸细小的线材、薄板等零件，机械抛光有困难，可选用电解抛光；电解抛光过程中有氧析出，会在被抛光表面形成氧化膜，提高工件的耐腐蚀性；电解抛光依据电极溶解原理进行加工，对金属表面的耗损小、无刻痕或变形，可增加光滑度且不容易引入外来杂质。相对机械抛光，电解抛光成本较高，多用于机械抛光后的表面质量精饰工艺。

电解抛光容易出现如下缺点或问题：a. 难以去除深层的划痕、凹坑，也不能去除非金属杂质，造成抛光后条痕、裂纹、砂眼、夹杂等缺陷有可能依然存在，通常电解抛光加工后表面粗糙度等级只能提高 1～2 个等级；b. 对于多相合金，由于各组分间溶解速度的差异，有可能造成抛光表面的不平整性；c. 工件表面晶粒尺寸结构不均匀也影响电解抛光效果；d. 由于电解液为黏稠性酸性溶液且电极间距离较大，抛光时产生的气泡难以及时脱附或在表面产生气流线路，会造成表面区域部分不够光亮或形成垂直状条纹；e. 棱角、尖端部位区域电流密度过高容易形成过腐蚀，通过优化抛光前除油去污预处理，调整抛光电流密度、温度，对电解液进行搅拌，减少零件被挂具屏蔽等工艺流程和参数可显著增强电解抛光的效果。此外，针对传统电解抛光加工工艺的不足，基于阳极溶解原理发展出脉冲电化学光整加工、电化学机械光整加工等新型工艺。脉冲电流可以改善加工过程微观区域的电场和温度场，更有利于去除微观高点，加快阳极溶解去蚀能力。而电解抛光与机械平整技术的结合有效利用机械切削作用，形成更多的"小尖峰"，从而加快电解抛光进程。新型电解抛光工艺效率更高，可以在短时间降低表面粗糙度，达到镜面光洁，Ra 在 0.02～0.04μm 之间。随着技术的优化和革新，电解抛光将向柔性化、自动化、智能化发展。

图 12-19 显示了电化学抛光和化学抛光对降低零件表面粗糙度的作用差异。

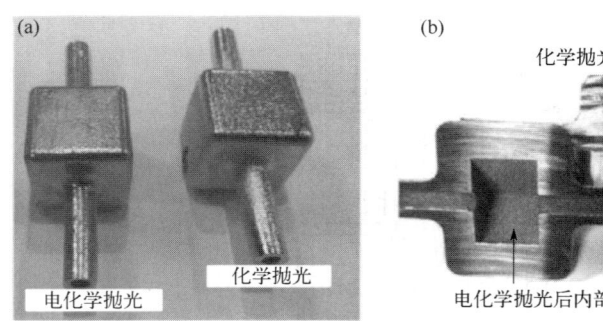

图 12-19　电化学/化学抛光对零件表面粗糙度的影响

对于形状比较简单的工件，如果只需要对工件外表面进行抛光，电化学抛光可以获得比化学抛光更低的粗糙度，对获得光滑平整的工件外表面具有明显的优势，如图 12-19（a）所示。但是对于包含深孔、腔体等中空结构的工件，特别是腔体很小难以放置电极时，尽管抛光液能够到达腔体内部但也不足以实现对工件内表面的电化学抛光。而化学抛光则可以对工件内表面实现较好的抛光效果，如图 12-19（b）所示。

（4）离子束抛光

离子束抛光是近几十年内光学加工领域的重大进展，是一种超精密光学加工技术。它基于物理溅射技术，采用中性高能离子束流轰击工件表面，去除精度达原子或分子级别，从而达到超光滑抛光的目的。

图 12-20 展示了离子束抛光技术的工作原理：在真空条件下，由离子发生器产生的离子经过加速和聚焦后形成带有高能量的离子束（Ar$^+$）。高速运动的离子束流轰击工件表面时，将与工件表层的原子不断发生碰撞并进行能量交换。工件表层获得能量的原子将做反冲运动并将能量传递给周围的原子，形成一系列的级联运动。如果级联运动的原子朝工件（固体）表面方向运动且动能大于表面结合能，其可以挣脱表面束缚，从工件表面发射出去，形成溅射原子。运用物理碰撞方法，利用高能高速运动的离子束，离子束抛光可实现原子量级的超精细的"磨抛"加工。离子束抛光技术可控性强，属于非接触式加工，无边缘效应，无应力产生的表面损伤，外界振动/温度变化的影响小，可以实现球面、非球面和非对称面的加工。其广泛适用于半导体、电子、金属、光学、陶瓷等领域，特别是精密高端光学器件的表面加工，例如 Si、SiC、MgF$_2$、CaF$_2$、蓝宝石、红宝石、方解石、不锈钢等材料的表面精加工。离子束抛光加工前，通过比对工件表面形貌的测量数据和精密光学器件所期望的表面形貌数据，获得表面误差矩阵。表面误差矩阵就决定了工件需要加工的位置、去除函数、离子束驻留时间和加工路径等工艺参数。调节真空度、离子束流分布及能量、射频电压、离子束电压、加速栅电压、中和电流等参数可获得相对应的去除函数。相比表面抛光技术、CCOS（计算机控制光学表面成形抛光）和应力盘抛光等传统接触式计算机数控抛光技术，非接触式的光学加工方法——离子束抛光技术在超精密光学器件的加工领域有更好的效果和应用，特别是对大口径、高精度、非球面、轻薄光学元件的加工有着更好的精确度。为提高离子抛光的加

工精度和效率，离子束抛光技术在设备、复杂表面形貌轮廓精准测量、去除函数的精确计算（特别是大口径复杂曲面）、驻留时间等硬件设施和工艺参数方面仍需进一步研发。

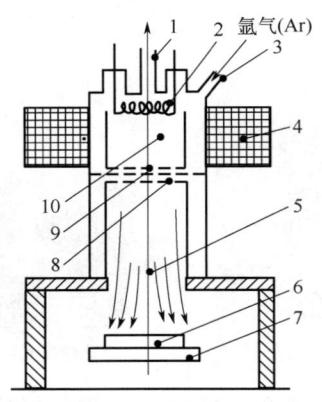

图 12-20　离子束抛光装置工作原理图

1—真空抽气口；2—灯丝；3—进气口；4—电磁线圈；5—离子束流；

6—工件；7—阴极；8—引出电极；9—阳极；10—电离室

（5）激光束抛光

激光束抛光技术利用光纤激光光束对工件表面进行加工处理，是一种新型加工技术，具有高效率、高柔性、灵活性等优点。作为一种新型、飞速发展的表面加工应用技术，激光束抛光属于非接触式抛光技术，无需添加辅助剂，对环境污染小，获得国内外学者的广泛关注。

根据激光与工件表面相互作用的原理，激光抛光可分为热抛光和冷抛光两种。①热抛光是利用表面薄层材料的熔融和快速凝固原理，适用于热性能好的材料（包含导热系数、热容和表面张力等特性）。当高能激光束聚焦在工件表面时，仅过纳秒至皮秒时间后，工件的近表层就积聚了大量的热，造成工件表面温度升高。当温度达到材料的熔点时，工件表层的材料开始熔化。由于工件表面粗糙度的不同，熔化后的材料在不同区域形成的熔池曲率半径各异。熔池中的物质在重力和表面张力的共同作用下，向曲率半径大的地方，也就是工件表面凹陷部位流动，通过工件表面材料的重新分布实现工件表面凹陷处的填补。由于表层熔化过程时间很短，工件基体部位的温度仍保持在室温。高的温度梯度使平滑后的熔融材料快速凝固。通过多次重熔工件表面，增加平滑效果至表面各处的曲率趋于一致，可获得理想的抛光表面。如果激光注量过高，使熔池局部区域甚至整个熔池的温度升高到材料的沸点时，工件表层的材料开始蒸发，造成表面的蒸气压上升。材料在工件表面重新分配的过程中引发边界膨胀现象，产生新的表面结构，反而增加抛光表面的粗糙度。如果材料熔融时间过长，熔化作用会向基体深处扩展，形成表面过熔化区域（SOM, surface over melting），造成工件整体外观和机械性能发生改变。因此需要控制或优化激光功率、激光光斑尺寸和扫描速度等参数，使激光光斑主要与微米级厚度的工件材料表层发生作用，熔化层的深度取决于需要熔化的粗糙表面峰值的高度。②激光冷抛光属于微观抛光过程，通过控制激光参数和加工条件使工件表面产生微观热效应，表面材料的化学键断裂或晶格结构发生改变，从而实现微观结构的调控或材料的去除。激光冷抛光可以有效去除表面缺陷，精细调控微结构。同时由于热效应小，几乎可以忽略，加工后表面不容易出现热影响区或裂纹，避免了热变形或热损伤。

激光抛光技术作为可由计算机软件控制的非接触式表面加工工艺，具有高效性、多样性（加工面形有平面、球面、椭球面、抛物面等）、无需辅助剂、抛光过程可监控、特别适用于超硬材料或脆性材料等优势。激光抛光不损耗表面材料，仅发生热熔、重排、再凝固的过程。激光抛光工艺可分为宏观级和微观级激光抛光两种：宏观级激光抛光一般使用连续波激光来进行抛光，所加工的工件初始表面粗糙度较大，Ra 在 $2\sim16\mu m$ 之间；而微观级激光抛光多选用脉冲激光进行辐照，所加工的工件初始表面较光滑。加工后的表面粗糙度与激光脉冲宽度密切相关，一般来说脉冲宽度增加则粗糙度降低。脉冲激光抛光可实现纳米级甚至亚纳米级精度的抛光，抛光后最终的 Ra 可达 5 nm。复杂的金属部件多由不同的金属组成且不同金属表面几何形貌之间存在差异，选择不同的激光输出能量和扫描频率可实现复杂工件的表面抛光。激光抛光技术也可应用于三维增材的制造。三维增材一般选用层层堆积的办法制造，所获金属功能部件表面比较粗糙且表面完整性和机械性能一致性等性能较差，很难满足实际生产需要。三维增材致密度可达 98%～99%，传统的抛光工艺具有耗时、耗力、损耗表面材料、产生应力变形等缺点，不适用于三维增材表面抛光。如果使用激光抛光技术对三维增材金属表面材料进行重熔，熔融金属会在热毛细效应的驱动下填充到附件的凹陷部位，重新排布后快速凝固。有效控制激光脉冲频率、扫描速度、扫描搭接率和激光能量密度等参数，可有效降低三维增材金属表面粗糙度，显著提升工件致密度、表面完整性和机械性能一致性。

图 12-21 显示了 Light Conversion 公司采用脉冲激光辐射形成的典型微锥结构的扫描电子显微镜图。初始结构的粗糙度 Sa 约 $6\mu m$，Sq 约 $8\mu m$，而 Sz 超过 $30\mu m$。激光在 GHz 突发模式进行抛光后，可以使得粗糙度 Sa 和 Sq 低于 $0.2\mu m$，Sz 低于 $2\mu m$。

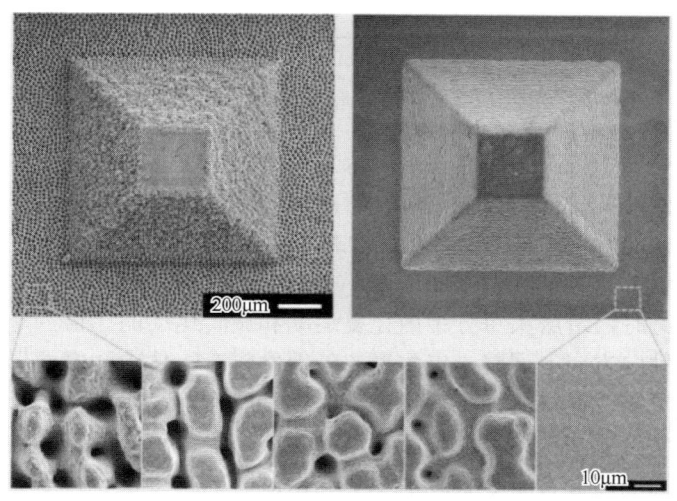

图 12-21　不锈钢的微锥结构在激光抛光前后的扫描电子显微图

12.4.3　珩磨

珩磨是一种特殊的机械抛光技术，是利用珩磨头的油石（珩磨条）对工件进行磨削光整加工。它多应用于各种圆柱孔、内壁、交叉孔、微孔的内表面抛光、去毛刺、棱角倒圆等加工，特定条件下也可以用于平面、球面、齿面和外圆面的加工。

内圆珩磨是一种高精度内孔精整加工方法，由专用的珩磨机床带动珩磨头做切削加工。

图 12-22 展示了内圆珩磨头装置的加工原理示意图。珩磨头的外圆面沿机床主轴轴向方向上镶嵌着多条油石。油石的长度以被加工内孔径的 1.2～1.5 倍为宜。油石由磨料和黏合剂组成，其中磨料颗粒的大小决定着被加工后的表面粗糙度和加工效率。珩磨头内部有弹簧等胀开装置，加入一定的机械压力或气压（液压），在胀开装置的驱动下油石沿径向伸出，并与工件以一定的压力相接触。珩磨头与机床主轴一般通过浮动连接，特殊情况如需要提高对工件几何形状的纠正则采用刚性连接。在机床主轴的带动下，珩磨头上的油石在孔内做旋转运动，并同时沿轴向方向做上下往复运动，这是珩磨加工过程中的主运动。同时，由于胀开装置的作用，油石均匀外张并以一定的压力与孔内表面接触，形成加压力的径向运动。珩磨头上的油石通过旋转、往复、径向进给三种运动对工件进行切削、刮擦或挤压，从而实现工件表面金属材料的去除。珩磨加工不仅可以实现较大的加工余量，还可以提高尺寸精度、几何形貌精度和降低表面粗糙度。

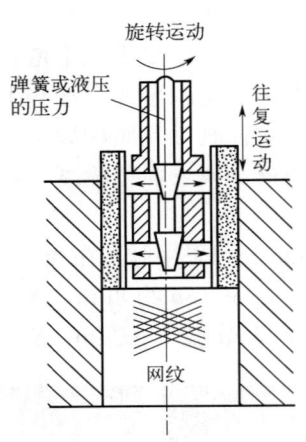

图 12-22　内圆珩磨头装置工作原理

　　珩磨多采用浮动加工方式，珩磨头与机床主轴之间为浮动连接。浮动连接使得加工时珩磨头以被加工的工件内孔孔壁为导向，可补偿内孔与主轴之间微小的径向误差和轴向误差，使加工精度不受机床的影响。被加工表面有创制形成的特点。创制加工过程是指珩磨时油石和孔壁之间是面接触，两者相互做平面运动，类似于两个平板之间互相对磨、相互修整最终形成光滑平面。珩磨时，珩磨头每分钟内往复运动和旋转运动的比值为非整数，每次行程后珩磨头相对工件在轴向方向上调整一定角度，使得磨料在工件内孔表面形成的加工网纹在每两次往复之间都不重复，最终的加工痕迹为交叉螺旋的网形纹路。创制形成可有效避免有些位置过度加工、有些位置加工不足的现象。珩磨头旋转运动造成油石在孔内壁上的切削痕迹与上次运动产生的切削痕迹有一定长度的重叠，珩磨时的搭接量使得前后产生的切削轨迹平滑衔接。单次往复运动内，珩磨头的转数为非整数，保证了珩磨时每个磨料的运动轨迹相互之间不重叠。珩磨时，油石工作面凸起的磨料像刀刃一样对被加工孔壁面进行切削，去除孔内壁表面的高凸点。创制过程中，油石面上的每个磨粒与被加工面上高点的相互研磨、相互修正机会是均等的，交叉网纹相互干涉的机会也是均等的。在不断互研、相互干涉的过程中，孔内壁表面原有高点不断去除并形成新的被加工面——产生新的高点随即被磨掉，同时油石表面不断被研磨修正。随着珩磨的进行，孔内壁和油石的接触面积不断增加，趋于最大程度地贴合，磨料的切削作用也随之逐渐减弱，最终，被加工内孔的圆度或圆柱度等精度获得了提高。为了减小珩磨时产生的残余干涉区，保证被加工面的圆度或圆柱度，珩磨过程中可掉转零件或改变珩磨头与工件轴向的相互位置。

珩磨工艺具有如下独特的加工优点。

（1）加工精度高

珩磨属于大面积的多刃切削加工，比磨削加工精度高、效率高，特别是在中小型孔的加工方面。珩磨多采用浮动连接，珩磨头以工件内孔孔壁为导向。而磨削支撑砂轮的轴承放置于内珩孔外侧，容易产生系统偏差。孔越小，磨削加工的精度越差。珩磨一般用于提高工件的圆度精度、几何形状精度。提高位置精度时采用刚性联结模式，将面板安装在冲程托架上并使其与主轴垂直，零件固定在面板上加工。

（2）表面质量好

珩磨加工后，工件内表面呈现相互交叉的螺旋网纹，有利于贮存润滑油及保持润滑膜，耐磨损，提高使用寿命。珩磨加工后产生许多微小的平台支承表面（因表面尖峰被磨平产生），极大地提高了表面支承率（内孔壁与轴的实际接触面积与两者之间配合面积的比值），故能提升载荷承受能力。珩磨属于低速、面磨削加工模式，加工时珩磨转速仅是磨削速度的几十分之一，磨削热和磨削力很小。而且，油石和内孔面创制加工模式使单个磨粒承受的磨削压力小、发热量低，工件表面不容易产生烧伤、裂纹、热变形或硬质层。珩磨加工无需辅助剂，加工后工件表面不会产生嵌砂和挤压硬质层。

（3）加工范围广

珩磨主要用于各种孔的光整加工:各种圆柱形孔、通孔、轴向或径向有间断的孔、键槽孔、花键孔、盲孔、台阶孔、圆锥孔、椭圆孔等等。外圆珩磨工具可以珩磨圆柱体的外圆，但去除余量远远小于内圆珩磨的余量。油石的磨料主要使用刚玉、碳化硅、金刚石、立方氮化硼等材料，磨料种类决定了珩磨加工的材料类型。例如，立方氮化硼磨料硬度高、热稳定性好，常用于加工合金钢类的阀套或阀体。选用不同的磨料，几乎所有的材料都可以用珩磨加工。

（4）切削余量少

相比其他加工方法，想要达到工件所需的精度，珩磨加工去除的余量最少。珩磨过程中，珩磨头（油石）以工件的轴向为导向来切削工件的余量而提高工件的精度。珩磨一般包含粗珩和精珩两个阶段:首先粗珩，去除工件中余量最大的区域，修正和稳定内孔的形状精度;随后逐步过渡到余量较小的区域，精珩获得表面基本结构，最终提高表面光洁度并获得较高的支承率。

（5）纠孔能力强

由于加工应力、塑性变形等原因，其他类机械抛光和化学抛光技术在加工过程中容易形成新的加工缺陷:失圆、喇叭口、波纹孔、尺寸减小、腰鼓形、锥度、镗刀纹、铰刀纹、彩虹状、孔偏及表面粗糙度等。而珩磨工艺可以有效去除前道工序遗留的加工误差和缺陷，极大地改善内孔或外圆的尺寸精度、圆度、直线度、圆柱度和表面粗糙度。

珩磨技术起源于汽车制造技术领域，目的是提高发动机的性能、延长汽车使用寿命。现在，珩磨技术已广泛应用于汽车、摩托车、飞机、导弹、坦克、雷达、广播电视设备、机床、模具、制动油泵、喷嘴、轴承、工程机械、管材、曲轴、气缸等制造领域，成为精密机械制造行业的关键技术。现代珩磨技术的研发，包含平顶珩磨、挤压珩磨、复合电解珩磨、数控珩磨、超声波珩磨、磁流变珩磨和激光珩磨等新技术，进一步提高了珩磨加工的精度、零件滑动表面的耐磨性和效率。

磁流变珩磨的抛光头内置电磁铁，在高梯度电磁场的作用下，磁流变抛光液迅速聚结成具有一定硬度的流变体"柔性抛光模"，成为有黏塑性的宾汉流体介质。宾汉流体介质在磁场的作用下高速运动通过窄小孔隙，实现对工件表面材料的去除。磁流变珩磨可以进行直径几十毫米的铁磁性、非铁磁性内孔表面精加工，实现微米甚至纳米量级的去除，精度达50nm以下。

图 12-23 为一个圆筒形铁磁工件在磁流变珩磨表面处理前后的表面质量对比，工件经过切割后可以观察到其内表面经过磁流变珩磨后，呈现出镜面效果。

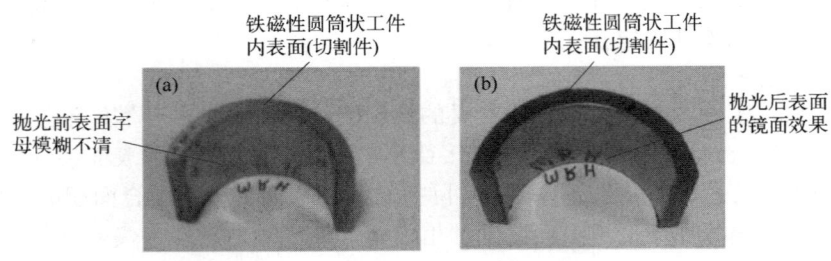

图 12-23　圆筒形铁磁工件切割件内表面上的文字"MRH"镜像
（a）精加工前；（b）磁流变珩磨工艺精加工 100min 后

12.3.4　超精密加工

超精密加工技术的加工精度以纳米，甚至原子单位量级为目标，是近年来发展起来的超精细加工技术。目前常用超精密加工技术有机械化学抛光、离子溅射和离子注入、电子束曝射、激光束加工、金属蒸镀、微细电火花加工、精细电解加工及电解研磨、超声电解加工、超声电解研磨、超声电火花和分子束外延等方法，可以实现极微量表面层物质的去除或添加。借助超精密加工设备和精确的控制系统，严格约束工件与刀具的相对运动可实现对材料的微量切削，获得极高形状精度和表面光洁度。例如，在超精密磨床上，严格控制金刚石砂轮的背吃刀量和进给量可以进行纳米级磨削。激光、电子束加工可实现微打孔、精密切割、成形切割、刻蚀、光刻曝光、激光防伪标志等的加工；离子束加工可实现原子、分子量级的切削；微细放电加工可以实现表面极微金属材料的去除，可用于加工微细轴、孔、窄缝平面及曲面；精细电解加工不产生表面加工应力，加工精度达纳米量级，用于镜面抛光、镜面减薄等无法应力加工的场合。

20 世纪 50 年代，美国研发出单点金刚石切削（single point diamond turning，SPDT）技术，率先发展超精密加工技术。目前，美国、英国、德国和日本等国家的超精密加工技术在国际上处于领先地位。这些国家的超精密加工技术不仅在能源、空间开发领域有应用，而且工业应用商品化的程度也非常高。超精密加工技术在高精密加工和误差补偿方面不断研发，逐步向高精度、高效率、通用化、模块化、柔性化、大型化、微型化、智能化、工艺整合化、在线加工监控一体化、无污染化等方向发展。超精密加工技术是系统性工程，它集机床、工具、计量、数控、材料、环境控制等研发成果，对不同的加工对象采用不同的设计方案并综合利用。超精密加工技术是尖端设备、机电产品、光电器件等领域的关键技术，其发展离不开各项相关技术的支撑，而超精密加工技术的进展又充实了各项支撑技术的发展。超精密加工技术是现代机械制造业最主要的发展方向，是先进制造技术的支柱，在提高产品的性能、质量和发展高新技术中起着至关重要的作用，是获得国际竞争力的关键技术。

思考题

1. 电化学除油和化学除油机理的异同点与应用领域。
2. 试比较喷丸与喷砂的异同点。
3. 何谓材料表面不平度？材料表面不平度可以分为哪几类，各自有什么特征？
4. 以齿轮为例，简要说明齿轮表面粗糙度对其耐磨性的影响。
5. 何谓材料表面精整技术？对于一个形状比较复杂的不锈钢管件，需要对其外表面进行抛光来消除毛刺，可以选用哪种抛光技术，并阐述原因。
6. 简述超精密加工的研究意义和发展前景。

参考文献

[1] 李慕勤，李俊刚，吕迎. 材料表面工程技术[M]. 北京：化学工业出版社，2010.

[2] 石德珂. 材料科学基础[M]. 北京：机械工业出版社，2000.

[3] 刘新田. 表面工程[M]. 开封：河南大学出版社，2018.

[4] 董允，张廷森，林晓娉. 现代表面工程技术[M]. 北京：机械工业出版社，2000.

[5] 姜银方，朱元有，戈晓岚. 现代表面工程技术[M]. 北京：化学工业出版社，2006.

[6] 曹立礼. 材料表面科学[M]. 北京：清华大学出版社，2009.

[7] 胡福增. 材料表面与界面[M]. 上海：华东理工大学出版社，2008.

[8] 徐滨士，朱绍华. 表面工程的理论与技术[M]. 北京：国防工业出版社，2010.

[9] 钱苗根. 现代表面技术[M]. 北京：机械工业出版社，2016.

[10] 王兆华，张鹏，林修洲，等. 材料表面工程[M]. 北京：化学工业出版社，2011.

[11] 张黔. 表面强化技术基础[M]. 武汉：华中理工大学出版社，1996.

[12] 赵文轸. 金属材料表面新技术[M]. 西安：西安交通大学出版社，1993.

[13] 李恒德，肖纪美. 材料表面与界面[M]. 北京：清华大学出版社，1990.

[14] 闻立时. 固体材料界面研究的物理基础[M]. 北京：科学出版社，1987.

[15] 程传煊. 表面物理化学[M]. 北京：科学技术文献出版社，1995.

[16] 张立德，牟季美. 纳米材料和纳米结构[M]. 北京：科学出版社，2001.

[17] 侯文英. 摩擦磨损与润滑[M]. 北京：机械工业出版社，2018.

[18] 邵荷生. 摩擦与磨损[M]. 北京：煤炭工业出版社，1992.

[19] 覃兵东. AZ91D 镁合金电沉积镍基复合涂层及腐蚀磨损行为研究[D]. 江西：江西理工大学，2022.

[20] 陈磊. 热作模具钢的高温磨损行为及机理[D]. 江苏：江苏大学，2020.

[21] 马邦豪. TC4 合金在不同环境介质下的微动磨损行为研究[D]. 甘肃：兰州理工大学，2021.

[22] 任奕. 热喷涂 Co 基涂层在三种液体中的气蚀性能及机理研究[D]. 甘肃：兰州理工大学，2018.

[23] 朱祖芳. 铝合金阳极氧化工艺技术应用手册[M]. 北京：冶金工业出版社，2007.

[24] 李宁宁. Fe-Al 金属间化合物渗层制备及耐海水腐蚀性能研究[D]. 南京：南京理工大学，2017.

[25] LI Y, EVANS H E, HARRIS I R, et al. The Oxidation of NdFeB Magnets[J]. Oxidation of Metals, 2003, 59(1-2): 167-182.

[26] LU C, MU S, DU J, et al. Investigation on the composition and corrosion resistance of cerium-based conversion treatment by alkaline methods on aluminum alloy 6063[J]. RSC Advances, 2020, 10(60): 36654-36666.

[27] 李鑫，陈迪勤，余静琴. 化学转化膜技术与应用[M]. 北京：机械工业出版社，2005.

[28] 张允诚. 电镀手册[M]. 北京：国防工业出版社，2006.

[29] YAN G, MCGUINESS P J, FARR J P G, et al. Environmental degradation of NdFeB magnets[J]. Journal of Alloys & Compounds, 2009, 478(1-2): 188-192.

[30] KATTER M, ZAPF L, BLANK R, et al. Corrosion mechanism of RE-Fe-Co-Cu-Ga-Al-B magnets[J]. IEEE Transactions on Magnetics, 2001, 37(4): 2474-2476.

[31] 李逢春，刘波，等. 防腐蚀衬里技术[M]. 北京：化学工业出版社，2003.

[32] NIE Y, HUANG J, MA S, et al. MXene-hybridized silane films for metal anticorrosion and antibacterial applications[J]. Applied Surface Science, 2020, 527.

[33] SONG Y W, ZHANG H H. A comparative study on the corrosion behavior of NdFeB magnets in different electrolyte solutions[J]. Materials and Corrosion, 2008, 59(10): 794-801.

[34] 李克杰，李全安. 合金微弧氧化技术研究及应用进展[J]. 稀有金属材料与工程，2007, 36(S3): 199-203.

[35] XU L, PI L, DOU Y, et al. Electroplating of Thick Hard Chromium Coating from a Trivalent Chromium Bath Containing a Ternary Complexing Agent: A Methodological and Mechanistic Study[J]. ACS Sustainable Chemistry & Engineering, 2020, 8(41): 15540-15549.

[36] ZHENG J, JIANG L, CHEN Q. Electrochemical Corrosion Behavior of Nd-Fe-B Sintered Magnets in Different Acid Solutions[J]. Journal of Rare Earths, 2006, 24(2): 218-222.

[37] CUI J, KRAMER M, ZHOU L, et al. Current progress and future challenges in rare-earth-free permanent magnets[J]. Acta Materialia, 2018, 158: 118-137.

[38] LIU W Q, ZHANG D T, ZHANG L X. Corrosion Behavior of Conventional and Spark Plasma-Sintered Nd-Fe-B Permanent Magnets in Different Solutions[J]. Corrosion -Houston, 2009, 65(7): 501-504.

[39] 宋元右，姜银方，戈晓岚，等．现代表面工程技术[M]．北京：化学工业出版社，2006.

[40] 廖景娱，罗建东，等．表面覆层的结构与物性[M]．北京：化学工业出版社，2010.

[41] 丁守宝，刘富君，等．无损检测新技术及应用[M]．北京：高等教育出版社，2012.

[42] 王海斗，朱丽娜，邢志国，等．表面残余应力检测技术[M]．北京：机械工业出版社，2013.

[43] 柏云衫．材料表面处理技术与工程实训[M]．北京：北京大学出版社，2013.

[44] 陈军，罗忠兵．表面无损检测技术[M]．大连：大连理工大学出版社，2019.

[45] 王海斗，朱丽娜，徐滨士，等．纳米压痕技术检测残余应力[M]．北京：科学出版社，2016.

[46] 宋天民．表面检测[M]．北京：中国石化出版社，2012.

[47] 田保红，张毅，刘勇，等．材料表面与界面工程技术[M]．北京：化学工业出版社，2021.

[48] 常铁军，刘喜军．材料近代分析测试方法[M]．哈尔滨：哈尔滨工业大学出版社，2018.

[49] 马毅龙．材料分析测试技术与应用[M]．北京：化学工业出版社，2017.

[50] 管学茂，王庆良，王庆平，等．现代材料分析测试技术[M]．徐州：中国矿业大学出版社，2018.

[51] 贾贤．材料表面现代分析方法[M]．北京：化学工业出版社，2009.

[52] 黄新民，解挺．材料分析测试方法[M]．北京：国防工业出版社，2006.

[53] 郭立伟，朱艳．现代材料分析测试方法[M]．北京：北京大学出版社，2019.

[54] 齐海群．材料分析测试技术[M]．北京：北京大学出版社，2011.

[55] 杜希文．材料分析方法[M]．天津：天津大学出版社，2014.

[56] 王振廷，孙俭峰，王永东，等．材料表面工程技术[M]．哈尔滨：哈尔滨大学出版社，2011.

[57] 刘光明．表面处理技术概论[M]．北京：化学工业出版社，2018.

[58] 魏世丞，王玉江，梁义，等．热喷涂技术及其在再制造中的应用[M]．黑龙江：哈尔滨工业大学出版社，2019.

[59] 王铀，王超会．纳米结构热喷涂涂层的制备、表征及其应用[M]．黑龙江：哈尔滨工业大学出版社，2017.

[60] 高荣发．等离子喷涂技术新进展[J]．材料保护，1989(02): 1-5.

[61] 张波．热喷涂技术发展概况的研究[J]．机电信息，2019(36): 174-175.

[62] 徐灰璋．喷涂喷焊工艺及其在冶金工业中的应用[J]．江苏冶金，1982(03): 35-38.

[63] 尹瑜玲，詹祖保，吴子健．大型柴油机阀杆与阀座的等离子喷焊工艺[C]//中国机械工程学会焊接学会．第九次全国焊接会议论文集（第1册）．哈尔滨：黑龙江人民出版社，1999: 751-754.

[64] 章友谊．汽轮机叶片钢超音速火焰喷涂层和等离子喷涂层性能研究[J]．表面技术，2020, 49(10): 99-105.

[65] 徐玄，顾进跃，顾伟华，等．等离子喷涂成形技术的研究现状及应用进展[J]．中国钨业，2015, 30(03): 43-51.

[66] 施捷，胡晓亮，俞燕，等．基于热喷涂工艺的叶轮防腐耐磨处理[J]．化工装备技术，2020, 41(06): 66-68.

[67] 孔江波，游涛．金属热喷涂防腐技术用香料生产设备防腐[J]．江西化工，2012(01): 118-119.

[68] 张杰．金属热喷涂技术在油田储罐防腐上的应用分析[J]．腐蚀研究，2020, 34(11): 97-98.

[69] 邵珠群．浅析石化设备维修中热喷涂技术应用[J]．民营科技，2011(10): 10.

[70] 王磊．热喷涂材料在航空发动机中的运用探讨[J]．冶金与材料，2020, 40(04): 178-180.

[71] 舒琴，何建洪，韩建兴，等．热喷涂航空发动机用耐磨涂层的制备方法及性能研究[J]．中国金属通报，2020(17): 91-92.

[72] 陈国星，黄赛，胡金力，等．热喷涂技术在电厂设备再制造工程中的应用[J]．材料保护，2012, 45(10): 83-86.

[73] 高荣义．热喷涂技术在石化设备维修中的应用[J]．科技创新导报，2010,10: 96-97.

[74] 辛蔚，王玉江，魏世丞，等．热喷涂制备高熵合金涂层的研究现状与展望[J]．工程科学学报，2021, 43(02): 170-178.

[75] 曾华梁，吴仲达，秦明文，等．电镀工艺手册[M]．北京：机械工业出版社，1989.

[76] 蔡元兴，孙齐磊．电镀电化学原理[M]．北京：机械工业出版社，2014.

[77] 屠振密，李宁，安茂忠，等．电镀合金实用技术[M]．北京：国防工业出版社，2007.

[78] 陈范才，肖鑫，周琦，等．现代电镀技术[M]．北京：中国纺织出版社，2009.

[79] 安茂忠，杨培霞，张锦秋．现代电镀技术：第2版[M]．北京：机械工业出版社，2018.

[80] 李东光．电镀液配方与制作[M]．北京：化学工业出版社，2016.

[81] 李家柱，韩志忠. 电镀工[M]. 北京：机械工业出版社，2007.

[82] 程敬泉，姚素薇，王宏智，等. 超声诱导银纳米粒子的电化学制备及其表征[J]. 机械工程材料，2005, 29(03): 55-58.

[83] 刘仁志. 电镀添加剂技术问答[M]. 北京：化学工业出版社，2009.

[84] 邓姝皓. 脉冲电沉积纳米晶铬-镍-铁合金工艺及其基础理论研究[D]. 长沙：中南大学，2003.

[85] 刘仁志. 实用电铸技术[M]. 北京：化学工业出版社，2006.

[86] 张宗行. 酸性光亮镀锡添加剂 SS-820 SS-821[J]. 电镀与环保，1985(01): 48-50.

[87] 周婉秋. Ni-W 非晶态镀层的制备和性能研究[J]. 电镀与涂饰，1996, 15(04): 18-24.

[88] 屠振密，胡会利，于元春，等. 电沉积纳米晶材料制备方法及机理[J]. 电镀与环保，2006, 26(04): 4-8.

[89] 姚寿山，李戈扬，胡文彬. 表面科学与技术[M]. 北京：中国纺织出版社，2005.

[90] 翟金坤，黄子勋. 化学镀镍[M]. 北京：北京航空学院出版社，1987.

[91] 闫洪. 现代化学镀镍和复合镀新技术[M]. 北京：国防工业出版社，1999.

[92] 姜晓霞，沈伟. 化学镀理论及实践[M]. 北京：国防工业出版社，2000.

[93] 姜银方，王宏宇，缪宏，等. 现代表面工程技术：第 2 版[M]. 北京：化学工业出版社，2014.

[94] 王海庆，李丽，庄光山. 涂料与涂装技术[M]. 北京：化学工业出版社，2012.

[95] 庄光山，李丽，王海庆，等. 金属表面涂装技术[M]. 北京：化学工业出版社，2010.

[96] 黄恭敬. 新国标 GB/T 2705-2003《涂料产品分类和命名》浅析[J]. 化工标准计量质量，2004(09): 3-6.

[97] 张学敏，郑化，魏铭. 涂料与涂装技术[M]. 北京：化学工业出版社，2006.

[98] 张威，黄浩文，汪甲甲，等. 非固化橡胶沥青防水涂料在工程中的应用[J]. 材料研究，2020(35): 29-30.

[99] 王志祥. 高固体分涂料在汽车涂装中的应用技术[J]. 中国涂料，2017, 32(11): 22-27.

[100] 蔡正霞. 汽车用水性涂料的特征及其涂装技术[J]. 化工管理，2017(35): 186.

[101] 刘新. 水性防腐涂料在装备制造业的应用[J]. 中国涂料，2015, 30(07): 200-23.

[102] 张卫中，虞建新，赵惠东，等. 中国涂料装备行业发展 40 年[J]. 中国涂料，2019, 34(01): 33-42.

[103] 彭军，薛春珍，杨有农. 自动喷涂设备及涂装技术的发展和应用[J]. 现代涂装，2020, 23(02): 41-43.

[104] 刘新，刘冬平. 装备制造业防护涂料系统的应用[J]. 技术与经验交流，2012, 15(09): 14-15.

[105] 中国涂料工业协会涂料装备分会. 涂料装备行业"十二五"回顾及"十三五"展望[J]. 中国涂料，2016, 31(10): 1-4.

[106] 王铭民，许建刚，杨小平，等. 变电站用 RTV 涂料自动喷涂装备研制[J]. 电力工程技术，2017, 36(03): 94-98.

[107] ABO GHAZALA M S, OTHMAN H A, SHARAF EL-DEEN L M, et al. Fabrication of Nanocrystalline Silicon Thin Films Utilized for Optoelectronic Devices Prepared by Thermal Vacuum Evaporation[J]. ACS Omega, 2020, 5, 27633-27644.

[108] XU W J, LIAO M D, LIU X H, et al. Microstructures and Properties of(TiCrZrVAl)N High Entropy Ceramics Films by Multi-arc Ion Plating[J]. Ceramics International, 2021, 47, 24752-24759.

[109] ZHOU J D, LIN J H, HUANG X W, et al. A Library of Atomically Thin Metal Chalcogenides[J]. Nature, 2018, 556, 355-359.

[110] ZHU Y, RAJ V, LI Z Y, et al. Self-Powered InP Nanowire Photodetector for Single-Photon Level Detection at Room Temperature[J]. Advanced Materials, 2021, 33, 2105729.

[111] SHI Y D, SUN M J, ZHANG Y, et al. Structure Modulated Amorphous/Crystalline WO$_3$ Nanoporous Arrays with Superior Electrochromic Energy Storage Performance[J].Solar Energy Materials and Solar Cells, 2020, 212, 110579.

[112] 李国英. 材料及其制品表面加工新技术[M]. 长沙：中南大学出版社，2003.

[113] 曾晓雁，吴懿平. 表面工程学：第 2 版[M]. 北京：机械工业出版社，2016.

[114] 姚建华. 激光表面改性技术及其应用[M]. 北京：国防工业出版社，2012.

[115] 杨玉玲，董丹阳. 材料的激光表面改性技术及应用[M]. 北京：化学工业出版社，2012.

[116] 潘应君. 等离子体技术在材料中的应用[M]. 武汉：湖北科学技术出版社，2003.

[117] 丁庆明. 激光强化 NiAl/Al$_2$O$_3$ 化学复合涂层的制备及其高温氧化性能的研究[D]. 杭州：浙江工业大学，2010.

[118] 张伟. 激光熔覆制备纳米结构涂层的研究[D]. 杭州：浙江工业大学，2005.

[119] 陈生钻. 强激光作用下的纳米复合涂层组织性能研究[D]. 杭州：浙江工业大学，2004.

[120] 张军，潘玉寨，胡贵军，等. 高功率光纤激光器的应用与展望[J]. 半导体光电，2003, 24(4): 222-226.

[121] 赵昆，包全合. 镁合金表面激光改性的研究进展[J]. 材料热处理技术，2009, 38(10): 135-138.

[122] 周大伟，许晨阳，李晋，等. 镁合金激光表面改性研究新进展[J]. 轻金属，2007, 4: 39-42.

[123] 姚建华，张伟. 激光熔覆制备纳米结构涂层研究进展[J]. 激光与光电子学进展，2006, 43(4): 1698-1709.

[124] CHOUDHURY A R, EZZ T, CHATTERJEE S, et al. Microstructure and Tribogical behavior of nano-structured metal matrix composite boride coatings synthesized by combined laser and sol-gel technology[J]. Surface & Coatings Technology, 2008, 202(13): 2817-2829.

[125] 郭士锐, 陈智君, 张群莉, 等. 大功率半导体激光表面改性的研究进展[J]. 激光与光电子学进展, 2013, 5: 55-62.

[126] 喻文新, 闫忠琳, 刘承鑫, 等. 热作模具钢激光表面改性研究现状[J]. 热加工工艺, 2015, 24: 25-29.

[127] JIANG M, LIU J G, WANG S H, et al. Surface modification of bisphenol A polycarbonate using an ultraviolet laser with high-speed, direct-writing technology[J]. Surface & Coatings Technology, 2014(254): 423-428.

[128] WIENER J, SHAHIDI S. Morphological and mechanical changes of glass fibers mat by CO_2 laser[J]. Journal of The Textile Institute, 2014, 2(105): 187-195.

[129] HO Y H, VORA H D, DAHOTRE N B. Laser surface modification of AZ31B Mg alloy for bio-wettability[J]. Journal of Biomaterials Applications, 2015, 29(7): 915-928.

[130] 田造轩. AZ91 镁合金激光表面改性后的微观组织和耐腐蚀性能研究[J]. 铸造技, 201, 6: 1485-1487.

[131] 王培, 李争显, 黄春良, 等. 激光表面改性技术在钛合金上的应用研究[J]. 激光杂志, 2014, 2: 4-6.

[132] 宋强, 仇性启. 高能束技术在镁合金表面改性中的应用[J]. 材料导报, 2012, 5: 109-112.

[133] WATTS C, GILMORE M, SCHAMILOGLU E. Effects of laser surface modification on secondary electron emission of copper[J]. IEEE Transactions on Plasma Science, 2011, 39(3): 836-841.

[134] TRTICA M S, GAKOVIC B M, RADAK B B, et al. Material surface modification by ns, ps and fs laser pulses[J]. Optics and Precision Engineering, 2011, 19(2): 221-227.

[135] 唐光泽, 徐芳君, 马欣新. M50 钢强流脉冲电子束表面改性层的结构与性能[J]. 金属热处理, 2010, 35(7): 62-65.

[136] 易赟. 4Cr13 不锈钢强流脉冲电子束表面处理[D]. 沈阳: 沈阳理工大学, 2011.

[137] 安健, 李世龙, 曹占义, 等. Al-Si-Pb 合金强流脉冲电子束表面改性过程的数值模拟分析[J]. 稀有金属材料与工程, 2007, 36(7): 1140-1144.

[138] MARGINEAN G, UTU D. Microstructure refinement and alloying of WC-Co-Cr coatings by electron beam treatment[J]. Surface and Coatings Technology, 2010, 205(7): 1985-1989.

[139] 高波. 纯镁及镁合金强流脉冲电子束表面改性[D]. 大连: 大连理工大学, 2005.

[140] JEONK, SHINSW, JOJ, et al. Effects of electron-beam irradiation on structural, electrica, and optical properties of amorphous indium gallium zinc oxide thinfilms[J]. Current Applied Physics. 2014, 14: 1591-1595.

[141] WELLMAN R G, SRIVANI R, RIZZI G I, et al. Pulsed electron beam treatment of MCrAlY bondcoats for EB PVD TBC systems part 2 of 2[J]. Cyclic oxidation of the coatings, 2002, 35: 69-73.

[142] 王瑾, 梁亮, 邵扬, 等. 纯铝强流脉冲电子束表面改性中火山坑形貌分析[J]. 金属热处理, 2009, 34(9): 32-36.

[143] 吴先映, 李强, 张荟星, 等. 100 型 MEVVA 源离子注入机[C]//2008 全国荷电粒子源、粒子束学术会议论文集. 2008:48-55.

[144] 张延曹, 袁玄义, 王永昌. 离子注入物理在微电子技术中的应用[J]. 北京: 现代物理知识, 1996, 8(5): 31-33.

[145] 苏长浩. ODS 钢中 He 离子注入硬化效应的研究[D]. 北京: 中国科学院大学, 2018.

[146] 熊娟, 许伯藩, 但智钢, 等. 铜离子注入不锈钢中的剂量与抗菌性[J]. 材料热处理学报, 2004, 25(2): 45-47.

[147] 李忠文, 唐光泽, 马欣新. GCr15 钢表面钽沉积及氮离子注入的磨损性能[J]. 稀有金属材料与工程, 2010, 39(1): 77-80.

[148] 王国全, 王秀芬. 聚合物改性[M]. 北京: 中国轻工业出版社, 2000.

[149] 陈杰瑢. 等离子体清洁技术在纺织印染中的应用[M]. 北京: 中国纺织出版社, 2005.

[150] 李银安. 中国大百科全书[M]. 北京: 中国大百科全书出版社, 2009.

[151] 刘志斌, 张艾丽, 金子印. 辉光离子氮化工艺试验[J]. 汽轮机技术, 2001, 43(3): 189-190.

[152] 魏彦林. 生物医用材料的等离子体表面改性及其性能研究[D]. 西安: 陕西师范大学, 2012.

[153] 赵桥桥, 刘景, 陈宝林, 等. 低温等离子体技术在金属防护中的应用[J]. 材料保护, 2019, 52(05): 116-120.

[154] 曲浩. 低温等离子体处理对钙钛矿太阳能电池性能的研究[D]. 北京: 北京印刷学院, 2018.

[155] 汪少婷. 脉冲爆炸-等离子体对碳钢表面改性研究[D]. 南昌: 南昌大学, 2018.

[156] 刘爱国. 低温等离子体表面强化技术[M]. 哈尔滨: 哈尔滨工业大学出版社, 2015.

[157] 强颖怀. 材料表面工程技术[M]. 徐州: 中国矿业大学出版社, 2016.

[158] 钱苗根. 现代表面工程[M]. 上海: 上海交通大学出版社, 2012.

[159] 姜银方, 王宏宇. 现代表面工程技术: 第 2 版[M]. 北京: 化学工业出版社, 2014.

[160] 王振延，孙俭峰，王永东. 材料表面工程技术[M]. 哈尔滨：哈尔滨工业大学出版社，2011.

[161] 徐滨士，刘世参. 表面工程技术手册[M]. 北京：机械工业出版社，2009.

[162] 高志，潘红良. 表面科学与工程[M]. 上海：华东理工大学出版社，2006.

[163] 胡传炘，白韶军. 表面处理手册[M]. 北京：北京工业大学出版社，2004.

[164] 许根慧，姜恩永，盛京，等. 等离子体技术与应用[M]. 北京：国防工业出版社，2006.

[165] 张通和，吴瑜光. 离子束表面工程技术与应用[M]. 北京：机械工业出版社，2005.

[166] ADAMOVICH I, BAALRUD S D, BOGAERTS A, et al. The 2017 Plasma Roadmap: Low temperature plasma science and technology [J]. Journal of Physics D: Applied Physics, 2017.

[167] 段关文，高晓菊，满红，等. 微弧氧化研究进展[J]. 兵器材料科学与工程，2010, 33(05): 102-106.

[168] 潘邻. 表面改性热处理技术与应用[M]. 北京：机械工业出版社，2005.

[169] 缪斌. 45钢离子氮碳氧三元共渗及离子复合处理研究[D]. 常州：常州大学，2017.

[170] 潘邻，肖钏方，张良界，等. 现代表面热处理技术[M]. 北京：机械工业出版社，2017.

[171] 关成，蔡珣，潘继民. 表面工程技术工艺方法800种[M]. 北京：机械工业出版社，2019.

[172] 齐晓华. 感应加热器在金属零件表面淬火中的应用研究[D]. 成都：西南交通大学，2010.

[173] TOTTEN G E, ALBANO L L M, 顾剑锋. 21世纪的热处理与表面工程-淬火技术的现状和未来发展[J]. 热处理，2015, 30(02): 46-53.

[174] 倪红军，黄明宇，张福豹，等. 工程材料[M]. 南京：东南大学出版社，2016.

[175] 李冲. 表面淬火对ADI组织及性能影响及数值模拟的研究[D]. 武汉：武汉纺织大学，2021.

[176] 李红梅，刘红华. 机械加工工艺与技术研究[M]. 昆明：云南大学出版社，2020.

[177] 董振海，张建中，彭怀磊，等. 感应淬火产品的开发[J]. 感应热处理，2017, 21: 7-9.

[178] 丁得刚. 感应加热技术发展概况[J]. 金属热处理，1984, 03: 36-42.

[179] 黄春峰. 冶金工作轧辊材料与热处理技术[J]. 铸锻热，1994, 01: 1-14+39.

[180] 傅小明，杨在志，孙虎. 材料制备技术与分析方法[M]. 南京：南京大学出版社，2020.

[181] 徐根应，安运铮. 脉冲感应加热淬火法[J]. 金属热处理，1989, 10: 6-11.

[182] 吴元徽. GCr15钢制导轨的表面淬火研究[J]. 机械制造与自动化，2009, 38: 65-66.

[183] 郑焕刚. 工业装备学[M]. 重庆：重庆大学出版社，2017.

[184] 金荣植. 先进的齿轮热处理技术[J]. 金属加工（热加工），2015, S2: 1-10.

[185] 练勇，姜自莲，雷芳，等. 机械工程材料与成形工艺[M]. 重庆：重庆大学出版社，2015.

[186] 周伟，毛小南，葛鹏，等. 钛合金板材火焰加热淬火强化试验研究[J]. 表面技术，2009, 38: 17-18.

[187] 王晖泉. 汽车冲压件模具用球墨铸铁的研究[D]. 武汉：武汉科技大学，2014.

[188] 严岱年，严建俊，柴尚君，等. 电解液液下加热表面淬火的研究[J]. 机械科学与技术，1994, 01: 18-20.

[189] 何德芳. 电接触加热淬火工艺应用于带锯轮表面硬化[J]. 木工机床，1988, 04: 40-44+53.

[190] 凌荷梅，曹志铭. 大滚子盐浴加热表面淬火新工艺的应用[J]. 机械工人，2005(10):53.

[191] 梁波，崔红淼，魏星光. 不锈钢零件的光亮热处理[J]. 金属热处理，2007, 01:77-78.

[192] 苏化普. 不锈钢的光亮热处理[J]. 机械工人，2002, 09: 51-53.

[193] 尹彭璐. 基于电脉冲处理的40Cr钢组织与性能调控[D]. 长春：吉林大学，2020.

[194] 曹培. 中频感应淬火及回火对45Mn钢组织和硬度影响[J]. 热处理技术与装备，2021, 42: 43-46.

[195] 朱世根. 工艺参数对45钢大电流电接触表面淬火的影响[J]. 现代制造工程，2010, 06: 69-72.

[196] 焦咏翔. 激光表面淬火对42CrMo钢组织和性能的影响[D]. 大连：大连理工大学，2021.

[197] 郭起跃. 内齿轮气体渗氮处理[J]. 金属热处理，2014, 39: 79-81.

[198] 余学华，李泉，李炜斌. 38CrMoAlA锥齿轮气体渗氮处理质量控制[J]. 齿轮传动网，2010, 9: 8-12.

[199] 吴远徽. 38CrMoAlA钢制镗杆渗氮处理的一点体会[J]. 热处理技术与装备，2010, 31: 55-57.

[200] 唐殿福，卯石刚. 钢的化学热处理[M]. 沈阳：辽宁科学技术出版社，2009.

[201] 内藤武志，陈祝同，刘惠臣. 渗碳淬火实用技术[M]. 北京:机械工业出版社，1985.

[202] 刘智恩. 材料科学基础：第3版[M]. 西安:西北工业大学出版社，2007

[203] 陶善虎. 淬火温度对20CrMnTiH钢渗碳淬火后组织与残留应力的影响[J]. 模具工业，2016, 42: 62-66.

[204] HRADIL D, DUCHEK M, HRBÁCˇKOVÁ T, et al. Gas nitriding with deep cryogenic treatment of high-speed steel[J]. Acta

Metallurgica Slovaca, 2018, 24: 187-193.

[205] 王津, 洪悦, 陈兴岩, 等. 氮化势对低碳钢气体渗氮化合物层组织结构和性能的影响[J]. 材料热处理学报, 2016, 37: 168-176.

[206] 赵振东. 氮化工艺技术的进展[J]. 金属加工（热加工）, 2013(S1): 23-25.

[207] 胡明娟, 潘健生, 毛立忠, 等. 高速钢刀具可控渗氮[J]. 金属热处理学报, 1998, 1: 31-36.

[208] 卢金生. 深层可控离子渗氮技术及其在齿轮中的应用[J]. 机械工人, 2002, 4: 15-17.

[209] 张代东. 机械工程材料应用基础: 重印[M]. 北京:机械工业出版社, 2011.

[210] 曹培, 赵毅红, 郑志伟, 等. 半金属基摩擦副下氮碳共渗高碳当量铸铁干摩擦磨损特性[J]. 特种铸造及有色合金, 2019, 39: 1354-1357.

[211] 徐祖耀. 钢热处理的新工艺[J]. 热处理, 2007, 22(01): 1-12.

[212] 赵坤, 张国威, 朱洪峰. 碳氮共渗预处理对球轴承寿命的影响[J]. 轴承, 2018, 10: 34-37.

[213] LEE I. The effect of molybdenum on the characteristics of surface layers of low temperature plasma nitrocarburized austenitic stainless steel[J]. Current Applied Physics, 2009, 9(3): S257–S261.

[214] 缪小吉, 武计强, 梅文臣, 等. 42CrMo 钢离子氮氧共渗与离子渗氮对比研究[J]. 航空制造技术, 2019, 62: 64-68.

[215] 孙斐, 卢阳阳, 胡静. 离子渗复合处理与单一离子渗氮动力学对比研究[J]. 航空制造技术, 2022, 65(15): 59-63.

[216] 贾永宁, 金军. 气体氮碳共渗工艺方法的研究及应用[J]. 液压气动与密封, 2022, 42: 67-69.

[217] ZHAO W, KONG D J. Surface characteristics and height of wear of plasma nitrided layer on steel H13[J]. Metal Science and Heat Treatment, 2020, 61: 717-723.

[218] 李奇颖, 吴博雅, 杨子帅, 等. 经离子渗氮的 SDCM 钢热冲压模具的摩擦磨损行为[J]. 上海金属, 2022, 44: 9-14.

[219] 薄鑫涛. 渗氮技术及发展[J]. 热处理, 2021, 36: 60.

[220] 赵婧, 夏伟, 李凤雷, 周照耀. 滚压表面强化机理的研究现状与进展[J]. 工具技术, 2010, 11: 3-8.

[221] 何嘉武, 马世宁, 巴德玛. 表面滚压强化技术研究与应用进展[J]. 装甲兵工程学报, 2013, 27: 75-81.

[222] 孙鑫, 张德远, 程明龙. A100 钢外螺纹椭圆超声滚压强化试验研究[J]. 航空制造技术, 2016, 3: 77-80.

[223] 杨巍, 刘鹏, 许良. 2D12 铝合金超声滚压疲劳性能的试验研究[J]. 轻合金加工技术, 2015, 43: 61-63.

[224] LIU Y G, LI M Q, LIU H J. Surface nanocrystallization and gradient structure developed in the bulk TC4 alloy processed by shot peening[J]Journal of Alloys and Compound, 2016, 685: 186-193.

[225] 朱荆璞. 金属表面强化技术-金属表面工程学[M]. 北京：机械工业出版社, 1985.

[226] 刘锁. 金属材料的疲劳性能与喷丸强化工艺[M]. 北京：国防工业出版社, 1977.

[227] 刘刚, 雍兴平, 卢柯. 金属材料表面纳米化的研究现状[J]. 中国表面工程, 2001, 3: 5-9.

[228] 冯淦, 石连捷, 吕坚, 等. 低碳钢超声喷丸表面纳米化的研究[J]. 金属学报, 2000, 3: 300-303.

[229] TAO N R, WANG Z B, TONG W P. An investigation of surface nanocry stallization mechanism in Fe induced by surface mechanical attrition treatment[J]. Acta Materialia, 2002, 50: 4603-4616.

[230] YONG X P, LIU G, LU K, et al. Characterization and properties of nanocstructured surface layer in low carbon steel subjected to surface mechanical attrition[J], Journal of Materials Science and Technology, 2003, 19(1): 1-4.

[231] ZHANG H W, HEI Z K, LIU G,et al. Formation of nanostructured surface layer on AISI 304 stainless steel by means of surface mechanical attrition treatment[J], Acta materialia, 2003, 51(7): 1871-1881.

[232] WANG Y M, PAN D, LU K, et al. Microsample tensile testing of nanocrystalline copper[J], Script Materialia, 2003, 48(12): 1581-1586.

[233] ZHU K Y, VASSEL A, BRISSET F. Nanostructure formation mechanism of α-titanium using SMAT[J], Acta Materialia, 2004, 52(14): 4101-4110.

[234] AMANOV A, CHO I S, KIM D E, et al. Fretting wear and friction reduction of CP titanium and Ti-6Al-4V alloy by ultrasonic nanocrystalline surface modification[J]. Surface and Coatings technology, 2012, 27(25): 135-142.

[235] WU X, TAO N R, HONG Y. Microstructure and evolution of mechanically-induced ultrafine grain in surface layer of Al-alloy subjected to USSP[J], Acta Materialia, 2002, 50: 2075-2084.

[236] ZHANG Y, TAO N R, LU K, et al. Effects of stacking fault energy, strain rate and temperature on microstructures and properties of Cu-Al subject to plastic deformation[J], Acta Materialia, 2011, 59(15): 6048-6058.

[237] ZHANG Y, TAO N R, LU K. Effect of stacking-fault energy on deformation twin thickness in Cu–Al alloys[J], Scripta Materialia, 2009, 60(4): 211-213.

[238] ZHANG H W, HEI Z K, LU K. Formation of nanostructured surface layer on AISI 304 stainless steel by means of surface mechanical attrition treatmen[J]. Acta Materialia, 2003, 51: 1871-1881.

[239] WEN M, LIU G, GU J F, et al. The tensile properties of titanium processed by surface mechanical attrition treatment[J], Surface and Coatings Technology, 2008, 202: 4728-4733.

[240] 陶乃镕. 表面机械研磨导致的纯 Fe 和 Inocnel 600 表面纳米微观结构及晶粒细化机制研究[D]. 沈阳：中国科学院金属研究所，2003.

[241] SUN H Q, SHI Y N, ZHANG M X. Wear behaviour of AZ91D magnesium alloy with a nanocrystalline surface layer[J]. Surface and Coatings Technology, 2008, 202(13): 2859-2864.

[242] ZHANG Y S, WANG K, LU K. Friction and wear behaviors of nanocrystalline surface layer of pure copper[J]. Wear, 2006, 260(9-10): 942-948.

[243] TAO N R, WANG W, LIU G, et al. Effect of surface nanocrystallization on friction and wear properties in low carbon steel[J]. Materials Science and Engineering A, 2003, 352: 144-149.

[244] ROLAND T, RETRAINT D, LU K, et al. Fatigue life improvement through surface nanostructuring of stainless steel by means of surface mechanical attrition treatment[J]. Scripta Materialia, 2006, 54(11): 1949-1954.

[245] 武兴华. 医用纯钛表面纳米化和生物相容性研究[D]. 沈阳：东北大学，2008.

[246] LAI M, CAI K Y, HU Y, et al. Regulation of the behaviors of mesenchymal stem cells by surface nanostructured titanium[J]. Colloids and Surfaces B: Biointerfaces, 2012, 91(1): 211-220.

[247] 范友华，陈洪. 金属基超疏水防腐蚀涂层的构建方法现状[J]. 腐蚀与防护，2014（35）：1248-1255.

[248] CHEN J, YANG H, XU G, et al. Phosphating passivation of vacuum evaporated Al/NdFeB magnets boosting high anti-corrosion performances [J].Surface and Coatings Technology, 2020, 399:126-135.

[249] 柯伟. 中国腐蚀调查报告[M]. 北京：化学工业出版社，2003:23-25.

[250] 杨列太. 腐蚀检测技术[M]. 北京：化学工业出版社，2012:43-50.

[251] ZHANG P, XU G, LIU J, et al. Effect of pretreating technologies on the adhesive strength and anticorrosion property of Zn coated NdFeB specimens[J]. Applied Surface Science, 2016, 363:499-506.

[252] DING C D, TAI Y, WANG D, et al. Superhydrophobic composite coating with active corrosion resistance for AZ31B magnesium alloy protection [J]. Chemical Engineering Journal, 2019, 357:518-532.

[253] 李金桂，吴再思. 防腐蚀表面工程技术[M]. 北京：化学工业出版社，2003:32-36.

[254] HU S Q, PENG K, CHEN E,et al. Corrosion Behavior of Sintered NdFeB Magnets Coated with Ni Coatings Deposited by Ion Beam Sputtering[J]. Journal of Materials Engineering and Performance, 2015, 24:4985-4990.

[255] 肖纪美，曹楚南. 材料腐蚀学原理[M]. 北京：化学工业出版社，2004:23-25.

[256] 张丁非，郭星星，勾引宁，等. 溶胶在材料表面防护的应用[J]，功能材料，2013, 44:3343-3353.

[257] MA J Z, LIU X F, QU W T, et al. Corrosion Behavior of Detonation Gun Sprayed Al Coating on Sintered NdFeB [J]. Journal of Thermal Spray Technology, 2015, 24(3): 394-400.

[258] 赵文轸. 溶胶-凝胶科学技术的发展现状与展望[J]. 材料导报，1996, 6:12-15.

[259] LI L, YANG G L, WANG L Q, et al. Experimental and theoretical model study on the dynamic mechanical behavior of sintered NdFeB [J]. Journal of Alloys and Compounds, 2021, 890:161-167.

[260] 丁星兆，何怡贞，董远达. 溶胶-凝胶工艺在材料科学中的应用[J]. 材料科学与工程，1994, 6: 1-5.

[261] 杨老记，高英敏. 机械制图[M]. 北京：机械工业出版社，2016: 23-25.

[262] 池宪，郑会龙，杨志甫. GCr15 长方形工件的纳米级表面超精密研磨技术研究[J]. 机械工程与自动化，2008, 04: 84-87.

[263] 张辉，宫梦莹. 金属材料表面机械研磨技术机理及研究现状[J]. 鞍钢技术,2018, 6: 1-6.

[264] 肖曦辉，郭迎福，KIM H. 钛合金钻削加工出口毛刺研究进展[J]. 工具技术，2021, 55: 3-8.

[265] 银董红，周春山. 钢铁表面除油除锈技术[J]. 湖南化工，1993, 4: 18-19.

[266] 张杰. 金属除油工艺的研究进展[J]. 山东化工，2014, 44: 48-50.

[267] 王琦. 卧式砂带磨光机的安全防控[J]. 工业安全与防尘，1992, 7: 9-11.

[268] 李鹏飞，翟俊，杨永杰. 铸坯喷丸工艺对 430 铁素体不锈钢卷板表面质量的影响[J]. 特殊钢，2022, 43: 47-50.

[269] 刘兴海，张继渊，李元东. 流变挤压铸造 2024 铝合金轮毂组织及其典型缺陷分析[J]. 特种铸造及有色金属，2013, 33(11): 1016-1020.

[270] 朱永宏，赵安明，朱永宽. 490CL 车轮用热轧卷板加工微裂纹原因分析及改进[J]. 中国金属通报，2019: 128-130.

[271] 芮延年，刘忠，温贻芳. 珩磨技术与装备[M]. 北京：科学出版社，2020: 43-50.

[272] 崔顺，李中奎，张建军. 珩磨在深孔加工中的应用分析[J]. 装备制造技术，2016, 3: 283-285.

[273] TYAGIA P, GOULET T, RISO C,et al. Reducing the roughness of internal surface of an additive manufacturing produced 316 steel component by chempolishing and electropolishing[J]. Additive Manufacturing，2019, 25: 32-38.

[274] ZHANG J S, ZHAO X H, ZUO Y, et al. Effect of surface pretreatment on adhesive properties of aluminum alloys[J].Journal of Materials Science & Technology，2008, 24: 236-240.

[275] XIAO H, DAI Y F, DUAN J, et al. Material removal and surface evolution of single crystal silicon during ion beam polishing[J]. Applied Surface Science, 2021, 544: 1489-1496.

[276] GROVER V, SINGH A K. A novel magnetorheological honing process for nano-finishing of variable cylindrical internalsurface[J]. Materials and Manufacturing Processes，2017, 32(5): 573–580.

[277] ROSA B, MOGNOL P, HASCOET J Y .Laser polishing of additive laser manufacturing surfaces[J]. Journal of Laser Applications，2015, 27: 91021-8

[278] LAGUARTAF, LUPON NB. Laser Application for Optical Glass Polishing[J]. Optical Society of America，1997, 56: 352-357.